21世纪高等学校系列教材 软件工程

软件工程案例教程
（第3版）

李军国 ◎ 主编

吴昊 郭晓燕 王舒 ◎ 副主编

清华大学出版社
北京

内 容 简 介

本书系统介绍了软件工程的基本概念、原理、方法、技术、标准和软件项目管理的知识。全书共分 16 章，以软件生命周期为主线，对软件工程的需求分析、概要设计、详细设计、数据库设计、代码设计、软件测试、软件项目管理和软件过程等方面的内容作了详尽的叙述，同时还对软件工程标准和软件文档的编写要点进行了讲解。本书突出了结构化方法和面向对象技术在软件开发中的运用，通过案例讲解了结构化方法建模和面向对象的建模方法和过程。

本书内容紧密结合实际案例，循序渐进，深入浅出，每章都给出了一定数量的习题，并在附录部分给出了习题答案和实验课的安排和内容，以便于学生复习和自学。除此之外，本书还配备了完整的电子课件和可供参考的习题答案，以供教师使用。电子课件和习题答案可以从清华大学出版社的网站上下载。

本书可作为高等院校计算机、软件工程和信息技术相关专业的专业基础课教材，也可以作为软件技术人员的参考用书和软件行业的职业培训教材。

本书封面贴有清华大学出版社防伪标签，无标签者不得销售。
版权所有，侵权必究。举报：010-62782989，beiqinquan@tup.tsinghua.edu.cn。

图书在版编目(CIP)数据

软件工程案例教程/李军国主编. —3 版. —北京：清华大学出版社，2023.4
21 世纪高等学校系列教材. 软件工程
ISBN 978-7-302-62515-5

Ⅰ. ①软… Ⅱ. ①李… Ⅲ. ①软件工程－案例－高等学校－教材 Ⅳ. ①TP311.5

中国国家版本馆 CIP 数据核字(2023)第 021743 号

责任编辑：刘向威
封面设计：文　静
责任校对：焦丽丽
责任印制：丛怀宇

出版发行：清华大学出版社
　　　　网　　址：http://www.tup.com.cn，http://www.wqbook.com
　　　　地　　址：北京清华大学学研大厦 A 座　　邮　编：100084
　　　　社 总 机：010-83470000　　邮　购：010-62786544
　　　　投稿与读者服务：010-62776969，c-service@tup.tsinghua.edu.cn
　　　　质量反馈：010-62772015，zhiliang@tup.tsinghua.edu.cn
　　　　课件下载：http://www.tup.com.cn，010-83470236
印 装 者：三河市铭诚印务有限公司
经　　销：全国新华书店
开　　本：185mm×260mm　　印　张：26　　字　数：630 千字
版　　次：2013 年 4 月第 1 版　2023 年 5 月第 3 版　　印　次：2023 年 5 月第 1 次印刷
印　　数：1～1500
定　　价：79.00 元

产品编号：097739-01

前言

本书第 2 版于 2018 年 8 月由清华大学出版社出版，得到了广大高校师生和读者的好评。根据作者近年来的软件工程教学和实践，有必要将软件工程教学和实践中的新技术、新发展、新需求加入到教材中，因此本书在第 2 版的基础上，根据新技术的发展和企业对软件人才知识的需求，总结了软件开发的实践过程和教学过程的经验和教训，完善了第 2 版的精华部分，删除了不适宜的内容，增加了新的知识内容，并且新增了实验课指导。

本书是一本系统的、有针对性的、有实效性的图书，对于从事软件工程的人员会起到非常好的借鉴作用。

本书主要作为普通高等院校的软件工程课程的教材，同时考虑到一些软件企业的技术人员自学的需要，每章均配备了大量的习题，电子课件和第 1～9 章的慕课视频可以从清华大学出版社网站上下载。

本书由吉林大学珠海学院计算机学院的李军国教授组织改编和定稿。在编写过程中，作者力求结合实际，通过一些案例讲解软件工程的方法和过程。当然，由于作者水平有限，书中难免有疏漏之处，诚请各位读者批评指正，并衷心希望读者能将实际工作中运用本书的经验和体会告诉作者，以便作者在以后再版中加以改进和完善。

李军国

2022 年 3 月

第2版 前言 PREFACE

　　本书第 1 版于 2013 年 5 月由清华大学出版社出版,得到了广大高校师生和读者的好评。第 2 版是在经过几年的教学实践的基础上,吸收了很多读者有益的建议后编写而成,在此对这些读者表示衷心的感谢。作者在这些年的软件工程教学和实践中也感觉到需要将软件工程教学和实践中的新技术、新发展、新需求加入到教材中,因此对第 1 版进行了修订。

　　本书第 2 版在第 1 版的基础上,根据新技术、新消息的发展,总结了软件开发的实践过程和教学过程的经验教训,完善了第 1 版的精华部分,删除了不适宜的内容,同时增加了新的知识元素。对于章节做了适当的调整,尤其是对面向对象技术部分内容做了一些改动。本书注重系统性、针对性、实效性,对于从事软件工程的人员都具有非常好的借鉴作用。

　　全书共分为 16 章。第 1 章简要介绍了软件工程的基本概念、软件的发展过程、软件工程学研究的对象与准则、当前几种主要的软件工程方法以及软件工程的发展方向。第 2 章简述软件工程的生命周期模型。第 3 章以软件定义为目标,叙述了可行性研究的任务和方法,软件需求分析的任务、要求和方法,以及使用结构化方法进行系统建模的过程。第 4 章主要以结构化方法介绍软件的概要设计或基本设计、详细设计和数据库设计的内容、设计过程、方法和技术。第 5～7 章介绍当前主要采用的面向对象方法,包括面向对象分析、面向对象设计的方法和技术。第 8、9 章介绍软件开发阶段的软件代码设计和软件测试技术。第 10 章简要地介绍了软件过程能力成熟度模型和软件过程改进方法。第 11～13 章简要地介绍了软件项目管理的一些内容,其中主要包括成本管理、度量管理与进度规划、团队建设与沟通管理、风险管理与配置管理等。第 14～16 章介绍有关软件工程的开发规范和软件文档的编写方法。

  本书主要是作为普通高等院校的软件工程课程的教材,同时也兼顾了一些软件企业的技术人员自学的需要,因此每章均配备了大量的习题,关于参考课件和习题答案可以从清华大学出版社网站上下载。

  本书由吉林大学珠海学院计算机科学与技术系的李军国教授组织编著和定稿,其中的第1~4章和第10~13章由李军国编著,第5~7章由吴昊编著,第8、9章由郭晓燕编著,第14~16章由王舒编著。在编写过程中,力求结合实际,通过一些案例讲解软件工程的方法和过程。由于作者水平有限,书中难免有疏漏之处,恳请各位读者批评指正,并衷心希望读者能将实际工作中运用本书介绍的经验和体会告诉作者,以便作者在下一版中加以改进和完善。

李军国

2018 年 3 月

第1版 前言

PREFACE

软件工程是研究软件开发和软件项目管理的一门工程学,是计算机应用技术及软件工程相关专业的主干课程,也是软件分析人员、程序设计人员、软件测试人员、软件项目管理人员、软件的售前和售后工程师、软件高层决策者必不可少的专业知识。

本书作者在国内外一些中、大型计算机和软件企业工作期间,采用软件工程化的方法,先后从事了大型计算机操作系统、数据库管理系统、ERP(企业资源计划)和各种工具软件的设计与开发工作,从中获益匪浅;针对国内的软件开发状况,作者首先在外企和国家相关的软件培训中心开展软件工程专业技术的培训工作,试图把国外企业的软件工程化的思想和方法加以推广。随着软件人才的大量需求,国家教育部把软件工程纳入了大学计算机和软件相关专业的必修课程,作者又走进大学校园,开始从事大学软件工程课程的教学工作,在二十多年的教学经历中,结合自己过去的软件设计与开发的实践,开展教学工作,指导学生应用软件工程的各种方法和手段,进行软件工程的课程设计以及软件项目的设计,收到了较理想的效果,培养了一些优秀的软件设计与开发人员。一些学生毕业后反映,软件工程课程是他们参加工作以后最实用的一门专业基础课程。

本书根据大学教学的特点,结合一些案例,系统地介绍了软件工程的有关概念、原理、方法、技术、标准和相关的知识,其目的是使学生理解软件工程的相关概念和基本原理,掌握软件分析和设计软件结构的最基本的方法和手段,学会如何把自己从一个程序员培养成为软件工程师。软件工程课程实践性很强,学生在学习时,除了对概念、原理等的理解之外,更要结合实际,注重方法、技术等的理解和实际运用。编写本书的目的是通过案例教学的方式,培养学生用软件工程化的思想和方法理解和从事软件的设计与开发工作,进而推动我国的软件产业向工程化和规范化的方向发展。

全书共分为15章。第1章简要介绍了软件工程的基本概念、软件的发展过程、软件工程学研究的对象与准则、当前几种主要的软件工程方法以及软件工程的发展方向；简述软件工程的生命周期模型。第2章以软件定义为目标，叙述了可行性研究的任务和方法，软件需求分析的任务、要求和方法，以及系统建模的过程。第3章主要以结构化方法介绍软件的概要设计或基本设计、详细设计和数据库设计的内容、设计过程、方法和技术。第4~6章介绍当前主要采用的面向对象方法，包括面向对象分析、面向对象设计的方法和技术。第7、8章介绍软件开发阶段的软件代码设计和软件测试技术。第9~11章简要地介绍了软件项目管理的一些内容，其中主要包括成本管理、度量管理与进度规划、团队建设与沟通管理、风险管理与配置管理等。第12章简要地介绍了软件过程能力成熟度模型和软件过程改进方法。第13~15章介绍有关软件工程的开发规范和软件文档的编写方法。

本书主要是作为普通高等院校的软件工程课程的教材，同时也考虑一些软件企业的技术人员自学的需要，每章均配备了大量的习题，可供参考的课件和习题答案可以从清华大学出版社网站上下载。

本书由吉林大学珠海学院计算机科学与技术系的李军国组织编著和定稿，其中的第1~3章和第9~12章由李军国编著，第4~6章由吴昊编著，第7~8章由郭晓燕编著，第13~15章由王舒编著。在编写过程中，力求结合实际，通过一些案例讲解软件工程的方法和过程。由于作者水平有限，加之时间仓促，书中的疏漏和不当之处在所难免，还望各位读者进一步批评指正。

李军国

2012年7月

于吉林大学珠海学院

目录

第1章　软件工程的基本概念 ········· 1
　1.1　软件的定义、特征和分类 ········· 1
　1.2　软件技术的发展和软件危机 ········· 4
　1.3　软件工程方法学 ········· 6
　习题一 ········· 11

第2章　软件生命周期及开发模型 ········· 12
　2.1　生命周期的种类 ········· 12
　2.2　生命周期的阶段划分 ········· 13
　2.3　软件过程的模型 ········· 15
　习题二 ········· 22

第3章　系统分析 ········· 24
　3.1　问题的定义 ········· 25
　3.2　可行性分析 ········· 27
　3.3　需求分析 ········· 29
　3.4　结构化需求分析方法 ········· 37
　习题三 ········· 56

第4章　结构化软件设计 ········· 58
　4.1　软件设计的原理 ········· 59
　4.2　软件结构设计 ········· 67
　4.3　面向数据流的设计方法 ········· 76
　4.4　数据设计 ········· 80
　4.5　详细设计 ········· 92
　4.6　设计规格说明与设计评审 ········· 105
　习题四 ········· 107

第 5 章　面向对象方法学 ·· 110
- 5.1　面向对象概述 ·· 110
- 5.2　面向对象开发方法概述 ·· 116
- 5.3　UML ··· 125
- 习题五 ··· 130

第 6 章　面向对象分析 ·· 132
- 6.1　面向对象分析概述 ·· 132
- 6.2　需求陈述 ··· 135
- 6.3　建立功能模型 ·· 137
- 6.4　建立静态模型 ·· 140
- 6.5　建立动态模型 ·· 154
- 6.6　面向对象分析实例 ·· 161
- 习题六 ··· 164

第 7 章　面向对象设计 ·· 166
- 7.1　面向对象设计概述 ·· 166
- 7.2　系统设计 ··· 173
- 7.3　对象设计 ··· 190
- 7.4　面向对象设计实例 ·· 200
- 习题七 ··· 205

第 8 章　代码设计 ·· 208
- 8.1　程序设计语言 ·· 208
- 8.2　程序设计风格 ·· 211
- 8.3　结构化程序设计 ··· 215
- 8.4　面向对象程序设计 ·· 218
- 8.5　程序效率 ··· 221
- 8.6　程序复杂性度量 ··· 222
- 习题八 ··· 224

第 9 章　软件测试 ·· 226
- 9.1　软件测试基础 ·· 227
- 9.2　软件测试的基本技术 ··· 234
- 9.3　黑盒测试法 ·· 236
- 9.4　白盒测试法 ·· 243
- 9.5　软件测试计划 ·· 247
- 9.6　测试用例设计 ·· 250
- 9.7　面向对象测试 ·· 253
- 9.8　软件测试自动化 ··· 257
- 习题九 ··· 259

第 10 章　软件过程 ·· 263
- 10.1　软件过程概述 ··· 263

  10.2 软件过程能力成熟度模型 ………………………………………………………… 264
  10.3 软件过程的改进 ……………………………………………………………………… 274
 习题十 ……………………………………………………………………………………………… 283

第 11 章　成本估算与进度规划 …………………………………………………………… 285
  11.1 软件度量与软件生产率 …………………………………………………………… 286
  11.2 软件项目估算与开发成本估算 …………………………………………………… 291
  11.3 进度计划 ……………………………………………………………………………… 302
 习题十一 …………………………………………………………………………………………… 306

第 12 章　团队建设与沟通管理 …………………………………………………………… 309
  12.1 团队建设的基本概念 ……………………………………………………………… 309
  12.2 项目团队的组织 ……………………………………………………………………… 309
  12.3 团队成员的选择与基本要求 ……………………………………………………… 315
  12.4 团队的建设与管理 ………………………………………………………………… 318
  12.5 团队的沟通管理 ……………………………………………………………………… 320
 习题十二 …………………………………………………………………………………………… 323

第 13 章　风险管理和配置管理 …………………………………………………………… 324
  13.1 风险管理 ……………………………………………………………………………… 324
  13.2 配置管理 ……………………………………………………………………………… 332
 习题十三 …………………………………………………………………………………………… 342

第 14 章　软件工程标准 ……………………………………………………………………… 345
  14.1 软件工程标准的概念 ……………………………………………………………… 345
  14.2 软件质量认证 ………………………………………………………………………… 346
  14.3 计算机软件文档编制规范的国家标准 ………………………………………… 348
 习题十四 …………………………………………………………………………………………… 353

第 15 章　软件文档 …………………………………………………………………………… 354
  15.1 软件文档的作用 ……………………………………………………………………… 354
  15.2 软件文档的分类 ……………………………………………………………………… 355
  15.3 软件文档的管理 ……………………………………………………………………… 356
  15.4 软件文档的编写技巧 ……………………………………………………………… 357
  15.5 文档编写的常用工具 ……………………………………………………………… 358
 习题十五 …………………………………………………………………………………………… 359

第 16 章　软件文档编写指南 ……………………………………………………………… 360
  16.1 软件开发文档 ………………………………………………………………………… 360
  16.2 软件管理文档 ………………………………………………………………………… 372
  16.3 软件用户文档 ………………………………………………………………………… 386
 习题十六 …………………………………………………………………………………………… 390

参考文献 …………………………………………………………………………………………… 391
附录 A　软件工程实验课指导书 ………………………………………………………… 392

第 1 章 软件工程的基本概念

软件工程作为一门独立的学科,其发展已逾 50 年。20 世纪 60 年代,由于高级语言的流行,使得计算机的应用范围得到较大扩展,对软件系统的需求急剧上升,软件的规模急剧增长,从而出现了所谓的"软件危机",软件开发从质量、效率等方面均远远不能满足需求。20 世纪 60 年代末,如何克服"软件危机",为软件开发提供高质、高效的技术支持,受到人们的高度关注。1968 年,"软件工程"的概念首次被提出,从而使软件开发开始了从"艺术""技巧"和"个体行为"向"工程化"和"群体协同工作"转化的历程。多年来,软件工程的研究和实践取得了长足的发展,虽然距离彻底解决"软件危机"尚有较大差距,但对软件开发的工程化以及软件产业的发展起到了积极的推动作用,提供了良好的技术支持。

1.1 软件的定义、特征和分类

1.1.1 软件的定义

软件是计算机系统中与硬件相互依存的另一部分,是包括程序、数据及其相关文档的完整集合。其中,程序是按事先设计的功能和性能要求执行的指令序列;数据为进行通信、解释和处理而使用的信息的形式化表现形式;文档是与程序开发、维护和使用有关的图文材料。

1.1.2 软件的特征

为了能全面、正确地理解计算机和软件,必须了解软件的特点。软件是整个计算机系统中的逻辑部件,而硬件是物理部件。因此,软件具有与硬件完全不同的特性。

1. 软件是一种逻辑实体,不是具体的物理实体

软件具有抽象性,可以存储在存储介质中,但无法看到软件本身的形态,必须经过观察、分析、思考和判断去了解它的功能、性能及其他特性。

2. 软件与硬件的生产方式不同

软件的开发过程中没有明显的制造过程；也不像硬件那样一旦研制成功就可以重复制造，可以在制造过程中进行质量控制，以保证产品的质量。软件是通过人们的智力活动把知识与技术转化成信息的一种产品。一旦某一软件项目研制成功，以后就可以大量地复制同一内容的副本，应用到更多的地方。

3. 软件与硬件的维护方式不同

硬件是有损耗的，会产生磨损和老化，从而使故障率增加甚至损坏，如图1.1(a)所示。软件不存在磨损和老化的问题，但存在退化的问题。在软件的生存期中，为了使它能够克服以前没有发现的故障、适应硬件和软件环境的变化以及用户新的要求，必须要多次修改软件，而每次修改都不可避免地引入新的错误。一次次地修改导致软件失效率升高，从而使软件退化，如图1.1(b)所示。

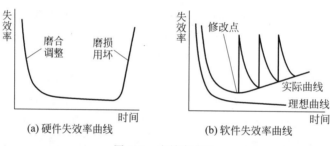

图1.1 失效率曲线

4. 软件的复杂性较高

软件的复杂性一方面来自它所反映的实际问题的复杂性，另一方面来自程序结构的复杂性。软件技术的发展明显落后于复杂的软件需求，并且随着时间的推移，这个差距日益加大，如图1.2所示。

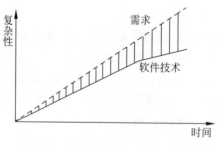

图1.2 软件技术的发展落后于需求

5. 软件成本较高

软件的研制工作需要投入大量的、复杂的、高强度的脑力劳动，研制成本是比较高的。20世纪50年代末，软件的开销大约占总开销的百分之十几，大部分成本花在硬件上。但今天，这个比例完全颠倒过来了，软件的开销大大超过了硬件的开销。

6．软件的使用和社会因素有关

许多软件的开发和运行涉及机构、体制及管理方式等问题，甚至涉及人们的观念和心理。它直接影响到项目的成败。

1.1.3 软件的分类

1．按软件的功能进行划分

（1）系统软件。能与计算机硬件紧密配合在一起，使计算机系统各个部件、相关的软件和数据协调、高效地工作的软件，例如操作系统、数据库管理系统、设备驱动程序以及通信处理程序等。

（2）支撑软件。协助用户开发软件的工具性软件，其中包括帮助程序人员开发软件产品的工具，也包括帮助管理人员控制开发进程的工具。

（3）应用软件。在特定领域内开发、为特定目的服务的一类软件。

2．按软件规模进行划分

按开发软件所需的人力、时间以及完成的源程序行数，可将软件分成6种不同的规模，如表1.1所示。

表1.1 软件规模的分类

类　别	参加人员数	研制期限	产品规模/源程序行数
微型	1～4	10周以下	1000
小型	5～20	2～10月	2～10 000
中型	20～50	1～2年	10～100 000
大型	50～500	2～4年	100～1 000 000
甚大型	500～1000	4～6年	1～10 000 000
极大型	1000以上	7年以上	10 000 000以上

规模大、时间长、参加人员多的软件项目，其开发工作必须要有软件工程的知识做指导；而规模小、时间短、参加人员少的软件项目也要有软件工程的概念，需遵循一定的开发规范。无论项目大小，其基本原则是一样的，只是对软件工程技术依赖的程度不同而已。

3．按软件工作方式划分

（1）实时处理软件。在事件或数据产生时立即予以处理并及时反馈信号，控制需要监测和控制的过程的软件，主要包括数据采集、分析、输出三部分。

（2）分时软件。允许多个联机用户同时使用计算机的软件。

（3）交互式软件。能实现人机通信的软件。

（4）批处理软件。把一组输入作业或一批数据以成批处理的方式一次运行，按顺序逐个处理完的软件。

4．按软件服务对象的范围划分

（1）项目软件。也称定制软件，指受特定客户（或少数客户）的委托，由一个或多个软件开发机构在合同的约束下开发出来的软件，例如军用防空指挥系统、卫星控制系统。

（2）产品软件。由软件开发机构开发出来直接提供给市场，或为批量用户服务的软件，例如文字处理软件、文本处理软件、财务处理软件、人事管理软件等。

5．按使用的频度进行划分

有的软件开发出来仅供一次使用，例如用于人口普查、工业普查的软件；有些软件则具有较高的使用频度，如天气预报软件。

6．按软件失效的影响进行划分

有的软件在工作中出现了故障，造成软件失效，可能给软件整个系统带来的影响不大。有的软件一旦失效，可能酿成灾难性后果，例如财务金融、交通通信、航空航天等软件。我们称这类软件为关键软件。

1.2 软件技术的发展和软件危机

1.2.1 软件技术的发展历程

20世纪中期出现了第一台计算机以后，就有了程序的概念。可以认为它是软件的前身。经历了几十年的发展，人们对软件有了更深刻的认识。在这几十年中，计算机软件经历了五代发展历程。

第一代（20世纪50—60年代）的软件技术是以ALGOL、FORTRAN等编程语言为标志的算法技术。那时，程序设计是一种任人发挥创造才能的活动，写出的程序只要能在计算机上得出正确的结果，其写法可以不受约束，往往是一件充满了技巧和窍门的"艺术品"。基于这种算法技术的软件生产率非常低，程序很难看懂，甚至程序员自己写的程序过一段时间后自己也看不懂，这给软件的修改、维护带来极大的困难。

第二代（20世纪70年代）的软件技术是以Pascal、COBOL等编程语言和关系数据库管理系统为标志的结构化软件技术。这种技术以强调数据结构、程序模块化结构为特征，采用自顶向下逐步求精的设计方法和单入口单出口的控制结构，从而大大改善了程序的可读性。结构化软件技术使软件由个人作坊的"艺术品"变为团队的工程产品，大大改善了软件的质量与可维护性，但软件开发的成本却大大增加了。

第三代（20世纪80年代）的软件技术是以Smalltalk、C++等为代表的面向对象技术。面向对象技术大大提高了软件的易读性、可维护性、可重用性，同时使得从软件分析到软件设计的转变非常自然，大大降低了软件开发成本。同时面向对象技术中的继承、封装、多态性等机制直接为软件重用提供了进一步的支持。面向对象技术开辟了通过有效的软件重用来提高软件生产率的新篇章。

第四代（20世纪90年代）的软件技术是以CORBA等为代表的分布式面向对象技术（DOO）。随着计算机网络技术的发展，进入20世纪90年代以来，分布式软件的开发已成为一种主流需求。与面向对象技术强调单台计算机、同种操作系统与编程语言环境不同，分布式系统中的软件重用要求其能够重用在不同计算机上、不同操作系统或语言环境下，以及由不同人员、不同时间开发的软件模块上。分布式面向对象技术不仅使面向对象技术的优点在分布式环境下得到保持，更重要的是大大简化了分布式软件开发工作的复杂性。另外，分布式面向对象技术对于如何保留利用已有传统软件，并使已有传统软件与新开发软件能够互操作运行方面提供了有效的解决方案。

第五代(20世纪90年代中期至今)软件技术是以COM、EJB和Web Service等为代表的软件构件技术。面向对象及分布式面向对象技术等支持的软件重用只是以程序源代码的形式进行的,而不是软件最终形式——可执行二进制码——的重用。设计者在重用别人的软件时,必须要理解别人的设计和编程风格,因此应用其他开发人员的代码往往比再实现这些代码要付出更多的代价。软件构件技术的突破在于实现了对软件可执行二进制码的重用。这样,一个软件可被切分成一些构件,这些构件可以单独开发、单独编译,甚至单独调试与测试。当所有的构件开发完成后,把它们组合在一起就可得到完整的应用系统。

1.2.2 软件危机的表现、产生原因和解决方法

20世纪60年代以前,计算机刚刚投入实际使用,软件设计往往只是为了一个特定的应用而在指定的计算机上设计和编制,采用密切依赖于计算机的机器代码或汇编语言;软件的规模比较小,文档资料通常也不存在;很少使用系统化的开发方法,设计软件往往等同于编制程序,基本上是个人设计、个人使用、个人操作、自给自足的私人化的软件生产方式。

20世纪60年代中期,大容量、高速度计算机的出现使计算机的应用范围迅速扩大,软件开发规模急剧增长。高级语言的出现及操作系统的发展引发了计算机应用方式的变化。软件系统的规模越来越大,复杂程度越来越高,软件可靠性问题也越来越突出。原来的个人设计、个人使用的方式不再能满足要求,迫切需要改变软件生产方式,提高软件生产率,因此软件危机开始爆发了。

1. 软件危机的具体表现

(1) 软件开发进度难以预测。拖延工期现象并不罕见,这种现象降低了软件开发组织的信誉。

(2) 软件开发成本难以控制。软件开发投资一再追加,实际成本往往比预算成本高出一个数量级。而为了赶进度和节约成本所采取的一些权宜之计又往往损害了软件产品的质量,从而不可避免地会引起用户的不满。

(3) 用户对产品功能不满意。开发人员和用户之间很难沟通,矛盾很难统一,表现为软件开发人员不了解用户的需求,而用户又不了解计算机求解问题的模式和能力,双方无法用共同熟悉的语言进行交流和描述。在双方互不充分了解的情况下,就仓促上阵设计系统,匆忙着手编写程序,这种"闭门造车"的开发方式必然导致最终的产品不符合用户的实际需要。

(4) 软件产品质量无法保证。软件是逻辑产品,质量问题很难以统一的标准度量,因而造成质量控制困难。软件产品并不是没有错误,而是通过盲目检测的方式很难发现错误,而隐藏下来的错误往往是造成重大事故的隐患。

(5) 软件产品难以维护。软件产品本质上是开发人员代码化的逻辑思维活动,他人难以替代。除非是开发者本人,否则很难及时检测、排除系统故障。为使系统适应新的硬件环境或根据用户的需要在原系统中增加一些新的功能,又有可能增加系统中的错误。

(6) 软件缺少适当的文档资料。文档资料是软件必不可少的重要组成部分。缺乏必要的文档资料或者文档资料不合格,将给软件开发和维护带来许多严重的困难和问题。

2. 产生软件危机的原因

(1) 用户需求不明确。这点主要体现在:在软件开发出来之前,用户自己也不清楚软

件开发的具体需求；用户对软件开发需求的描述不精确，可能有遗漏、有二义性，甚至有错误；在软件开发过程中，用户经常提出修改软件开发功能、界面、支撑环境等方面的要求；软件开发人员对用户需求的理解与用户本来愿望有差异。

(2) 缺乏正确的理论指导。软件开发不同于大多数其他工业产品，其开发过程是复杂的逻辑思维过程，产品极大程度地依赖于开发人员高度的智力投入。由于过分依靠程序设计人员在软件开发过程中的技巧和创造性，导致加剧了软件开发产品的个性化，也是造成软件开发危机的一个重要原因。

(3) 软件开发规模越来越大。随着软件开发应用范围的增加，软件开发规模越来越大。大型软件开发项目需要组织一定的人力共同完成，而多数管理人员缺乏开发大型软件系统的经验，多数软件开发人员又缺乏管理方面的经验，各类人员的信息交流不及时、不准确，有时还会产生误解。软件开发项目开发人员不能有效地、独立自主地处理大型软件开发的全部关系和各个分支，因此容易产生疏漏和错误。

(4) 软件开发复杂度越来越高。软件开发不但在规模上快速地发展扩大，而且其复杂性也急剧地增加。软件开发产品的特殊性和人类智力的局限性，导致人们无力处理"复杂问题"。所谓"复杂问题"的概念是相对的，一旦人们采用先进的组织形式、开发方法和工具提高了软件开发效率和能力，新的、更大的、更复杂的问题又会摆在人们的面前。

3. 解决软件危机的方法和途径

1968 年，计算机科学家正式提出"软件工程"一词，从此一门新兴的工程学科——软件工程学——为研究和克服软件危机应运而生。作为一个新兴的工程学科，软件工程主要研究软件生产的客观规律性，建立与系统化软件生产有关的概念、原则、方法、技术和工具，指导和支持软件系统的生产活动，以期达到降低软件生产成本、改进软件产品质量、提高软件生产率水平的目标。软件工程学从硬件工程和其他人类工程中吸收了许多成功的经验，明确提出了软件生命周期的模型，发展了许多软件开发与维护阶段适用的技术和方法，并应用于软件工程实践，取得了良好的效果。

在软件开发过程中，人们开始研制和使用软件工具，用以辅助进行软件项目管理与技术生产。人们还将软件生命周期各阶段使用的软件工具有机地集合成为一个整体，形成能够连续支持软件开发与维护全过程的集成化软件支援环境，以期从管理和技术两方面解决软件危机问题。

此外，人工智能与软件工程的结合成为 20 世纪 80 年代末期活跃的研究领域。基于程序变换、自动生成和可重用软件等软件新技术的研究也取得了一定的进展，把程序设计自动化的进程向前推进了一步。软件标准化与可重用性在避免重复劳动、缓解软件危机方面起到了重要作用。

1.3 软件工程方法学

1.3.1 软件工程的基本概念

软件工程是一门指导计算机软件开发和维护的工程学科，是一门综合性的学科，涉及计算机科学、工程科学、管理科学、数学等多学科，主要研究如何应用软件开发的科学理论和工程技术来指导大型软件系统的开发。

1968年,德国计算机科学家Fritz Bauer为软件工程下了定义:"软件工程是为了经济地获得能够在实际机器上有效运行的可靠软件而建立和使用的一系列完善的工程化原则。"

1983年,IEEE给出的定义为:"软件工程是开发、运行、维护和修复软件的系统方法。"其中"软件"的定义为计算机程序、方法、规则、相关的文档资料以及在计算机上运行时所必需的数据。

软件工程一直以来都缺乏一个统一的定义,很多学者、组织机构分别给出了自己的定义。目前比较认可的一种定义为:软件工程是研究和应用如何以系统性的、规范化的、可定量的过程化方法去开发和维护软件,以及如何把经过时间考验而证明正确的管理技术和当前能够得到的最好的技术方法结合起来。无论哪种定义,主要思想都是强调在软件开发过程中需要应用工程化原则的重要性。

软件方法是指导研制软件的某种标准规程,它告诉人们"什么时候做什么以及怎样做"。由于软件研制过程相当复杂,涉及的因素很多,所以各种软件方法又有不同程度的灵活性和试探性。软件方法不可能像自动售货机的使用规程那样用简单的几句话就可以叙述清楚,也不应该像机器的操作规程那样机械地使用。一般来说,一个软件方法往往规定了明确的工作步骤、具体的描述方式以及确定的评价标准。

1) 明确的工作步骤

研制一个软件系统要考虑并解决许多问题。如果同时处理这些问题,将会束手无策或造成混乱。正确的方式是将这些问题排好先后次序,每一步集中精力解决一个问题。像为加工机械产品规定一道道工序那样,软件方法也提出了处理问题的基本步骤,包括每一步的目的、产生的工作结果、需具备的条件以及要注意的问题等。

2) 具体的描述方式

工程化生产必须强调文档化,即每人必须将每一步的工作结果以一定的书面形式记录下来,以保证开发人员之间有效地进行交流,也有利于维护工作的顺利进行。软件方法规定了描述软件产品的格式,包括每一步应产生什么文档、文档中应记录哪些内容、采用哪些图形和符号等。

3) 确定的评价标准

对于同一个问题,其解决方案往往不是唯一的,选取哪一个方案较好呢?有些软件方法提出了比较确定的评价标准,可以指导人们对各种具体方案进行评价,并从中选取一个较好的方案。

1.3.2 软件工程的要素

软件工程包括三个要素:方法、工具和过程。

软件工程的方法为软件开发提供了"如何做"的技术,是指导研制软件的某种标准规范。它包括多方面的任务,如项目计划与估算、软件系统需求分析、数据结构、系统总体结构的设计、算法的设计、编码、测试以及维护等。软件工程方法常采用某种特殊的语言或图形的表达方法及一套质量保证标准。

软件工程的工具是指软件开发、维护和分析中使用的程序系统,为软件工程方法提供自动的或半自动的软件支撑环境。如 C、Java 等各种开发语言、UML 等各种设计工具、各种测试软件、各种项目管理软件、CASE 等各种工程辅助软件等。

软件工程的过程则是将软件工程的方法和工具综合起来，以达到合理、及时地进行计算机软件开发的目的。过程定义了方法使用的顺序、要求交付的文档资料、为保证质量和协调变化所需要的管理及软件开发各个阶段完成的"里程碑"。

1.3.3 软件工程的基本原理

著名的软件工程专家 Boehm 于 1983 年综合了软件工程专家学者们的意见，并总结了开发软件的经验，提出了软件工程的 7 条基本原理。这 7 条原理被认为是确保软件产品质量和开发效率原理的最小集合，也是相互独立、缺一不可、相当完备的最小集合。

下面简要介绍软件工程的 7 条基本原理。

(1) 用分阶段的生命周期计划严格管理。

在软件开发与维护的漫长生命周期中，需要完成许多性质各异的工作。这条基本原理意味着应该把软件生命周期划分成若干个阶段，并相应地制订出切实可行的计划，然后严格按照计划对软件的开发与维护工作进行管理。Boehm 认为，在软件的整个生命周期中应该制订并严格执行六类计划，分别是项目概要计划、里程碑计划、项目控制计划、产品控制计划、验证计划和运行维护计划。

不同层次的管理人员都必须严格按照计划各尽其职地管理软件开发与维护工作，绝不能受客户或上级人员的影响而擅自背离预定计划。

(2) 坚持进行阶段评审。

软件的质量保证工作不能等到编码阶段结束之后再进行。这是因为：第一，大部分错误是在编码之前造成的，设计错误占软件错误的 63%，编码错误仅占 37%；第二，错误发现与改正得越晚，所需付出的代价也越高。因此，在每个阶段都进行严格的评审，以便尽早发现在软件开发过程中所犯的错误，是一条必须遵循的重要原则。

(3) 实行严格的产品控制。

在软件开发过程中不应随意改变需求，因为改变一项需求往往需要付出较高的代价。但是在软件开发过程中改变需求又是难免的。由于外部环境的变化，相应地用户改变需求是一种客观需要，显然不能硬性禁止客户提出改变需求的要求，而只能依靠科学的产品控制技术来顺应这种要求。

(4) 采用现代程序设计技术。

从提出软件工程的概念开始，人们一直把主要精力用于研究各种新的程序设计技术。20 世纪 60 年代末提出的结构程序设计技术已经成为绝大多数人公认的先进的程序设计技术，后来又进一步发展出了各种结构分析与结构设计技术。实践表明，采用先进的技术既可提高软件开发的效率，又可提高软件维护的效率。

(5) 结果应能清楚地审查。

软件产品不同于一般的物理产品，它是看不见、摸不着的逻辑产品；加上软件开发人员（或开发小组）的工作进展情况可见性差，难以准确度量，从而使得软件产品的开发过程比一般产品的开发过程更难于评价和管理。为了提高软件开发过程的可见性，更好地进行管理，应该根据软件开发项目的总目标及完成期限，规定开发组织的责任和产品标准，从而使所得到的结果能够清楚地审查。

(6) 开发小组的人员应该少而精。

软件开发小组人员的素质应该好,而人数则不宜过多。开发小组人员的素质和数量是影响软件产品质量和开发效率的重要因素。素质高的人员的开发效率比素质低的人员的开发效率可能高几倍至几十倍,而且素质高的人员所开发的软件中的错误明显少于素质低的人员所开发的软件中的错误。此外,随着开发小组人员数目的增加,因为交流情况讨论问题而造成的通信开销也急剧增加。当开发小组人员数目为 N 时,可能的通信路径有 $N(N-1)/2$ 条,可见随着人数 N 的增大,通信开销将急剧增加。因此,组成少而精的开发小组是软件工程的一条基本原理。

(7) 承认不断改进软件工程实践的必要性。

遵循上述 6 条基本原理,就能够按照当代软件工程的基本原理实现软件的工程化生产。但是,仅有上述 6 条原理并不能保证软件开发与维护的过程能赶上时代前进的步伐,能跟上技术的不断进步。因此,Boehm 提出应把承认不断改进软件工程实践的必要性作为软件工程的第 7 条基本原理。按照这条原理,不仅要积极主动地采纳新的软件技术,而且要注意不断总结经验,例如收集进度和资源耗费数据、收集出错类型和问题报告数据等。这些数据不仅可以用来评价新的软件技术的效果,而且可以用来指明必须着重开发的软件工具和应该优先研究的技术。

1.3.4 软件工程的基本目标

组织实施软件工程项目,从技术上和管理上采取了多项措施后,最终希望得到项目的成功。所谓成功就是要实现以下几个主要的目标。

- 付出较低的开发成本。
- 达到要求的软件功能。
- 取得较好的软件性能。
- 开发的软件使用方便。
- 需要较低的维护费用。
- 能按时完成开发工作,及时交付使用。

在实际开发的具体项目中,要想使以上几个目标都达到理想的程度是很难实现的,而且上述目标有时也是互相冲突的。比如要把开发的成本降到最低,就可能以降低软件的可靠性为代价;为了提高软件的性能,就可能使开发的软件在很大程度上要依赖硬件,从而直接影响到软件使用的方便性。

图 1.3 表明了软件工程目标之间存在的相互关系。其中有些目标之间的关系是互补的,例如易于维护和高可靠性之间、低开发成本与按时交付之间;还有一些目标是互相排斥的,例如低开发成本与易于维护、高可靠性与高性能之间。

上述的几个目标很自然地成为评价软件开发方法或软件管理方法优劣的衡量尺度。如果提出一种新的开发方法,就要看它对于满足上述的目标是否有利。事实上,实施软件开发项目就是力争使以上的目标得以实现而取得一定程度的平衡的过程。

1.3.5 软件工程的基本原则

软件工程的基本目标适合于所有的软件工程项目。为达到这些目标,在软件工程的开

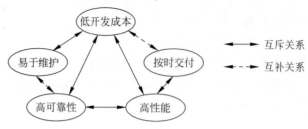

图 1.3 软件工程目标之间的关系

发过程中必须遵循下列软件工程原则。

(1) 抽象化原则。抽取事物最基本的特性和行为,忽略非基本的细节,采用分层次抽象,自顶向下、逐层细化的办法控制软件开发过程的复杂性。

(2) 信息隐蔽原则。将模块设计成"黑箱",实现的细节隐藏在模块内部,不让模块的使用者直接访问。这就是信息封装,采取使用与实现分离的原则,使用者只能通过模块接口访问模块中封装的数据。

(3) 模块化原则。模块是程序中逻辑上相对独立的成分,是独立的编程单位,应有良好的接口定义,如 C 语言程序中的函数过程、C++语言程序中的类。模块化有助于信息隐蔽和抽象,有助于表示复杂的系统。

(4) 局部化原则。要求在一个物理模块内集中逻辑上相互关联的计算机资源,保证模块之间具有松散的耦合,模块内部具有较强的内聚,这有助于控制解的复杂性。

(5) 确定性原则。软件开发过程中所有概念的表达应是确定的、无歧义性的、规范的,这有助于人们之间在交流时不会产生误解、遗漏,保证整个开发工作协调一致。

(6) 一致性原则。整个软件系统(包括程序、文档和数据)的各个模块应使用一致的概念、符号和术语,程序内部接口以及软件和硬件、操作系统的接口应保持一致,系统规格说明与系统行为应保持一致,用于形式化规格说明的公理系统应保持一致。

(7) 完备性原则。软件系统不丢失任何重要成分,可以完全实现系统所要求功能的程度。为了保证系统的完备性,在软件开发和运行过程中需要严格的技术评审。

(8) 可验证性原则。开发大型的软件系统需要对系统自顶向下、逐层分解。系统分解应遵循系统易于检查、测试、评审的原则,以确保系统的正确性。

1.3.6 两种主要的软件工程方法

在软件方法的指导和约束之下,面对错综复杂的问题,开发人员就可按统一的步骤、统一的描述方式,纪律化地开展工作。毫无疑问,这是"高产优质"的有力保证。

软件开发的基本方法分为结构化方法和面向对象方法。

1. 结构化方法

结构化方法是较传统的软件开发方法。在 20 世纪 60 年代初,科学家就提出了用于编写程序的结构化程序设计方法,后来又发展出了用于设计的结构化设计方法、用于分析的结构化分析方法等。

结构化方法的基本思想可以概括为自顶向下、逐步求精,采用模块化技术和功能抽象将系统按功能分解为若干模块,从而将复杂的系统分解成若干易于控制和处理的子系统。子系统又可分解为更小的子任务,子任务则可以独立编写成子程序模块,模块内部由顺序、选择和循环等基本控制结构组成。这些模块功能相对独立,接口简单,使用维护非常方便。所以,结构化方法是一种非常有用的软件开发方法,是其他软件工程方法的基础。

但是,由于结构化方法将过程与数据分离为相互独立的实体,因此开发的软件可复用性较差,在开发过程中要使数据与程序始终保持相容也很困难。这些问题通过面向对象方法就能得到很好的解决。

2. 面向对象方法

面向对象方法是针对结构化方法的缺点,为了提高软件系统的稳定性、可修改性和可重用性而逐渐产生的。面向对象方法开始主要用在程序编码中,以后又逐渐出现了面向对象的分析和设计方法,是当前软件开发方法的主要方向,也是目前最有效、实用和流行的软件开发方法之一。

面向对象方法的出发点和基本原则是尽可能模拟人类习惯的思维方式,使开发软件的方法与过程尽可能接近人类认识世界、解决问题的方法与过程,将客观世界中的实体抽象为问题域中的对象。它主要有以下几个特点。

(1) 认为客观世界是由各种对象组成的,任何事物都是对象。
(2) 把所有对象都划分为各种对象类,每个类定义一组数据和一组方法。
(3) 按照子类与父类的关系,把若干对象类组成一个具有层次结构的系统。
(4) 对象彼此之间仅能通过传递消息相互联系。

面向对象方法的主要优点是使用现实的概念抽象地思考问题,从而自然地解决问题,保证软件系统的稳定性和可重用性以及良好的可维护性。但是面向对象方法也不是十全十美的,在实际的软件开发中,常常要综合地应用结构化方法和面向对象方法。

习题一

一、判断题

1. 程序是按事先设计的功能和性能要求执行的指令序列。　　　　　　　(　　)
2. 数据是使程序能够正确操纵信息的数据结构。　　　　　　　　　　　(　　)
3. 文档是与程序开发、维护和使用有关的图文材料。　　　　　　　　　(　　)
4. 软件开发时,一个错误发现得越晚,为改正它所付出的代价就越大。　　(　　)

二、填空题

1. 软件工程是开发、运行、维护和修复软件的系统化方法,它包含的3个要素指的是_____、_____和_____。
2. 软件是计算机系统中与硬件相互依存的另一部分,它是包括_____、_____及_____的完整集合。

三、简答题

1. 软件的特点有哪些?
2. 软件危机产生的原因是什么?
3. 软件危机的主要表现是什么?
4. 软件工程学的基本原则有哪些?

第 2 章 软件生命周期及开发模型

2.1 生命周期的种类

软件生命周期的各个过程可以分成三类,即主要生命周期过程、支持生命周期过程和组织的生命周期过程,开发机构可以根据具体的软件项目进行剪裁。

1. 主要生命周期过程

主要生命周期过程供各当事方在软件生命周期内使用,相关的当事方有软件的需方、供方、开发者、操作者和维护者。

主要生命周期过程包括:

(1) 获取过程。确定需方和组织向供方获取系统、软件或软件服务的活动。

(2) 供应过程。确定供方和组织向需方提供系统、软件或软件服务的活动。

(3) 开发过程。确定开发者和组织定义并开发软件的活动。

(4) 操作过程。确定操作者和组织在规定的环境中为其用户提供运行计算机系统服务的活动。

(5) 维护过程。确定维护者和组织提供维护软件服务的活动。

2. 支持生命周期过程

支持生命周期过程的目的是支持其他过程。作为其组成部分,它们有助于软件项目的成功和质量提高。

支持生命周期过程包括:

(1) 文档编制过程。确定记录生命周期过程产生的信息所需的活动。

(2) 配置管理过程。确定配置管理活动。

(3) 质量保证过程。确定客观地保证软件和过程符合规定的要求以及已建立的计划所需的活动。

(4) 验证过程。根据软件项目要求,按不同深度确定验证软件所需的活动。

(5) 确认过程。确定确认软件所需的活动。

(6) 联合评审过程。确定评价一项活动的状态和产品所需的活动。

(7) 审核过程。确定判断符合要求、计划和合同所需的活动。

(8) 问题解决过程。确定一个用于分析和解决问题的过程(包括不合格)。

3. 组织的生命周期过程

组织的生命周期过程是指用来建立和实现构成相关生命周期的基础结构和人事制度,并不断改进这种结构和过程。

组织的生命周期过程包括:

(1) 管理过程。确定生命周期过程中的基本管理活动。

(2) 建立过程。确定建立生命周期过程基础结构的基本活动。

(3) 改进过程。确定一个组织为建立、测量、控制和改进其生命周期过程所需开展的基本活动。

(4) 培训过程。确定提供经适当培训的人员所需的活动。

每个开发机构都可以定义自己的软件过程,同一个开发机构也可以根据项目的不同采用不同的软件过程。

对一个特定的软件项目而言,软件过程可被视为开展与软件开发相关的一切活动的指导性纲领和方案,因而软件过程的优劣对软件的成功开发与否起决定作用。另外工程组织是否合理、相互的协作是否紧密也是项目能否成功的重要保障。

2.2 生命周期的阶段划分

同任何事物一样,软件也有一个孕育、诞生、成长、成熟、衰亡的生存过程。软件生命周期是指一个计算机软件从功能确定、设计,到开发成功投入使用并在使用中不断地修改、增补和完善,直到停止该软件的使用的全过程,包括软件计划、需求分析、软件设计、程序编码、软件测试和运行维护六个阶段,如图 2.1 所示。

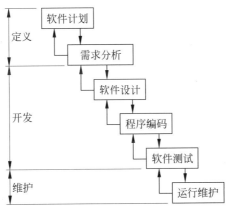

图 2.1 软件生命周期的阶段划分

下面扼要地介绍一下软件生命周期每个阶段的基本任务和结束标准。

1. 软件计划

软件计划包括问题定义和可行性研究,主要任务是明确软件开发的要求,进行初步的调查,通过可行性研究确定下一阶段的需求分析工作。

问题定义阶段必须回答的关键问题是"要解决的问题是什么"。通过问题定义,确定问题的性质、工程目标及规模,具体方法是:通过对系统实际用户和使用部门负责人的访问,做出分析和预测,写出双方都满意的书面报告;考虑新系统所受的各种约束,研究建设系统的必要性和可行性;再研究要解决的问题的范围、人机分界点,通过在较高层次的分析、设计及问题的抽取,导出系统的高层逻辑模型,在此基础上确定工程规模和目标,估计系统成本和效益。

2. 需求分析

需求分析阶段的任务主要是确定目标系统必须具备哪些功能。因此,软件设计人员在需求分析阶段必须和用户密切配合,充分交流信息,以得出经过用户确认的系统逻辑模型。通常用数据流图根据字典和简要的算法描述表示系统的逻辑模型。需求分析阶段确定的系统逻辑模型是以后设计和实现目标系统的基础,因此必须准确完整地体现用户的要求。

3. 软件设计

软件设计阶段的主要任务是确定系统的总体设计方案、划分子系统功能、确定共享数据的组织,然后进行详细设计,如处理模块的设计、数据库系统的设计、输入输出界面的设计和编码的设计等。该阶段的成果为下一阶段的实施提供了编程指导书。

在该阶段,应根据需求分析报告中规定的功能要求,考虑实际条件,具体设计实现逻辑模型的技术方案,即新系统的物理模型。技术方案设计分为总体设计和详细设计。这一阶段主要有三个方面工作,分别是确定软件结构、数据结构和详细的处理过程。软件结构设计的一条基本原理就是程序应该模块化,为此要确定模块的组成以及各模块的相互关系。数据结构设计包括数据的各种属性、具体数据结构的格式、内容定义以及传递过程,数据库中数据的使用对象、主要用途、安全性和精确性等。详细的处理过程是将需求变换成用软件形式描述的过程,并确定输入输出,以便在编码之前可以评价软件质量。

4. 程序编码

程序编码阶段的任务是指程序员根据目标系统的性质和实际环境,选取一种适当的高级程序设计语言,把详细设计的结果翻译成用选定的语言书写的程序,并且仔细测试编写出的每一个模块。

程序员在书写程序模块时,应保证程序的可读性、可理解性和可维护性。

5. 软件测试

软件测试阶段的任务是通过各种类型的测试,使软件达到预定的要求。

最基本的测试是集成测试和验收测试。集成测试是根据设计的软件结构,把经单元测试的模块按某种选定的策略装配起来,在装配过程中对程序进行必要的测试。验收测试是按照需求规格说明书的规定,由用户对目标系统进行验收。

通过对软件测试结果的分析可以预测软件的可靠性;反之,根据对软件可靠性的要求也可以决定测试和调试过程什么时候可以结束。在进行测试的过程中,应该用正式的文档把软件测试计划、详细测试方案以及实际测试结果保存下来,作为软件配置的一部分。

6. 运行维护

运行维护阶段的主要任务是进行系统的日常运行管理,根据一定的规则对系统进行必要的修改,评价系统的运行效率、工作质量和经济效益,对运行费用和效果进行监理审计。软件交付用户后,为适应外部环境的变化以及用户要求增加新的功能时,将遇到变更、修改系统的问题。软件运行维护是在生命周期的各个阶段去调整现有程序,而不是开发一个新的程序。

软件系统的研制工作不可能是直线进行的,研制人员常常需从后面阶段回到前面。为了减少返工现象,研制人员通常会在各个阶段进行阶段复审,以确保研制工作顺序进行。在软件生命周期的各个阶段完成研制任务后,应提交各阶段的格式文档资料。

2.3 软件过程的模型

软件过程模型是跨越整个软件生命周期的软件开发、运行和维护所实施的全部工作和任务的结构框架,它给出了软件开发活动各阶段之间的关系。对一个软件的开发项目来说,无论其规模大小,都需要选择一个合适的软件过程模型。这种选择基于项目和应用的性质、采用的方法、需要的控制以及要交付的产品的特点。

本节将简单介绍几种常见的软件模型,并且进行简单的比较和分析。

2.3.1 瀑布模型

瀑布模型即生命周期模型,其核心思想是按工序将问题化简,将功能的实现与设计分开,便于分工协作,即采用结构化的分析与设计方法将逻辑实现与物理实现分开。瀑布模型将软件生命周期划分为软件计划、需求分析、软件设计、软件实现、软件测试、运行维护六个阶段,规定了它们自上而下、相互衔接的固定次序,如同瀑布流水逐级下落。采用瀑布模型的软件过程如图2.2所示。

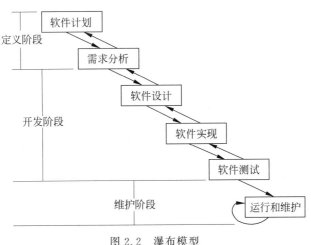

图 2.2 瀑布模型

瀑布模型是最早出现的软件过程模型,在软件工程中占有重要的地位,它提供了软件开发的基本框架。瀑布模型的本质是一次通过,即每个活动只执行一次,最后得到软件产品,也称为"线性顺序模型"或者"传统生命周期"。瀑布模型的过程是以上一项活动的工作成果作为输入,利用这一输入实施该项活动应完成的内容,给出该项活动的工作成果,并作为输出传给下一项活动。同时评审该项活动的工作成果,若确认通过,则继续下一项活动;否则返回上一项活动,甚至更前面的活动。

瀑布模型有利于大型软件开发过程中人员的组织及管理,有利于软件开发方法和工具的研究与使用,从而提高了大型软件项目开发的质量和效率。然而软件开发的实践表明,上述各项活动之间并非完全是自上而下且呈线性图式的,因此瀑布模型存在严重的缺陷。

(1) 由于开发模型呈线性,所以当开发成果尚未经过测试时,用户无法看到软件的效果,导致软件与用户见面的时间间隔较长,也增加了一定的风险。

(2) 在软件开发前期未发现的错误传到后面的开发活动中时,可能会扩散,进而可能会造成整个软件项目开发失败。

(3) 在软件需求分析阶段,完全确定用户的所有需求是比较困难的,甚至可以说是不太可能的。

2.3.2 原型模型

原型模型就是可以逐步改进成运行系统的模型。其过程是:开发人员在初步了解用户需求的基础上,凭借自己对用户需求的理解,通过强有力的软件环境支持,利用软件快速开发工具,设计和开发出软件初始模型;在此基础上和用户共同探讨、改进和完善方案,根据方案不断地对原型进行细化,补充新的数据、数据结构和应用模型,进而得到新的原型,再征求用户意见;如此反复,直至用户满意为止,达到用户与开发人员之间的完全沟通,消除各种误解,形成明确的软件定义及人机界面要求。利用原型模型进行软件开发的流程如图2.3所示。最终或者以最后的原型为基础,将其修改完善成为实际的软件系统,或者舍弃原型重新开发新的软件。原型模型的开发过程体现了不断迭代的快速修改过程,是一种动态定义技术。原型模型的应用使人们对需求有了渐进的认识,从而使软件开发更有针对性。此外,原型法的应用充分利用了最新的软件工具,使软件开发效率大为提高。

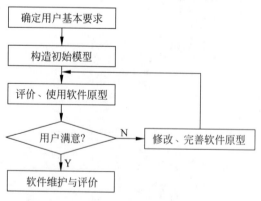

图 2.3 原型模型

虽然用户和开发人员都非常喜欢原型模型,因为它使用户能够感受到实际的软件系统,开发人员也能很快建造出一些东西。但该模型仍然存在着一些问题,原因如下。

(1) 用户看到的是一个可运行的软件版本,但不知道这个原型是临时搭起来的,也不知道软件开发人员为了使原型尽快运行,并没有考虑软件的整体质量或今后的可维护性问题。当被告知该产品必须重建,才能使其达到高质量时,往往会造成用户满意度降低。

(2) 开发人员常常需要在实现上采取折中的办法,以使原型能够尽快工作。如他们很可能会采用一个不合适的操作系统或程序设计语言,仅仅因为它通用和有名;也可能会使用一个效率低的算法,仅仅为了演示软件的功能。经过一段时间之后,开发人员可能对这些选择已经习以为常了,忘记了它们不合适的原因。于是,这些不理想的选择就成了软件的组成部分。

虽然会出现问题,原型模型仍是软件工程的一个有效典范。建立原型仅仅是为了定义需求,实际的软件在充分考虑了质量和可维护性之后才被开发。它比线性模型更符合人们认识事物的过程和规律,是一种较实用的开发框架,适用于那些不能预先切定义需求的软件系统的开发。

2.3.3 增量模型

增量模型融合了线性模型的基本成分和原型模型的迭代特征,采用随着日程时间的进展而交错的线性序列,每一个线性序列均会产生一个可发布的"增量"。当使用增量模型时,第一个增量往往是核心的产品,也就是说第一个增量实现了基本的需求,但很多补充的特征还没有发布。客户对每一个增量的使用和评估,都作为下一个增量发布的新特征和功能。这个过程在每一个增量发布后不断重复,直到产生了最终的完善产品。采用增量模型的软件过程如图 2.4 所示。增量模型像原型模型一样具有迭代的特征,但与原型模型不一样的是,增量模型强调每一个增量均发布一个可操作的产品。早期的增量是最终产品的"可拆卸"版本,但它们确实提供了给用户服务的功能,并且提供了用户评估的平台。

增量开发是很有用的,尤其是当配备的人员不能在为该项目设定的市场期限之前实现一个完全的版本时。早期的增量可以由较少的人员实现。如果核心产品很受欢迎,可以增加新的人手(如果需要的话),以实现下一个增量。此外,增量能够有计划地管理技术风险。例如,系统的一个重要部分需要使用正在开发并且发布时间尚未确定的新硬件,有可能计划在早期的增量中避免使用该硬件,这样,就可以先发布部分功能给用户,以免过分地延迟系统的问世时间。

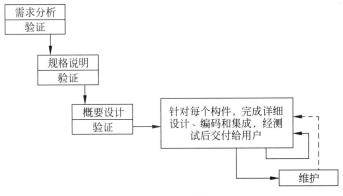

图 2.4 增量模型

2.3.4 螺旋模型

对于复杂的大型软件,开发一个原型往往达不到要求。螺旋模型将线性模型和原型模型结合起来,不仅体现了两个模型的优点,而且还增加了两个模型都忽略了的风险分析,弥补了两者的不足。

螺旋模型的结构如图 2.5 所示,它由 4 部分组成:制订计划、风险分析、实施工程、客户评估。图 2.5 在笛卡儿坐标的四个象限上分别表达了这四方面的活动。

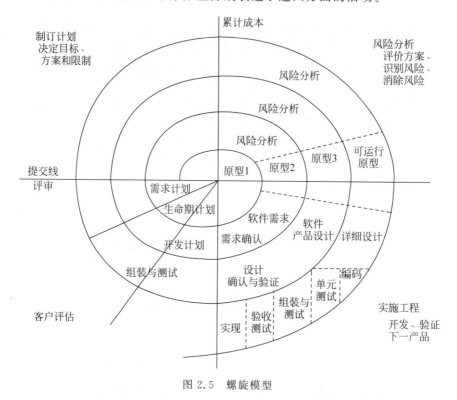

图 2.5 螺旋模型

沿螺旋线自内向外,每旋转一圈便开发出一个更为完善的新软件版本。例如第一圈中,在制订计划阶段确定了初步的目标、方案和限制条件以后,转入风险分析阶段,对项目的风险进行识别和分析;如果风险分析表明需求有不确定性,但是风险可以承受,那么在实施开发阶段,所建的原型会帮助开发人员和用户对需求做进一步的修改;软件开发完成后,客户会对工程成果做出评价,给出修正建议。在此基础上进入第二圈螺旋,再次进行制订计划、风险分析、实施开发和客户评估等工作。假如风险过大,开发者和用户无法承受,项目有可能终止。多数情况下,软件开发过程是沿螺旋线的路径连续进行的,自内向外,逐步延伸,最终总能得到一个用户满意的软件版本。

如果软件开发人员对所开发项目的需求已有了较好的理解,则无须开发原型,可采用普通的瀑布模型。这在螺旋模型中可认为是单圈螺旋。相反,如果对所开发项目的需求理解较差,则需要开发原型,甚至需要不止一个原型的帮助,此时就要经历多圈螺旋线。但在实际开发中,应该尽量降低迭代次数,减少每次迭代的工作量,这样才能降低开发成本和时间。反之,由于时间和成本上的开销太大,客户无法承受,软件系统的开发有可能中途夭折。螺旋模型不仅保留了瀑布模型中系统地、按阶段逐步地进行软件开发和"边开发、边评审"的风格,而且还引入了风险分析,并把制作原型作为风险分析的主要措施。在开发过程中,用户始终关心、参与软件开发,并对阶段性的软件产品提出评审意见,这对保证软件产品的质量是十分有利的。但是,螺旋模型的使用需要具有相当丰富的风险评估经验和专门知识,而且费用昂贵,所以只适合大型软件的开发。

2.3.5 变换模型

变换模型是基于形式化规格说明语言及程序变换的软件开发模型,它采用形式化的软件开发方法,对形式化的软件规格说明进行一系列自动或半自动的程序变换,最后映射为计算机系统能够接受的程序系统。采用变换模型的软件过程如图 2.6 所示。

为了确认形式化规格说明与软件需求的一致性,往往以形式化规格说明为基础开发一个软件原型,用户可以从人机界面、系统主要功能和性能等几个方面对原型进行评审,必要时可以修改软件需求、形式化规格说明和原型,直至原型被确认为止。这时软件开发人员即可对形式化的规格说明进行一系列的程序变换,直至生成计算机系统可以接受的目标代码。程序变换是软件开发的另一种方法,其基本思想是把程序设计的过程分为生成阶段和改进阶段。首先通过对问题的分析制定形式化规范并生成一个程序,通常是一种函数型的"递归方程";然后通过一系列保持正确性的源

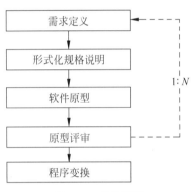

图 2.6 变换模型

程序到源程序的变换,把函数型风格转换成过程型风格并进行数据结构和算法的求精,最终得到一个有效的面向过程的程序。这种变换过程是一种严格的形式推导过程,所以只需对变换前的程序规范加以验证即可,变换后的程序的正确性将由变换法则的正确性来保证。

变换模型的优点是解决了代码结构经多次修改而变差的问题,减少了许多中间步骤(如设计、编码和测试等)。但是变换模型仍有较大局限,以形式化开发方法为基础的变换模型需要严格的数学理论和一整套开发环境的支持,目前形式化开发方法在理论、实践和人员培训方面距工程应用尚有一段距离。

2.3.6 喷泉模型

喷泉模型是一种以用户需求为动力、以对象为驱动的模型,主要用于描述面向对象的软件开发过程。该模型认为软件开发过程中自下而上周期的各阶段是相互重叠和多次反复的,就像水喷上去又可以落下来,类似一个喷泉;各个开发阶段没有特定的次序要求,并且可以交互进行,可以在某个开发阶段中随时补充其他任何开发阶段中的遗漏。采用喷泉模型的软件过程如图 2.7 所示。

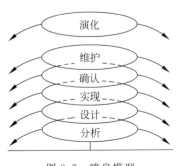

图 2.7 喷泉模型

喷泉模型主要用于面向对象的软件项目,软件的某部分通常被重复多次,相关对象在每次迭代中随之加入渐进的软件成分。各活动之间无明显边界,例如设计和实现

之间没有明显的边界,这也称为"喷泉模型的无间隙性"。由于对象概念的引入,表达分析、设计及实现等活动只用对象类和关系,从而可以较容易地实现活动的迭代和无间隙。

喷泉模型不像瀑布模型那样,需要分析活动结束后才能开始设计活动,设计活动结束后才能开始编码活动。该模型的各个阶段没有明显的界限,开发人员可以同步进行开发,其优点是可以提高软件项目的开发效率,节省开发时间,适应于面向对象的软件开发过程。由于喷泉模型在各个开发阶段是重叠的,因此在开发过程中需要大量的开发人员,因此不利于项目的管理。此外,这种模型要求严格管理文档,使得审核的难度加大,尤其是面对可能随时加入各种信息、需求与资料的情况。

2.3.7 智能模型

智能模型也称为"基于知识的软件开发模型",它把瀑布模型和专家系统结合在一起,利用专家系统来帮助软件开发人员进行工作。该模型应用基于规则的系统,采用归纳和推理机制,使维护在系统规格说明一级进行。这种模型在实施过程中将以软件工程知识为基础的生成规则构成的知识系统与包含应用领域知识规则的专家系统相结合,构成这一应用领域软件的开发系统。采用智能模型的软件过程如图 2.8 所示。

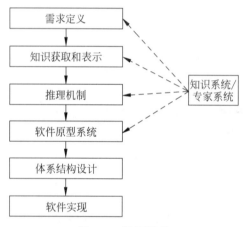

图 2.8 智能模型

智能模型所要解决的问题是特定领域的复杂问题,涉及大量的专业知识,而开发人员一般不是该领域的专家,他们对特定领域的熟悉需要一个过程,所以软件需求在初始阶段很难定义得很完整。因此,采用原型实现模型需要通过多次迭代来精化软件需求。

智能模型以知识作为处理对象,这些知识既有理论知识,也有特定领域的经验。在开发过程中,需要将这些知识从书本中和特定领域的知识库中抽取出来(即知识获取),选择适当的方法进行编码(即知识表示)建立知识库,然后将模型、软件工程知识与特定领域的知识分别存入数据库,在这个过程中需要软件开发人员与领域专家的密切合作。

智能模型开发的软件系统强调数据的含义,并试图使用现实世界的语言表达数据的含义。该模型可以勘探现有的数据,从中发现新的事实方法,指导用户以专家的水平解决复杂的问题。它以瀑布模型为基本框架,在不同开发阶段引入了原型实现方法和面向对象技术,以克服瀑布模型的缺点,适用于特定领域软件和专家决策系统的开发。

2.3.8 第四代技术模型

第四代技术包含一系列软件工具,它们的共同点是,能使软件工程师在较高级别说明软件的某些特征,之后工具根据开发者的说明自动生成源代码。毫无疑问,软件在越高的级别上被说明,就能越快地编写出程序。第四代技术模型的应用关键在于说明软件的能力,它用一种特定的语言来完成或者以一种用户可以理解的问题描述方法来描述待解决问题。

目前,支持第四代技术模型的软件开发环境包含如下部分或所有工具:数据库查询的非过程语言、报告生成器、数据操纵、屏幕交互及定义以及代码生成;高级图形功能;电子表格功能。上述许多工具最初仅能用于特定应用领域,今天第四代技术环境已经大大扩展,能够满足大多数软件应用领域的需要。

像其他模型一样,第四代技术也是从需求收集这一步开始。理想情况下,用户能够描述出需求,而这些需求能被直接转换成可操作的原型。但这是不现实的,用户可能不能确定需要什么;在说明已知的事实时,可能出现二义性;可能无法或是不愿意采用一个第四代技术工具可以理解的形式来说明信息。因此,其他模型中所描述的用户对话方式在第四代技术方法中仍是一个必要的组成部分。

对于较小的应用软件,使用非过程的第四代语言有可能直接从需求收集过渡到实现。但对于较大的应用软件,就有必要制定一个系统的设计策略,即使是使用 4GL。对于较大项目,如果没有很好的设计,即使使用第四代技术也会产生不用任何方法来开发软件所遇到的同样的问题,如质量差、可维护性差、难以被用户接受等。

应用第四代技术的生成功能可以自动生成源代码。很显然,相关信息的数据结构必须已经存在且能够被 4GL 访问。要将一个第四代技术生成的功能变成最终产品,开发者还必须进行测试,编写说明文档,并完成其他软件工程模型中同样要求的所有集成活动。此外,采用第四代技术开发的软件还必须考虑维护是否能够迅速实现。

像其他所有软件工程模型一样,第四代技术模型也有优点和缺点。支持者认为它极大地缩短了软件的开发时间,并显著提高了建造软件的生产率。反对者则认为目前的第四代技术工具并不比程序设计语言更容易使用,这类工具生成的结果源代码是"低效的",并且使用第四代技术开发的大型软件系统的可维护性是令人怀疑的。

第四代技术模型发展现状概括如下。

(1) 第四代技术的使用发展得很快,目前已成为适用于多种不同应用领域的方法。与计算机辅助软件工程工具和代码生成器结合起来,第四代技术为许多软件问题提供了可靠的解决方案。

(2) 从使用第四代技术的公司收集来的数据表明:在小型和中型的应用软件开发中,它使软件生产所需的时间大大缩短,且小型应用软件的分析和设计所需的时间也缩短了。

(3) 在大型软件项目中使用第四代技术,需要同样甚至更多的分析、设计和测试才能真正节省时间,这主要是通过编码量的减少实现的。

2.3.9 基于构件的开发模型

面向对象技术为软件工程基于构件的过程模型提供了技术框架。面向对象范型强调类的创建,类封装了数据和用于操纵该数据的方法。如果经过适当的设计和实现,面向对象的类可以在不同的应用和基于计算机的系统中复用。

基于构件的开发模型融合了螺旋/增量模型的许多特征,本质上属于演化模型,同样也适用于迭代方法,只不过使用预先包装好的软件构件来构造软件的应用。采用基于构件的开发模型的软件过程如图 2.9 所示。

从图 2.9 可以看到,开发活动从标识候选构件开始。这一步是通过检查将被应用系统操作的数据及用于实现该操作的算法来完成的,相关的数据和算法被封装成一个类。

以前创建的类被存储在类库中或称为中心的存储库中。一旦标识出候选类,就在类库中搜索,确认它是否存在。如果已经存在就调出来复用,如果不存在就采用面向对象的方法开发它。这样就可以利用已有的或新建造的类进行工程构造,通过随后的工程活动进行构件的组装,开始第一个迭代。随着螺旋的前进,不断地进行新的迭代。

基于构件的开发模型会导致构件的重用,而这些可复用的构件又使得软件的可测度大大增强。据一些公司统计,构件组装可以缩短大约 70% 的开发时间,可降低 84% 的项目成本。虽然这些结果依赖于构件库的健壮性,但是毫无疑问,基于构件的开发模型为软件工程带来了意义深远的影响。

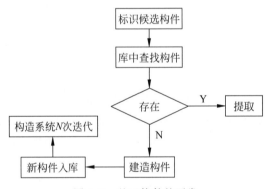

图 2.9　基于构件的开发

统一软件开发过程是产业界提出的一系列基于构件的开发模型的代表,使用统一的建模语言(UML)。统一软件开发过程定义了将被用于建造系统的构件和连接构件的接口。该过程使用迭代和增量开发的组合,通过应用基于场景的方法(从用户的视角)来定义系统的功能,然后将功能和体系结构框架组合。其中体系结构框架表示了软件将呈现的形式。

习题二

一、判断题

1. 增量模型的特点是文档驱动。　　　　　　　　　　　　　　　　　　　　(　　)
2. 瀑布模型的特点是文档驱动。　　　　　　　　　　　　　　　　　　　　(　　)
3. 瀑布模型是一种软件生命周期模型。　　　　　　　　　　　　　　　　　(　　)
4. 在软件生命周期中,用户主要是在软件开发期参与软件开发。　　　　　　(　　)
5. 瀑布模型的主要问题是可靠性低。　　　　　　　　　　　　　　　　　　(　　)
6. 软件生命周期中时间最长的阶段是需求分析阶段。　　　　　　　　　　　(　　)

7. 原型模型适用于需求已确定的系统。（ ）
8. 瀑布模型本质上是一种线性顺序模型。（ ）
9. 原型化方法是用户和软件开发人员之间进行的一种交互过程,适用于需求不确定性高的系统。（ ）

二、填空题

1. 原型模型从用户界面的开发入手,首先形成_____,用户_____,并就_____提出意见,它是一种_____型的设计过程。
2. 软件工程中描述生命周期的瀑布模型一般包括软件计划、_____、软件设计、软件实现、软件测试、运行维护等几个阶段,其中软件设计阶段在管理上又可以分成_____和_____两步。

三、简答题

1. 什么是软件的生命周期？
2. 软件工程过程有哪几个基本过程活动？试说明。

四、综合题

1. 详细说明软件生命周期分为哪几个阶段。
2. 试论述瀑布模型软件开发方法的基本过程。

第 3 章 系统分析

需求分析是必要且十分重要的环节。实践证明,软件分析工作的好坏,在很大程度上决定了软件的成败。本章将从实际案例出发,对结构化方法的可行性分析和需求分析过程进行全面的剖析。在软件开发实践中,诸多成功和失败的教训使人们认识到,为了使开发出来的目标系统能满足实际需要,在着手编程之前,首先必须要用一定的时间来认真考虑以下问题:

(1) 需求要解决的问题是什么?
(2) 为解决该问题,系统应该做些什么?
(3) 系统应该怎么去做?

软件分析的任务是:通过计划和需求分析,最终完成系统的逻辑方案。逻辑方案不同于物理方案,前者解决"是什么"的问题,是软件分析的任务;后者解决"如何做"的问题,是软件设计的任务。系统分析过程如图 3.1 所示。

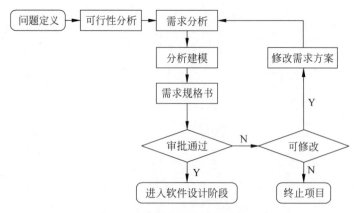

图 3.1 系统分析过程流程图

第3章 系统分析

3.1 问题的定义

问题定义阶段的主要任务是回答"要解决的问题是什么"这一问题。问题定义的内容包括明确问题的背景、开发系统的现状、开发的理由和条件、开发系统的问题要求、总体要求、问题的性质、类型范围、要实现的目标、功能规模、实现目标的方案、开发的条件、环境要求等,然后写出问题定义报告,以供可行性分析阶段使用。

1. 调研

系统的开发一般都是从用户提出要求开始的。而对于这种开发要求是否具有可行性,以及原有系统是否真到了必须推倒重来的地步等,都需要在软件开发之前认真考虑。在没有做这些考虑之前提前进入后续任何一项工作都是不明智的。

为了使软件开发工作更加有效地展开,有经验的开发者往往将系统调查分为两步,第一步是初步调查,即先投入少量的人力对系统进行大致的了解,然后再看有无开发的可行性;第二步是详细系统调查,即在软件开发具有可行性并已正式立项后,再投入大量人力展开大规模、全面的系统调查。初步调查的重点如下:

(1) 了解用户与现有系统的总的情况,包括现有系统的规模、目标、发展历史、组织结构、人员分工、技术条件、技术水平等;

(2) 了解现有系统与外部环境的联系,包括现有系统和外部环境有哪些联系,哪些外部条件制约系统的发展等;

(3) 了解现有系统的现有资源,包括现有系统有哪些资源及系统的状况等;

(4) 了解用户的需求,包括功能需求、性能需求、资源和环境要求及资金和开发进度等。

通过调查研究,分析人员应根据软件工作范围,充分理解用户提出的每项功能与要求,同时从软件系统特征、软件开发的全过程以及可行性分析报告中给出的资源和时间约束来确定软件开发的总策略。只有用户才知道自己需要什么,但是他们并不知道怎样利用软件来实现自己的需要,用户必须把他们对软件的需求尽量准确、具体地描述出来;分析人员知道怎样用软件实现用户的需求,但是在需求分析开始时他们对用户的需求并不十分清楚,必须通过与用户的沟通了解用户对软件的需求。

2. 问题定义

在问题定义阶段,分析人员要深入现场,阅读用户书写的书面报告,听取用户对开发系统的要求,调查开发系统的背景理由;要与用户负责人反复讨论,以澄清模糊的地方,改正不正确的地方;最后写出双方都满意的问题定义报告,并确定双方是否可进行深入系统可行性研究的意向。

系统分析过程的第一步涉及对问题的确认。分析人员会见客户,客户可能是外面公司、分析人员所在公司的市场部门或技术部门的代表,其意图是了解软件开发的目的,并定义满足这一目的所需的具体目标。

问题定义报告的主要内容包括项目名称、背景、目标、范围、开发条件、环境要求和初步设想等。一旦确定了全部目标,分析人员即可转向可行性评估:构造系统的技术是否存在?需要什么特殊的开发和制造资源?对成本和进度有什么限制?通过对上述问题的回答来确定目标系统的可执行性。下面,本书以库存管理系统为例介绍和描述问题的定义。

【案例3-1】 库存管理系统

库存管理系统的问题定义如下。

某公司是小型生产企业,随着改革的深入和经济的发展,该公司的生产任务日益繁重,从而对库存管理的要求也更加严格。在传统的手工管理时期,一种物品由进货到发货,要经过若干环节,且由于物品的规格型号繁多,加之业务人员素质较低等因素,造成物品供应效率低下,严重影响了企业的正常生产。同时,由于库房与管理部门之间的信息交流困难,造成库存严重积压,极大地影响了企业的资金周转速度,也使得物资管理、数据汇总成为一大难题。

当今企业的竞争压力越来越大,企业要想生存,就必须在各个方面加强管理,并要求企业有更高的信息化集成,能够对企业的整体资源进行集成管理。现代企业都意识到,企业的竞争是综合实力的竞争,要求企业有更强的资金实力,更快的市场响应速度。这就要求企业各部门之间统一计划,协调生产步骤,汇总信息,调配集团内部资源,实现既要独立又要统一的资源共享管理。随着信息技术的发展,该厂为了提高库存周转率,加快资金周转速度,决定开发库存管理系统。图3.2所示为库存管理系统的问题定义报告。

---

1. 项目

库存管理系统。

2. 背景

由于人工系统业务流程复杂、业务人员素质低,造成工作效率低下;信息交流不畅,造成库存严重积压,极大地影响了企业的资金周转速度;物资管理、数据汇总困难。

3. 项目目标

建立一个高效、准确、操作方便,具有查询、更新及统计功能的信息系统,以满足管理人员的查询及更新要求,从而更加方便地管理库存物品。

4. 项目范围

硬件可利用现有设备,软件开发费用为2万元。

5. 开发条件
- 系统结构:B/S结构。
- 服务器端技术:ASP.NET。
- 开发语言:C#。
- 数据库技术:SQL Server 2000。

6. 环境要求
- 服务器端:Windows 2003+IIS5.1+Visual Studio 2003+SQL Server 2000。
- 客户端:IE 6.0。
- 网络:服务器和客户端应有网络连通,配置TCP/IP。

7. 初步设想

增加库存查询、库存提示、库存统计等功能。

8. 可行性研究

建议进行一周,费用为1000元。

图3.2 库存管理系统的问题定义报告

3.2 可行性分析

可行性分析又称为可行性研究,其任务是以最小的代价、在尽可能短的时间内确定问题是否能够解决,也就是判断原定的目标和规模是否现实。如果在定义阶段较早地识别出构思错误的系统,就可以避免时间和财物的无谓损失。一般地,在软件项目策划阶段进行的可行性研究应包括经济可行性分析、技术可行性分析、社会可行性分析、方案的选择、编写可行性研究报告五个方面的内容,如图3.3所示。

---

1. 项目背景
   1.1 问题描述
   1.2 实现环境
   1.3 限制条件
2. 管理概要和建议
   2.1 重要的研究结果
   2.2 说明
   2.3 建议
   2.4 影响
3. 候选方案
   3.1 候选系统的配置
   3.2 最终方案的选择标准
4. 系统描述
   4.1 系统工作范围的简要说明
   4.2 被分配系统元素的可行性
5. 经济可行性(成本-效益)分析
   5.1 经费概算
   5.2 预期的经济效益
6. 技术可行性(技术风险评价)分析
   6.1 技术实力
   6.2 已有工作基础
   6.3 设备条件
7. 社会可行性分析
   7.1 系统开发可能导致的侵权、违法和责任
   7.2 政策方面的影响
8. 可用性分析
   8.1 用户单位的行政管理和工作制度
   8.2 使用人员的素质
9. 其他与项目有关的问题
   9.1 其他方案介绍
   9.2 未来可能的变化

图 3.3 可行性分析报告的主要内容

1. 经济可行性分析

经济可行性分析主要是指进行成本-效益分析,从经济角度判断系统开发是否"合算",从组织的人力、财力、物力三方面来考查软件开发的可行性。包含在经济可行性研究中最重要的信息之一是成本-效益分析(即对基于计算机系统项目的经济回报的评估)。成本-效益分析用于描绘项目开发的成本,并将其和系统的实际和无形效益相比较。

所谓成本,包括以下四方面的内容:
(1) 购置并安装软、硬件及有关设备的费用;
(2) 系统开发费用;
(3) 系统安装、运行及维护的费用;
(4) 人员培训费用。

效益包括以下两方面的内容:
(1) 系统为用户增加的收入或为用户节省的开支,这是有形的效益;
(2) 给潜在用户心理上造成的影响。这是无形的效益,它可以转化为有形的效益。

成本-效益分析标准随着将被开发的系统的特征、项目的相对规模以及投资期望回报的变化而发生变化。此外,很多效益是无形的,直接的数量比较可能难于实现。

2. 技术可行性分析

技术可行性分析主要是指进行技术风险评价,从开发者的技术实力、以往工作基础、问题的复杂性等出发,判断系统开发在时间、费用等限制条件下成功的可能性。分析人员需要根据系统的功能、性能需求建立系统模型,然后对此模型进行一系列的试验、评审和修改,最后由项目管理人员做出是否进行系统开发的决定。如果开发技术风险很大,或者模型演示表明当前采用的技术和方法不能实现系统预期的功能和性能,或者系统的实现不支持各子系统的集成,则项目管理人员可以做出停止系统开发的决定。

技术可行性分析包括如下几个方面:
(1) 对现有技术进行估价,包括对国内外相关技术的发展水平及国家相关技术政策,对目前可利用的技术进行评估(该技术必须是已经普遍应用,有现成产品,而不是待研究或正在研究的);
(2) 评估使用现有技术进行软件开发的可行性;
(3) 对技术发展可能产生的影响进行预测;
(4) 对关键技术人员的数量和水平进行评估;
(5) 评估计算机硬件的可行性,包括对各种外围设备、通信设备、计算机设备的性能是否能满足软件开发的要求,以及这些设备的使用、维护及其充分发挥效益的可行性进行评估;
(6) 评估计算机软件的可行性,包括对各种软件的功能能否满足软件开发的要求,软件系统是否安全可靠,本单位对使用、掌握这些软件技术的可行性进行评估。

3. 社会可行性分析

社会可行性分析主要是指评估一些社会因素对系统的影响。例如,新系统开发是否会引起侵权或其他法律责任问题,新系统开发是否符合政府法规或行业正常要求,外部环境的可能变化对新系统的开发影响如何等。

4. 方案的选择

方案的选择是指评价系统或产品开发的几个可能的候选方案,最后给出结论意见。分析人员在考虑问题解决的方案时,一般采用将一个大而复杂的系统分解为若干子系统的办法来降低解决方案的复杂性。如何进行系统分解以及如何定义各子系统的功能、性能和界面,实现方案可能有多种。可以采用折中的方法,反复比较各个方案的成本-效益,选择可行的方案。

5. 编写可行性研究报告

可行性研究的结果要用可行性研究报告的形式编写出来。

可行性研究的结论应明确指出:

(1) 系统具备立即开发的可行性,可进入软件工程的下一个阶段;

(2) 可行性分析结果完全不可行,软件开发工作必须放弃;

(3) 某些条件不具备,但可以创造条件,如增加资源或改变系统的目标后,再重新进行可行性论证。

可行性研究报告首先由项目负责人审查(审查内容是否可靠),再上报给上级主管审阅(估价项目的地位)。

3.3 需求分析

3.1节和3.2节通过问题定义和可行性研究,回答了上面的第一个问题,即"需求要解决的问题是什么"而第二个问题的解决,即"为解决该问题,软件系统应该做些什么"就是需求分析的任务了。

软件需求分析是软件生命周期中重要的一步,是软件定义阶段的最后一个阶段,是关系到软件开发成败的关键步骤。软件需求分析过程就是对可行性研究确定的系统功能进一步具体化,并通过分析人员与用户之间的广泛交流,最终形成一个完整、清晰、一致的软件需求规格说明书的过程。通过需求分析,能把软件功能和性能的总体概念描述为具体的软件,从而奠定软件开发的基础。总的来说,软件需求分析过程实际上是一个调查研究、分析综合的过程,它准确回答了"系统该做什么"的问题。

软件需求分析的目标是深入描述软件的功能和性能,确定软件设计的约束和软件同其他系统元素的接口细节,定义软件的其他有效性需求。

要解决"系统应该做些什么"的问题,分析人员必须与用户密切协商,这是软件分析工作的特点之一。根据现有系统的特点,认真调查和分析用户需求,弄清哪些工作应交由计算机完成,哪些工作仍由人工完成,以及计算机可以提供哪些新功能。这样就可以在逻辑上规定目标系统的功能,而不涉及具体的物理实现,也就解决了"系统应做些什么"的问题。

3.3.1 需求分析的原则

一般来说,现有系统是杂乱无章的,并且用户群体中的各个用户会从不同角度提出对原始问题的理解及对用计算机要实现管理的软件系统的需求,但并非所有的用户提出的要求都是合理的,所以必须全面理解用户的各项要求,不可能接受所有的要求,因此要经过一个认清问题、分析资料、建立分析模型的过程。

需求分析的方法很多，但是总的来说任何分析方法都是为了把软件系统要做的事情描述清楚，所以有其共同的、可适用的基本原则。

1. 必须能够清楚地表达和理解问题的功能域和数据域

软件的定义以及开发工作基本上都是要解决数据处理问题，即从一种形式转换为另一种形式。转换过程大致都要经历数据的输入、数据的加工和对结果数据的输出等几个步骤。

对于软件中的数据，所谓的"数据域"应包含数据流、数据内容和数据结构。

数据流指的是数据通过一个系统时的变化方式。对数据进行转换是软件常见的功能。而功能与功能之间的数据传递就确定了功能之间的接口。

数据内容指的就是数据项。

数据结构指的是各种数据项的逻辑组织方式，如顺序表、各种树状的链表、二维表等等。

2. 以层次化的方式对问题进行分解和不断细化

通常软件要处理的问题，作为一个整体来看规模庞大、过于复杂，很难理解。但如果把问题以某种方式分解为几个较易理解的部分，并确定各部分之间的接口，就可以比较容易地实现整体的功能了。

在需求分析阶段，软件的功能域和信息域都能被进一步地分解。这种分解可以是同一个层次的，称为横向分解；也可以是多层次的，称为纵向分解。

3. 给出系统的逻辑视图和物理视图

需求分析的方法各有不同，但是无论用什么方法，必须给出系统的概念模型和物理模型，这对于满足处理需求所提出的逻辑限制条件和系统中其他成分提出的物理限制条件是必不可少的。

软件需求的概念模型给出软件要达到的功能和需要处理数据之间的关系，而不是实现的细节。软件需求中的概念模型是软件设计的基础。

软件需求的物理模型给出处理功能和数据结构的实际表现形式，这往往与设备相关，分析人员必须清楚各种相关元素对软件的限制，来正确地进行功能和信息结构的物理表示。

3.3.2 需求分析的过程

1. 软件需求的四个过程

在软件需求分析中，必须采用合理的步骤，才能准确地获取软件的需求，产生符合要求的软件需求规格说明书。软件需求可以分为问题识别与需求获取、分析综合与软件建模、编写软件需求规格说明书、评审与需求验证。

（1）问题识别与需求获取。首先系统分析人员要确定对目标系统的综合要求，即软件的需求，并提出这些需求实现条件以及需求应达到的标准。这些需求包括功能需求、性能需求、环境需求、可靠性需求、安全保密要求、用户界面需求、资源使用需求、软件成本消耗与开发进度需求，并预先估计以后系统可能达到的目标。此外，还需要注意其他非功能性的需求。如针对某种开发模式,应确定质量控制标准、里程碑、评审、验收标准、各种质量要求的优先级等以及可维护性方面的需求。

需求获取通常从分析现有系统包含的数据开始。首先分析现实世界,进行现场调查研究;通过与用户的交流,了解现有系统的运行方式、机构、输入输出、资源利用情况和日常数据处理过程,并用一个具体模型反映分析员对现有系统理解。这就是现有系统物理模型的建立过程。这一模型应客观地反映现实世界的实际情况。

此外,要建立分析所需要的环境,以保证能顺利地对问题进行分析。分析所需的环境如图 3.4 所示。

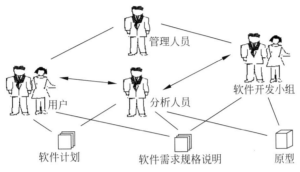

图 3.4 软件需求分析的通信途径

(2) 分析综合与软件建模。分析综合与软件建模是需求分析第二方面的工作。分析人员必须从信息流和信息结构出发,逐步细化所有的软件功能,找出系统各元素之间的联系、接口特性和设计上的限制,判断是否存在因片面性或短期行为而导致的不合理的用户要求,是否有用户尚未提出的真正有价值的潜在要求;剔除其不合理的部分,增加其需要部分;最终综合成系统的解决方案,给出目标系统的详细概念模型。

分析建模的过程就是从现有系统的物理模型中抽象出现有系统的概念模型,再利用现有系统的概念模型,除去那些非本质的东西,抽象出目标系统的概念模型的过程,即对目标系统的综合要求及数据要求的分析综合过程,是需求分析过程中关键的一步。

首先,在理解现有系统"怎么做"的基础上,抽取其"做什么"的本质,从而从物理模型中抽象出现有系统的概念模型。在物理模型中有许多物理的因素,随着分析工作的深入,需要对物理模型进行分析,区分出本质的和非本质的因素,去掉那些非本质的因素,得出反映系统本质的概念模型。

其次,分析目标系统与现有系统在逻辑上的差别,从现有系统的概念模型中导出目标系统的概念模型。从分析现有系统与目标系统变化范围的不同,决定目标系统与现有系统在逻辑上的差别;将变化的部分看作是新的处理步骤,并对数据流进行调整;由外向里对变化的部分进行分析,推断其结构,获取目标系统的概念模型。

最后,补充目标系统的概念模型。为了使已经得出的模型能够对目标系统作完整的描述,还需要从目标系统的人机界面、尚未详细考虑的细节以及其他诸如系统能够满足的性能和限制等方面加以补充。

(3) 编写软件需求规格说明。软件需求规格说明又称软件规格说明书,是分析人员在需求分析阶段需要完成的文档,是软件需求分析的最终结果。它的作用主要是:作为软件人员与用户之间事实上的技术合同说明；作为软件人员下一步进行设计和编码的基础；作为测试和验收的依据。软件需求规格说明必须用统一格式的文档进行描述。为了使需求分析描述具有统一的风格,可以采用已有的且能满足项目需要的模板,也可以根据项目特点和软件开发小组的特点对标准进行适当的改动,形成自己的模板。软件需求说明书主要包括引言、任务概述、需求规定、运行环境规定和附录等内容。

软件需求规格说明是沟通用户与分析人员的媒介,双方要用它来表达对于需要计算机解决的问题的理解。书写时应当易于理解和无二义性,尤其是在描述的过程中最好不要使用用户不易理解的专业术语。

为了便于用户尤其是不熟悉计算机的用户理解,软件需求规格说明应该直观、易读和易于修改,所以应尽量以图文结合的方式,采用自然语言,标准的图形、表格和简单的符号来表示。

(4) 评审与需求验证。由分析人员提供的软件需求规格说明的初稿看起来是正确的,但在实现的过程中却会出现各种各样的问题,如需求不一致问题、二义性问题等。这些都必须通过需求分析的验证、复审来发现,确保软件需求规格说明可作为软件设计和最终系统验收的依据。作为需求分析阶段工作的复查手段,应该对功能的正确性、文档的一致性、完备性、准确性和清晰性以及其他需求给予评价。为保证软件需求定义的质量,评审应以专门指定的人员负责,并按规程严格进行。评审结束应有评审负责人的结论意见及签字。除分析人员之外,用户/需求者、开发部门的管理者,软件设计、实现、测试的人员都应当参加评审工作。验证的结果可能会引起修改,必要时要修改软件计划来反映环境的变化。需求验证是软件需求分析任务完成的标志。

2. 验证需求的正确性

软件需求分析阶段的结果是软件开发项目的重要根据。大量统计数字表明,软件系统中约15%的错误起源于错误的需求。为了提高软件质量,确保软件开发成功,降低软件开发成本,对目标系统提出一组要求后,必须严格验证需求的正确性。这个环节的参与者有用户,管理部门,软件设计、编码和测试人员。一般说来,应该从下述几个方面进行验证。

(1) 一致性。所有的软件需求都必须是统一的,任何一条需求都不能和其他需求矛盾。用自然语言书写的软件需求规格说明是难以验证的,特别是目标规模大、软件需求说明书较长的时候,人工复审没有更好的方法进行测试。一些没有保证的、冗余的、遗漏和不一致的问题可能不容易被发现而被保留下来,为以后的软件设计留下后患。为了克服这困难,可使用形式化的语言书写软件需求规格说明,以便软件工具验证需求的一致性。

(2) 现实性。指定的需求应该是用现有的硬件技术和软件技术能够基本实现的。如果超出了现有的技术基础,就会增加软件实现的难度,提高软件开发成本,甚至导致软件开发的失败。因此验证现实性时,应该参照以往开发系统的经验,分析现有的软、硬件实现目标系统的可行性。必要的时候应该采用仿真或性能模拟技术,辅助分析软件需求说明书的现实性。

(3) 完整性与有效性。需求必须是完整的,软件需求说明书中必须包括用户需要的每个功能或性能;需求必须是正确有效的,确实能解决用户的实际问题。只有用户才真正知道软件需求说明书是否完整、准确地描述了他们的需求。检验需求的完整性与有效性必须在用户的合作下才能完成。但大多用户并不能清楚地说明自己的需求,也不能根据软件需求说明书确认是否满足了自己的实际需求。使用快速原型方法是比较现实的解决方案。让用户试用一段时间的原型系统,让他们能够认识到他们真正需要什么,以便对比现有的需求分析,提出更符合实际的要求。同时,软件设计、编码及测试人员的参与可更进一步加深与用户的沟通,理解用户的真实需求,有益于软件开发各个环节的联系,保证目标系统的完整性与有效性。

3.3.3 获取需求的方法

获取需求是软件开发工作中最重要的环节之一,其工作质量的好坏对整个软件系统开发建设的成败具有决定性影响。获取需求工作量大,所涉及的过程、人员、数据、信息非常多,因此要想获得真实、全面的需求必须要有正确的方法。获取需求技术包括两方面的工作:

(1) 建立获取用户需求方法的框架;
(2) 支持和监控需求获取过程的机制。

获取用户需求的主要方法是调查研究。

1. 了解系统的需求

软件开发常常是系统开发的一部分。仔细分析研究系统的需求说明,对软件的需求获取是很有必要的。在进行该项工作时,可将用户日常业务中所用的计划、原始凭据、单据和报表等的格式或样本统统收集起来,以便进行分类研究。

2. 市场调查

市场调查是指了解市场和用户对待开发软件有什么样的要求,了解市场上有无与待开发软件类似的系统。如果有,在功能上、性能上、价格上情况如何。也可以采用书面调查的方法,根据系统特点设计调查表,用调查表向有关单位和个人征求意见和收集数据,如表 3.1 所示。还可通过 Internet 网和局域网发电子邮件进行调查,或利用打电话和召开电视会议进行调查。但只能作为补充手段,因为许多资料需要亲自收集和整理,不过仍可大大节省时间、人力、物力和成本。

在做调查研究时,可以采取如下的调查方式:

(1) 拟定调查提纲,向不同层次的用户发调查表;
(2) 按用户的不同层次分别召开调查会,了解用户对待开发系统的想法和建议;
(3) 向关键岗位上的工作人员个别咨询;
(4) 实地考察,跟踪现场业务流程;
(5) 查阅与待开发系统有关的资料;
(6) 使用各种调查工具,如数据流图、任务分解图、网络图等。

表 3.1 问卷调查表

序号	问题	回答
1	你的工作岗位是什么?	
2	你的工作性质是什么?	
3	你的工作任务是什么?(收集或绘制业务功能图)	

续表

序号	问　　题	回答
4	你每天的工作时间安排？（绘制工作安排表）	
5	你的工作同前/后续工作如何联系？（绘制工作流程）	
6	如何建立计算机系统，你愿意学习操作吗？	

×××先生/女士：

您好！请您抽空准备一下，我们将于×日与您会面。谢谢！

×××课题组

3. 访问用户和用户领域的专家

开调查会有助于大家的见解互相补充，以便形成较为完整的印象。但是由于时间限制等其他因素，并不能完全反映出每个与会者的意见，因此往往在会后根据具体需要再进行个别访问，把从用户那里得到的信息作为重要的原始资料进行分析。访问用户领域的专家所得到的信息将有助于对用户需求的理解。

4. 考察现场

如果条件允许，亲自参加业务实践是了解现有系统的最好方法。通过实践可加深开发人员和用户的思想交流和友谊，通过了解用户实际的操作环境、操作过程和操作要求，对照用户提交的问题陈述，对用户需求可以有更全面、更细致的认识，这将有利于下一步的系统开发工作。

为了能够有效地获取和理清用户需求，应当打破用户（需方）和开发者（供方）的界限，共同组成一个联合小组，发挥各自的长处，协同工作。

3.3.4　通过现有系统建立目标系统的过程

通常软件开发项目是要实现目标系统的物理模型。作为目标系统的参考，需求分析的任务就是借助于现有系统的概念模型导出目标系统的概念模型，解决目标系统"做什么"的问题，其实现步骤如图3.5所示。

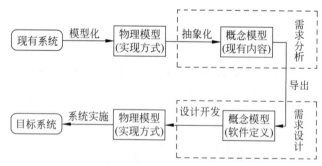

图3.5　参考现有系统建立目标系统模型

一个好的设计过程通常总是从现有系统的物理模型出发，导出现有系统的概念模型，经过对现有系统的分析，找出问题和不足之处，设想目标系统的概念模型，最后根据目标系统的概念模型设计出新系统的物理模型。下面通过库存管理系统需求分析的过程进行介绍。

第3章 系统分析

1. 了解现有系统的物理模型

现有的系统是信息的主要来源。显然,如果目前有一个正在使用的系统,那么这个系统一定能完成某些有用的工作,因此,新的目标系统必须也要完成这些基本的工作;另一方面,现有的系统必然存在某些问题或不足,才导致了新系统问题的提出。新的系统必须能够解决现有系统存在的这些问题或不足。此外,运行和使用现有系统所需要的费用是一个重要的经济指标。如果新系统不能增加收入或减少使用费用,那么从经济角度看新系统就不如当前的系统,甚至要考虑新系统开发的必要性。

了解现有系统能做些什么(而不必清楚是怎样做到的)以及了解和记录现有系统和其他系统的接口情况,这是设计新系统时的重要约束条件。根据上述的了解画出现有系统的物理模型图。

库存管理系统现有系统的描述。

各车间向物品供应部门提出对某种物品的需求计划,仓库将相应的商品发放给各车间,一般要经过计划、库房管理等过程。系统的物理模型图如图3.6所示。

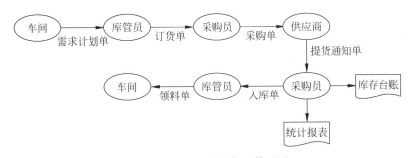

图 3.6 现有系统的物理模型图

2. 抽象出现有系统的概念模型

应该仔细阅读和分析现有系统的有关文档和所有资料并实地考察现有系统,了解现有系统都做了什么,能做什么,为什么这样做,使用现有系统所付出的代价。为了了解上述这些问题,必须访问相关的人员。这就是了解现有系统的过程。

在理解物理模型的基础上,抽取其做什么的本质,从而从现有系统的物理模型抽象出现有系统的概念模型。该概念模型应能描述出现有系统对相关业务的处理过程。要注意的是千万不要花费太多的精力去分析和描述现有系统的实现细节。

与用户座谈、沟通,开展调研,了解现有系统存在哪些问题和不足之处。例如经过对当前运行的"库存管理系统"的调研,发现库存管理系统存在以下问题和不足:由于采用的是手工管理,账目繁多,加之几个仓库之间距离较远,库管员、计划员和有关领导相互之间的信息交流困难,使得物资供应效率低下,影响生产;每月的月末报表会耗费大量的人力,且手工处理容易造成失误,从而影响了数据的效率和准确率,造成了不必要的损失。因此,该厂必须建立相应的库存管理系统,使其能根据市场情况,及时合理地采购所需商品;同时又能科学地对商品进行管理,统筹安排人力、物力、财力,有效地改善当前管理的混乱状况。

根据对该厂的库存管理情况所做的调查和参考有关资料,发现目前该厂在库存管理方面存在着如下问题。

(1) 不能及时获得库存信息。在企业运作过程中,管理人员必须获知各种商品当前的库存量,在库存数量小于商品最低库存限度的时候,应及时向供应商进行订货;在库存数量大于商品最高库存限度的时候,即商品积压的时候,应该停止商品的进货活动。但在实际操作中,由于商品的种类多、数量大,需要进行仔细地核算,这不仅费时,而且易出错,从而影响企业快速有效地运转。

(2) 库存信息不够准确。仓库管理员根据各种入库单、需求计划单和领料单进行商品的入库、出库操作后,要随时修改商品的库存信息和出库、入库信息,以便反映库存状况。该工作中的主要问题是:由于商品种类多、数量大、出库/入库操作频繁等原因,造成库存记录和实际库存量通常达不到严格一致,因而需要通过盘点来纠正差错,这既耽误时间,又增加了工作量。

(3) 无法及时了解车间对库存商品的需求情况。在需求计划单下达后,由于库存商品与车间的关系复杂,根据送料员的个人经验给各车间分配车间所需商品时,常缺少入库、出库信息和相关信息,经常在车间缺少该商品的时候才知道该产品的需要情况,此时如果库存量不足,将会导致车间的停产。无法及时了解车间对库存商品的需求情况会使企业的生产和销售环节发生混乱,使企业无法正常运作。

(4) 市场需求日益多样化和个性化。产品更新换代的周期越来越短,这就要求企业必须改变库存管理现状,以适应时代的要求。

3. 建立目标系统的概念模型

通过前面对现有系统的了解,分析人员就清楚了新系统应该具有哪些基本功能,应该增加哪些功能及其所受的约束和限制条件,据此描绘出目标系统业务处理的过程,从而表达出对目标系统的设想。目标系统的系统流程图实际上是对目标系统的一个高度抽象的模型,对具体功能、性能、数据以及各种约束和限制条件的描述还有待于在需求分析与设计的过程中通过软件建模来实现。在本书的案例 4-1"库存管理系统"中,对目标系统新增加的功能描述如下(也可以通过目标系统的系统流程图进行说明)。

4. 对目标系统的概念模型进行补充,以求完整地描述

库存管理系统新增加的功能。

因为传统企业库存管理存在以上问题,难以适应现代库存管理的要求,所以现代企业库存管理系统要具有以下特点。

(1) 科学的库存管理流程。存货的种类不同,所涉及的业务环节及它们所组成的业务流程也各有差异。一般而言,库存业务包括入库处理、货物保管和出库处理三个主要部分。通畅的业务流程是保障高效库存管理的基础,应具备优化、无冗余、并行作业的基本属性。科学的企业库存管理系统可对企业的业务流程进行流程再造,使其更加通畅,提高企业在同行业中的竞争力。

(2) 商品代码化管理。代码问题严格说是一个科学管理的问题,设计出一个好的代码方案对于系统的开发工作是一件极为有利的事情。代码设计得好,可以使很多机器处理变得十分方便,还可以把一些现阶段计算机很难处理的工作变成很简单的工作。

(3) 商品编码化管理。由于库存商品种类繁多,在库存管理过程中极易发生混乱的问题。IT 技术与层次编码技术的结合为商品的高效管理提供了可能。这种编码技术对所有

库存商品按照层次和类别赋予唯一的编码。它是区分不同商品的最主要的标准,具有易读和易记的特点,使得管理者只需知道商品的编码,就可以了解该商品的有关信息。

(4) 库存异常报警。当库存数量小于商品最低库存限度的时候,系统发出警报,提醒管理人员应该向供应商进行订货;在库存数量大于商品最高库存限度的时候,即商品积压的时候,系统也会发出警报,提醒管理人员应该停止商品的进货活动。也就是说,企业库存管理系统应既能防止商品供应滞后于车间对它们的需求,也能防止商品过早地生产和进货,以免积压库存。

软件需求分析阶段研究的对象是软件项目的用户要求。如何准确表达用户的要求,怎样与用户共同明确将要开发的是一个什么样的系统,是需求分析要解决的主要问题。一方面,必须全面理解用户的各项要求,但又不能全盘接受所有的要求;另一方面,要准确地表达被接受的用户要求。只有经过确切描述的软件需求才能成为软件设计的基础。也就是说,需求阶段的任务并不是确定系统怎样完成工作,而仅仅是确定系统必须完成哪些工作,即对目标系统提出完整、准确、清晰、具体的要求。需求分析阶段所要完成的任务是在可行性研究成果的基础上,针对目标模型,通过分析综合建立软件系统的分析模型,编制出软件需求说明书。

在需求分析阶段,分析员要对收集到的大量资料和数据进行分析综合,透过现象看本质,看到事物的内在联系及矛盾所在;同时,对于那些非本质的东西,找出解决矛盾的办法;最后,通过"抽象"建立起描述软件需求的一组模型,即分析模型。分析模型应该包含以下系统需求内容:

(1) 功能要求;
(2) 性能要求,如对响应时间、吞吐量、处理时间、对内外存的限制等的要求;
(3) 接口要求;
(4) 约束与限制条件要求(安全性、保密性、可靠性);
(5) 运行要求,如对硬件、支撑软件、数据通信接口等的要求;
(6) 异常处理等对系统的综合要求,以及对于系统信息处理中数据元素的组成、数据的逻辑关系、数据字典和数据模型等系统的数据要求。

这些是形成软件需求说明书、进行软件设计与实现的基础。需求说明书是软件分析阶段的最后结果,它通过一组图表和文字说明描述了目标系统的概念模型。设计概念模型是软件分析工作的另一个特点。概念模型包括数据流图、数据字典、基本加工说明等。它们不仅在逻辑上表明了目标系统所具备的各种功能,而且还包括输入、输出、数据存储、数据流程和系统环境等。概念模型只告诉人们目标系统要"做什么",而暂不考虑系统怎样来实现的问题。

对需求说明书的复审是由软件开发者和客户一起进行的,因为需求说明书构成了设计和以后软件工程活动的基础,在进行复审时必须给予特别的重视。

简单说来,需求分析阶段是将新系统的目标具体化为用户需求,再将用户需求转换为新系统的概念模型,系统的概念模型是用户需求明确、详细的表示。

3.4 结构化需求分析方法

为了更好地理解获取需求过程中用户描述的问题,可以采用创建模型的方式来实现,这就是分析建模的过程。所谓模型,就是为了理解事物所做出的一种抽象,是对事物无歧义的书面描述。模型由一组图形符号和组成这些符号的规则组成。

软件的分析模型通常由一组模型组成,其中包括数据模型、功能模型和行为模型。目前建立分析模型的方法主要有两种:一种是结构化方法的需求分析模型,这是传统的建模方法,将在本节进行介绍;另一种方法是面向对象分析模型,将在后面的章节中详细介绍。

结构化方法的需求分析模型的组成结构如图3.7所示,可以看出模型的核心是数据字典(Data Dictionary,DD),这是系统所涉及的各种数据对象的总和。

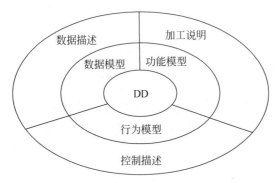

图 3.7 结构化方法的需求分析模型的组成结构

从数据字典出发,主要通过以下三种图来构建该模型的三种模型,即通过 E-R 图进行数据建模、通过数据流图进行功能建模、通过状态迁移图进行行为建模。

(1) 实体联系图(E-R 图)。实体联系图用于描述数据对象间的关系、构建软件的数据模型,在 E-R 图中出现的每个数据对象的属性均可用数据对象进行说明描述。

(2) 数据流图(DFD)。数据流图的主要作用是指明系统中数据是如何流动和变换的,以及描述数据流是如何进行变换的。在 DFD 图中出现的每个功能都会写在(Process Specification,PSPEC)中,它们构成系统的功能模型。

(3) 状态迁移图(STD)。状态迁移图用于指明系统在外部事件的作用下将如何动作,表明系统的各种状态及各种状态间的迁移。所有软件控制方面的附加信息都包含在控制说明(CSPEC)中,它们构成系统的行为模型。

早期的结构化方法的需求分析模型只包括 DD、DFD 和 PSPEC,主要描述软件的数据模型与功能模型。后来,一方面随着软件开发技术的不断发展,特别是数据库技术的发展,软件系统要去满足用户更多、更复杂的数据信息要求。在数据建模时,人们就将用于数据库设计方面的 E-R 图用于结构化方法的需求分析,用来描述包含较复杂数据对象和信息模型。另一方面,随着计算机实时系统应用的不断拓展,在分析建模过程中,由实时发生的事件来触发控制的数据加工无法用传统的 DFD 来表示。因此在功能模型之外扩充了行为模型,用控制流程图(CFD)、CSPEC 和 STD 等工具来描述。

3.4.1 数据建模(E-R 图)

为了把用户的数据要求清楚、准确地描述出来,分析人员通常要建立一个概念模型。概念模型是面向问题的数据模型,是按照用户的观点对数据建立模型。在需求分析模型建立过程中,使用 E-R 图来建立数据模型。它描述了从用户角度看到的数据,反映了用户的现实环境,而与在软件系统中的实现方法无关。在 E-R 模型中,数据模型包括三种互相关联的信息,即数据对象、描述对象的属性、描述对象间相互连接的关系。

E-R 图中通常用矩形框代表实体,用连接相关实体的菱形框表示关系,用椭圆形或圆角矩形表示实体的属性,并用直线把实体与其属性连接起来。

人们通常就是用实体、关系和属性这三个概念来理解现实问题的,因此,E-R 图比较接近人们的思维方式。此外,E-R 图使用简单的图形符号表达系统分析人员对问题域的理解,不熟悉计算机技术的用户也能理解它。因此,E-R 图可以作为用户与分析人员之间一种有效的交流工具。

1. 数据对象

数据对象(实体型)是需要被目标系统所理解的复合信息的表示。所谓复合信息,是具有若干不同特征或属性的信息。

数据对象可以是外部实体(如显示器)、事物(如报表或显示)、角色(如教师或学生)、行为(如一个电话呼叫)或事件(如单击鼠标左键)、组织单位(如研究生院)、地点(如注册室)或结构(如文件)。

数据对象只封装了数据,没有包含作用于这些数据上的操作。这与面向对象范型中的类和对象不同。具有相同特征的数据对象组成的集合仍然称为数据对象,其中的某个对象叫作该数据对象的一个实例。例如商品实体可用图 3.8 表示。

图 3.8 商品实体的表示方法

2. 属性

属性定义了数据对象的特征,它可用来:

(1) 为数据对象的实例命名;
(2) 描述这个实例;
(3) 建立对另一个数据对象的另一个实例的引用。

例如商品实体有商品编号、商品名称、规格、类型等属性。为了唯一地标识数据对象的某个实例,定义数据对象中的一个属性或几个属性为关键码(key),书写为_id。例如在"商品"数据对象中用"商品编号"作为关键码,它可以唯一地标识一个"商品"数据对象中的实例。

属性是实体的说明。用椭圆形表示实体的属性,并用无向边把实体与其属性连接起来,则其 E-R 图如图 3.9 所示。

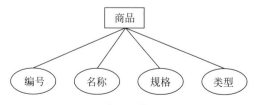

图 3.9 商品实体及其属性

3. 关系

数据对象及其关系可用 E-R 图表示,各个数据对象的实例之间有关联。如学生"张鹏"

选修了"软件工程"与"计算机网络"两门课程,则学生与课程的实例可通过"选修"关联起来。

实例的关联有三种:

(1) 一对一(1∶1)。例如,一个部门有一个经理,而每个经理只在一个部门任职,则部门与经理的关系就是一对一的。

(2) 一对多(1∶m)。例如,某校教师与课程之间存在一对多的关系"教",即每位教师可以教多门课程,但是每门课程只能由一位教师任课。

(3) 多对多(n∶m)。例如,商品与供应商之间的关系是多对多的,即一种商品可以有多个供应商,每个供应商也可以有多种商品,如图3.8所示。

4. 实体关系图

实体间的联系是两个或两个以上实体类型之间的有名称的关联。实体间的联系用菱形表示,菱形内要有联系名,并用无向边把菱形分别与有关实体相连接,在无向边旁标上联系的类型。例如可以用 E-R 图来表示商品和供应商关系的概念模型,如图3.10所示。

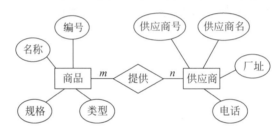

图 3.10 实体、实体属性及实体联系模型图

如果概念模型中涉及的实体带有较多的属性,造成实体联系图非常不清晰,可以将实体联系图分成两部分,一部分是实体及其属性图,另一部分是实体及其联系图。

5. 数据的规范化

信息域分析需要确定数据的内容,每个数据项要用表格列出,最后组织成文件的逻辑结构,即面向应用而不是面向存储的结构。为了便于数据库的设计,常常要对这种结构做一些简化,其中最常见的一种方法就是规范化技术。

规范化技术将数据的逻辑结构归结为满足下列条件的二维表(关系)。

(1) 表中每个信息项必须是一个不可分割的数据项,不可以是组项。

(2) 表格中每一列中的所有信息项必须是同一类型,各列的名字(属性名)互异,列的次序可以任意。

(3) 表格中各行互不相同,行的次序任意。

不满足上述要求的二维表或关系就叫作非规范化关系,必须将其规范化成单纯的和规范的关系。

规范化的目的就是要消除数据冗余,即消除表格中数据的重复;消除多义性,使关系中的属性含义清楚、单一;使关系的"概念"单一化,让每个数据项只是一个简单的数或字符串,而不是一个组项或重复组;方便操作,使数据的插入、删除与修改操作可行并方便;使关系模式更灵活,易于实现接近自然语言的查询方式。

【案例3-2】 教学管理系统

教学管理系统的数据库概念模型如下。

用学生、教师、课程三个关系保存三个实体型的信息：

　　学生(<u>学号</u>,姓名,性别,年龄,专业,籍贯)

　　教师(<u>职工号</u>,姓名,年龄,职称,工资级别,工资)

　　课程(<u>课程号</u>,课程名,学分,学时,课程类型)

建立两个关系,表示实体型之间的联系：

　　选课(<u>学号</u>,<u>课程号</u>,听课出勤率,作业完成率,分数)

　　教课(<u>职工号</u>,<u>课程号</u>)

这五个关系就组成了数据库的概念模型。在每个关系中,属性名下加下画线指明关键字,并规定关键字能唯一地标识一个元组。关键字可以由一个或一组属性组成。

关系规范化的程度通常按属性间的依赖程度来区分,并以范式 NF(Normal Form)来表达。常用的范式分为第一范式(1NF)、第二范式(2NF)和第三范式(3NF)。

判断规范化程度的条件如下：

(1) 关系中所有属性都是"单纯域",即不出现"表中有表";

(2) 非主属性完全函数依赖于关键字;

(3) 非主属性相互独立,即任何非主属性间不存在函数依赖。

如果一个关系连条件(1)都不满足,则这个关系是非规范化的;如果一个关系仅满足条件(1),则这个关系满足第一范式;如果一个关系满足条件(1)和(2),但不满足(3),则这个关系满足第二范式;如果一个关系同时满足三个条件,则这个关系满足第三范式。当数据模型达到 3NF,一般情况下就能满足数据库应用的需要。

3.4.2 功能建模(数据流图)

数据流图是结构化方法的需求分析最基本的工具,数据流图从数据传递和加工的角度,以图形化的方式刻画数据流从输入到输出的移动和变换过程。在数据流图中,具体的物理元素都已去掉,只剩下数据的存储、流动、加工和使用情况。这种抽象性能使我们总结出信息处理的内部规律性。由于数据流图用图形来表示逻辑系统,即使不是专业的计算机人员也能比较容易地理解数据流图,因此成为一种极好的交流工具。

1. 数据流图的基本表示符号

图 3.11 是描述储户携带存折去银行办理取款手续的数据流图。

(1) 数据流图的四种基本表示符号。从图 3.11 中可以看到,数据流图的基本图形元素有四种,如图 3.12 所示。

(2) 分层数据流图的表示。为了表达数据处理过程的数据加工情况,用一个数据流图是不够的。稍为复杂的实际问题,在数据流图上常常出现十几个甚至几十个加工。这样的数据流图看起来很不清楚。层次结构的数据流图能很好地解决这一问题。按照系统的层次结构进行逐步分解,并以分层的数据流图反映这种结构关系,能清楚地表达整个系统,使系统更容易理解。

图 3.13 给出了分层数据流图的示例。数据处理 S 包括三个子系统 1、2、3。顶层下面的第一层数据流图为 DFD/L_1。第二层数据流图 $DFD/L_{2.1}$、$DFD/L_{2.2}$ 及 $DFD/L_{2.3}$ 分别是

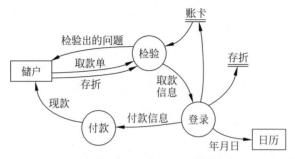

图 3.11 办理取款手续的数据流图

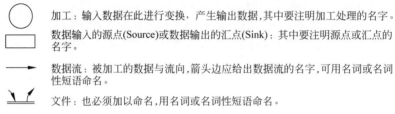

图 3.12 数据流图的基本图形符号

子系统 1、2 和 3 的细化。对任何一层数据流图来说,我们称它的上层图为父图,它的下层图为子图,图中 F 代表外部实体。

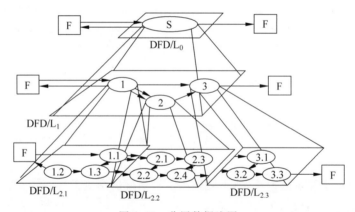

图 3.13 分层数据流图

（3）四种基本符号的另一种表示方法。为了使数据流图便于在计算机上输入和输出,免去画曲线、斜线、圆的困难,常常使用如图 3.14 所示的另一套符号。这一套符号与图 3.12 给出的符号是完全等价的。

图 3.15 是一个简单的数据流图,它表示数据 X 从源 S 流出,经 P_1 加工转换成 Y,接着经 P_2 加工转换为 Z,在加工过程 P_2 中从 F 中读取数据。

2. 数据流图中的主要元素

（1）数据流。数据流由一组确定的数据组成。例如发票为一个数据流,它由品名、规格、单位、单价、数量等数据组成。数据流用带有名字的、具有箭头的线段表示,名字称为数

第3章 系统分析

图 3.14 数据流图的基本符号　　图 3.15 数据流图举例

据流名,表示流经的数据;箭头表示流向。数据流表明了数据的流动方向及其名称,它是数据载体的表现形式。在数据流的上方写上数据流的名称。数据流可以从加工流向加工,也可以从加工流进、流出文件,还可以从源点流向加工或从加工流向终点。图 3.16 是常见的几种可能的数据流。

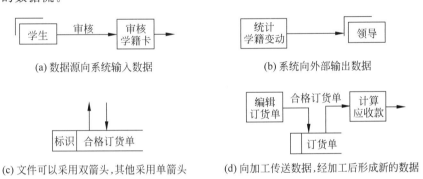

(a) 数据源向系统输入数据　　(b) 系统向外部输出数据

(c) 文件可以采用双箭头,其他采用单箭头　　(d) 向加工传送数据,经加工后形成新的数据

图 3.16 常见的几种可能的数据流

对数据流的表示有以下约定:

① 对流进或流出文件的数据流不需标注名字,因为文件本身就足以说明数据流;但其他数据流则必须标出名字,名字应能反映数据流的含义;

② 数据流不允许同名;

③ 两个数据流在结构上相同是允许的,但必须体现人们对数据流的不同理解;

④ 两个加工之间可以有几股不同的数据流,这是由于它们的用途不同,或它们之间没有联系,或它们的流动时间不同;

⑤ 数据流图描述的是数据流而不是控制流。

(2) 加工处理。加工处理是对数据流进行的操作,它把流入的数据流转换为流出的数据流。每个加工处理都应取一个名字表示它的含义,并规定一个编号用来标识该加工在层次分解中的位置。加工的名字中必须包含一个动词,例如"计算""打印"等。

对数据流加工转换的方式有两种。

① 改变数据流的结构,例如将数组中的各数据重新排序;

② 产生新的数据流,例如对原来的数据进行汇总计、求平均值等。

加工规格说明用来说明数据流图中的数据加工的细节,描述了数据加工的输入、实现加工的算法以及产生的输出。另外,加工规格说明指明了加工(功能)的约束和限制、与加工相关的性能要求以及影响加工的实现方式的设计约束。必须注意,编写加工规格说明的主要目的是要表达"做什么",而不是"怎样做"。因此它应描述数据加工实现加工的策略而不是实现加工的细节。

目前用于描写加工规格说明的工具有结构化英语、判定表和判定树。

(3) 文件。文件是存储数据的工具。文件名应与它的内容一致,写在开口长条内。从文件流入或流出数据流时,数据流方向是很重要的。如果是读文件,则数据流的方向应从文件流出,写文件时则相反;如果是又读又写,则数据流是双向的。在修改文件时,虽然必须首先读文件,但其本质是写文件,因此数据流应流向文件,而不是双向。数据流从文件流出,箭头应指向加工。

(4) 数据源或终点。数据源和终点表示数据的外部来源和去处。它通常是系统之外的人员或组织,不受系统控制。为了避免在数据流图上出现线条交叉,同一个源点、终点或文件均可在不同位置多次出现,这时要在源(终)点符号的右下方画小斜线或在文件符号左边画竖线,以示重复。

由图 3.15 可知,数据流图可通过基本符号直观地表示系统的数据流程、加工、存储等过程,但它不能表达每个数据和加工的具体、详细的含义,这些信息需要在"数据字典"和"加工说明"中表达。

3. 数据流图的画法

画数据流图的基本步骤概括地说,就是自外向内,自顶向下,逐层细化,完善求精;先确定系统的边界或范围,再考虑系统的内部;先画加工的输入和输出,再画加工的内部,即:

(1) 识别系统的输入和输出。
(2) 从输入端至输出端画数据流和加工,并同时加上文件。
(3) 加工"由外向里"进行分解。
(4) 数据流的命名要确切,能反映整体。
(5) 各种符号布置要合理,分布均匀,尽量避免交叉线。

对于不同的问题,数据流图可以有不同的画法。具体实行时,可按如下案例的步骤进行。

库存管理系统的顶层数据流图。

(1) 识别系统的输入和输出,画出顶层图。

第一步是确定系统的边界。在需求阶段,系统的功能需求等还不很明确,为了防止遗漏,不妨先将范围定得大一些。系统边界确定后,越过边界的数据流就是系统的输入或输出。将输入与输出用加工符号连接起来,并加上输入数据的来源和输出数据的去向就形成了顶层图。

画出库存管理系统顶层图的主要目的是识别系统的输入和输出,如图 3.17 所示。

(2) 画出系统内部的数据流、加工与文件,画出一级细化图。

从系统输入端到输出端(也可反之),逐步用数据流和加工连接起来。当数据流的组成或值发生变化时,就在该处画一个"加工"符号。画数据流图时还应同时画上文件,以反映各种数据的存储处,并表明数据流是流入还是流出文件。

最后,再回过头来检查系统的边界,补上遗漏但有用的输入输出数据流,删去那些没被

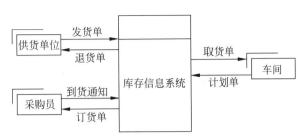

图 3.17　库存管理系统的顶层数据流图

系统使用的数据流。

（3）对加工进行进一步分解，画出二级细化图。

同样运用"由外向里"的系统方式对每个加工进行分析。如果在该加工内部还有数据流，则可将该加工分成若干子加工，并用一些数据流把子加工连接起来，即可画出二级细化图。二级细化图可在一级细化图的基础上画出，也可单独画出该加工的二级细化图，二级细化图也称为该加工的子图。

（4）其他注意事项。

一般应先给数据流命名，再根据输入输出数据流名的含义为加工命名。名字含义要确切，要能反映相应的整体。若碰到难以命名的情况，则很可能是分解不恰当造成的，应考虑重新分解。

从左至右画数据流图。通常左侧、右侧分别是数据源和终点，中间是一系列加工和文件。正式的数据流图应尽量避免线条交叉，必要时可用重复的数据源、终点和文件符号。此外，数据流图中的各种符号布置要合理，分布应均匀。

库存管理系统数据流图的一级细化图如图 3.18 所示。

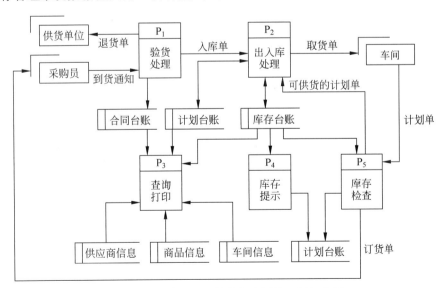

图 3.18　库存管理系统数据流图的一级细化图

画数据流图是一项艰巨的工作，要做好重画的思想准备。重画是为了消除隐患，有必要不断改进。

因为作为顶层加工的改变域是确定的,所以改变域的分解是严格的自顶向下分解。由于目标系统目前还不存在,因此分解时开发人员还需凭经验进行,这是一项创造性的劳动。同时,在建立目标系统数据流图时,还应充分利用本章讲过的各种方法和技术。例如,分解时尽量减少各加工之间的数据流;数据流图中各个成分的命名要恰当;父图与子图间要注意平衡等。

当画出分层数据流图并为数据流图中的各个成分编写词典条目或加工说明后,就获得了目标系统的初步概念模型。

4. 绘制分层数据流图时应注意的问题

(1) 合理编号。分层数据流图的顶层称为0层,称为第1层的父图;而第1层既是0层图的子图,又是第2层图的父图;依此类推。由于父图中有的加工可能就是功能单元,不能再分解,因此父图拥有的子图数少于或等于父图中的加工个数。为了便于管理,应按下列规则为数据流图中的加工编号:

① 子图中的编号为父图号和子加工的编号组成。

② 子图的父图号就是父图中相应加工的编号。

为简单起见,约定第1层图的父图号为0,编号只写加工编号1,2,3,…,下面各层由父图号1、1.1等加上子加工的编号1,2,3,…组成。按上述规则,图的编号既能反映出它所属的层次以及它的父图编号的信息,还能反映子加工的处理信息。例如1表示第1层图的1号加工处理,1.1,1.2,1.3,…表示父图号为1号的子加工,1.3.1,1.3.2,1.3.3,…表示父图号为1.3加工的子加工。

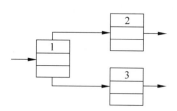

图3.19 简化子图编号示例

为了方便起见,对数据流图中的每个加工,可以只标出局部号,但在加工说明中,必须使用完整的编号。例如图3.19可表示第1层图1号加工的子图,编号可以简化成图中的形式。

(2) 注意子图与父图的平衡。子图与父图的数据流必须平衡,这是分层数据流的重要性质。这里的平衡指的是子图的输入、输出数据流必须与父图中对应加工的输入、输出数据流相同,如图3.20所示。

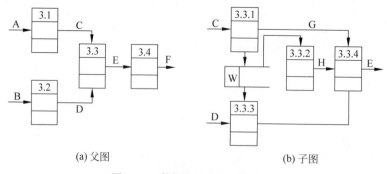

(a) 父图 (b) 子图

图3.20 数据流图中的局部文件

(3) 局部文件。图3.20中的父图和子图是平衡的,但子图中的文件W并没在父图出现。这是由于对文件 W 的读写完全局限在加工 3.3 之内,在父图中各个加工之间的界面上不出现,该文件是子图的局部文件或为临时文件。

应当指出的是,如果一个临时文件在某层数据流图中的某些加工之间出现,则在该层数据流图中就必须画出这个文件。一旦文件被单独画出后,还需画出这个文件同其他成分之间的联系。

(4) 分解的程度。对于规模较大的系统的分层数据流图,如果一下子把加工直接分解成基本加工单元,一张图上画出过多的加工将使人难以理解,也增加了分解的复杂度。然而,如果每次分解产生的子加工太少,会使分解层次过多而增加作图的工作量,阅读也不方便。经验表明,一般说来,一个加工每次分解量最好不要超过七个为宜。同时,分解时应遵循以下原则:

① 分解应自然,概念上要合理、清晰;
② 上层可分解得快些(即分解成的子加工个数多些),这是因为上层是综合性描述,对可读性的影响小;而下层应分解得慢些;
③ 在不影响可读性的前提下,应适当地多分解成几部分,以减少分解层数;
④ 一般说来,当加工用一页纸可以明确地表述时,或加工只有单一输入输出数据流时(出错处理不包括在内),就应停止对该加工的分解。另外,对数据流图中不再作分解的加工(即功能单元),必须做出详细的加工说明,并且每个加工说明的编号必须与功能单元的编号一致。

5. 数据流图的修改

对于一个大型系统来说,由于在软件设计初期人们对于问题理解的深度不够,在数据流图上也不可避免地会存在某些缺陷或错误,因此还需要进行修改,才能得到完善的数据流图。这里介绍如何从正确性和可读性方面对数据流图进行改进。

(1) 正确性。数据流图的正确性,可以从以下几个方面来检查。
① 文件使用。在数据流图中,文件与加工之间数据流的方向应按规定认真标注,这样也有利于对文件使用正确性的检查。例如,在图 3.21 中,因为 W1 和 W2 是子图的局部文件,所以在子图中应画出对文件的全部引用。但子图中 W2 好像一个"渗井",数据只有流进,没有流出,显然是一个错误。

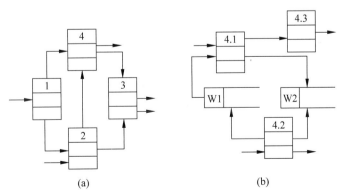

图 3.21 局部文件使用错误

② 子图与父图间的平衡。造成子图与父图不平衡的一个常见原因是在增加或删除一个加工时,忽视了对相应父图或子图的修改。在检查数据流图时应注意这一点。

③ 加工与数据流的命名。加工和数据流的名字必须体现被命名对象的全部内容而不是一部分。对于加工的名字,应检查它的含义与被加工的输入输出数据流是否匹配。

一个加工的输出数据流仅由它的输入数据流确定,这个规则绝不能违背。数据不守恒的错误有两种:一是漏掉某些输入数据流,二是某些输入数据流在加工内部没有被使用。虽然有时后者并不一定是个错误,但也要认真考虑。对于确实无用的数据应该删去,以简化加工之间的联系。在检查数据流图时,应注意消除控制流。

(2) 可读性。数据流图的可读性,可以从以下几个方面来提高。

① 简化加工之间的联系。各加工之间的数据流越少,各加工的独立性就越高。因此应当尽量减少加工之间数据流的数目,有必要时可对数据流图重新分解。

② 分解应当均匀。在同一张数据流图上,应避免出现某些加工已是功能单元,而另一些加工却还应继续分解好几层的情况出现。否则应考虑重新分解。

③ 命名应当恰当。理想的加工名由一个具体的动词和一个具体的宾语(名词)组成;数据流和文件的名字也应具体、明确。

(3) 数据流图重新分解的步骤。有时需要对做出的部分或全部数据流图作重新分解,可按以下步骤进行。

① 把需要重新分解的所有子图连成一张。

② 根据各部分之间联系最少的原则,把图划分成几部分。

③ 重建父图,即把第②步所得的每一部分画成一个圆圈,各部分之间的联系就是加工之间的界面。

④ 重建各张子图,只需把第②步所得的图,按各自的边界剪开即可。

⑤ 为所有加工重新命名、编号。

例如,图 3.23(a)中加工 2 和其他加工的联系太复杂以致很难独立理解,所以其结构不太合理。将它们的父图加工分成两个更为合适,如图 3.22(b)所示。

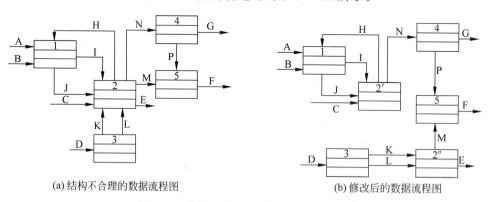

(a) 结构不合理的数据流程图　　　　(b) 修改后的数据流程图

图 3.22　结构不合理的数据流图及其修改

根据上述规则检查图 3.18,发现库存管理系统数据流图的一级细压图存在如下问题。

(1) 一层细化图缺少了一个输入数据流。应在供货单位和处理 P_1 之间加一个数据流"发货单",数据从供货单位流入处理 P_1。

(2) 文件使用错误:供货单位信息、车间信息和商品信息三个文件在一层细化图中只有流进,没有流出。应在顶层数据流图中添加"供货单位信息""车间信息"和"商品信息"三个数据存储文件。系统读取三个文件,因此数据从文件流入"库存管理系统"处理。

6. 检查和修改数据流图应遵循的基本原则

(1) 数据流图上的所有图形符号只限于前述四种基本图形元素。
(2) 顶层数据流图必须包括前述四种基本元素,缺一不可。
(3) 顶层数据流图上的数据流必须封闭在外部实体之间。
(4) 每个加工至少有一个输入数据流和一个输出数据流。
(5) 在数据流图中,需按层给加工框编号。编号表明该加工处在哪一层,以及上下层的父图与子图的对应关系。
(6) 规定任何一个数据流子图必须与它上一层的一个加工对应,两者的输入数据流和输出数据流必须一致,即父图与子图必须平衡。
(7) 可以在数据流图中加入物质流,帮助用户理解数据流图。
(8) 图上每个元素都必须有名字。数据流和文件的名字应当是"名词"或"名词性短语",表明流动的数据是什么;加工的名字应当是"名词+宾语",表明做什么事情。
(9) 数据流图中不可夹带控制流。
(10) 初画时可以忽略琐碎的细节,以集中精力于主要数据流。

3.4.3 行为建模(状态迁移图)

行为建模给出了需求分析方法的所有操作原则,但只有结构化分析方法的扩充版本才提供这种建模的符号。

1. 状态迁移图

利用如图 3.23 所示的状态迁移图或状态迁移表来描述系统或对象的状态以及导致系统或对象的状态改变的事件,从而描述系统的行为。

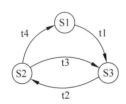

事件	状态		
	S1	S2	S3
t1	S3		
t2			S2
t3		S3	
t4		S1	

(a) 状态迁移图   (b) 状态迁移表

图 3.23 状态迁移图及与其等价的状态迁移表

每个状态代表系统或对象的一种行为模式。状态迁移图指明系统的状态如何根据相应外部的信号(事件)进行推移。在状态迁移图中,用圆圈"○"表示可得到的系统状态,用箭头"→"表示从一种状态向另一种状态的迁移,在箭头上要写上导致迁移的信号或事件的名字。如图 3.25(a)所示,系统中可取得的状态=S1,S2,S3,事件=t1,t2,t3,t4。事件 t1 将引起系统状态 S1 向状态 S3 迁移,事件 t2 将引起系统状态 S3 向状态 S2 迁移等。图 3.24(b)就是与图 3.24(a)等价的状态迁移表。

另外,状态迁移图指明了作为特定事件的结果(状态),在状态中包含可能执行的行为(活动或加工)。

如果系统比较复杂,可以把状态迁移图分层表示。例如,在确定了如图 3.24 所示的状态 S1,S2,S3 之后,接下来就可把状态 S1,S2,S3 细化。此外,在状态迁移图中,由一个状态和一个事件所决定的下一状态可能会有多个,实际会迁移到哪一个状态是由更详细的内部状态和更详细的事件信息来决定的,此时可采用状态迁移图的一种变形,如图 3.25 所示,使用加进判断框和处理框的方法。

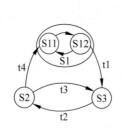

图 3.24 状态迁移图的网

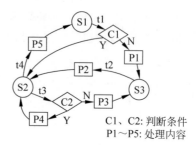

图 3.25 状态迁移图的变形

2. Petri 网

Petri 网适用于描述相互独立、协同操作的处理系统,即并发执行的处理系统。在软件需求分析与设计阶段都可以使用。

Petri 网是一种有向图。它有两种节点:"○"表示系统的状态,"—"或"|"表示系统中的事件;图中的有向边表示对事件的输入或从事件的输出:"↦"表示对事件的输入;"↦"表示事件的结果,即从事件的输出。

图 3.26 用 Petri 网描述了一个多任务系统中的进程 1 和进程 2 使用一个公共资源 R 时,利用原语 LOCK(对资源加锁)和 UNLOCK(对资源解锁)控制 R 的使用,保证进程间同步的例子。

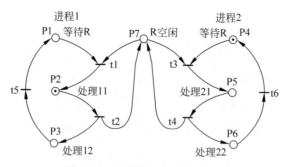

图 3.26 进程同步机制的 PNG

图 3.26 中,每个进程是一个数据对象,它有三个状态:等待资源(P1 或 P4),占用资源执行的处理(P2 或 P5),不占用资源执行的处理(P3 或 P6);系统也有一个状态:资源空闲(P7)。在有的状态中有一个黑点"●",称为标记或令牌,表明系统或对象当前正处于此状态。当作为一个事件的输入的所有状态都得到或保有令牌时,才能引起该事件"激发",使

得系统和对象的状态向前推移,完成系统和对象的某些行为。

3. 控制规格说明

控制规格说明从两个方面给出系统的行为,其一是状态迁移图,它是行为的"顺序规格说明";其二是加工激活表(PAT),它是行为的"组合规格说明",表明当事件激发时,数据流图中的哪些加工要被激活。控制规格说明仅描述了系统的行为,不提供被激活的加工的内部工作细节。

分析模型建立后,已经确定的目标系统概念模型应当得到清晰准确的描述。我们把描述目标系统概念模型的文档称为软件需求规格说明书。软件需求规格说明书是软件需求分析阶段最主要的文档。它是连接计划阶段和开发阶段的桥梁,是软件设计的依据。许多事实表明,软件需求规格说明书中的任何一个微小错误都有可能导致系统的错误,在纠正时将会付出巨大的代价。同时,为了准确表达用户对软件的输入输出要求,还需要拟定数据要求说明书及编写初步的手册,以及反映目标系统的人机界面和用户使用的具体要求。此外,依据在需求分析阶段对目标系统的进一步分析,可以更准确地估计被开发项目的成本与进度,从而修改、完善并确定软件开发实施计划。

3.4.4 建立数据字典

分析模型中包含了对数据对象、功能和行为的表示。在每种表示中,数据对象和行为项都扮演一定的角色。为表示每个数据对象和行为项的特性,可建立数据词典。

数据词典精确地、严格地定义了每个与系统相关的数据元素,并以字典式顺序将它们组织起来,使用户和分析人员对所有的输入、输出、存储成分和中间计算能有共同的理解。

在数据流图的基础上,还需对其中的每个数据流、文件和数据项加以定义,我们把这些定义所组成的集合称为数据字典。数据流图是系统的大框架,而数据字典以及下面将要介绍的加工说明则是对数据流图中每个成分的精确描述。它们有着密切的联系,必须结合使用。

以下是有关词条的描述方法。

数据词典的每个词条中应包含以下信息。

(1) 名称:数据对象或控制项、数据存储或外部实体的名字。

(2) 别名或编号。

(3) 分类:属于数据对象、加工、数据流、文件、外部实体、控制项(事件/状态)中的哪项。

(4) 描述:描述内容或数据结构等。

(5) 何处使用:使用该词条(数据或控制项)的加工。

在数据词典的编制中,分析人员最常用的描述内容或数据结构的符号如表 3.2 所示。

表 3.2 数据词典定义式中的符号

符 号	含 义	解 释
=	被定义为	
+	与	例如,x=a+b,表示 x 由 a 和 b 组成
[⋯,⋯][⋯|⋯]	或	例如,x=[a,b],x=[a|b],表示 x 由 a 或由 b 组成
{⋯}	重复	例如,x={a},表示 x 由 0 个或多个 a 组成
m{⋯}n	重复	例如,x=3{a}8,表示 x 中至少出现 3 次 a,至多出现 8 次 a

续表

符　号	含　义	解　释
(…)	可选	例如，x=(a)，表示 a 可在 x 中出现，也可不出现
"…"	基本数据元素	例如，x="a"，表示 x 为取值为 a 的数据元素
..	连接符	例如，x=1..9，表示 x 可取 1 到 9 之中的任一值

【案例 3-3】 数据文件"存折"

数据文件"存折"在数据词典中的定义格式。

在图 3.12 表示的取款数据流图中，数据文件"存折"的格式如图 3.27 所示，它在数据词典中的定义格式如表 3.3 所示。

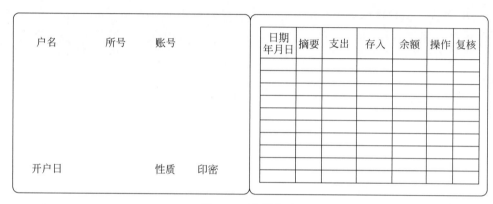

图 3.27　存折格式

表 3.3　数据文件"存折"在数据词典中的定义格式

名称	定　义	注　释
存折	户名＋所号＋账号＋开户日＋性质＋(印密)＋1{存取行}50	
户名	2{字母}24	
所号	001～999	储蓄所编码，规定由 3 位数字组成
账号	00000001～99999999	账号规定由 8 位数字组成
开户日	年＋月＋日	
性质	1,2,3,4,5,6	1 代表普通户，5 代表工资户等
印密	0	印密在存折上不显示
存取行	日期＋(摘要)＋支出＋存入＋余额＋操作＋复核	
日期	年＋月＋日	
……		
字母	["a".."z"|"A".."Z"]	

在数据字典中有三种类型的条目：数据项条目、数据流条目和文件条目。下面分别进行举例说明。

1. 数据项条目

数据项条目用来给出数据项的定义。由于数据项是数据的最小单位，是不可分割的，因此数据项条目只包含名称、代码、类型、长度和值的含义内容等。对于那些足以从名称看出其含义的"自说明"型的数据项,则不必在条目中再解释其含义。

库存管理系统中的部分数据项条目如表 3.4 所示。

表 3.4 "库存管理系统"中的部分数据项条目

名称	说明
数据项编号	1-01
数据项名称	商品编号
别名	无
简述	某种商品的编号
类型	字符型
长度	8 字节
取值范围	数字+英文字母

数据项编号	1-02
数据项名称	单价
别名	购入单价
简述	某种商品的购入单价
类型	数值型
长度	10 位,小数位 2 位
取值范围	0.00~9999999.99

数据项编号	1-03
数据项名称	库存数量
别名	实际库存数量
简述	某种商品的库存数量
类型	数值型
长度	5 位整数
取值范围	0~99999

2. 数据流条目

数据流条目用于对每个数据流进行定义,通常由数据流名、别名、组成、注释、流入、流出和流通量等部分组成。其中,别名是前面已定义的数据流的同义词;组成栏是定义的主要部分,通常列出该数据流的各组成数据项;注释栏用于记录其他有关的信息,例如该数据流在单位时间中传输的次数等。

如果数据流的组成很复杂,则可采用"自顶向下、逐步分解"的方式来表示。例如"供应商信息"数据流可写成:供应商信息=供应商基本信息+供应商通讯信息+供应商经营信息。

库存管理系统中的部分数据流条目如表 3.5 所示。

表 3.5 "库存管理系统"中的部分数据流条目

名　　称	说　　明
数据流名称	入库单
编号	F1
简述	采购人员填写的商品入库凭单
数据流来源	采购人员
数据流去向	登记库存台账
数据流组成	日期+入库单编号+商品编号+购入数量
流通量	25 份/天
高峰流通量	50 份/天

数据流名称	发货单
编号	F2
简述	供应商填写的商品发货凭单
数据流来源	供应商
数据流去向	登记合同台账
数据流组成	日期+发货单编号+供应商编号+商品编号+发货数量
流通量	25 份/天
高峰流通量	50 份/天

3. 文件条目

文件条目用来对文件(或数据库)进行定义,由文件名、编号、组成、结构和注释五部分组成。其中组成栏的定义方法与前面的数据流条目相同;结构栏用于说明重复部分的相互关系,如指出是顺序还是索引存取。

数据词典明确地定义了各种信息项。随着系统规模的增大,数据词典的规模和复杂性将迅速增加。

4. 加工说明条目

自然语言不够精确、简练，不适合编写加工说明。目前有许多适用加工说明的描述工具。下面我们介绍三种最常用的工具：结构化语言、判定表和判定树。

(1) 结构化语言。自然语言的优点是容易理解，但是它不精确，可能有多意性。程序设计语言的优点是严格精确，但它的语法规定太死板，使用不方便。结构化语言（Structured Language）则是介于自然语言和程序设计语言之间的一种语言，它是带有一定结构的自然语言。在我国，通常采用较易为用户和开发人员双方接受的结构化汉语。

在用结构化语言描述问题时，只允许使用三种基本逻辑结构：顺序结构、选择结构和循环结构。配合这三种结构所使用的词汇主要有三类：陈述句中的动词；在数据字典中定义的名词；某些逻辑表达式中的保留字、运算符、关系符等。后面我们还会具体说明这三种语句的使用方式。

为了减少复杂性，便于人们理解，编写加工说明需要注意以下几点。

避免结构复杂的长句。

所用名词必须在数据字典中有定义。

不要用意义相同的多种动词，用词名应始终如一。例如，"修正""修改""更改"含义相同，一旦确定使用其中一个以后，就不要再用其余两个。

为提高可读性，书写时可采用"阶梯形"格式。

嵌套使用各种结构时，应避免嵌套层次过多而影响可读性。

(2) 判定表。对于具有多个互相联系的条件和可能产生多种结果的问题，用结构化语言描述则显得不够直观和紧凑，这时可以用以清楚、简明为特征的判定表（Decision Table）来描述。判定表采用表格形式来表达逻辑判断问题，表格分成四个部分：左上角为条件说明；左下角为行动说明；右上角为各种条件的组合说明；右下角为各条件组合下相应的行动。下面我们通过示例来说明如何使用判定表。

表3.6是使用判定表描述订货折扣政策问题的示例。其中，C1～C3为条件，A1～A4为行动，1～8为不同条件的组合，Y为条件满足，N为不满足，X为该条件组合下的行动。例如，条件4表示若交易额在50000元以上、最近3个月中有欠款且与本公司交易在20年以下，则可享受5%的折扣率。

表3.6 判定表描述的折扣政策

	说　　明	不同条件组合							
		1	2	3	4	5	6	7	8
条件	C1：交易额在50 000元以上	Y	Y	Y	Y	N	N	N	N
	C2：最近3个月无欠款单据	Y	Y	N	N	Y	Y	N	N
	C3：与本公司交易20年以上	Y	N	Y	N	Y	N	Y	N
行动	A1：折扣率为15%	√	√						
	A2：折扣率为10%			√					
	A3：折扣率为5%				√				
	A4：无折扣率					√	√	√	√

判定表是根据条件组合进行判断的，表3.6中每个条件只存在"Y（是）"和"N（非）"两

种情况,所以 3 个条件共有 $2^3=8$ 种可能性。在实际使用中,有的条件组合可能是矛盾的,需要剔除;有的则可以合并。因此需在原始判定表的基础上进行整理和综合,才能得到简单明了且实用的判定表。同时,在整理过程中还可能对用户的原有业务过程进行改进和提高。表 3.7 是对表 3.6 合并整理后得到的,其中"—"表示"Y"或"N"均可。

表 3.7 合并整理后的判定表

	说 明	不同条件组合			
		1(1,2)	2(3)	3(4)	4(5,6,7,8)
条件	C1:交易额在 50 000 元以上	Y	Y	Y	N
	C2:最近 3 个月无欠款单据	Y	N	N	—
	C3:与本公司交易 20 年以上	—	Y	N	—
行动	A1:折扣率为 15%	√			
	A2:折扣率为 10%		√		
	A3:折扣率为 5%			√	
	A4:无折扣率				√

判定表的内容十分丰富,除了以上介绍的有限判定表之外,根据表中条件取值的状态不同,还有扩展判定表和混合判定表。它们都各有特色,若能合理选择和灵活运用,则可描述、处理更为广泛、复杂的判断过程。详细的内容可参阅有关的书籍。

(3) 判定树。判定树(decision tree)是用来表示逻辑判断问题的一种图形工具。它用"树"来表达不同条件下的不同处理,比语言、表格的方式更为直观。判定树的左侧(称为树根)为加工名,中间是各种条件,所有的行动都列于最右侧。

表 3.6 描述的折扣政策可以用图 3.28 所示的判定树来进行描述。

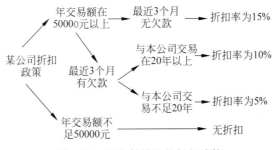

图 3.28 判定树描述的折扣政策

以上介绍的三种用于描述加工说明的工具各自具有不同的优点和不足,它们之间的比较如表 3.8 所示。

表 3.8 几种表达工具的比较

比较指标	结构化语言	判定表	判定树
逻辑检查	好	很好	一般
表示逻辑结构	好(所有方面)	一般(仅是决策方面)	很好
使用方便性	一般	一般	很好
用户检查	不好	不好(除非用户受过训练)	好

续表

比较指标	结构化语言	判定表	判定树
程序说明	很好	很好	一般
机器可读性	很好	很好	不好
机器可编辑性	一般(要求句法)	很好	不好
可变性	好	不好(除非是简单的组合变化)	一般

通过比较可以看出它们的适用范围：

- 结构化语言最适用于涉及具有判断或循环动作组合顺序的问题。
- 判定表较适用于含有 5~6 个条件的复杂组合,条件组合过于庞大则将造成不便。
- 判定树适用于行动在 10~15 之间的一般复杂程度的决策。必要时可将判定表上的规则转换成判定树,以便于用户使用。
- 判定表和判定树也可用于软件开发的其他阶段,并被广泛地应用于其他学科。

习题三

一、判断题

1. 需求规格书描述的是软件如何实现。 (   )
2. 在 E-R 图中,实体与实体之间的连接是通过主键和外键进行的。 (   )
3. 在结构化分析方法中,用以表达系统内数据运动情况的工具是功能结构图。(   )
4. 各种需求方法都有它们共同适用的方法。 (   )
5. 数据流图的基本成分有六种。
6. 软件需求的逻辑视图描述的是软件要达到的功能和要处理的信息之间的关系。

(   )

7. 软件需求的逻辑视图没有描述实现的细节。 (   )
8. 软件需求的物理视图给出的是处理功能和信息结构的实际表现形式。 (   )
9. 软件需求的物理视图需考虑实际的环境和具体的设备。 (   )
10. 数据流图的主图必须含有四种元素,缺一不可。 (   )
11. 数据流图的主图必须封闭在外部实体之间,实体可以有多个。 (   )
12. 数据流图中包含控制流。 (   )
13. 数据项是数据处理中基本的不可分割的逻辑单位。 (   )

二、选择题

1. 软件需求分析阶段的工作可以分为以下 4 个方面:对问题的识别、分析与综合、编写需求分析文档以及(   )。
   A. 总结   B. 阶段性报告
   C. 需求分析评审   D. 以上答案都不正确
2. 各种需求方法都有它们共同适用的(   )。
   A. 说明方法   B. 描述方式   C. 准则   D. 基本原则
3. 在结构化分析方法中,用以表达系统内数据运动情况的工具有(   )。

A. 数据流图　　　　　　　　　　　B. 数据词典
　　C. 结构化英语　　　　　　　　　　D. 判定表与判定树

4. 在结构化分析方法中用状态迁移图表达系统或对象的行为。在状态迁移图中，由一个状态和一个事件所决定的下一状态可能会有（　　）个。
　　A. 1　　　　　B. 2　　　　　C. 多　　　　　D. 不确定

5. 软件需求分析的任务不应包括（　　）。
　　A. 问题分析　　　　　　　　　　　B. 信息域分析
　　C. 结构化程序设计　　　　　　　　D. 确定逻辑模型

6. 进行需求分析可使用多种工具，但（　　）是不适用的。
　　A. 数据流图　　　B. 判定表　　　C. PAD图　　　D. 数据词典

7. 在需求分析中，分析人员要从用户那里解决的最重要的问题是（　　）。
　　A. 要让软件做什么　　　　　　　　B. 要给该软件提供哪些信息
　　C. 要求软件工作效率如何　　　　　D. 要让软件具有什么样的结构

8. 需求规格说明书的内容不应当包括（　　）。
　　A. 对重要功能的描述　　　　　　　B. 对算法的详细过程性描述
　　C. 软件确认准则　　　　　　　　　D. 软件的性能

9. 需求规格说明书在软件开发中具有重要的作用，但其作用不应当包括（　　）。
　　A. 软件设计的依据
　　B. 用户和开发人员对软件要"做什么"的共同理解
　　C. 软件验收的依据
　　D. 软件可行性分析的依据

三、填空题

1. 在实体关系图中，表达对象的实例之间的关联有三种类型：一对一联系、_____联系、多对多联系。
2. 需求分析的重点是_____、_____、_____、_____。
3. 获取需求的常用方法有_____、_____、_____、_____。
4. 数据流图的基本成分有_____、_____、_____、_____。
5. 数据词典的每个词条中应包含_____、_____、_____、_____、_____。

四、简答题

1. 可行性研究主要研究哪些问题？
2. 需求为什么难获取？
3. 需求分析的原则有哪些？
4. 需求分析的任务有哪些？
5. 数据流图的作用是什么？
6. 数据词典的作用是什么？

第 4 章 结构化软件设计

问题定义、可行性研究和需求分析构成了软件系统的分析阶段,在这个阶段确定了需要做什么,明确了系统开发的目标和系统需求的规格。需求设计阶段的重点在于对软件需求的分析和理解,明确软件系统都要做些什么,形成一个完整的需求规格说明书;软件需求确定之后,就进入了软件设计阶段,这一阶段的任务就是回答如何做的问题。需求规格说明书是软件设计阶段的主要基础和指引,这一阶段的重点在于设计,包括软件整体结构的设计,数据结构的设计,界面、过程设计,以及各种接口的设计。

目前常用的软件设计技术主要是结构化设计方法和面向对象的设计方法,本章重点讨论结构化设计方法。结构化设计(Structured Design,SD)方法是一种面向数据流的设计方法,它是以结构化分析阶段所产生的文档(包括数据流图、数据字典和软件需求规格说明)为基础,自顶向下、逐步细化和模块化的过程。结构化设计通常可分为概要设计和详细设计。概要设计的任务是确定软件系统的结构,进行模块划分,确定每个模块的功能、接口及模块间的调用关系。详细设计的任务是为每个模块设计实现的细节。

软件设计是开发阶段中最重要的步骤,它是软件开发过程中质量得以保证的关键步骤。设计提供了软件的表示,使得软件的质量评价成为可能。同时,软件设计又是将用户要求准确地转化成为最终的软件产品的唯一途径。另一方面,软件设计是后续开发步骤及软件维护工作的基础。如果没有设计,只能建立一个不稳定的系统,如图 4.1 所示。只要出现一些小小的变动,就会使得软件垮掉,而且难以测试。

第4章 结构化软件设计

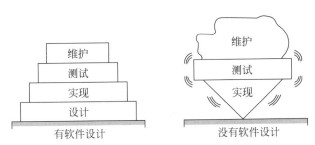

图 4.1 软件设计的重要性

4.1 软件设计的原理

软件设计阶段由两个互相关联的步骤组成：总体设计和详细设计。每个步骤都按某种方式进行信息变换，最后得到有效的软件设计规格说明书。

4.1.1 软件设计的过程

在软件需求分析阶段，我们已经完全弄清楚了软件的各种需求，较好地解决了要让所开发的软件"做什么"的问题，并已在软件需求规格说明和数据要求规格说明中详尽和充分地阐明了这些需求。下一步就要着手实现软件的需求，即要着手解决"怎么做"的问题。

1. 软件设计的依据

分析模型中的每个成分都提供了建立设计模型所需的信息。软件设计的依据就是根据需求分析阶段建立的数据模型、功能模型和行为模型所表示的软件需求，采用某种设计方法进行数据设计、体系结构设计、接口设计和过程设计，如图4.2所示。

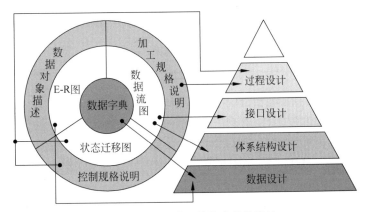

图 4.2 将分析模型转换为软件设计

数据设计是指根据 E-R 图中描述的对象和关系以及数据词典中描述的详细数据内容，将其转化为数据结构的定义。体系结构设计是指根据数据流图中描述的功能模型，定义软件系统各主要成分之间的关系。接口设计是指根据数据流图定义软件内部各成分之间、软件与其他协同系统之间及软件与用户之间的交互机制。过程设计则是把结构成分转换成为软件的过程性描述。代码设计根据这种过程性描述，生成源程序代码，然后通过测试最终得到完整有效的软件。

软件设计是一个把软件需求转变成为软件表示的过程。最初这种表示只是描绘出可直接反映功能、数据、行为需求的软件的总的框架,然后进一步细化,在此框架中填入细节,把它加工成在程序细节上非常接近于源程序的软件表示。

从工程管理的角度来看,软件设计分两步完成:首先做总体设计,将软件需求转换为数据结构和软件的系统结构,并建立接口;然后是详细设计,即过程设计,通过对结构表示进行细化,得到软件的详细数据结构和算法。

2. 软件设计过程的目标

McGlanghlin 给出在将需求转换为设计时判断设计好坏的如下三条特征:

(1) 设计必须实现分析模型中描述的所有显式需求,必须满足用户希望的所有隐式需求;

(2) 设计必须是可读的、可理解的,便于编程、测试、维护;

(3) 设计应从实现角度出发,给出与数据、功能、行为相关的软件全貌。

3. 衡量设计的技术标准

(1) 设计出来的结构应是分层结构,从而建立软件成分之间的控制关系。

(2) 设计应当模块化,从逻辑上将软件划分为完成特定功能或子功能的构件。

(3) 设计应当既包含数据抽象,也包含过程抽象。

(4) 设计应当建立具有独立功能特征的模块。

(5) 设计应当建立能够降低模块与外部环境之间复杂连接的接口。

(6) 设计应能根据软件需求分析获取的信息,建立可驱动可重复的方法。

软件设计过程根据基本的设计原则,使用系统化的方法和完善的设计评审制度建立良好的设计规范。

4.1.2 软件设计的原则

为了开发出高质量低成本的软件,在软件开发过程中必须遵循下列设计原则。

1. 抽象化

抽象化指抽取事物最基本的特性和行为,忽略非基本的细节。采用分层次抽象的办法可以控制软件开发过程的复杂性,有利于软件的可理解性和开发过程的管理。

对软件进行模块设计的时候,可以有不同的抽象层次。在最高的抽象层次上,可以使用问题所处环境的语言描述问题的解法;而在较低的抽象层次上,则采用过程化的方法。

(1) 过程抽象。在软件工程过程中,从系统定义到实现,每进展一步都可以看作对软件解决方案抽象化过程的一次细化。在软件计划阶段,软件被当作整个计算机系统中的一个元素来看待;在软件需求分析阶段,用"问题所处环境的为大家所熟悉的术语"来描述软件的解决方法;而在从概要设计到详细设计的过程中,抽象的层次逐次降低;当产生源程序时到达最低的抽象层次。

(2) 数据抽象。数据抽象与过程抽象一样,允许设计人员在不同层次上描述数据对象的细节。例如,可以定义一个 draw 数据对象,并将它规定为一个抽象数据类型,用它的构成元素来定义它的内部细节。此时,数据抽象 draw 本身是由另外一些数据抽象构成的。而且在定义 draw 的抽象数据类型之后,就可以引用它来定义其他数据对象,而不必涉及

draw 的内部细节。

（3）控制抽象。与过程抽象和数据抽象一样，控制抽象可以包含一个程序控制机制而无须规定其内部细节。控制抽象的例子就是在操作系统中用以协调某些活动的同步信号。

2. 自顶向下，逐步细化

自顶向下，逐步细化是 Niklaus Wirth 提出的设计策略，是指将软件的体系结构按自顶向下方式，对各个层次的过程细节和数据细节逐层细化，直到用程序设计语言的语句能够实现为止，从而最后确立整个软件的体系结构。最初的说明只是概念性地描述了系统的功能或信息，但并未提供有关功能的内部实现机制或有关信息内部结构的任何信息。设计人员应对初始说明进行仔细推敲，进行功能细化或信息细化，给出实现的细节，划分出若干成分，然后再对这些成分施行同样的细化工作。随着细化工作的逐步展开，设计人员就能得到越来越多的细节。

3. 模块化

模块化是指将程序划分为许多个逻辑上相对独立的模块。模块（module）是程序中逻辑上相对独立的单元，模块的大小要适中，尽量做到高内聚、低耦合。模块的独立性是指每个模块只能完成系统要求的独立的子功能，并且与其他模块的联系较少且接口简单。模块独立的概念是模块化、抽象、信息隐蔽概念的直接结果。

软件系统的层次结构正是模块化的具体体现。也就是说，整个软件被划分成若干单独命名和可编址的部分，称之为模块。这些模块可以被组装起来，以满足整个问题的需求。

由于大型软件控制路径多、涉及范围广、变量多、总体复杂，相对于较小的软件来说，不容易被人们理解。在解决问题的实践中，如果把两个问题结合起来作为一个问题来处理，其理解复杂性将大于这两个问题被分开考虑时的理解复杂性之和。因此，把一个大而复杂的问题分解成一些独立的易于处理的小问题，解决起来就容易得多。

基于上述考虑，把问题/子问题（功能/子功能）的分解与软件开发中的系统/子系统或者系统/模块对应起来，就能够把一个大而复杂的软件系统划分成易于理解的比较单纯的模块结构。所谓"比较单纯"，是指模块和其他模块之间的接口应尽可能独立。

实际上，如果模块是相互独立的，当模块变得越小时，每个模块花费的工作量就越低；但当模块数增加时，模块间的联系随之增加，把这些模块连接起来的工作量也随之增加，如图 4.3 所示。因此，存在一个模块个数 m，使得总的开发成本达到最小。

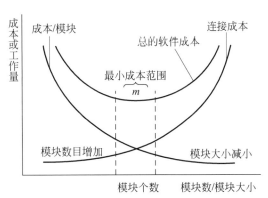

图 4.3 模块大小、模块数目与费用的关系

4. 控制层次

控制层次也叫作程序结构,它表明了程序构件(模块)的组织情况。控制层次往往用程序的层次(树形或网状)结构来表示,如图4.4所示。位于最上层的根部是顶层模块,它是程序的主模块;与其联系的有若干下属模块,各下属模块还可以进一步引出更下一层的下属模块。模块 M 是顶层模块,如果算做第0层,则其下属模块 A、B 和 C 为第1层,模块 D、E、K、L 和 N 是第2层,依此类推。

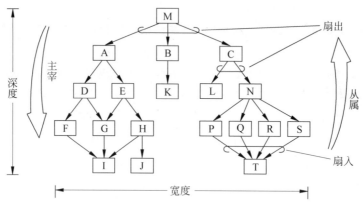

图4.4 程序的层次结构图示例

(1) 程序结构的深度。程序结构的层次数称为结构的深度。结构的深度在一定意义上反映了程序结构的规模和复杂程度。

(2) 程序结构的宽度。层次结构中同一层模块的最大模块个数称为结构的宽度。

(3) 模块的扇入和扇出。扇出表示一个模块直接调用(或控制)的其他模块数目,扇入则定义为调用(或控制)一个给定模块的模块个数。多扇出意味着需要控制和协调许多下属模块,而多扇入的模块通常是公用模块。

需要注意的是,程序结构是软件的过程表示,但并未表明软件的某些过程性特征,如进程序列、事件/决策的顺序或其他的软件动态特性。

5. 结构划分

程序结构可以按水平方向或垂直方向进行划分。水平划分按主要的程序功能来定义模块结构的各个分支。顶层模块是控制模块,用来协调程序各个功能之间的通信和运行。其下级模块最简单的水平划分方法是建立三个分支:输入、处理(数据变换)和输出。这种划分的优点是:由于主要的功能相互分离,易于修改、易于扩充,且没有副作用。缺点是:需要通过模块接口传递更多的数据,使程序流的整体控制复杂化。

垂直划分也叫作因子划分,主要用在程序的体系结构中,且工作自顶向下逐层分布:顶层模块执行控制功能,少做实际处理工作;而低层模块是实际输入、计算和输出的具体执行者。这种划分的优点是:对低层模块的修改不太可能引起副作用的传播,而恰恰对计算机程序的修改常常发生在低层的输入、计算或输出模块中。因此,程序的整体控制结构不太可能被修改,便于将来的维护。

6. 数据结构

数据结构是数据各个元素之间逻辑关系的一种表示。数据结构设计应确定数据的组织、存取方式、相关程度以及信息的不同处理方法。数据结构的组织方法和复杂程度可以灵活多样,但典型的数据结构种类是有限的,它们是构成一些更复杂结构的基本构件块。图 4.5 表示了这些典型的数据结构。

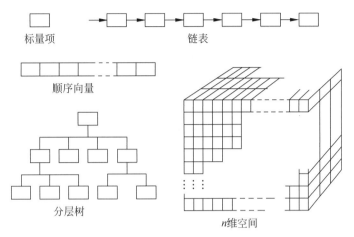

图 4.5　典型的数据结构

标量是最简单的一种数据结构。所谓标量项就是单个的数据元素,例如一个布尔量、整数、实数或一个字符串。可以通过名字对它们进行存取。

若把多个标量项组织成一个表或者顺序邻接为一组,就形成了顺序向量。顺序向量又称为一维数组,通常可以通过下标及数组名来访问数组中的某一元素。把顺序向量扩展到二维、三维直至任意维,就形成了 n 维向量空间。最常见的 n 维向量空间是二维矩阵。

链表是一种更灵活的数据结构,它把不相邻的标量项、向量或空间结构用拉链指针链接起来,使得它们可以像表一样进行处理。

组合上述基本数据结构可以构成其他数据结构。例如,可以用包含标量项、向量或 n 维空间的多重链表来建立分层结构和网络结构,而利用它们又可以实现多种集合的存储。

必须注意的是,数据结构和程序结构一样,可以在不同的抽象层次上表示。例如,一个栈是一种线性结构的逻辑模型,其特点是只允许在结构的一端进行插入或删除运算。它可以用向量实现,也可以用链表实现。

7. 软件过程

程序结构描述了整个程序的控制层次关系和各个部分的接口情况,而图 4.6 所示的软件过程则着重描述各个模块的处理细节。

软件过程必须提供精确的处理说明,包括事件的顺序、正确的判定点、重复的操作及数据的组织和结构等。程序结构与软件过程是有关系的,对每个模块的处理必须指明该模块所在的上下级环境。软件过程遵从程序结构的主从关系,因此它也是层次化的。

8. 信息隐蔽

信息隐藏是指采用封装技术,将程序模块的实现细节(过程或数据)隐藏起来,对于不

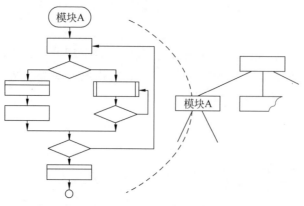

图 4.6 一个模块内的软件过程

需要这些信息的其他模块来说是不能访问的,使模块接口尽量简单。按照信息隐藏的原则,系统中的模块应设计成"黑箱",模块外部只能使用模块接口说明中给出的信息,如操作、数据类型等。

通常有效的模块化可以通过定义一组独立的模块来实现,这些模块相互间的通信仅使用对于实现软件功能来说是必要的信息。通过抽象,我们可以确定组成软件的过程(或信息)实体;通过信息隐藏,则可定义和实施对模块过程细节和局部数据结构的存取限制。

由于一个软件系统在整个软件生命周期内要经过多次修改,所以在划分模块时要采取相应措施,使得大多数过程和数据对软件的其他部分是隐蔽的。这样,在将来修改软件时偶然引入错误所造成的影响就可以局限在一个或几个模块内部,不致波及软件的其他部分。

4.1.3 软件体系结构

1. 软件体系结构的要素和性质

软件体系结构的三要素是指程序构件(模块)的层次结构、构件之间交互的方式以及数据的结构。软件设计的一个目标是建立软件的体系结构表示,并将这个表示当作一个框架,从事更详细的设计活动。表 4.1 列出了可能的软件构件,表 4.2 列出了构件间的连接方式。

表 4.1 软件构件分类

构件	特点和示例
纯计算构件	具有简单的输入输出关系,没有运行状态的变化,例如数值计算、过滤器、转换器等
存储构件	存放共享的、永久性的、结构化的数据,例如数据库、文件、符号表、超文本等
管理构件	执行的操作与运行状态紧密耦合,例如抽象数据类型、面向对象系统中的对象、服务器等
控制构件	管理其他构件运行的时间、时机及次序,例如调度器、同步器等
链接构件	在实体之间传递信息,例如通信机制、用户界面等

第4章 结构化软件设计

表 4.2 构件之间的连接方式

连 接	特 点 与 示 例
过程调用	在某一个执行路径中传递执行指针,例如普通过程调用(同一个命名空间)、远程过程调用(不同的命名空间)
数据流	相互独立的处理通过数据流进行交互,在得到数据的同时被赋予控制权限,例如 UNIX 系统中的管道
间接激活	处理是因事件的发生而激活的,在处理之间没有直接的交互,例如事件驱动系统、自动回收垃圾等
消息传递	相互独立的处理之间有明确的交互,通过显式的离散方式的数据进行传递。这种传递可以是同步的,也可以是异步的,例如 TCP/IP
共享数据	构件通过同一个数据空间进行并发的操作,例如多用户数据库、数据黑板系统

Shaw 和 Garlan 提出了在软件体系结构设计中应保持的如下几个性质。

(1) 结构。体系结构设计应当定义系统的构件以及这些构件打包的方式和相互交互的方式。如将对象打包,以封装数据和操纵数据的处理,并通过相关操作的调用来进行交互。

(2) 附属的功能。体系结构设计应当描述设计出来的体系结构如何实现功能、性能、可靠性、安全性、适应性以及其他的系统需求。

(3) 可重用。体系结构设计应当描述为一种可重用的模式,以便在以后类似的系统族的设计中使用它们。此外,设计应能重用体系结构中的构造块。

2. 软件体系结构的发展历程

软件体系结构经历了一个由低级到高级的发展过程,其间出现过下列体系结构。

(1) 数据流系统。数据流系统包括批处理、管道及过滤器两种处理方式。

数据流系统中的每个组成成分都有一套输入和输出数据,都依输入数据-处理-输出结果的方式工作。进行数据变换的构件叫作过滤器,把数据从一个过滤器的输出导入到另一个过滤器的输入就叫作管道。在这种系统中,各个过滤器必须是相互独立的,每个过滤器对它的上游或下游的过滤器的情况是不知道的,也不能做任何假设。如果要求最终的输出结果与各个过滤器的执行次序相关,就是一个数据流方式的体系结构。这种结构的优点是:数据流程设计明确,直接支持复用,系统容易维护和升级;可以进行某些性能分析(如流量、死锁等),支持并行计算。缺点是:容易把系统变成为简单的批处理作业;每个过滤器都要考虑相似的数据检验和处理,不能很好地支持交互式操作和反馈;对数据的格式不能做过多的约定,使得每个过滤器的实现会更复杂。

(2) 调用 返回系统。调用 返回系统包括主程序/子程序、层次结构和面向对象三种处理方式。

在层次结构中,每一层都只与上下相邻的两层通信,每一层都在利用下层基础服务的条件下为上层提供服务。最典型的例子就是各种虚拟机、X-window 以及 OSI-ISO 的 7 层网络协议。这种结构的优点是:提供逐步抽象的编程支持,支持复用及系统升级。缺点是:不是所有的系统都适合于建成层次结构,不能提供最佳性能。

在这种系统中,数据和其相关的基本操作被封装在一起;系统的构件是对象;对象具有诸如封装、隐蔽、继承等良好的特性;对象必须自己维护其数据的一致性。这种结构的优点是：将具体的实现部分隐蔽在对象中，代码之间的独立性很好，有利于将复杂的系统分解为相互操纵的子任务。缺点是：对象间进行一般的调用时必须知道对方的标识，如果一个对象的标识发生变化，所有显式调用这个对象操作的地方都要修改；对象之间的同步等还缺乏现成的机制。

（3）独立构件系统。独立构件系统包括进程间通信和事件驱动两种处理方式。

独立构件系统的特点是不必知道事件的发出者，也不应假设对该事件的具体处理过程。它的优点是：提供了强大的可复用性支持，系统的重配置也很容易。缺点是：软件系统中的构件在很大程度上依靠操作系统的调用；如果一个事件的处理需要多个进程处理，活动进程的激活次序是不能保证的；经过事件传递数据也较受限制；事件处理中的逻辑处理实际上带有时态性质，与一般的逻辑处理不一样。

（4）虚拟机。虚拟机包括解释器、推理系统和过程控制三种处理方式。

解释器的目的是实现一个虚拟机。这是一类比较复杂的体系结构，但是如果进行结构分析的话，就会发现看似不同的系统有着十分相似的结构。

虚拟机结构要比较外界变量与目标常数的差异，经过控制策略的计算，反馈信号，控制需要监测和控制的过程。

（5）以数据为中心的系统。以数据为中心的系统包括数据库、超文本系统和数据黑板系统三种处理方式。

以数据为中心的系统有两种构件：一是被共享的结构化数据，保存了所有的运行状态；二是所有访问这些数据的独立进程。如果是因为输入的数据而引起对共享数据的操作，那么这种控制策略下的体系结构就叫作数据库；如果是由共享数据的当前状态触发相应的处理进程，那么这种体系结构就叫作数据黑板。许多表面上看起来是其他种类的体系结构，可以同时归入这种体系结构。

（6）分布式处理系统。随着网络技术的发展，分布式处理技术日趋成熟。分布式处理把系统的功能、数据等资源分布到网络中不同的节点上进行处理，这样可以减少系统中心资源的处理压力，提高系统的性能，节省系统中心开销。

（7）正交软件体系结构。正交软件体系结构由组织层和线索的构件构成。层由一组具有相同抽象级别的构件构成；线索是子系统的特例，由完成不同层次功能的构件组成（通过相互调用来关联），每一条线索完成整个系统中相对独立的一部分功能。

正交软件体系结构的主要特征如下：

① 正交软件体系结构由完成不同功能的 $n(n>1)$ 个线索（子系统）组成；

② 系统具有 $m(m>1)$ 个不同抽象级别的层；

③ 线索之间是相互独立的（正交的）；

④ 系统有一个公共驱动层（一般为最高层）和公共数据结构（一般为最低层）。

正交软件体系结构的优点是：层次结构清晰，便于理解；可移植性强，重用粒度大，易修改，可维护性强。

（8）三层 C/S 软件体系结构。C/S 软件体系结构即 Client/Server（客户机/服务器）结构，是基于资源不对等且为实现共享而提出来的。C/S 结构将应用一分为二，服务器（后台）负责数据管理，客户机（前台）完成与用户的交互任务。三层 C/S 结构是将应用功能分成表示层、功能层和数据层三个部分。

① 表示层。表示层是应用的用户接口部分,它担负着用户与应用间的对话功能。

② 功能层。功能层相当于应用的本体,用于将具体的业务处理逻辑编入程序中。

③ 数据层。数据层就是数据库管理系统,负责管理对数据库数据的读写。

三层C/S结构具有以下优点:

① 允许合理地划分三层结构的功能,使之在逻辑上保持相对独立性;

② 允许更灵活有效地选用相应的平台和硬件系统,使之在处理负荷能力上与处理特性上分别适应于结构清晰的三层,并且这些平台和各个组成部分可以具有良好的可升级性和开放性;

③ 应用的各层可以并行开发,各层也可以选择各自最适合的开发语言;

④ 允许充分利用功能层,以有效地隔离开表示层与数据层;未授权的用户难以绕过功能层而利用数据库工具或黑客手段非法地访问数据层。

(9) C/S与B/S混合软件体系结构。B/S与C/S混合软件体系结构是一种典型的异构体系结构。B/S软件体系结构即Browser/Server(浏览器/服务器)结构,是随着Internet技术的兴起,对C/S体系结构的一种变化或者改进的结构。

在B/S体系结构下,用户界面完全通过WWW浏览器实现,一部分事务逻辑在前端实现,但是主要事务逻辑在服务器端实现。B/S体系结构也有许多不足之处,例如:

① B/S体系结构缺乏对动态页面的支持能力,没有集成有效的数据库处理功能;

② B/S体系结构的系统扩展能力差,安全性难以控制;

③ 在数据查询等响应速度上,要远远地低于C/S体系结构;

④ 数据提交一般以页面为单位,数据的动态交互性不强,不利于在线事务处理应用。

C/S与B/S混合软件体系结构的优点是:外部用户不直接访问数据库服务器,能保证企业数据库的相对安全;企业内部用户的交互性较强,数据查询和修改的响应速度较快。缺点是:企业外部用户修改和维护数据时速度较慢,较烦琐,数据的动态交互性不强。

一般来讲,一个新系统的原型最开始出现时,往往以批处理方式进行组合;在进一步的应用分析过程中,将逐步对交互控制方式、实时反馈、集成化等方面提出需求,因而系统将逐步向以数据为中心的系统过渡,中间还可能会经过一种或几种演化形态。

4.2 软件结构设计

4.2.1 模块化设计

模块化方法带来了许多好处:一方面,模块化设计降低了系统的复杂性,使得系统容易修改;另一方面,模块化推动了系统各个部分的并行开发,提高了软件的生产效率。

模块又称构件,在传统的方法中指用一个名字就可调用的一段程序,类似于高级语言中的过程、函数等。它一般具有如下三个基本属性。

(1) 功能:即指该模块能做什么事情。

(2) 逻辑:即描述模块内部怎么做。

(3) 状态:即该模块使用时的环境和条件。

在描述一个模块时,还必须按模块的外部特性与内部特性分别描述。模块的外部特性是指模块的模块名、参数表以及给程序以至整个系统造成的影响；而模块的内部特性则是指完成其功能的程序代码和仅供该模块内部使用的数据。

对于模块的外部环境(例如需要调用这个模块的上级模块)来说，只需要了解这个模块的外部特性足够了，不必了解它的内部特性。在软件设计阶段，通常是先确定模块的外部特性，然后再确定它的内部特性。

模块是组成目标系统逻辑模型和物理模型的基本单位，它的特点是可以组合、分解和更换。系统中任何一个处理功能都可以看成是一个模块。根据模块功能具体化程度的不同，可以将其分为逻辑模块和物理模块。在系统逻辑模型中定义的处理功能可视为逻辑模块。物理模块是逻辑模块的具体化，可以是一个计算机程序、子程序或若干条程序语句，也可以是人工过程的某项具体工作。

一个模块应具备以下四个要素。

(1) 输入输出：模块的输入来源和输出去向都是同一个调用者，即一个模块从调用者处取得输入，进行加工后再把输出返回调用者。

(2) 处理功能：指模块把输入转换成输出所做的工作。

(3) 内部数据：指只能由该模块本身引用的数据。

(4) 程序代码：指用来实现模块功能的程序。

前两个要素是模块的外部特性，即反映了模块的外貌；后两个要素是模块的内部特性。在结构化设计中，主要考虑的是模块的外部特性，其内部特性只做必要了解，具体的实现将在系统实施阶段完成。

模块结构图是结构化设计中用于描述系统模块结构的图形工具。作为一种文档，它必须严格地定义模块的名字、功能和接口，同时还应当在模块结构图上反映出结构化设计的思想。模块结构图由模块、调用、数据、控制和转接等符号组成。

这里所说的模块通常是指用一个名字就可以调用的一段程序语句。在模块结构图中，用长方形框表示一个模块，长方形中间标上能反映模块处理功能的模块名字。模块名通常由一个动词和一个作为宾语的名词组成。

在模块结构图中，用连接两个模块的箭头表示调用，箭头总是由调用模块指向被调用模块，但是应该理解成被调用模块执行后又返回调用模块。

如果一个模块是否调用一个从属模块决定于调用模块内部的判断条件，则该调用称为模块间的判断调用，采用菱形符号表示；如果一个模块通过其内部的循环功能来循环调用一个或多个从属模块，则该调用称为循环调用，用弧形箭头表示。判断调用和循环调用的表示方法如图 4.7 所示。

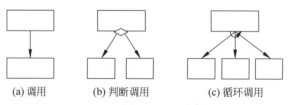

图 4.7　判断调用和循环调用

当一个模块调用另一个模块时，调用模块可以把数据传送到被调用模块处供处理，而被调用模块又可以将处理的结果数据送回到调用模块。在模块之间传送的数据,使用与调用箭头平行的带空心圆的箭头表示,并在旁边标上数据名。例如,图 4.8(a)表示模块 A 调用模块 B 时,A 将数据 x、y 传送给 B,B 将处理结果数据 z 返回给 A。

为了指导程序下一步的执行,模块间有时还必须传送某些控制信息,例如数据输入完成后给出的结束标志、文件读到末尾所产生的文件结束标志等。控制信息与数据的主要区别是前者只反映数据的某种状态,不必进行处理。在模块结构图中,用带实心圆点的箭头表示控制信息。例如,图 4.8(b)中"无此职工"就是用来表示送来的职工号有误的控制信息。

当模块结构图在一张图面上画不下需要转接到另外一张纸上,或为了避免图上线条交叉时,都可使用转接符号,既圆圈内加上标号,如图 4.9 所示。

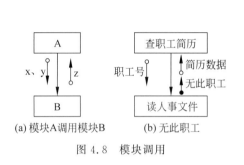

图 4.8 模块调用

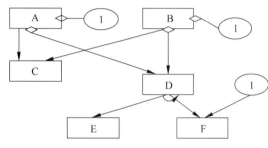

图 4.9 转接符号的使用

4.2.2 模块的独立性

所谓模块的独立性,是指软件系统中每个模块只涉及软件要求的具体的子功能,而和软件系统中其他模块的接口是简单的。例如,若一个模块只具有单一的功能且与其他模块没有太多的联系,那么,我们则称此模块具有模块独立性。

模块的独立性一般采用两个准则度量:模块间的耦合和模块的内聚。

1. 内聚性

内聚性是模块功能强度(一个模块内部各个元素彼此结合的紧密程度)的度量。一个内聚程度高的模块(在理想情况下)应当只做一件事,即完成软件过程中的单一任务。它是信息隐蔽概念的一种自然扩展。一般模块的内聚性分为七种类型。内聚与模块独立性的关系如图 4.10 所示。

图 4.10 七种内聚与模块独立性的关系

从上面的关系中可以看到,位于高端的几种内聚类型最好,位于中段的几种内聚类型是可以接受的,但位于低端的内聚类型很不好,一般不能使用。因此,人们总是希望一个模块的内聚类型向高的方向靠。模块的内聚在系统的模块化设计中是一个关键的因素。

(1) 巧合内聚。巧合内聚(偶然内聚)指模块各成分之间毫无联系,整个模块如同一盘散沙。当几个模块内凑巧有一些程序段代码相同又没有明确表现出独立的功能,把这些代码独立出来建立的模块即为巧合内聚模块。它是内聚程度最低的模块,缺点是模块的内容不易理解,不易修改和维护。

(2) 逻辑内聚。逻辑内聚指模块各成分的逻辑功能是相似的。例如,把系统中与"输出"有关的操作抽取出来组成一个模块,包括将数据在屏幕上显示、从打印机上打印、拷贝到磁盘上等,则该模块就是逻辑内聚的。这种模块把几种相关的功能组合在一起,每次被调用时,由传送给模块的控制型参数来确定该模块应执行哪一种功能。逻辑内聚模块比巧合内聚模块的内聚程度要高,因为它表明了各部分之间在功能上的相关关系,但仍不利于修改和维护。

(3) 时间内聚。时间内聚(经典内聚)模块大多为多功能模块,但要求模块的各个功能必须在同一时间段内执行,例如初始化模块和终止模块。时间内聚模块比逻辑内聚模块的内聚程度又稍高一些。在一般情形下,各部分可以任意的顺序执行,所以它的内部逻辑更简单。

(4) 过程内聚。由一段公共处理过程组合成的模块称为过程内聚模块。例如,我们把一个框图中的所有循环部分、判定部分和计算部分划分成三个模块,则它们都是过程内聚的。使用流程图作为工具设计程序时,常常通过流程图来确定模块划分。把流程图中的某一部分划出来组成模块,就得到过程内聚模块。这类模块比时间内聚模块的内聚程度更强一些。

(5) 通信内聚。如果一个模块内各功能部分都使用了相同的输入数据,或产生了相同的输出数据,则称之为通信内聚模块。通常,通信内聚模块是通过数据流图来定义的,如图 4.11 所示。

(6) 信息内聚。信息内聚(顺序内聚)模块可完成多个功能,各个功能都在同一数据结构上操作,每一项功能有一个唯一的入口点。例如,图 4.12 所示的模块具有四个功能。由于模块的所有功能都是基于同一个数据结构(符号表)的,因此,它是一个信息内聚的模块。

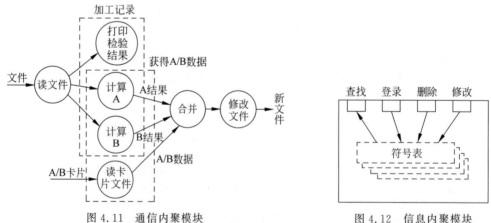

图 4.11 通信内聚模块　　　　图 4.12 信息内聚模块

信息内聚模块可以看成是多个功能内聚模块的组合,并且达到信息的隐蔽,即把某个数据结构、资源或设备隐藏在一个模块内,不为别的模块所知晓。当把程序某些方面细节隐藏在一个模块中时,就增加了模块的独立性。

（7）功能内聚。若一个模块中各个部分都是为完成一项具体功能而协同工作、紧密联系、不可分割的，则称该模块为功能内聚模块。功能内聚模块是内聚性最强的模块。

上述七种内聚方式的关系如表4.3所示。

表4.3 内聚类型比较

块内联系	耦合性	可读性	可修改性	公用性	评 分
功能内聚	低	好	好	好	10
顺序内聚	低	好	好	较好	9
通信内聚	较低	较好	较好	不好	7
过程内聚	一般	较好	较好	不好	5
时间内聚	较高	一般	不好	坏	3
逻辑内聚	高	不好	坏	坏	1
偶然内聚	高	坏	坏	坏	0

事实上，没有必要精确地确定内聚的级别，重要的是设计时力争做到高内聚，并且能够辨认出低内聚的模块，有能力通过修改设计提高模块的内聚程度，降低模块间的耦合程度，从而获得较高的模块独立性。

2. 耦合性

耦合性是模块之间相对独立性（互相连接的紧密程度）的度量。具体来说，耦合的强弱取决于各个模块之间接口的复杂程度、调用模块的方式以及通过接口的信息。一般模块之间可能的连接方式有七种，构成耦合性的七种类型。耦合与模块独立性的关系如图4.13所示。

图4.13 七种耦合与模块独立性的关系

（1）内容耦合。如果一个模块可直接访问另一个模块的内部数据，或者一个模块不通过正常入口即可转到另一模块内部，或者两个模块有一部分程序代码重叠，或者一个模块有多个入口，则两个模块之间就发生了内容耦合。在内容耦合模块中，被访问模块的任何变更或者用不同的编译器对它进行再编译，都会造成程序出错。这种耦合是模块独立性最弱的耦合。

（2）公共耦合。若一组模块都访问同一个公共数据环境，则它们之间的耦合就称为公共耦合。公共的数据环境可以是全局数据结构、共享的通信区、内存的公共覆盖区等。

公共耦合的复杂程度随耦合模块的个数增加而显著增加。如图4.14所示，若只是两个模块之间有公共数据环境，则公共耦合有两种情况：松散公共耦合和紧密公共耦合。只有在模块之间共享的数据很多且通过参数表传递不方便时，才使用公共耦合。

（3）外部耦合。一组模块都访问同一全局简单变量而不是同一全局数据结构，而且不是通过参数表传递该全局变量的信息，则称为外部耦合。外部耦合引起的问题类似于公共耦合，区别在于在外部耦合是一个简单变量而公共耦合是一个复杂数据结构。

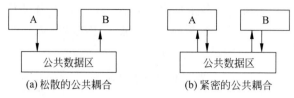

(a) 松散的公共耦合　　　　(b) 紧密的公共耦合

图 4.14　公共耦合

（4）控制耦合。如果一个模块通过传送开关、标志、名字等控制信息明显地控制选择另一模块的功能,就是控制耦合,如图 4.15 所示。这种耦合的实质是在单一接口上选择多功能模块中的某项功能。因此,对被控制模块的任何修改都会影响控制模块。另外,控制耦合也意味着控制模块必须知道被控制模块内部的一些逻辑关系,这些都会降低模块的独立性。

（5）标记耦合。如果一组模块通过参数表传递记录信息,就是标记耦合。事实上,这组模块共享了某一数据结构的子结构,而不是简单变量。这要求这些模块都必须清楚该记录的结构,并按结构要求对记录进行操作。

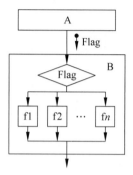

图 4.15　控制耦合

（6）数据耦合。如果一个模块访问另一个模块时,彼此之间是通过数据参数(不是控制参数、公共数据结构或外部变量)来交换输入、输出信息的,则称这种耦合为数据耦合。由于限制了只通过参数表传递数据,所以按数据耦合开发的程序界面简单、安全可靠。数据耦合是松散的耦合,模块之间的独立性比较强,在系统中必须有这类耦合。需要注意的是数据参数的个数尽量控制在最少,能用参数的就不用数据结构。

（7）非直接耦合。如果两个模块之间没有直接关系,它们之间的联系完全是通过主模块的控制和调用来实现的,这就是非直接耦合。这种耦合的模块独立性最强。

实际上,开始时两个模块之间的耦合不只是一种类型,而是多种类型的混合。这就要求设计人员进行分析、比较,逐步加以改进,以提高模块的独立性。

模块之间的连接越紧密,联系越多,耦合性就越高,而模块独立性就越弱。一个模块内部各个元素之间的联系越紧密,则它的内聚性就越高,相对地,它与其他模块之间的耦合性就会减低,而模块独立性就越强。因此,独立性比较强的模块应是高内聚、低耦合的模块。为了降低软件的复杂程度,程序设计人员应尽量使用数据耦合,少用控制耦合,限制公共耦合的范围,避免使用内容耦合。上述七种耦合方式的特点如表 4.4 所示。

表 4.4　耦合方式比较

耦合形式	可读性	可维护性	扩散错误的能力	公用性
简单耦合	好	好	弱	好
数据耦合	好	好	弱	好
标记耦合	一般	一般	一般	一般
控制耦合	一般	不好	一般	不好
外部耦合	不好	不好	不好	不好
公共耦合	最坏	坏	强	最坏
内容耦合	最坏	最坏	最强	最坏

4.2.3　软件体系结构优化的方法

(1) 提高模块独立性。设计出软件的初步结构以后,应通过模块的分解或合并,力求降低耦合,提高内聚,从而提高模块独立性。方法为:将各个模块公共的部分提取出来,生成一个单独的高内聚模块;也可通过分解或合并模块,以减少控制信息的传递及对全局数据的引用,降低接口的复杂程度。

(2) 消除重复功能,改善软件结构。在系统的初始结构图得出之后,应当审查分析该结构图。如果发现几个模块的功能有相似之处,可以加以改进。

(3) 降低模块接口的复杂程度。模块接口的设计非常重要,往往会影响程序的可读性。接口复杂也是软件发生错误的一个主要原因,而高耦合或低内聚是接口复杂的主要原因,应仔细设计,使得信息传递简单并且和模块的功能一致。

(4) 模块的作用范围应在控制范围之内。模块的控制范围包括它本身及其所有的从属模块。模块的作用范围是指受模块内部一个判定影响的所有模块的集合,凡是受这个判定影响的所有模块都属于这个判定的作用范围。如果一个判定的作用范围包含在这个判定所在模块的控制范围之内,则这种结构是简单的,否则,它的结构是不简单的。

在模块设计时,可能会遇到在某个模块中存在着判定处理功能,某些模块的执行与否依赖于判定语句的结果。为了搞好判定处理模块的结构设计,需要了解对于一个给定的判定,它会影响哪些模块。为此,先给出判定的作用范围和模块的控制范围两个概念。

一个判定的作用范围是指所有受这个判定影响的模块。按照规定:若模块中只有一小部分加工依赖于某个规定,则该模块仅仅自身属于这个判定的作用范围;若整个模块的执行取决于这个判定,则该模块的调用模块也属于这个判定的作用范围,因为调用模块中必有一个调用语句,该语句的执行取决于这个判定。

一个模块的控制范围是指模块本身及其所有的下属模块。分析判定的作用范围和模块的控制范围之间的关系,可以较好地处理系统的模块关系,合理地设计模块。因此,在设计模块时应该满足以下要求:

① 判定的作用范围应该在判定所在模块的控制范围之内;
② 判定所在模块在模块层次结构中的位置不能太高。

根据以上两点可知,最理想的模块设计是判定范围由判定所在模块及其直接下层模块组成。

判定的作用范围不在控制范围之内是最坏的情况,增加了模块间的耦合并降低了效率。判定的位置太高,判定的信息也要多次传送才能传到。当出现作用范围不在控制范围之内时,可以用以下措施纠正:

① 将模块移到高层模块,使判定的位置提高;
② 把受判定影响的模块移到模块控制范围之内。

(5) 模块的深度、宽度、扇入和高扇出要适中。深度标志着一个系统的大小和复杂程度。如果层数过多,则对于某些简单模块要考虑适当合并。宽度越大,系统越复杂。如果一个规模很小的底层模块的扇入数为1,则可以把它合并到它的上层模块中去。若它的扇入数较大,就不能向上合并,否则将导致对该模块做多次编码和排错。如果一个模块具有多功能,应考虑作进一步分解;反之,对扇出数过低的模块也应进行检查。一般说来,模块的扇出数应在七个以内。

经验表明,优秀的软件结构通常顶层扇出高,中层扇出较少,底层扇入到公共的实用模块中去。

(6) 避免或减少使用病态连接。应限制使用如下三种病态联接:直接病态联接(内容耦合)、公共数据域病态联接(公共耦合)和通过通信模块联接。为了防止出现内容耦合,设计的模块尽量是单入口单出口模块,即从顶部进入并且从底部退出,这样的软件不但容易理解而且便于维护。

(7) 模块的大小要适中。限制模块的规模也可以降低复杂性。通常规定一个模块最好以两页纸为限(约50~100行语句),这便于程序的阅读和理解。对于过大或过小的模块能否进一步分解或合并,还应根据具体情况而定,关键要保证模块的独立性。

(8) 软件包应满足设计约束和可移植性。为了使软件包可以在某些特定的环境下安装和运行,对软件包提出了一些设计约束和可移植的要求。例如,设计约束有时要求一个程序段在存储器中覆盖自身。当这种情况出现时,设计出来的软件程序结构不得不根据重复程度、访问频率、调用间隔等特性,重新加以组织。

(9) 设计功能可预测的模块,但要避免过分受限制的模块。一个功能可预测的模块不论内部处理细节如何,但对相同的输入数据,总能产生同样的结果。但是,如果模块内部蕴藏有一些特殊的鲜为人知的功能,这个模块就可能是不可预测的。对于这种模块,如果调用者不小心使用,其结果将不可预测。调用者无法控制这个模块的执行,或者不能预知将会引起什么后果,最终会造成混乱。

为了能够适应将来的变更,软件模块中局部数据结构的大小应当是可控制的,调用者可以通过模块接口上的参数表或一些预定义的外部参数来规定或改变局部数据结构的大小。另外,控制流的选择对于调用者来说,应当是可预测的,而与外界的接口应当是灵活的。也可以用改变某些参数的值来调整接口的信息,以适应未来的变更。

4.2.4 体系结构设计案例

在设计当前模块时,先把这个模块的所有下层模块定义成"黑箱",并在系统设计中利用它们,暂时不考虑它们的内部结构和实现方法;在这一步定义好的"黑箱",由于已确定了它的功能和输入、输出,在下一步就可以对它们进行设计和加工;这样,又会导致更多的"黑箱";最后,全部"黑箱"的内容和结构应完全被确定。这就是我们所说的自顶向下、逐步求精的过程。使用黑箱技术的主要好处是使设计人员可以只关心当前的有关问题,暂时不必考虑进一步的、琐碎的、次要的细节,待进一步分解时才去关心它们的内部细节与结构。

【案例4-1】 库存管理系统

库存管理系统的体系结构设计如下。

在需求分析阶段获得的数据流图的基础上,我们用结构化设计方法来得到库存管理系统的模块结构图。

由库存管理系统的一层数据流图可知系统由 $P_1 \sim P_5$ 五个加工构成,其中 P_1、P_2 和 P_5 负责出入库管理,P_3 和 P_4 分别负责库存提示和统计查询功能,其他功能包括合同管理、计划管理、库存管理、系统初始化和用户管理功能。由此我们认为库存管理系统由三个事务构成,即系统管理、计划管理和库存管理。采用事务分析方法绘制系统的顶层模块结构图,如图 4.16 所示。

图 4.16　库存管理系统的顶层结构图

进一步绘制一层模块结构图，如图 4.17 所示。

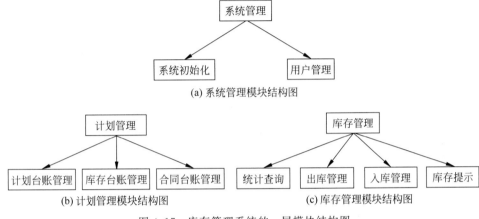

图 4.17　库存管理系统的一层模块结构图

出库和入库处理模块的数据流属于变换型数据流，因此对出库和入库处理模块采用变换分析，得到的模块结构如图 4.18 所示。限于篇幅，其他模块分解从略。

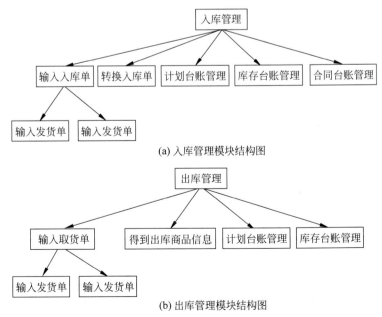

图 4.18　库存管理系统的二层模块结构图

4.3 面向数据流的设计方法

从系统设计的角度出发,软件设计方法可以分为三大类:第一类是根据系统的数据流进行设计,称为面向数据流的设计或者过程驱动的设计,以结构化设计方法为代表;第二类是根据系统的数据结构进行设计,称为面向数据结构的设计或者数据驱动的设计,以程序逻辑构造方法(LCP)、Jackson 系统开发方法和数据结构化系统开发(DSSD)方法为代表;第三类设计方法即面向对象的设计。本章只讨论结构化设计方法,有关面向对象的设计方法的讨论见后面的有关章节。

结构化设计方法是在模块化、自顶向下细化、结构化程序设计等程序设计技术基础上发展起来的,该方法实施的要点是:

(1) 建立数据流的类型;
(2) 指明流的边界;
(3) 将数据流图映射到程序结构;
(4) 用"因子化"方法定义控制的层次结构;
(5) 用设计测量和一些启发式规则对结构进行优化。

在系统结构图中不能再分解的底层模块为原子模块。如果一个软件系统的全部实际加工(数据计算或处理)都由底层的原子模块来完成,而其他所有非原子模块仅仅执行控制或协调功能,这样的系统就是完全因子分解的系统。完全因子分解的系统是最好的系统。一般地,在系统结构图中有四种类型的模块,如图 4.19 所示。

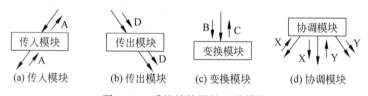

图 4.19 系统结构图的四种模块

(1) 传入模块。传入模块从下属模块获得数据,进行某些处理后再将其传送给上级模块,如图 4.19(a)所示。

(2) 传出模块。传出模块从上级模块获得数据,进行某些处理后再将其传送给下属模块,如图 4.19(b)所示。

(3) 变换模块。变换模块即加工模块,它从上级模块获得数据,进行特定的处理,转换成其他形式后再传送回上级模块。大多数计算模块(原子模块)属于这一类,如图 4.19(c)所示。

(4) 协调模块。协调模块指对所有下属模块进行协调和管理的模块,如图 4.19(d)所示。在系统的输入输出部分或数据加工部分可以找到这样的模块。在一个好的系统结构图中,协调模块应在较高层出现。

在实际系统中,有些模块属于上述某一类型,还有一些模块是上述各种类型的组合。

结构化设计方法把数据流图映射成为软件的体系结构,数据流的类型决定了映射的方法。数据流有变换流和事物流两种类型,因此组成的数据流图也分为变换型数据流图和事物型数据流图。

4.3.1 变换流与变换型系统结构

系统从输入设备获取信息,同时由外部形式变换成内部形式,进入系统的信息通过变换中心,经加工处理以后沿输出通路变换成外部形式,最后由输出设备离开软件系统。具有这些特性的数据流图称为变换型数据流图。变换型数据流图是一个线性结构,由输入、中心变换和输出三部分组成。

变换型数据处理问题的工作过程大致分为三步,即取得数据、变换数据和给出数据,如图 4.20 所示。这三步反映了变换型系统数据流的基本思想。其中,变换数据是数据处理过程的核心工作,而取得数据只不过是为它做准备,给出数据则是对变换后的数据进行后处理工作。

图 4.20 变换型数据处理方式的数据流

变换型系统的结构图如图 4.21 所示,相应于取得数据、变换数据、给出数据,系统的结构图由输入、中心变换和输出等三部分组成。

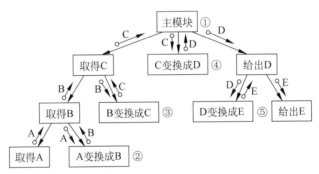

图 4.21 变换型系统的结构图

4.3.2 事务流与事务型系统结构图

如果在一个数据流图中明显地存在着一个"事务中心",即接受一项事务,并根据事务处理的特点和性质,选择分派一个适当的处理单元给出结果,则称这种数据流图为事务型数据流图。它由至少一条接受路径、一个事务中心与若干条动作路径组成。事务型数据系统处理问题的工作机理是接受一项事务,根据事务处理的特点和性质,选择分派一个适当的处理单元,然后给出结果。我们把完成选择分派任务的部分叫作事务处理中心或分派部件。这种事务型数据系统处理问题的数据流图如图 4.22 所示,其中输入数据流在事务中心 T 处做出选择,激活某一种事务处理加工;$D_1 \sim D_4$ 是并列的供选择的事务处理加工。

事务型数据流图所对应的系统结构图就是事务型系统结构图,如图 4.23 所示。

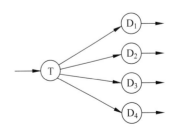

图 4.22 事务型数据系统处理方式的数据流

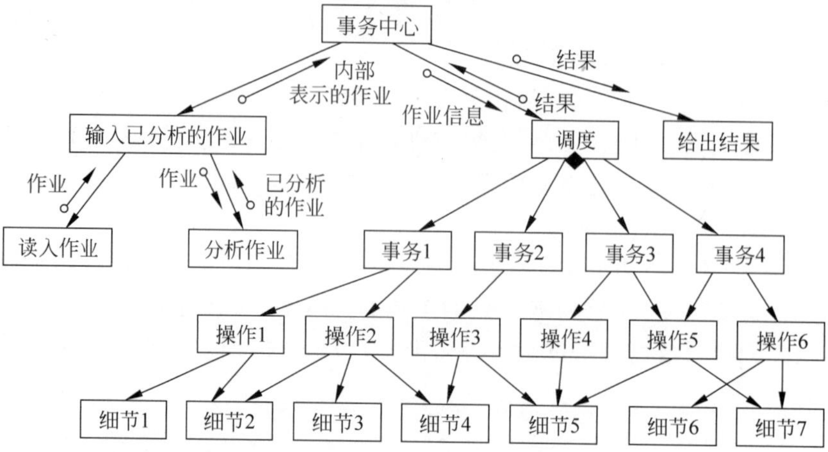

图 4.23 事务型系统结构图

在事务型系统结构图中,事务中心模块按所接受的事务的类型,选择某一个事务处理模块执行。各个事务处理模块是并列的,依赖于一定的选择条件,分别完成不同的事务处理工作,每个事务处理模块可能要调用若干操作模块,而操作模块又可能调用若干细节模块。不同的事务处理模块可以共享一些操作模块。同样,不同的操作模块又可以共享一些细节模块。

事务型系统结构图在数据处理中经常遇到,但是更多的是变换型与事务型系统结构图的结合。例如,变换型系统结构中的某个变换模块本身又具有事务型的特点。

4.3.3 变换分析与映射

变换映射是体系结构设计的一种策略。运用变换映射方法建立初始的变换型系统结构图,然后对它做进一步的改进,最后得到系统的最终结构图。设计的步骤如下。

步骤1:复审基本系统模型(0层数据流图和支持信息),评估系统规格说明和软件需求规格说明。

步骤2:复审和细化软件的数据流图。重画数据流图时,可以从物理输入到物理输出,或者相反;还可以从顶层加工框开始,逐层向下。

步骤3:确定数据流图中含有变换流特征还是含有事务流特征。通常,系统的信息流总能表示为变换型,但其中也可能遇到明显的事务流特征,这时可采用变换型为主、在局部范围采用事务型的设计方法。

步骤4:区分输入流、输出流和中心变换部分,即标明信息流的边界。

为了处理方便,先不考虑数据流图中的一些支流,如出错处理等。通常在数据流图中多股数据流的汇合处往往是系统的主加工。若没有明显的汇合处,则可先确定哪些数据流是逻辑输入和逻辑输出,从而获得主加工。

从物理输入端一步一步向系统中间移动,直至到达这样一个数据流:它再不能被作为系统的输入,则其前一个数据流就是系统的逻辑输入,即离物理输入端最远的,但仍可视为是系统输入的那个数据流就是逻辑输入。

用类似方法,从物理输出端一步一步向系统中间移动,则离物理输出端最远的,但仍可视为系统输出的那个数据流就是逻辑输出。

逻辑输入和逻辑输出之间的加工就是我们要找的变换中心。不同的设计人员可能选择不同的信息流边界,这将导致不同的系统结构。

步骤 5:进行一级"因子化"分解,设计顶层和第一层模块。

首先在与变换中心对应的位置上画出主模块,主模块的功能就是整个系统要做的工作。主模块又称为主控制模块,是模块结构图的"顶",接着按"自顶向下、逐步细化"的思想设计主模块,用程序名字为它命名,将它画在与中心变换相对应的位置上。作为系统的顶层,它调用下层模块,完成系统所要做的各项工作。

系统结构第一层的设计步骤是。

(1)为每一个逻辑输入画一个输入模块,其功能是向主模块提供数据。

(2)为每一个逻辑输出画一个输出模块,其功能是输出主模块提供的数据。

(3)为主处理画一个变换模块,其功能是把逻辑输入变换成逻辑输出。

至此,结构图第一层就完成了。在作图时应注意主模块与第一层模块之间传送的数据要与数据流图相对应。

步骤 6:进行二级"因子化"分解,设计中、下层模块。

这一步工作是自顶向下,逐层细化,为每一个输入模块、输出模块、变换模块设计它们的从属模块。

输入模块要向调用它的上级模块提供数据,因而它必须有两个下属模块:一个用于接收数据;另一个用于把这些数据变换成它的上级模块所需的数据。输出模块从调用它的上级模块接收数据用以输出,因而也应当有两个下属模块:一个用于将上级模块提供的数据变换成输出的形式;另一个用于将它们输出。中心变换模块的下层模块没有通用的设计方法,一般应参照数据流图的中心变换部分和功能分解的原则来考虑如何对中心变换模块进行分解。

该过程自顶向下递归进行,直到系统的物理输入端或物理输出端为止。每设计出一个新模块,应同时给它起一个能反映模块功能的名字。运用上述方法,就可获得与数据流图相对应的初始结构图。

步骤 7:利用一些启发式原则来改进和优化系统的初始结构图,直到得到符合要求的结构图为止。

4.3.4 事务分析与映射

在很多应用中存在某种作业数据流,它可以引发一个或多个处理,即数据流图呈现"束状"结构,这种数据流就叫作事务型信息流。对于事务型信息流,应采用事务分析的设计方法进行分析与映射。与变换映射类似,事务映射也是从分析数据流图开始,自顶向下,逐步分解,建立系统结构图;所不同的是由数据流图映射成的系统结构图不同。

事务分析与映射的步骤如下。

步骤 1:复审基本系统模型。

步骤 2:复审和细化软件的数据流图。

步骤 3:确定数据流图中含有变换流特征还是含有事务流特征。以上三步与变换映射中的相应工作相同。

步骤 4:识别事务中心和每一条操作路径上的流特征。事务中心通常位于几条操作路径的起始点上,可以从数据流图上直接找出来。输入路径必须与其他所有操作路径区分开来。

步骤5:将数据流图映射到事务型系统结构图上。事务流应该映射到包含一个输入分支和一个分类事务处理分支的程序结构上。输入分支结构的开发与变换流的方法类似;分类事务处理分支结构包含一个调度模块,用于调度和控制下属的操作模块。

步骤6:"因子化"分解和细化该事务结构和每一条操作路径的结构。每条操作路径的数据流图有它自己的信息流特征,可以是变换流,也可以是事务流。与每条操作路径相关的子结构可以依照前面介绍的设计步骤进行开发。

步骤7:利用一些启发式原则来改进和优化系统的初始结构图。

4.4 数据设计

4.4.1 数据设计的原则

Pressman把数据设计的过程概括如下。

(1)为在需求分析阶段所确定的数据对象选择逻辑表示,需要对不同结构进行算法分析,以便选择一个最有效的设计方案。

(2)确定对逻辑数据结构所必需的那些操作的程序模块(软件包),以便限制或确定各个数据设计决策的影响范围。

无论采取什么样的设计方法,如果数据设计得好,往往能产生很好的软件系统结构,具有很强的模块独立性和较低的程序复杂性。

Pressman总结了如下原则,用来定义和设计数据。

(1)用于软件的系统化方法也适用于数据。应当考虑几种不同的数据组织方案,还应当分析数据设计给软件设计带来的影响。

(2)要确定所有的数据结构和在每种数据结构上施加的操作。对于涉及软件中若干功能的实现处理的复杂数据结构,可以为它定义一个抽象数据类型。

(3)应当建立一个数据词典并用它来定义数据和软件的设计。

(4)低层数据设计的决策应推迟到设计过程的后期进行,可以将逐步细化的方法用于数据设计。在需求分析时确定总体数据组织,在概要设计阶段加以细化,而在详细设计阶段才规定具体的细节。

(5)数据结构的表示只限于那些必须直接使用该数据结构内数据的模块才能知道。此原则就是信息隐蔽和耦合性原则,把数据对象的逻辑形式与物理形式分开。

(6)数据结构应当设计成为可复用的。应建立一个存有各种可复用的数据结构模型的构件库,以减少数据定义和设计的工作量。

(7)软件设计和程序设计语言应当支持抽象数据类型的定义和实现。如果没有直接定义某种复杂数据结构的手段,这种结构的设计和实现往往是很困难的。

以上原则适用于软件工程的定义阶段和开发阶段,"清晰的信息定义是软件开发成功的关键"。

4.4.2 文件设计的过程

文件设计指数据存储文件设计,其主要工作就是根据使用要求、处理方式、存储的信息量、数据的活动性以及所能提供的设备条件等,来确定文件类别、选择文件媒体、决定文件组织方法、设计文件记录格式、并估算文件的容量。

文件设计的过程主要分为两个阶段。第一个阶段是文件的逻辑设计,主要在概要设计阶段实施,内容包括:

(1) 整理必需的数据元素。在软件设计中所使用的数据,有长期的,有短期的,还有临时的。它们都可以存放在文件中,在需要时对它们进行访问。因此首先必须整理应存储的数据元素,给它们一个易于理解的名字,指明其类型、位数以及其内容含义。

(2) 分析数据间的关系。分析数据间的关系是指分析在业务处理中哪些数据元素是同时使用的,并把同时使用次数多的数据元素归纳成一个文件进行管理,包括分析数据元素的内容,研究数据元素与数据元素之间的逻辑关系,以及根据分析弄清数据元素的含义及其属性。

(3) 确定文件的逻辑设计。根据数据关联性分析,明确哪些数据元素应当归于一组进行管理。把应当归于一组的数据元素进行统一布局,确定文件的逻辑设计。

第二个阶段是文件的物理设计,主要在软件的详细设计阶段实施,内容包括:

(1) 理解文件的特性。针对文件的逻辑规格说明,进一步研究从业务处理的观点来看所要求的一些特性,包括文件的使用率、追加率和删除率以及保护和保密等。

(2) 确定文件的存储媒体。选择文件的存储媒体时应当考虑以下一些因素。

① 数据量。根据处理数据量估算需要媒体的数量。数据量大的文件可选用磁带、磁盘或光盘作为存储媒体,数据量小的文件可采用软盘作为存储媒体。

② 处理方式。处理方式有联机处理和批处理两种。对于联机处理,多选用直接存取设备,如磁盘等;对于批处理,选用任何一种存储媒体都可以。

③ 存取时间和处理时间。批处理对于时间没有严格的要求,因此对存储媒体也没有特殊的要求。实时处理最好选用直接存取媒体,如磁盘等,以满足响应时间的要求。

④ 数据结构。根据文件的数据结构,选用能实现其结构的合适媒体及相应的存取方法。例如,顺序文件可选用磁带或光盘,而索引文件和散列文件则必须选用磁盘。

⑤ 操作要求。对于数据量大、执行时较少要求用户干预的文件,应当选用磁带媒体;而对于频繁交互的文件,应当选用磁盘媒体。

⑥ 费用要求。在满足上述要求的基础上,应当尽量选用价格低的媒体。

(3) 确定文件的组织方式。根据文件的特性来确定文件的组织方式。常用的文件组织方式有:顺序文件(按记录的加入先后次序排列、按记录关键码的升序或降序排列、按记录的使用频率排列);直接存取文件(无关键码直接存取文件、带关键码直接存取文件、桶式直接存取文件);索引顺序文件(B^+树)、分区文件,虚拟存储文件;倒排文件等。

(4) 确定文件的记录格式。确定了文件的组织方式之后,需要进一步确定文件记录中各数据项以及它们在记录中的物理安排。考虑设计记录的布局时,应当注意以下几点。

① 记录的长度。设计记录的长度要确保能满足需要,还要考虑使用设备的制约和效率,尽可能与读写单位匹配,并尽可能减少处理过程中内外存的交换次数。

② 数据项的顺序。对于可变长记录,应在记录的开头记入长度信息;对于关键码,应尽量按级别高低顺序配置;对于联系较密切的数据项,应归纳在一起进行配置。

③ 数据项的属性。属性相同的数据项,应尽量归纳在一起配置。数据项应按双字长、

全字长、半字长和字节的属性顺序配置。

④ 预留空间。考虑到将来可能的变更或扩充,应当预先留下一些空闲空间。

⑤ 子数据项。可把一个数据项分成几个子数据项,每一个子数据项也可以作为单独的项来使用。

(5) 估算存取时间和存储容量(不要求)。

4.4.3 数据库设计

1. 数据库与数据库管理系统

数据库设计的目的是为信息系统在数据库服务器上建立一个好的数据模型。

数据库的设计包括数据库需求分析、数据库概念设计、数据库物理设计、数据库设计步骤、数据库设计技巧与艺术。需要特别指出的是,对数据库的设计技巧与艺术,建议读者仔细阅读,慢慢消化,逐步吸收,学以致用。如果能吃透这些精华内容,就能很好掌握数据库设计方法,它也是信息系统的核心设计技术。

数据库管理系统(DBMS)本身是系统软件,其基本功能是管理用户的数据库及其在数据库上的各种操作以及数据库对外的各种接口。关系数据库管理系统(RDBMS)自带许多语句(命令),这些语句可分为三类:数据定义语言(DDL),如 CREATE、ALTER、DROP;数据操纵语言(DML),如 SELECT、UPDATE、INSERT、DELETE;数据控制语言(DCL),如 LOCK、UNLOCK 等。

在人们的交流中,习惯上常常将数据库和数据库管理系统混为一谈,不加区别。所以要根据不同场合、不同习惯以及上下文来分析所讲的"数据库"三个字,到底是指数据库,还是指数据库管理系统。

2. 数据库的组成

一个数据库由一台数据库服务器、一个数据库管理系统、一个数据库管理员(DBA)、多张表(每张表中有许多条记录)、表上的视图和索引、许多用户和角色所组成。

若一个数据库的表不是存放在网络的一个节点(一台数据库服务器)上,而是存放在多个节点(多台数据库服务器)上,则称此数据库为分布式数据库。

通俗地讲,数据库是表的集合,表由字段组成,表中存放着记录。由于记录的数据可以是原始数据、信息代码数据、统计数据和临时数据 4 种,所以又可将表划分为基本表、代码表、中间表和临时表 4 种。其中存放原始数据的表称为基本表,存放信息代码数据的表称为代码表,存放统计数据的表称为中间表,存放临时数据的表称为临时表。

原始数据和信息代码数据统称为基础数据,基本表和代码表统称为基表。

数据库设计主要是指基本表设计,当然也包括代码表、中间表和临时表的设计。基本表设计较难,代码表、中间表和临时表设计较易。

3. 数据库设计的内容

数据库是数据库应用系统的核心。数据库设计是建立一个应用程序最重要的步骤之一,一般要在需求分析和数据分析的基础上进行,主要包括数据库概念设计和数据库物理设计。索引、视图、触发器和存储过程都在数据库服务器上运行,所以也将它们划分到数据库物理设计之中。

(1) 数据库需求分析。数据库需求分析的步骤是：收集系统所有的原始单据和统计报表，弄清楚两者之间的关系，写明输出数据项中的数据来源与算法。若原始单据覆盖了所有需要的业务内容，并且能满足所有统计报表的输出数据要求，则需求分析完毕；反之继续分析。

(2) 数据库概念模型的设计。数据库概念设计是指设计出数据库的概念数据模型，即实体关系图(E-R 图)以及相应的数据字典，如实体字典、属性字典、关系字典。在 Rose 2002 中，规定对象模型中的关系连接两个类，数据模型中的关系连接两个表。

所谓实体，就是一组相关元数据的集合。所谓实例，就是实体的一次表现。

概念设计的特点是：与具体的数据库管理系统和网络系统无关，它相当于数据库的逻辑设计。

(3) 数据库逻辑模型的设计。数据库逻辑模型的设计是根据 DBMS 的特征把概念模型转换为相应的逻辑模型。概念设计所得到的 E-R 图模型，是独立于 DBMS 的。这里的转换就是把表示概念模型的 E-R 图转换成为关系模型的逻辑结构，包括转换为规范的关系模式(将多对多关系变成一对多的关系)。

(4) 数据库物理模型的设计。数据库物理设计是指设计出数据库的物理数据模型，即数据库服务器物理空间上的表、字段、索引、表空间、视图、储存过程、触发器以及相应的数据字典。

物理设计的特点是：与具体数据库管理系统和网络系统有关。

数据库物理设计的方法如下：

① 确定关系数据库管理系统平台；
② 利用数据库提供的命令和语句，建立表、索引、触发器、存储过程、视图等；
③ 列出表与功能模块之间的关系矩阵，便于详细设计。

上述工作可以手工进行，也可以利用工具 PowerDesigner 或者 erwin 进行设计。

4. 数据库设计步骤

(1) 整理原始单据，理清原始单据与输出报表之间的数据转换关系及算法，澄清一切不确定的问题。

(2) 从原始单据出发，划分各个实体，给实体命名，分配属性，标识出主键或外键，理清实体之间的关系。

(3) 进行数据库概念数据模型(CDM)设计，画出实体关系图(E-R 图)，定义完整性约束。

(4) 进行数据库物理数据模型(PDM)设计，将概念数据模型转换为物理数据模型 PDM。

(5) 在待定的数据库管理系统上定义表空间，实现物理数据模型的建表与建索引。

(6) 定义触发器与存储过程。

(7) 定义视图，说明数据库与应用程序之间的关系。

库存管理系统的数据库设计如下。

(1) 概念模型的设计。经过对该公司的调查，了解到系统中的实体类型有供应商、商品、领用单位等，这些实体之间的相互关系如下。

供应商与商品之间存在"供应"联系，是多对多的关系。

商品与领用单位之间存在"出库"联系,也是多对多的关系。

每个实体的属性分别如下。

供应商:供应商编号,名称,地址,电话,传真,银行账号。

商品:商品编号,名称,类别,规格,单价,单位,库存量,存放位置,用途。

车间:车间编号,名称,联系人,电话。

画出库存管理的 E-R 图,如图 4.24 所示。

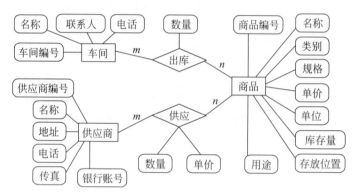

图 4.24　库存管理的 E-R 图

(2) 逻辑模型的设计。图 4.24 所示的 E-R 图模型是独立于 DBMS 的,必须把表示概念结构的 E-R 图转换成为关系模型的逻辑结构。将图 4.24 转换为规范的关系模式(一对多的关系)如下。

供应商(供应商编号,名称,地址,电话,传真,银行账号)

商品(商品编号,名称,类别,规格,单价,单位,库存量,存放位置,用途)

供应(供应商编号,商品编号,数量,单价)

车间(车间编号,名称,联系人,电话)

出库(商品编号,车间编号,数量)

(3) 物理设计。物理设计的目的是根据具体 DBMS 的特征,确定数据库的物理结构(存储结构)。关系数据库的物理设计任务包括两个方面,一是确定所有数据库文件的名称及其所含字段的名称、类型和宽度;二是确定各数据库文件需要建立的索引及在什么字段上建立索引等。部分表结构如表 4.5~表 4.7 所示。

表 4.5　库存台账

字段名	字段类型	字段宽度	说明
商品编号	Character	8	
购入单价	Numeric	10.2	
库存数量	Numeric	5	库存数量

表 4.6　合同台账

字段名	字段类型	字段宽度	说明
合同编号	Character	8	
供应商编号	Character	8	

续表

字段名	字段类型	字段宽度	说明
商品编号	Character	8	
单价	Numeric	10.2	
数量	Numeric	5	
日期	Datetime	8	
合同状态	Logic	1	
备注	text		合同未执行的原因

表 4.7 商品信息

字段名	字段类型	字段宽度	说明
商品编号	Character	8	
名称	Character	20	
类别	Character	8	
规格	Character	8	
单价	Numeric	10.2	
单位	Character	8	
存放位置	Character	50	
用途	Demo		

5．分布式数据库的设计

从最大限度地利用整个资源的角度出发，把系统范围内各子系统的业务和数据集中存放、统一管理是必然趋势。与此同时，也要考虑系统的现状，在制定具体实施方案时，可选择如下数据存放方式和业务处理模式。

（1）物理分布式存放，逻辑集中式管理。

物理分布式存放、逻辑集中式管理是指子系统的数据在本地集中存放和处理，系统通过网络方式管理和使用子系统的数据。系统与子系统之间通过权限约定方式进行数据交换。业务处理、控制模式以每个子系统为主体实施，系统内的各子系统之间、各子系统与系统之间通过权限约定方式进行数据交换。

（2）物理集中式存放，逻辑分布式管理。

物理集中式存放、逻辑分布式管理是指所有子系统的数据都存放在系统中心，但每个子系统的数据是相对独立分布式存放的。与第一种方式相比，改变的主要是数据的存放地点，业务处理、控制模式没有发生根本的变化，资源共享只在本企业内进行。系统内的各子系统之间、各子系统与系统中心之间也可以通过权限约定方式进行数据交换。

（3）集中式存放，高度共享式管理。

集中式存放、高度共享式管理是指所有子系统的数据都存放在系统中心，并在内部高度共享。业务处理、控制模式视不同情况可设计为以系统中心为整体进行，或以个别子系统为主体进行。该模式可实现整个系统范围内的业务、数据的实时处理，从而实现全系统资源的整体共享。

通过对系统中心的管理和控制需求、硬件和网络环境、软件处理能力等因素的综合考虑,在实施方案的设计时,可采用三种数据存放方式和业务处理模式中的一种,并按照具体的管理和控制需求进行部分调整。

6. 数据库设计工具

PowerDesigner 是 PowerSoft 公司(1995 年被 Sybase 公司并购)开发的一个面向数据分析、设计和实现的 CASE 工具,利用它可以进行系统的需求分析、数据库设计和程序框架设计,绘制系统的数据流程图和 E-R 图,以及生成物理模型的建表程序、存储过程与触发器框架等。

本书以 PowerDesigner 9.0 为背景进行讲述,其应用方法如下。

(1) 正向设计系统的概念数据模型和物理数据模型以及生成建表程序。

(2) 逆向设计时,由数据库表推导出系统的物理数据模型和概念数据模型。

(1) 正向设计步骤。

第 1 步:透彻理解软件需求规格说明书,找出元数据和中间数据,用实体将元数据组织起来,为设计 E-R 图做好准备。这一步是数据库分析与设计的基本功,初学者要多下功夫。

第 2 步:启动 PowerDesigner 9.0,画出实体框,并定义实体如图 4.25 和图 4.26 所示。

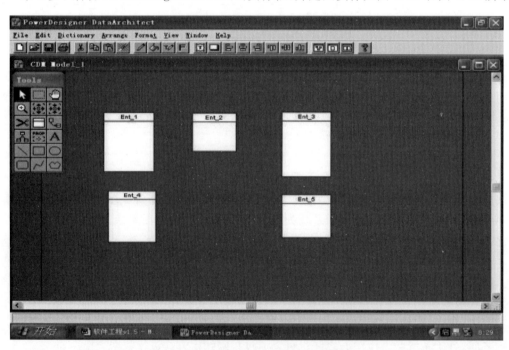

图 4.25　DataArchitect 主界面(画实体框)

第 3 步:定义属性、属性的约束和算法。完成第 2 步后单击 Attributes 按钮,进入定义该实体的属性界面,如图 4.27 所示。

第 4 步:定义关系,如图 4.28 所示。由于事先识别并处理了"图书"和"读者"之间的多对多关系,并在两者之间增加了一个"借还书"的实体,所以在此省去了不少麻烦。

第 5 步:生成物理数据模型的菜单,如图 4.29 所示。

第4章 结构化软件设计

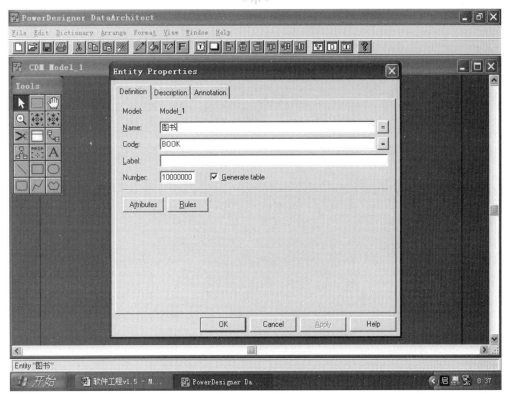

图 4.26 DataArchitect 主界面(定义实体)

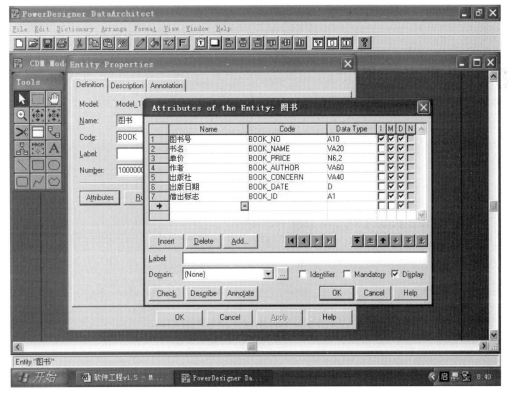

图 4.27 PowerDesigner DataArchitect 的主界面(定义属性)

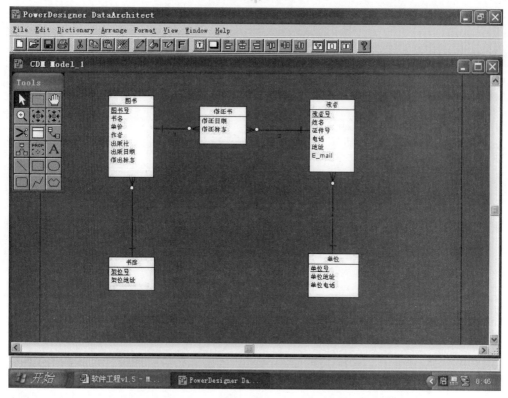

图 4.28 PowerDesigner DataArchitect 的主界面(定义关系)

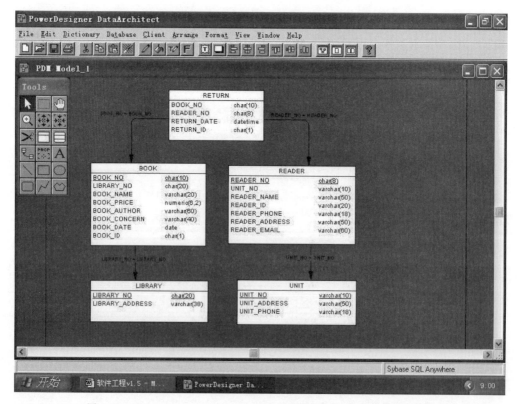

图 4.29 PowerDesigner DataArchitect 的主界面(生成物理数据模型)

(2) 逆向设计步骤。

第 1 步：选定所需物理表。

第 2 步：进入 Power Designer 的逆向工程菜单。

第 3 步：由数据库表生成物理数据模型。

第 4 步：由物理数据模型生成概念数据模型。

第 5 步：修改概念数据模型。

第 6 步：生成并打印概念数据模型或物理数据模型的各类文档资料。

第 7 步：生成表的物理结构及各种约束和索引。

【案例 4-2】 图书馆信息系统

图书馆信息系统的数据库设计如下。

图书馆的主要功能不外乎两点，即藏书与为读者服务，所以"图书馆信息系统"的主要实体是"图书"和"读者"。

(1) "图书"的属性有图书号、书名、作者、出版社等。

(2) "读者"的属性有读者号、姓名、电话等。

(3) 一本图书可以被多个读者在不同时间借阅，一名读者又可以一次或多次借阅多本图书，所以这两个实体之间是多对多的关系。为了消除这个多对多关系，在两者之间插入第 3 个实体，该实体取名为"借还书"。"借还书"至少有两个属性：借书还书时间、借书还书标志。另外，它还有两个外键：图书号和读者号。

(4) 绘制图书馆信息系统数据库的概念数据模型，如图 4.30 所示。

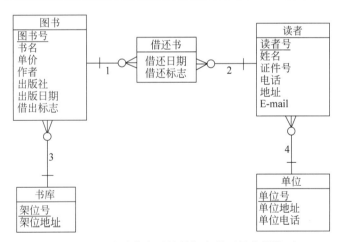

图 4.30 图书馆信息系统数据库的逻辑数据模型

(5) 绘制图书馆信息系统数据库的物理数据模型，如图 4.31 所示。

4.4.4 数据库设计的技巧

(1) 明确原始单据与实体之间的关系。原始单据与实体之间可以是一对一、一对多、多对多的关系。明确这种对应关系，对设计录入界面大有好处。

(2) 主键与外键。一般而言，一个实体不能既无主键又无外键。在 E-R 图中，处于叶子部位的实体，可以定义主键，也可以不定义主键（因为它无子孙），但必须要有外键（因为它

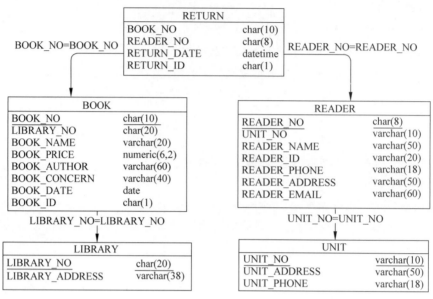

图 4.31 图书馆信息系统数据库的物理数据模型

有父亲)。主键是实体的高度抽象,主键与外键的配对表示实体之间的连接。

(3) 基本表的性质。基本表与中间表、临时表不同,因为它具有如下四个特性。

① 原子性。基本表中的字段是不可再分解的。

② 原始性。基本表中的记录是原始数据(基础数据)的记录。

③ 演绎性。由基本表与代码表中的数据可以派生出所有的输出数据。

④ 稳定性。基本表的结构是相对稳定的,表中的记录是需要长期保存的。

理解基本表的性质后,在设计数据库时,就能将基本表与中间表、临时表区分开来。

(4) 通俗地理解三个范式。第一范式是对属性的原子性约束,要求属性具有原子性,不可再分解。

第二范式是对记录的唯一性约束,要求记录有唯一标识,即实体的唯一性。

第三范式是对字段冗余性的约束,即任何字段不能由其他字段派生出来,它要求字段没有冗余。

没有冗余的数据库设计可以做到,但是,没有冗余的数据库未必是最好的数据库。有时为了提高运行效率,就必须降低范式标准,适当保留冗余数据。具体做法是:在概念数据模设计时遵守第三范式,降低范式标准的工作放到物理数据模型设计时考虑。降低范式就是增加字段,允许冗余。

(5) 范式标准。基本表及其字段之间的关系应尽量满足第三范式。但是,满足第三范式的数据库设计往往不是最好的方案。为了提高数据库的运行效率,常常需要降低范式标准,适当增加冗余,达到以空间换时间的目的。

例如,在存放商品的基本表中,"金额"这个字段的存在表明该表的设计不满足第三范式,因为"金额"可以由"单价"乘以"数量"得到,说明"金额"是冗余字段。但是增加"金额"这个冗余字段,可以提高查询统计的速度,这就是以空间换时间的做法。

在 Rose 2002 中,规定列有两种类型:数据列和计算列。"金额"这样的列被称为"计算列",而"单价"和"数量"这样的列被称为"数据列"。

(6) 要善于识别和正确处理多对多的关系。若两个实体之间存在多对多的关系,则应消除这种关系。消除的办法是在两者之间增加第三个实体。这样,原来一个多对多的关系,现在变为两个一对多的关系。要将原来两个实体的属性合理地分配到三个实体中去。这里的第三个实体,实质上是一个较复杂的关系,它对应一张基本表。一般来讲,数据库设计工具不能识别多对多的关系,但能处理多对多的关系。

(7) PK 的取值方法。主键(Primary Key,PK)是供程序员使用的表间连接工具,可以是一个无物理意义的数字串,由程序自动加 1 来实现;也可以是有物理意义的字段名或字段名的组合,不过前者比后者好。当 PK 是字段名的组合时,建议字段的个数不要太多,因为字段太多,不但索引占用空间大,而且速度也慢。

(8) 正确认识数据冗余。主键与外键在多表中的重复出现不属于数据冗余。这个概念必须清楚,事实上有许多人还不清楚。非键字段的重复出现才是数据冗余,而且是一种低级冗余,即重复性的冗余。高级冗余不是字段的重复出现,而是字段的派生出现。

(9) E-R 图的设计没有标准答案。E-R 图的设计没有标准答案,因为它的设计与画法不是唯一的,只要它覆盖了系统需求的业务范围和功能内容,就是可行的;反之就要修改 E-R 图。好的 E-R 图的标准是:结构清晰,关联简洁,实体个数适中,属性分配合理,没有低级冗余。

(10) 巧用视图技术。与基本表、代码表、中间表不同,视图是一种虚表,它依赖数据源的实表而存在。视图是供程序员使用数据库的一个窗口,是基表数据综合的一种形式,是数据处理的一种方法,是用户数据保密的一种手段。为了进行复杂处理、提高运算速度和节省存储空间,视图的定义深度一般不得超过三层。若三层视图仍不够用,则应在视图上定义临时表,在临时表上再定义视图。这样反复交叠定义,视图的深度就不受限制了。

(11) 中间表和临时表的使用。中间表是存放统计数据的表,它是为数据仓库、输出报表或查询结果而设计的,有时它没有主键与外键(数据仓库除外)。临时表是程序员个人设计的,用于存放临时记录,为个人所用。基表和中间表由数据库管理员维护,临时表由程序员自己用程序自动维护。

(12) 完整性约束。完整性约束包含三个方面。

① 域的完整性。用 Check 来实现约束。在数据库设计工具中,对字段的取值范围进行定义时,有一个 Check 按钮,通过它定义字段的值域。

② 参照完整性。用主键、外键(FK)以及表级触发器来实现。

③ 用户定义完整性。它是一些业务规则,用存储过程和触发器来实现。

(13) 三少原则。防止数据库设计时打补丁的方法是"三少原则"。

① 一个数据库中表的个数越少越好。只有表的个数少了,才能说明系统的 E-R 图少而精,去掉了重复的、多余的实体,形成了对客观世界的高度抽象,进行了系统的数据集成。

② 一个表中组合主键的字段个数越少越好。因为主键的作用一是建立主键索引,二是作为子表的外键,所以组合主键的字段个数少了,不仅节省了运行时间,而且节省了索引存储空间。

③ 一个表中的字段个数越少越好。只有字段的个数少了,才能说明在系统中不存在数

据重复,且很少有数据冗余,更重要的是督促读者学会"列变行"。所谓"列变行",就是将主表中的一部分内容拉出去,另外单独建立子表。

(14) 提高数据库的运行效率。提高数据库运行效率的方法如下。

① 在数据库物理设计时降低范式,增加冗余,少用触发器,多用存储过程。

② 当计算非常复杂且记录数目非常大时(例如 1000 万条),复杂计算要先在数据库外面实现。如以文件系统方式用 C++语言计算处理完成之后,最后才入库追加到表中去。这是数据库系统设计的经验。

③ 发现某个表的记录太多(例如超过 1000 万条),则要对该表进行水平分割;若发现某个表的字段太多(例如超过 80 个),则要对该表进行垂直分割。

④ 对 DBMS 进行系统优化,即优化缓冲区个数等各种系统参数。

⑤ 在使用面向数据的 SQL 进行程序设计时,尽量采取查询优化算法。

4.5 详细设计

4.5.1 详细设计的任务

详细设计的目的是为软件结构图中的每个模块确定使用的算法和块内数据结构,并用某种选定的表达工具给出清晰的描述。这一阶段的主要任务如下:

(1) 为每个模块确定采用的算法,选择某种适当的工具表达算法的过程,写出模块的详细过程性描述;

(2) 确定每个模块使用的数据结构;

(3) 确定模块接口的细节,包括对系统外部的接口和人机界面,对系统内部其他模块的接口,以及模块输入数据、输出数据和局部数据的全部细节。在详细设计结束时,应该把上述结果写入详细设计说明书,并且通过复审形成正式文档。这是交付给下一阶段(编码阶段)的工作依据;

(4) 要为每个模块设计出一组测试用例,以便在编码阶段对模块代码(即程序)进行预定的测试。模块的测试用例是软件测试计划的重要组成部分,通常应包括输入数据、期望输出等内容。

4.5.2 详细设计的原则

(1) 模块的逻辑描述要清晰易读,正确可靠。

(2) 结构要清晰,以降低程序的复杂度。其基本内容归纳为如下几点。

① 程序结构不用或少用无条件转移结构,以确保程序结构的独立性。

② 使用单入口和单出口的控制结构,确保程序的静态结构与动态执行情况相一致,保证程序的易理解性。

③ 程序的控制结构一般采用顺序、选择、循环三种结构来构成,确保结构简单。

④ 用自顶向下、逐步求精的方法完成程序结构的设计。结构化程序设计的缺点是存储容量和运行时间增加了 10%~20%,但易读性和可维护性好。

⑤ 常用的控制结构为顺序型、选择型、先判定型循环(do-while)、后判定循环(do-until)、多分支选择型(case)。

(3) 选择恰当的描述工具来描述各模块的算法。

4.5.3 过程设计

过程设计也叫作详细设计或程序设计，它不同于编码或编程。在过程设计阶段，要决定各个模块的实现算法，并精确地表达这些算法。前者涉及所开发项目的具体要求、对每个模块规定的功能以及算法的设计和评价；后者需要给出适当的算法描述，为此应提供过程设计的表达工具。表达过程规格说明的工具叫作详细设计工具，它可以分为图形工具、表格工具和语言工具三类。

1. 程序结构的描述原理

程序流程图又称为程序框图，它是软件开发者最熟悉的一种算法表达工具。它独立于任何一种程序设计语言，可比较直观和清晰地描述过程的控制流程，易于学习掌握，因此至今仍是软件开发者较普遍采用的一种工具。但是，流程图也存在一些严重的缺点，例如流程图所使用的符号不够规范，常常使用一些习惯性用法；特别是表示程序控制流程的箭头可以不受任何约束，随意转移控制。这些现象显然是与软件工程化的要求相背离的。为了消除这些缺点，应对流程图所使用的符号做出严格的定义，不允许人们随心所欲地绘制各种不规范的流程图。例如，为使用流程图描述结构化程序，必须限制流程图只能使用图 4.32 所给出的五种基本控制结构。

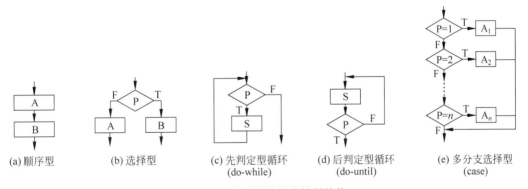

(a) 顺序型　　(b) 选择型　　(c) 先判定型循环　　(d) 后判定型循环　　(e) 多分支选择型
　　　　　　　　　　　　　　　　(do-while)　　　　　(do-until)　　　　　　(case)

图 4.32　流程图的基本控制结构

任何复杂的程序流程图都应由这五种基本控制结构组合或嵌套而成。作为上述五种控制结构相互组合和嵌套的实例，图 4.33 给出了一个程序的流程图，图中增加了一些虚线构成的框，目的是便于理解控制结构的嵌套关系。显然，这个流程图所描述的程序是结构化的。

2. 过程设计的描述工具

从软件开发的工程化观点来看，在使用程序设计语言编制程序之前，需要对所采用算法的逻辑关系进行分析，设计出全部必要的过程细节，并给予清晰的表达，使之成为编码的依据。这就是过程设计的任务。

在理想情况下，算法过程描述应采用自然语言来表达，这样即使不熟悉软件的人理解起来也比较容易。但自然语言在方法和语义上往往具有多义性，常常要依赖上下文才能把

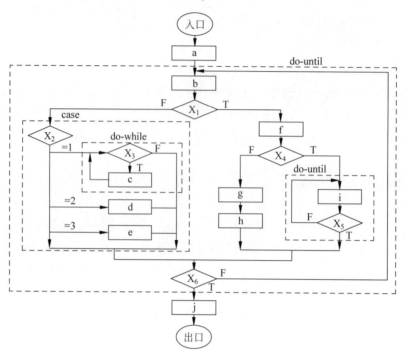

图 4.33 嵌套构成的流程图实例

问题交代清楚,因此常使用一些详细设计的工具来进行算法描述。下面讨论其中几种主要的过程描述工具。

(1) N-S 图。Nassi 和 Shneiderman 提出了一种符合结构化程序设计原则的图形描述工具,叫作盒图,也叫作 N-S 图。为表示五种基本控制结构,N-S 图中规定了五种图形构件,如图 4.34 所示。

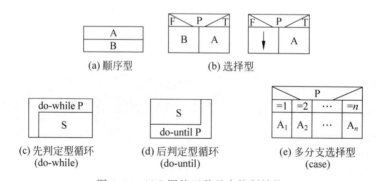

图 4.34 N-S 图的五种基本控制结构

为说明 N-S 图的使用,仍用图 4.33 给出的实例,将它用 N-S 图表示,如图 4.35 所示。

如前所述,任何一个 N-S 图都是前面介绍的五种基本控制结构相互组合与嵌套的结果。当问题很复杂时,N-S 图可能很大。

(2) PAD。PAD 是 Problem Analysis Diagram 的缩写,它是日本日立公司提出,由程序流程图演化而来并用结构化程序设计思想表现程序逻辑结构的图形工具,现在已被 ISO 认可。

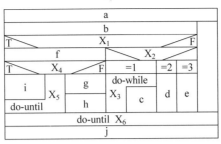

图 4.35　N-S 图的实例

PAD 也设置了五种基本控制结构的图式,并允许递归使用,如图 4.36 所示。

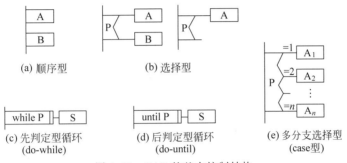

图 4.36　PAD 的基本控制结构

作为 PAD 应用的实例,图 4.37 给出了图 4.33 程序的 PAD 表示。PAD 所描述程序的层次关系表现在纵线上,每条纵线表示了一个层次。从左到右,随着程序层次的增加,PAD 逐渐向右展开。

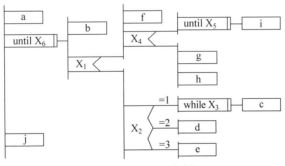

图 4.37　PAD 实例

PAD 的执行顺序从最左主干线上端的节点开始,自上而下依次执行。每遇到判断或循环,就自左而右进入下一层;从表示下一层纵线的上端开始执行,直到该纵线下端,再返回上一层纵线的转入处。如此继续,直到执行到主干线的下端为止。

(3) 判定表。当算法中包含多重嵌套的条件选择时,用程序流程图、N-S 图或 PAD 都不易清楚地描述。然而,判定表却能清晰地表达复杂的条件组合与应做动作之间的对应关系。仍以图 4.33 为例,为了能适应判定表中条件的取值只能是 T 和 F 的情形,对原图稍微做了些改动,把多分支判断改为两分支判断,但整个图逻辑没有改变,图 4.38 所示。

与图 4.38 表示的流程图对应的判定表如图 4.39 所示。表的右上半部分中列出了所有

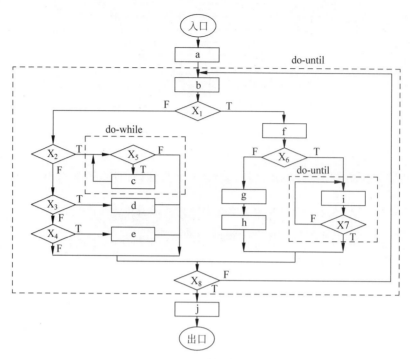

图 4.38　不包含多分支结构的流程图实例

条件,T 表示该条件取值为真,F 表示该条件取值为假,空白表示这个条件无论取何值对动作的选择不产生影响;表的右下半部分中列出了所有的处理,Y 表示要做这个动作,空白表示不做这个动作。表的右半部的每一列实质上是一条规则,规定了与特定条件取值组合相对应的动作。

	1	2	3	4	5	6	7	8	9	10	11	12	13	14
X_1	T	T	T	T	T	F	F	F	F	F	F	F	F	F
X_2	—	—	—	—	—	T	T	T	F	F	F	F	F	F
X_3	—	—	—	—	—	—	—	—	F	F	T	T	F	F
X_4	—	—	—	—	—	—	—	—	—	F	—	—	T	T
X_5	—	—	—	—	—	T	F	F	—	—	—	—	—	—
X_6	T	T	T	F	F	—	—	—	—	—	—	—	—	—
X_7	T	T	F	—	—	—	—	—	—	—	—	—	—	—
X_8	T	F	—	T	F	—	T	F	F	T	T	F	T	F
a	Y	Y	Y	Y	Y	Y	Y	Y	Y	Y	Y	Y	Y	Y
b	Y	Y	Y	Y	Y	Y	Y	Y	Y	Y	Y	Y	Y	Y
c	—	—	—	—	—	Y	—	—	—	—	—	—	—	—
d	—	—	—	—	—	—	—	—	—	—	Y	Y	—	—
e	—	—	—	—	—	—	—	—	—	—	—	—	Y	Y
f	Y	Y	Y	Y	Y	—	—	—	—	—	—	—	—	—
g	—	—	—	Y	Y	—	—	—	—	—	—	—	—	—
h	—	—	—	Y	Y	—	—	—	—	—	—	—	—	—
i	Y	Y	Y	—	—	—	—	—	—	—	—	—	—	—
j	Y	Y	—	Y	—	—	Y	—	—	Y	Y	—	Y	—

图 4.39　反映程序逻辑的判定表

判定表的优点是能够简洁、无二义性地描述所有的处理规则。但判定表表示的是静态逻辑,是在某种条件取值组合情况下可能的结果,它不能表达加工的顺序,也不能表达循环结构,因此判定表不能成为一种通用的设计工具。

(4) PDL。PDL(Program Design Language)是一种用于描述功能模块算法设计和加工细节的语言,称为程序设计语言。它是一种伪码。一般地,伪码的语法规则分为外语法和内语法。外语法应当符合一般程序设计语言常用语句的语法规则;而内语法可以用英语中一些简单的句子、短语和通用的数学符号来描述程序应执行的功能。

PDL 就是这样一种伪码。它具有严格的关键字外语法,用于定义控制结构和数据结构,同时它用来表示实际操作和条件的内语法又是灵活自由的,可使用自然语言的词汇。下面通过例子来看 PDL 的使用。

```
PROCEDURE spellcheck IS                       查找错拼的单词
    BEGIN
        split document into single words      把整个文档分离成单词
        look up words in dictionary           在字典中查这些单词
        display words which are not in dictionary  显示字典中查不到的单词
        create a new dictionary               造一新字典
    END spellcheck
```

从上例可以看到,PDL 语言具有正文格式,很像高级语言。人们可以很方便地使用计算机完成 PDL 的书写和编辑工作。

PDL 作为一种用于描述程序逻辑设计的语言,具有以下特点:

① 有固定的关键字外语法,提供全部结构化控制结构、数据说明和模块特征。属于外语法的关键字是有限的词汇集,它们能对 PDL 正文进行结构分割,使之变得易于理解。为了区别关键字,PDL 规定关键字一律大写,其他单词一律小写;

② 内语法使用自然语言来描述处理特性。内语法比较灵活,只要写清楚就可以,不必考虑语法错误,以使人们可把主要精力放在描述算法的逻辑上;

③ 有数据说明机制,包括简单的(如标量和数组)与复杂的(如链表和层次结构)的数据结构;

④ 有子程序定义与调用机制,用以表达各种方式的接口说明;

⑤ 使用 PDL 语言可以做到逐步求精,从比较概括和抽象的 PDL 程序起,逐步写出更详细更精确的描述。

(5) HIPO 图。HIPO 图采用功能框图和 PDL 来描述程序逻辑,它由两部分组成:H 图(可视目录表)和 IPO 图。H 图给出程序的层次关系,IPO 图则为程序各部分提供具体的工作细节。

H 图由体系框图、图例、描述说明三部分组成,具体介绍如下。

① 体系框图:体系框图又称层次图(H 图),是可视目录表的主体,用来表明各个功能的隶属关系。它是自顶向下逐层分解得到的,是一个树形结构。它的顶层是整个系统的名称和系统的概括功能说明;第二层把系统的功能展开,分成了几个框;第二层功能进一步分解,就得到了第三层、第四层……直到最后一层。每个框内都应有一个名字,用以标识它的功能;还应有一个编号,以记录它所在的层次及在该层次的位置。

② 图例:每套 H 图都应当有一个图例,即图形符号说明。附上图例,不管人们在什么时间阅读它,都能对其符号的意义一目了然。

③ 描述说明。描述说明是对层次图中每个功能框的补充说明,在必须说明时才用,所以它是可选的。描述说明可以使用自然语言。

IPO 图为层次图中的每个功能框详细地指明输入、处理及输出。通常,IPO 图有固定的格式,图中处理操作部分总是列在中间,输入和输出部分分别在其左边和右边。由于某些细节很难在一张 IPO 图中表达清楚,常常把 IPO 图又分为两部分,简单概括的称为概要 IPO 图,细致具体一些的称为详细 IPO 图。概要 IPO 图是对一个系统或对其中某个子系统功能的概略表达,指明在完成某一功能框规定的功能时需要哪些输入、哪些操作和哪些输出。在概要 IPO 图中,没有指明输入-处理-输出三者之间的关系,用它来进行下一步的设计是不可能的。故需要使用详细 IPO 图,以指明输入-处理-输出三者之间的关系,其图形与概要 IPO 图一样,但输入、输出最好用具体的介质和表示设备类型的图形表示。

【**案例 4-3**】 盘存/销售系统的 HIPO 图设计

通过对盘存/销售系统的需求分析,得到如图 4.40 所示的工作流程图。

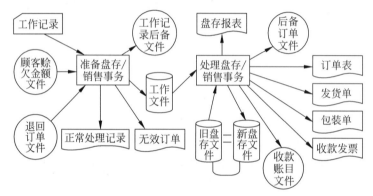

图 4.40 盘存/销售系统的工作流程图

由工作流程图可绘制盘存/销售系统的 H 图(或称为图形目录),如图 4.41 所示。其中,图 4.41(a)是系统的层次图,图 4.41(b)是后面 IPO 图的图例,图 4.41(c)是描述说明。

盘存/销售系统第二层对应于 H 图上 1.1.0 框的概要 IPO 图如图 4.42 所示。

盘存/销售系统中对应于 H 图上 1.1.2 框的概要 IPO 图如图 4.43 所示。

在软件设计时,解决设计问题通常需要经历一个认识逐步发展的过程,并且对一些问题还要经过反复的考虑才可能达到比较满意的设计效果。我们称此为迭代式细化设计。HIPO 能很好地适应这一要求。图 4.44 是利用 HIPO 图进行迭代式细化设计的示意图。从图中可看到,把 H 图和 IPO 图结合起来,反复交替地使用它们,可使得设计工作逐步深化,最终取得完满的设计结果。其实这正是自顶向下、逐步求精的结构化程序设计思想,如图 4.44 所示。

HIPO 图有自己的特点。首先,这一图形表达方法容易看懂。其次,HIPO 的适用范围很广,绝不限于详细设计。事实上,画 H 图(可视目录表)就是与概要设计密切相关的工作。如果利用它仅仅表达软件要达到的功能,则是需求分析中描述需求的很好的工具。因为 HIPO 图是用在开发过程中的表达工具,所以它又是开发文档的编制工具。开发完成后,HIPO 图就是很好的文档,而不必在设计完成以后,专门补写文档。

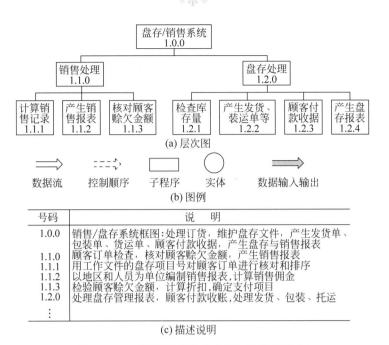

图 4.41 盘存/销售系统的 H 图（可视目录表）

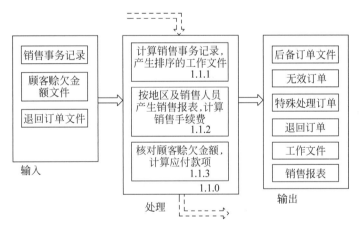

图 4.42 对应 H 图上 1.1.0 框的概要 IPO 图

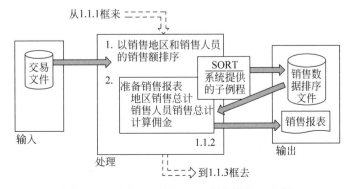

图 4.43 对应于 H 图 1.1.2 框的详细 IPO 图

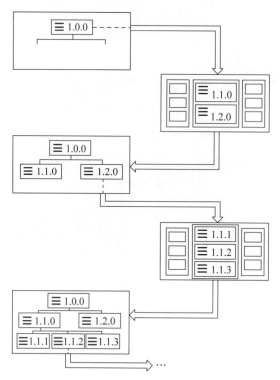

图 4.44 利用 HIPO 图进行迭代式细化设计

4.5.4 界面设计

人机界面是人和计算机联系的重要途径。操作者可以通过屏幕窗口与计算机进行对话、向计算机输入有关数据、控制计算机的处理过程并将计算机的处理结果反映给用户。因此，人机界面设计必须从用户操作方便的角度来考虑，与用户共同协商界面应反映的内容和格式。

1. 人机界面的形式

（1）菜单式。菜单式是指通过屏幕显示出可选择的功能代码，由操作者根据需要进行选择。将菜单设计成层次结构，通过层层调用，可以引导用户使用系统的每个功能。随着软件技术的发展，菜单设计也更加趋于美观、方便和实用。目前，系统设计中常用的菜单设计方法如下。

一般菜单：在屏幕上显示出各个选项，每个选项指定一个代号，然后根据操作者通过键盘输入的代号或单击鼠标左键，即可决定何种后续操作。

下拉菜单：它是一种二级菜单，第一级是选择栏，第二级是选择项。各个选择栏横排在屏幕的第一行上，用户可以利用光标控制键选定当前选择栏，在当前选择栏下立即显示出该栏的各项功能，以供用户进行选择。

快捷菜单：选中对象后单击鼠标右键所出现的下拉菜单。将鼠标移到所需的功能项上，然后单击左键即可执行相应的操作。

（2）填表式。填表式一般用于通过终端向软件系统输入数据，软件系统将要输入的项目显示在屏幕上,然后由用户逐项填入有关数据。另外,填表式界面设计常用于软件系统的输出。如果要查询软件系统中的某些数据,可以将数据的名称按一定的方式排列在屏幕上,然后由计算机将数据的内容自动填写在相应的位置上。由于这种方法简便易读,并且不容易出错,所以它是通过屏幕进行输入输出的主要形式。

（3）选择性问答式。当软件系统运行到某一阶段时,可以通过屏幕向用户提问,由软件系统根据用户选择的结果决定下一步执行什么操作。这种方法通常可以用在提示操作人员确认输入数据的正确性或者询问用户是否继续某项处理等方面。例如,当用户输完一条记录后,可通过屏幕询问"输入是否正确(Y/N)?",然后计算机根据用户的回答来决定是继续输入数据还是对刚输入的数据进行修改。

（4）按钮式。按钮式是指在界面上用不同的按钮表示系统的执行功能,单击按钮即可执行该操作。按钮的表面可写上功能的名称,也可用能反映该功能的图形加文字说明。使用按钮可使界面显得美观、漂亮,使系统看起来更简单、好用,操作更方便、灵活。

2. 人机界面设计的方法

传统的界面设计是在屏幕显示模板纸上进行的,成本高,而且效率低。如今,可视化技术和面向对象技术的发展取代了传统的方法。屏幕界面上看得见的窗口、画面、图像、按钮等对象在设计与实现中统称为"控件"。构件分为可视构件和非可视构件两种。控件是一种可视构件,它是构件的一种表现形式。通过对各种控件的有机排列和组合,就构成了用户需求的各种屏幕界面。

屏幕界面设计遵从的原则是:界面简洁朴素,控件摆放整齐,颜色风格统一,照顾客户习惯。

屏幕界面设计的内容包括控件级设计、窗口级定义和系统级定义三部分。

（1）控件级设计。这里讲的控件,是指屏幕界面上的控件,它是屏幕窗口中的基本元素,是构件的一种表现形式。

按钮控件如图 4.45 所示。其属性为:Height＝92,Width 依具体情况而定。按钮在窗口右下方或右方排列。当控件中包含按钮时,按钮不应该和控件外的按钮在同一方向上排列。

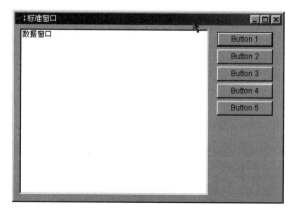

图 4.45　按钮窗口

分组框控件如图 4.46 所示。

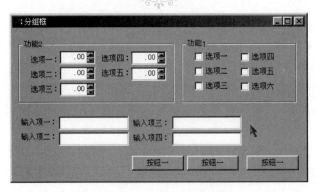

图 4.46 "分组框"窗口

常见的分组框控件有编辑器控件、图表控件、复选框控件、单选控件、标签控件、图片控件等。

(2) 窗口级定义。窗口级定义包括系统主窗口和基本参数(又称代码或数据字典)维护窗口,如图 4.47 和图 4.48 所示,常见的窗口级定义还有录入/查询/修改窗口、统计窗口、对话框等。使用面向对象的编程语言,窗口定义是一件较简单的事情。

图 4.47 系统主窗口

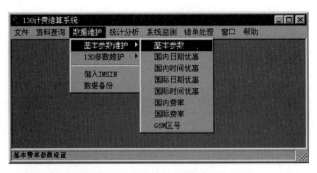

图 4.48 基本参数维护窗口

(3) 系统级定义。系统级定义包括如下几个方面。

① 系统结构图定义。用彩色示意图形象地表示该系统的总体结构。

② 起始画面定义。用于显示系统的名称和版权人等信息。

③ 登录定义。用户录入名称和口令,登录等待过程需加入动画。

④ 菜单定义。同一层菜单项之间,功能不同者用"横线"隔开;主菜单项名称用"两个字符"表达;子系统功能相同的菜单项必须用同一名称。

⑤ 快捷键定义。

4.5.5 在线帮助的信息设计

帮助信息与用户指南有所不同,前者是联机在线动态帮助,后者是脱机静态指导;联机动态帮助与程序运行之间存在动态对应关系,脱机静态帮助是一种宏观静态说明。帮助信息又分为在线帮助和提示信息两部分,本节专门介绍帮助信息的实现方法。

程序代码与在线帮助的关系采用间接调用方式处理。在帮助菜单或按钮中,先调用帮助关键字,再根据关键字查找帮助主题。这样可以使程序代码开发和帮助书写工作分离,便于开发过程中整体工作的协调安排。

(1) 在线帮助的使用规定。所有的业务功能(如录入、修改、查询、制单处理、总账处理、明细账处理)或者较复杂的非业务功能(如任意汇总查询、数据通信和传输)中都要提供在线帮助。使用按钮操作的窗口,在线帮助使用按钮;使用菜单操作的窗口,在线帮助使用菜单;对于查询功能,查询结果形成前的响应窗口应提供在线帮助。

(2) 在线帮助的处理过程。在所有需要帮助的地方调用一个自定义的公用函数,由该函数负责打开在线帮助。公用函数的格式如下:

GifHelp(String psHelpId)

参数 psHelpId 为帮助关键字。

(3) 帮助关键字的构造规范。

帮助关键字 = 系统编号(2位) + | + 对象名字(不定位) + | + 语义序号

(4) 在线帮助函数的调用方法及规定。psHelpId 按照上述规定的规范形成。各程序员都要形成一个积累帮助的文件,文件名规定为 Help+程序员名字缩写,每调用一次,都要向该文件中加入一行信息,以登记调用情况。

(5) 帮助关键字与帮助主题的对应关系。为了保证程序中所调用的帮助关键字能够同帮助文件中的帮助主题完全对应,特定义一个保存这种对应关系的文件,该文件称为对应关系文件。它作为一个客户端的配置文件存在,不在数据库中单独列表。

配置文件名:HLPTOPIC.INI

格式:

[子系统代码]
HelpId = HelpTopic,HelpFile

例如:

[ZW]
zw|w_kmzd|kmsr = 帮助主题,帮助文件
zw|w_pzcl|pzsr = 帮助主题,帮助文件

4.5.6 提示信息的信息设计

1. 提示信息的分类

可将系统中所有提示信息分为如下四类。

(1) 引导性提示信息。该类提示信息一般在需要用户干预时出现,要求用户决定下一

步的操作,如在退出时提示"修改的数据尚未存盘,存盘否?"。

(2) 错误性提示信息。该类提示信息一般在软件运行出错时出现,告诉用户软件遇到了问题,如"系统运行出现故障,请与系统管理员联系!"。

(3) 状态性提示信息。该类提示信息一般在软件处于"忙碌"状态下提示,告诉用户软件正在进行什么操作,让用户耐心等待,如"正在进行数据传输,请稍待……"。

(4) 位置性提示信息。该类提示信息一般根据鼠标的位置进行提示,告诉用户鼠标正指向什么功能,如"报表打印"。

2. 提示信息的提示方法

所有提示信息均可使用函数 gsShowMessage(psMessId,psErrMess),其中 psMessId 为提示信息的 ID 号;psErrMess 为根据系统获得的错误信息,该参数只对错误性提示信息有效。

(1) 对于引导性提示信息,使用 MessageBox 进行提示。

(2) 对于错误性提示信息,显示时只显示信息表中提供的信息,同时提供详细按钮,执行时将详细的错误信息显示出来。

(3) 对于状态性提示信息,显示一个固定窗口,同时提供一个函数 gsCloseMess( )。对于该类提示信息,在执行完毕后,执行函数将提示窗口关闭。

(4) 位置性提示信息显示在状态提示栏中。

3. 信息序号的编码规则及使用时应做的工作

(1) 信息序号的规则如下:

$$信息序号 = 信息类别(两位) + 信息代号(八位)$$

(2) "信息类别"表示为以下信息中的一种:

LE:引导性信息。
ER:错误性信息。
ST:状态性信息。
PO:位置性信息。

(3) "信息级别"仅对 ER 有效,级别在最后统一编排。

(4) "提问方式"仅对 LE 有效,表示如何提示用户,以便于用户回答:Yes/No(是/否);Yes/No Cancel(是否取消);Ok Cancel(确认取消);Ok(确认)。

4. 提示信息的时机及内容编写规定

(1) 引导性提示主要用于引导用户进行下一步操作,一般出现的机会比较多,如"修改的数据未存盘,存盘否?"。

(2) 错误性提示在测试比较好的情况下应极少出现,它出现的原因不外乎两种:一种为测试不够;另一种可能为数据出现错误,如服务器运行异常等。对于这种情况,一定要将错误原因详尽提示出来,由程序员在新的版本中改正错误,维护人员根据错误原因解决问题。

(3) 状态性提示要明确简单,让用户确实了解系统目前正在"忙"什么。

(4) 要将位置性提示准确显示在状态提示栏中。

5. 热键定义及使用规范

整个系统的热键如表 4.8 所示。

表 4.8　系统的热键规定表

热　　键	功　　能	时　　机
F1	整个系统的帮助	在系统主菜单下
	当前在线模块的帮助	在功能操作菜单下
F7	编码帮助	光标在编号输入区
Enter	下个项目的帮助	在输入区
	确认	在响应区
	执行功能	光标在菜单或鼠标下
Esc	取消	在响应区
	退出、返回	在功能操作区
鼠标左键	执行	在光标移动时
鼠标右键	编码帮助	光标在编号输入区
	显示功能操作菜单	在输入或查询操作区

6. 信息设计的其他规定

(1) 对于数字型(除 Integer 型)数值,从表中取出后,必须进行四舍五入处理。

(2) 使用通配符的地方,一律用"?"表示。

(3) 在退出时,检查数据窗口中的数据是否做过改动。如做过改动,应提示用户是否存盘。

(4) 在存盘之前,应检查数据窗口中各项数据的正确性。如有不符合条件的项,应提示,改正后再行存盘。提示的内容应为"错误信息"+"改正方法"。

(5) 对于日期型数据的显示及输入格式,规定为 yyyy.mm.dd,不得使用其他任何格式。

(6) 每行数据输入、删除或修改后,要及时提交。

(7) 在输入某一项数据时,如果该项不在可视屏内,则应将该项移动到可视屏内。

(8) 可以在事件中调用函数,但一般不在函数中触发事件。函数体内的语句出错时,要返回错误代码(如 1 表示成功,-1 表示失败)等。

(9) 规定:事件的触发应不超过三级,视图的连续层数应不超过三层。

(10) 在数据更新中,动态 SQL 语句或嵌入式 SQL 语句执行后都要进行判断,根据执行结果来决定下一步操作。

(11) 在某一子系统的主菜单下打开一窗口时,如果该窗口是 Main(主)窗口,则用函数 OpenSheet( )打开。

(12) 规定全程变量表是各系统实现前要做的一项重要的工作。至于各子系统所使用的全程变量,则要待各子系统设计完成后,由高级程序员根据情况定义,但通用全程变量各子系统都要使用。

4.6　设计规格说明与设计评审

4.6.1　软件设计规格说明书

软件设计规格说明的大纲如图 4.49 所示。每个编号的段落描述了设计模型的不同侧面。在设计人员细化他们的软件设计时,就可以逐步完成各章节内容的编写。

---

1. 工作范围
   1.1 系统目标
   1.2 运行环境
   1.3 主要软件需求
   1.4 设计约束/限制
2. 体系结构设计
   2.1 数据流与控制流复审
   2.2 导出的程序结构
   2.3 功能与程序交叉索引
3. 数据设计
   3.1 数据对象与形成的数据结构
   3.2 文件和数据库结构
      3.2.1 文件的逻辑结构
      3.2.2 文件逻辑记录描述
      3.2.3 访问方式
   3.3 全局数据
   3.4 文件/数据与程序交叉索引
4. 接口设计
   4.1 人机界面规格说明
   4.2 人机界面设计规则
   4.3 外部接口设计
      4.3.1 外部数据接口
      4.3.2 外部系统或设备接口
   4.4 内部接口设计规则
5. 模块过程设计
   5.1 处理与算法描述
   5.2 接口描述
   5.3 设计语言描述
   5.4 使用的模块
   5.5 内部程序逻辑描述
   5.6 注释/约束/限制
6. 运行设计
   6.1 运行模块组合
   6.2 运行控制规则
   6.3 运行时间安排
7. 出错处理设计
   7.1 出错处理信息
   7.2 出错处理对策
      7.2.1 设置后备
      7.2.2 性能降级

图 4.49　软件设计规格说明的大纲

　　　　7.2.3 恢复和再启动
　8. 安全保密设计
　9. 需求/设计交叉索引
　10. 测试部分
　　　　10.1 测试方针
　　　　10.2 集成策略
　　　　10.3 特殊考虑
　11. 特殊注解
　12. 附录

图 4.49 （续）

4.6.2 软件设计的评审

软件设计的最终目标是要取得最佳方案。"最佳"是指在所有候选方案中，就节省开发费用、降低资源消耗、缩短开发时间的条件下，选择能够赢得较高的生产率、较高的可靠性和可维护性的方案。在整个设计的过程中，各个时期的设计结果需要经过一系列设计质量评审，以便及时发现和及时解决在软件设计中出现的问题，防止把问题遗留到开发的后期阶段，造成后患。设计评审的内容包括：

（1）可追溯性。分析该软件的系统结构、子系统结构，确认该软件设计是否覆盖了所有已确定的软件需求，软件每一成分是否可追溯到某一项需求。

（2）接口。分析软件各部分之间的联系，确认该软件的内部接口与外部接口已经明确定义，模块满足高内聚和低耦合的要求，模块作用范围在其控制范围之内。

（3）风险。确认该软件设计在现有技术条件下和预算范围内是能按时实现的。

（4）实用性。确认该软件设计对于需求的解决方案是实用的。

（5）技术清晰度。确认该软件设计以一种易于翻译成代码的形式表达。

（6）可维护性。从软件维护的角度出发，确认该软件设计考虑了方便未来的维护。

（7）质量。确认该软件设计表现出了良好的质量特征。

（8）各种选择方案。看是否考虑过其他方案，比较各种选择方案的标准是什么。

（9）限制。评估对该软件的限制是否现实，是否与需求一致。

（10）其他具体问题。对于文档、可测试性、设计过程等进行评估。

在这里需要特别注意的是，软件系统的一些外部特性的设计，例如软件的功能、一部分性能以及用户的使用特性等，在软件需求分析阶段就已经开始了。这些问题的解决多少带有一些"怎么做"的性质，因此有人称其为软件的外部设计。

习题四

一、判断题

1. 系统结构图中反映的是程序中数据流的情况。　　　　　　　　　　　　　　（　　）

2. 系统结构图是精确表达程序结构的图形表示法。因此，有时也可将系统结构当作程序流程图使用。　　　　　　　　　　　　　　　　　　　　　　　　　　　　　　（　　）

3. 一个模块的多个下属模块在系统结构图中所处的左右位置是无关紧要的。（   ）
4. 在系统结构图中，上级模块与其下属模块之间的调用关系用有向线段表示。这时，使用斜的线段和水平、垂直的线段具有相同的含义。（   ）
5. 在一个系统的模块结构中，没有哪两个模块可以完全独立的。（   ）
6. 模块间的耦合是模块之间相对独立性的度量。（   ）
7. 模块之间的连接越紧密，联系越多，耦合性就越高，而其模块独立性就越弱。（   ）
8. 内聚是模块功能强度的度量。（   ）
9. 一个模块内部各个成分之间的联系越紧密，内聚性就越高，模块独立性就越强。
（   ）
10. 独立性比较强的模块应是高内聚、低耦合的模块。（   ）
11. 和模块之间可能的连接方式一样，耦合性有 5 种类型。（   ）
12. 模块的内聚性分为 7 种类型。（   ）
13. "信息隐蔽"就是指模块中所包含的信息不允许其他不需要这些信息的模块使用。
（   ）
14. 模块内聚性用于衡量模块内部各成分之间彼此结合的紧密程度。（   ）
15. 在软件详细设计的图示工具中，流程图因简单而应用广泛。（   ）
16. 主键与外键在多表中的重复出现不属于数据冗余。（   ）

二、选择题

1. 软件的开发工作经过需求分析阶段，进入（   ）以后，就开始着手解决"怎么做"的问题。
   A. 程序设计　　　B. 设计阶段　　　C. 总体设计　　　D. 定义阶段
2. 一组语句在程序中多处出现，为了节省内存空间把这些语句放在一个模块中，该模块的内聚性是（   ）的。
   A. 功能内聚　　　B. 信息内聚　　　C. 巧合内聚　　　D. 过程内聚
3. 将几个逻辑上相似的成分放在同一个模块中，通过模块入口处的一个判断决定执行哪个功能。该模块的内聚性是（   ）的。
   A. 过程内聚　　　B. 巧合内聚　　　C. 时间内聚　　　D. 逻辑内聚
4. 模块中所有成分引用共同的数据，该模块的内聚性是（   ）的。
   A. 通信内聚　　　B. 过程内聚　　　C. 巧合内聚　　　D. 时间内聚
5. 模块内某成分的输出是另一些成分的输入，该模块的内聚性是（   ）的。
   A. 功能内聚　　　B. 信息内聚　　　C. 通信内聚　　　D. 过程内聚
6. 模块中所有成分结合起来完全一项任务，该模块的内聚性是（   ）的。
   A. 功能内聚　　　B. 信息内聚　　　C. 通信内聚　　　D. 过程内聚
7. 在模块内的联系中，（   ）的块内联系最强。
   A. 巧合内聚　　　B. 功能内聚　　　C. 通信内聚　　　D. 信息内聚
8. 模块之间联系的方式、共用信息的作用、共用信息的数量和接口的（   ）等因素决定了块间联系的大小。
   A. 友好性　　　　B. 健壮性　　　　C. 简单性　　　　D. 安全性

第4章 结构化软件设计

三、填空题

1. 常用的软件设计方法有_____、_____、_____等。
2. 一般采用两个准则度量模块独立性,即模块间的_____和模块的_____。
3. SD方法的总原则是使每个模块执行_____功能,模块间传送_____参数,模块通过_____语句调用其他模块,而且模块间传送的参数应尽量_____。
4. DBMS语言由三种类型的语句构成,分别是_____、_____和_____。
5. 数据库由存放原始数据的_____、存放信息代码数据的_____、存放统计数据的_____和存放临时数据的_____四种表组成。
6. 数据库中的基本表具有_____、_____、_____和_____的特性。
7. SD方法可以同分析阶段的_____方法及编程阶段的_____方法前后衔接。
8. 软件详细设计工具可分为三类,即_____工具、设计_____和_____工具。
9. _____是一种设计和描述程序的语言,它是一种面向_____的语言。
10. 数据的保护性设计指的是_____设计、_____设计和_____设计。
11. 三层C/S结构由_____、_____和_____组成。
12. 概要设计评审的内容包括模块是否满足_____和_____的要求,模块_____是否在其_____之内。

四、简答题

1. 模块有哪些基本属性?
2. 软件设计有哪些具体任务?
3. 模块化有哪些特征?
4. 软件设计优化有哪些准则?
5. 结构化设计有哪些优点?

五、综合题

1. 请将下述有关模块独立性的各种模块之间的耦合按其耦合度从低到高排列起来。
   ① 内容耦合　　② 控制耦合　　③ 非直接耦合　　④ 标记耦合
   ⑤ 数据耦合　　⑥ 外部耦合　　⑦ 公共耦合
2. 请将下述有关模块独立性的各种模块之间的内聚,按其内聚度(强度)从高到低排列起来。
   ① 巧合内聚　　② 时间内聚　　③ 功能内聚　　④ 通信内聚
   ⑤ 逻辑内聚　　⑥ 信息内聚　　⑦ 过程内聚

第 5 章 面向对象方法学

5.1 面向对象概述

对象是由数据和允许的操作组成的封装体,与客观实体有直接对应关系。一个对象类定义了具有相似性质的一组对象。面向对象的思想最初出现于挪威奥斯陆大学和挪威计算机中心共同研制的 Simula 67 语言中。随着的 Smalltalk 76 和 80 语言的推出,面向对象的程序设计方法得到了比较完善的实现。20 世纪 70 年代末,面向对象方法学的一些基本概念已在系统工程领域内萌发了出来,如对于系统中的某个模块或构件,可表示为问题空间的一个对象或一类对象。到了 20 世纪 80 年代,面向对象的程序设计方法得到了很快的发展,并显示出其强大的生命力,因此使面向对象技术在系统工程、计算机、人工智能等领域得到了广泛的应用。

谈到面向对象,起初,"面向对象"专指在程序设计中采用封装、继承、抽象等设计方法。可是,这个定义显然不能再适合现在的情况。面向对象的概念和应用已超越了程序设计和软件开发,扩展到如数据库系统、交互式界面、应用结构、应用平台、分布式系统、网络管理结构、CAD 技术和人工智能等领域。在更高的层次上、更广泛的领域内开展面向对象技术的热点研究始于 20 世纪 90 年代。目前,这种技术已得到了广泛的应用,面向对象方法已成为软件工程的一种新途径、新方法、新技术,如表 5.1 所示。

表 5.1 面向对象技术的发展历程

阶段	内容
初始阶段	20 世纪 60 年代:Simula 编程语言 20 世纪 70 年代:Smalltalk 编程语言
发展阶段	20 世纪 80 年代:理论基础已形成,出现了许多面向对象编程语言,如 C++、Objective-C 等
成熟阶段	20 世纪 90 年代:面向对象分析和设计方法(Booch、OMT、OOSE 等),Java 语言 1997 年:OMG 组织的统一建模语言

第5章 面向对象方法学

早期的 OO 更多的是指使用的一系列面向对象程序设计语言的软件开发方法。现今，面向对象方法包含完整的软件工程过程。Edward Berard 曾给出这样的评论："如果在软件工程过程的早期和全程采用面向对象技术，则该技术将产生更多的优势。那些考虑面向对象技术的人们必须评估它对整个软件工程过程的影响。仅仅使用面向对象程序设计将不会产生最好的结果，软件工程师及其管理者必须考虑面向对象需求分析、面向对象设计、面向对象领域分析、面向对象数据库管理系统和面向对象计算机辅助软件工程等。"

面向对象技术强调在软件开发过程中面向客观世界或问题域中的事物，采用人类在认识客观世界的过程中普遍运用的思维方法，直观、自然地描述客观世界中的有关事物。所谓面向对象，就是基于对象概念，以对象为中心，以类和继承为构造机制，来认识、理解、刻画客观世界，设计、构建相应的软件系统。

在研究对象时主要考虑对象的属性和对象的操作，有些不同对象会呈现相同或相似的属性和操作，例如大巴车、轿车、越野车等。通常将属性及操作相同或相似的对象归为一类。类可以看成是对象的抽象，代表了此类对象所具有的公共属性和操作。在面向对象的程序设计中，每个对象都属于某个特定的类，如同结构化程序设计中每个变量都属于某个数据类型一样。类声明要包括类的属性和类的操作。

Yourdon 给出的定义为"面向对象＝对象＋类＋继承＋通信"。一般情况下，采用这四个概念开发的软件系统是面向对象的。面向对象程序的基本组成单位是类。程序在运行时由类生成对象，对象之间通过发送消息进行通信，互相协作完成相应的功能。对象是面向对象程序的核心。

面向对象方法现已成为主流开发方法，不论在管理层面，还是在技术层面均具有优势。可以从下列三方面来分析其原因：

（1）从认知学的角度来看，面向对象方法符合人们对客观世界的认识规律；

（2）面向对象方法开发的软件系统易于维护，其高内聚、低耦合的体系结构易于理解、扩充和修改；

（3）面向对象方法中的继承机制可有力支持软件的复用，使软件开发速度更快，软件程序质量更高。

5.1.1 面向对象的基本概念

1. 对象

对象是客观事物或概念的抽象表述，即对客观存在的事物的描述统称为对象。客观世界中任何有确定边界、可触摸、可感知的事物以及可思考或者可认知的概念都可以认为是对象。对象是人们要进行研究的任何事物，从最简单的整数到复杂的飞机等均可看作对象，它不仅能表示具体的事物，还能表示抽象的规则、计划或事件，是将一组数据和使用该数据的一组基本操作或过程封装在一起的实体。

（1）对象的属性。对象的属性通常是一些数据，是对象本身的性质，有时它也可以是另一个对象。每个对象都有它自己的属性值，可以由施加于该对象上的行为动作而变更，表示该对象的状态。对象中的属性只能通过该对象所提供的操作来存取或修改。

（2）对象的操作。对象的操作（也称方法或服务）规定了对象的行为，表示对象所能提供的服务。给对象定义一组运算，用于改变对象的状态。对象实现了数据和操作的结合，使数据和操作封装于对象的统一体中。

对象将它自身的属性及运算"包装起来",称为"封装"。一个对象通常可由对象名、属性和操作三部分组成。对象最基本的特征是封装性和继承性。

系统中的一个对象,在软件生命周期的各个阶段可能有不同的表现形式。在分析阶段,对象主要是从问题域中抽象出来,反应概念的实体对象;在设计阶段,主要结合实际环境增加了用户界面对象和数据存储对象;到了实现阶段,主要用一种程序设计语言写出来详细的源程序代码。这说明,系统中的对象要经过若干演化阶段,其表现重点和形式不同,但在概念上是一致的——都是问题域中的某一事物的抽象表示。

2. 类

类又称对象类,是一组具有相同属性和相同操作的对象的集合。类代表一种抽象,是具有相似特征和共同行为的对象的模板,可以用来生成对象。因此,对象的抽象是类,类的具体化就是对象,也可以说类的实例是对象。在一个类中,对象都可以使用类中提供的函数。类是创建对象的模板,从同一个类实例化的每个对象都具有相同的结构和行为。

(1) 类的属性。类具有属性,它是对象状态的抽象,用数据结构来描述类的属性。

(2) 类的操作。类具有操作,它是对象行为的抽象,操作实现的过程称为方法。方法有方法名、方法体和参数。类的操作用操作名和实现该操作的方法来描述。

由于对象是类的实例,在进行分析和设计时,通常把注意力集中在类上,而不是具体的对象上。

类一般采用"类图"来描述,如图 5.1 所示。

在客观世界中有若干类,这些类之间有一定的结构关系。通常有两种主要的结构关系,即"一般-特殊"结构关系和"整体-部分"结构关系。

图 5.1 类图

"一般-特殊"结构称为分类结构,也可以说是"或"关系或者是 is a 关系,如图 5.2(a)所示。

"整体-部分"结构称为组装结构,它们之间是一种"与"关系或者是 has a 关系,如图 5.2(b)所示。

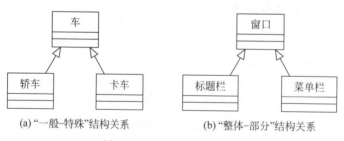

图 5.2 类之间的结构关系

3. 消息和方法

消息就是向对象发出的服务请求(互相联系、协同工作等)。对象之间的联系可表示为对象间的消息传递,即对象间的通信机制。

一个消息应该包含以下信息:消息名、接收消息对象的标识、服务标识、消息和方法、输入信息、回答信息。发送一条消息至少要包括接收消息的对象名、发送给该对象的消息名(即对象名,方法名)。一般还要对参数加以说明,参数可以是认识该消息的对象所知道的变量名或者是所有对象都知道的全局变量名。

在对象的操作中,当一个消息发送给某个对象时,消息包含接收对象去执行某种操作的信息,但并不指示接收者怎样完成操作,消息完全由接收者解释执行。

4. 抽象类

抽象类是没有实例的类,它把一些类组织起来,提供一些公共的行为,但并不需要使用这个类的实例,而仅使用其子类的实例。

在抽象类中可以定义抽象操作,抽象操作是指只定义这个类的操作接口,不定义它的实现,其实现部分由其子类定义。抽象操作的操作名用斜体字表示,也可以在操作特征后面加上特征字符串,如图5.3所示。

5. 永久对象

永久对象指生命周期可以超越程序的执行时间而长期存在的对象。

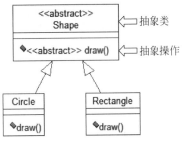

图5.3 抽象类与子类示例

目前,大多数面向对象程序设计语言不支持永久对象。如果一个对象要长期保存,必须依靠于文件系统或数据库管理系统实现。程序员需要完成对象与文件系统或数据库之间数据格式的转换,以及保存和恢复所需的操作等烦琐的工作。

要实现永久对象,使上述烦琐工作由系统自动完成,需要较强的技术支持。如永久对象管理系统和能够描述和处理永久对象的编程语言。

5.1.2 面向对象技术的基本特征

面向对象技术的基本特征主要是抽象性、封装性、继承性、多态性和动态绑定。

1. 抽象性

抽象是指强调实体的本质、内在的属性。在系统开发中,抽象指的是在决定如何实现对象之前的对象的意义和行为。使用抽象可以尽可能避免过早考虑一些细节。类实现了对象的数据(即状态)和行为的抽象。

2. 封装性

面向对象技术的封装特征和抽象特征紧密相关。封装是一种信息隐蔽技术,就是利用抽象数据类型将数据和基于数据的操作封装在一起。用户只能看见对象封装界面上的信息,对象的内部实现对用户是隐蔽的。封装的目的是使对象的使用者和生产者分离,使对象的定义和实现分开。

封装是保证软件部件具有优良模块性的基础。面向对象的类是封装良好的模块,类定义将其说明(用户可见的外部接口)与实现(用户不可见的内部实现)显式地分开,其内部实现按其具体定义的作用域提供保护,尽可能隐蔽对象的内部细节。对象是封装的最基本单位。封装防止了程序相互依赖性而带来的变动影响。

所以封装具有两个基本前提条件:其一,对象的完整性,即对象的概念可以描述整个问题的各个方面,包括系统边界、接口等;其二,对象的私有性,即封装技术,对象内部的设计细节,包括数据和操作代码都被封装在边界内部,外部是看不到的。对象与对象之间只能通过定义的接口消息进行通信,这样可以有效地保护内部实现。

面向对象的封装比传统语言的封装更为清晰,更为有力。在面向对象的程序设计中,抽象数据类型是用"类"来实现的,类封装了数据以及对数据的操作,是程序中的最小模块。由于封装特性禁止了外界直接操作类中的数据,模块与模块之间只能通过严格控制的接口进行交互,这可以大大减低模块之间的耦合度,从而保证了模块具有较好的独立性,使得程序的维护和修改较为容易。

3. 继承性

继承性是使用现存的定义作为基础,建立新定义的技术。继承是类与类之间的基本关系,它是基于层次关系的父类和子类之间共享数据和操作的一种机制。父类中定义了其所有子类的公共属性和操作,在子类中除了定义自己特有的属性和操作外,可以继承其父类(或祖先类)的属性和操作,还可以对父类(或祖先类)中的操作重新定义其实现方法。继承关系如图5.4所示。

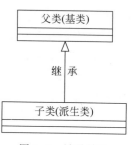

图5.4 继承关系

在类层次中,继承可分为单重继承和多重继承两种。

在单重继承中,一个子类只有一个父类,即子类只继承一个父类的数据结构和方法,如图5.5所示。

在多重继承中,一个子类可有多个父类,即子类继承多个父类的数据结构和方法,如图5.6所示。

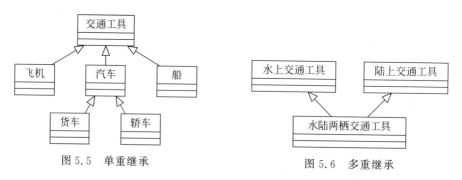

图5.5 单重继承　　　　　　图5.6 多重继承

在面向对象程序设计中,可使用继承方法来设计两个或者多个不同的但具有很多共性的实体。继承是一种联结类的层次模型,为类的重用提供了方便,也提供了明确表述不同类之间共性的方法。

在软件开发中,类的继承性使所建立的软件具有开放性、可扩充性,这是信息组织与分类行之有效的方法。继承简化了人们对现实世界的认识和描述,在定义子类时不必重复定义那些已在父类中定义过的属性和服务,只要说明它是其父类的子类并定义自己特有的属性和服务即可。它简化了对象、类的创建工作量,增加了代码的可重性。继承性提供了类的规范的等级结构。通过类的继承关系,公共的特性能够共享,提高了软件的复用性。

4. 多态性和动态绑定

(1) 多态性。一般来讲,多态就是多种形态,是指同一个操作作用于不同的对象上可以有不同的解释,并产生不同的执行结果。多态性实际上提供了一种具体情况具体分析的问题解决方案。具体来说,多态性是指相同的操作或函数、过程作用于不同的对象上并获得不同的结果。即相同的操作消息发送给不同的对象时,每个对象将根据自己所属类中定义的操作去执行,产生不同的结果。

在面向过程程序设计中,要求所有编写的过程和函数是不能重名的。例如,在一个应用程序中,要求分别对数值型数据和字符型数据进行排序。虽然针对不同数据类型的数据进行排序的方法是相同的,但是定义了不同的过程来实现。

在面向对象程序设计中,利用重名可以提高程序的抽象度和简洁性。例如,"支付"的操作名称相同,但是支付方式的具体实现是不同的,可以使用"现金支付""支票支付""POS机支付"以及"电子网银支付"等多个实现方法。

多态性允许每个对象以适合自身的方式去响应共同的消息,增强了软件的灵活性和复用性。

【**案例 5-1**】 用绘图操作实现多态性。

将绘图操作作用在"椭圆"和"矩形"上,画出不同的图形。实现多态性的基本步骤如表 5.2 所示。

表 5.2 实现多态性的基本步骤(以 VC 为例)

(1) 在基类中,定义成员函数为虚函数;
(2) 定义基类的公有派生类;
(3) 在基类的公有派生类中"重载"该虚函数;
(4) 定义指向基类的指针变量,它指向基类的公有派生类的对象。

注意:重载虚函数不是一般的重载函数,它要求函数名、返回类型、参数个数、参数类型和顺序完全相同。

用绘图操作实现 figure 类的类图,如图 5.7 所示。
用绘图操作实现 figure 类的实例代码如下:

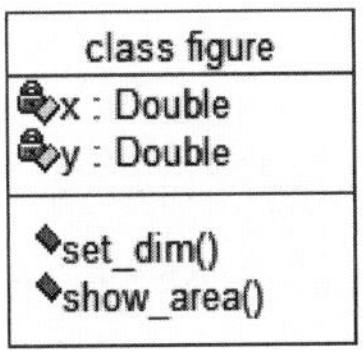

```
#include <iostream.h>
class figure                    //定义基类
{
    protected:
        double x,y;
    public:
        void set_dim(double i; double j = 0)
        { x = i, y = j; }
        virtual void show_area()    //(1)定义虚函数
        {
            cout <<"No area computation define ";
            cout <<"for this class.\n";
        }
};
class triangle:public figure        // (2)定义基类的公有派生类
{
    public:
        virtual void show_area()    // (3)"重载"该虚函数
```

图 5.7 figure 类

```
        { 求三角形面积 }
    };
    class square:public figure          //(2)定义基类的公有派生类
    {
        public:
        virtual void show_area()        //(3)"重载"该虚函数
        { 求矩形面积 }
    };
    class circle:public figure          //(2)定义基类的公有派生类
    {
        public:
        virtual void show_area()        //(3)"重载"该虚函数
        { 求圆面积 }
    };
    void main()                         //(4)运行过程中实现"动态绑定"
    {
    figure * p;                         // 定义指向基类的指针变量
        triangle t;
        square s;
        circle c;                       // 定义基类的公有派生类的对象
        p = &t;                         // 指向三角形对象
        p->set_dim(10.0,5.0);
    p->show_area();
    p = &s;                             // 指向矩形对象
    p->set_dim(10.0,5.0);
        p->show_area();
        p = &c;                         // 指向圆形对象
        p->set_dim(9.0);
        p->show_area();
    }
```

应用程序不必为每个派生类编写功能调用,只需要对抽象基类进行处理即可,这可以大大提高程序的可复用性(这是接口设计的复用,而不是代码实现的复用)。

派生类的功能可以被基类指针引用,这叫向后兼容,可以提高程序的可扩充性和可维护性。

(2)动态绑定。动态绑定是在运行时根据对象接收的消息动态地确定要连接的服务代码。使用虚函数可实现动态联编,不同联编可以选择不同的实现,这便是多态性。继承是动态联编的基础,虚函数是动态联编的关键。

在一般与特殊关系中,子类是父类的一个特例,所以父类对象可以出现的地方,也允许其子类对象出现。因此在运行过程中,当一个对象发送消息请求服务时,要根据接收对象的具体情况将请求的操作与实现的方法进行连接,即动态绑定。

5.2 面向对象开发方法概述

面向对象开发方法(Object Oriented Software Development,OOSD)是一种把面向对象的思想应用于软件开发过程中,指导开发活动的系统方法,简称 OO 方法,是建立在"对象"概念基础上的方法学。

5.2.1 软件开发过程

软件开发过程就是将软件系统所涉及的应用领域和业务范围(现实世界)的问题空间映射到用于解决某些问题的软件系统的解空间。问题空间和解空间的映射如图 5.8 所示。

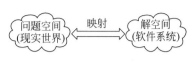

图 5.8 问题空间和解空间的映射

在面向对象软件方法出现之前,软件工程实践中通常使用基于数据流图、自顶向下的层次分解等方法。面向对象方法和以往的基于过程的方法是不矛盾的。实际上,使用面向对象方法是将基于过程的方法带到一个更有效的使用环境下。但是,使用面向对象方法确实需要软件开发者的思维模式发生变化:面向对象方法使用类来模塑概念——从而发现或创造出许多类,刻画类的粒度,清晰定义类的职责,让类之间互相协作;程序设计的基本思维从一个函数调用另一个函数转换到如何对真实世界进行建模上,这样的转换确实不是一个小的转换。

面向对象方法把问题域作为一系列相互作用的对象,在此基础上构造出基于对象的软件系统结构。面向对象方法作为一种新型的独具优越性的新方法正引起全世界越来越广泛的关注和高度的重视,它被誉为"研究高技术的好方法",更是当前计算机界关心的重点。

面向对象开发方法包括面向对象分析(OOA)、面向对象设计(OOD)和面向对象编程实现(OOP)。在进行面向对象系统开发时是按照 OOA—OOD—OOP 的顺序进行的,但面向对象方法是按照 OOP—OOD—OOA 的顺序逐渐发展成熟起来的。

目前,面向对象开发方法的研究已日趋成熟,国际上已有不少面向对象的产品。面向对象开发方法有 Booch 方法、Coda/Yourdon 方法、OMT 方法和 OOSE 方法等。

面向对象的软件开发过程如图 5.9 所示。

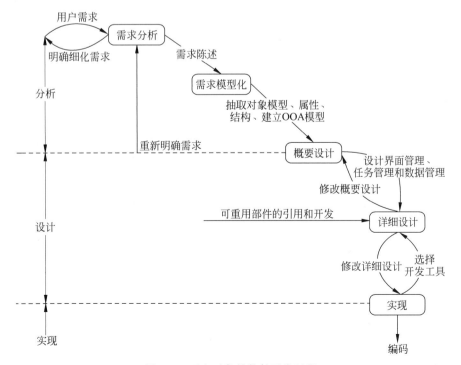

图 5.9 面向对象的软件开发过程

5.2.2 传统开发方法存在的问题

传统的设计方法将问题域分解成一系列任务来完成,这些任务形成过程式软件的基本结构。传统结构化技术的缺点是:软件结构分析与结构设计技术的本质是功能分解,是围绕实现处理功能的过程来构造系统的。结构化方法强调过程抽象和模块化,是以过程(或操作)为中心来构造系统和设计程序的。然而用户需求的变化大部分是针对加工的,因此,这种变化对基于过程的设计来说是灾难。

传统软件开发方法存在的问题如下。

(1) 问题空间不能直接映射到解空间。传统软件开发方法无法实现从问题空间到解空间的直接映射,如图 5.10 所示。

(2) 软件复用程度低。复用性是指同一事物不经修改或稍加修改就可多次重复使用的性质。软件复用性是软件工程追求的目标之一。传统软件开发方法无法实现高效的软件复用,因为传统软件开发方法数据与代码(操作)是分离的。

(3) 分析不能直接过渡到设计。传统软件开发方法难以实现从分析到设计的直接过渡,其分析到设计的转换如图 5.11 所示。

图 5.10 传统开发方法中问题空间到解空间的映射

图 5.11 传统开发方法中从分析到设计的转换

(4) 软件可维护性差。软件工程强调软件的可维护性,强调文档资料的重要性,规定最终的软件产品应该由完整、一致的配置成分组成。在软件开发过程中,始终强调软件的可读性、可修改性和可测试性是软件的重要的质量指标。实践证明,用传统方法开发出来的软件,维护时其费用和成本仍然很高,其原因是可修改性差,维护困难,导致可维护性差。

(5) 软件不满足用户需要。用传统的结构化方法开发大型软件系统涉及各种不同领域的知识。在开发需求模糊或需求动态变化的系统时,所开发的软件系统往往不能真正满足用户的需要。

用结构化方法开发的软件,其稳定性、可修改性和可复用性都比较差,这是因为结构化方法的本质是功能分解。在结构化方法中首先考虑的是过程的抽象,从代表目标系统整体功能的单个处理着手,自顶向下分解下去,直到仅剩下若干容易实现的子功能为止,然后用相应的工具来描述各个最低层的处理。

然而,用户需求的变化大部分是针对功能的,因此,这种变化对于基于过程的设计来说是灾难性的。用这种方法设计出来的系统结构常常是不稳定的,用户需求的变化往往造成系统结构的较大变化,从而需要花费很大代价才能实现这种变化。

5.2.3 面向对象开发方法的特点

(1) 对软件开发过程的所有阶段进行综合考虑。综合考虑可使问题空间与解空间具有一致性,降低复杂性。

(2) 具有高度的连续性。软件生命周期各阶段所使用的方法、技术具有高度的连续性,用符合人类认识世界的思维方式来分析、解决问题。

（3）增强系统稳定性。将 OOA、OOD 以及 OOP 有机地集成在一起,有利于系统的稳定性。以对象为中心来构造系统,而不是以功能为中心,能很好地适应需求变化,使得软件系统具有较好的稳定性和可适应性。

（4）具有良好的可复用性。对象具有封装性和信息隐蔽性,具有很强的独立性。

5.2.4　Booch 方法

Booch 方法描述了面向对象的软件开发方法的基础问题,指出面向对象开发是一种根本不同于传统的功能分解的设计方法。面向对象的软件分解更接近人对客观事务的理解,而功能分解只通过问题空间的转换来获得。

在面向对象分析中,Booch 方法从用来说明应用问题的词法和概念中识别对象,通过对具体对象的抽象化来发现类。类和对象的识别包括找出问题空间中关键的抽象和产生动态行为的重要机制。开发人员可以通过研究问题域的术语发现关键的抽象。语义的识别主要是建立前一阶段识别的类和对象在完成系统功能上应承担的责任和所起到的作用,在这个基础上确定类的行为(即方法)和类及对象之间的互相作用(即行为的规范描述)。密切相关的一些对象协同作业,可完成部分的系统功能,同时也构成系统的一个必要组成部分,Booch 称之为"机构"。该阶段利用状态机图描述对象的状态模型,利用时序图(系统中的时态约束)和对象图(对象之间的互相作用)描述系统的动态行为模型。这些活动不仅是一个简单的步骤序列,而且是对系统的逻辑和物理视图不断细化的迭代和渐增的开发过程。

在面向对象设计方法中,Booch 方法说明每个类的界面及实现,同时将类和对象分配到不同的模块中,将可同时执行的进程分配到不同的处理机上。这是对已有定义的细化和完善过程,往往有助于发现新的类和对象。

Booch 方法的开发模型包括静态模型和动态模型。静态模型分为逻辑模型和物理模型,描述了系统的构成和结构;动态模型分为状态机图和时序图。Booch 方法强调基于类和对象的系统逻辑视图与基于模块和进程的系统物理视图之间的区别。然而,Booch 方法偏向于系统的静态描述,对动态描述支持较少。

在 Booch 方法丰富的符号体系中,用于类和对象建模的符号体系使用注释和不同的图符(如不同的箭头)表达详细的信息。Booch 方法建议在设计的初期可以用符号体系的一个子集,随后不断添加细节。每一个符号体系还有一个文本的形式,由每一个主要结构的描述模板组成。符号体系由大量的图符定义,但是其语法和语义并没有严格的定义。

Booch 方法对每一步都作了详细的描述,描述手段丰富、灵活,它不仅建立了开发方法,还提出了对设计人员的技术要求和不同开发阶段的资源人力配置。

5.2.5　Coda/Yourdon 方法

Coda/Yourdon 方法是 1989 年 Coda 和 Yourdon 提出的面向对象开发方法,即著名的面向对象分析/设计(OOA/OOD),它是最早的面向对象分析和设计方法之一。

1. Coda/Yourdon 方法的面向对象分析

Coda/Yourdon 方法对复杂问题建立问题域的分析模型,构造和评审 OOA 概念模型的顺序由五个层次组成。这五个层次不是构成软件系统的层次,而是分析过程中的层次,即分析的不同侧面。这五个层次是:主题层、类与对象层、结构层、属性层和服务层。

(1)主题层。主题给出分析模型的总体概貌,是控制开发人员和读者在同一时间所能考虑的模型规模的机制。

(2)类与对象层。对象是数据及其处理的抽象,它反映了保存有关信息和与现实世界交互的能力。

(3)结构层。结构表示问题域的复杂性。类-成员结构反映了一般-特殊关系,整体-部分结构反映了整体-部分的关系。

(4)属性层。属性是数据元素,用来描述对象或分类结构的实例,可在图中给出并在对象的储存中指定,即给出对象定义的同时指定属性。

(5)服务层。服务是接收到消息后必须执行的一些处理,可在图上标明它并在对象的储存中指定,即给出对象定义的同时定义服务。

面向对象模型的五个层次对应着分析建模的五个主要活动,这五个活动的工作可以不按顺序进行。OOA利用五个层次和活动定义和记录系统行为、输入和输出。经过五个层次活动后的结果是一个分成五个层次的问题域模型,用类及对象图表示。

当系统分析人员在确定类-对象时想到该类的服务,则可以先确定服务后,再返回去继续寻找类-对象,没有必要遵循自顶向下、逐步求精的原则。

2. Coda/Yourdon 方法的面向对象设计

Coda/Yourdon 方法的 OOD 模型是在 OOA 模型五个层次的基础上,建立四个组元的设计模型:问题域组元、人机交互组元、任务管理组元和数据管理组元。Coda/Yourdon 方法的 OOD 模型如图 5.12 所示。

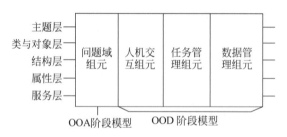

图 5.12 Coda/Yourdon 方法的面向对象设计模型

Coda/Yourdon 方法的主要优点是通过多年来大系统开发的经验与面向对象概念的有机结合,在对象、结构、属性和操作的认定方面,提出了一套系统的原则。该方法简单、易学,对于对象、结构、服务的认定较系统、完整,可操作性强。该方法从需求角度进一步进行了类和类层次结构的认定。

5.2.6 OMT 方法

面向对象的方法学是1991年由UML创始人James Rumbaugh等五人提出来的,又称为对象模型技术(OMT),是一种软件工程方法学,支持整个软件生命周期,它覆盖了问题构成、分析、设计和实现等阶段。OMT方法开发工作的基础是对真实世界的对象建模,然后围绕这些对象使用分析模型来进行独立于语言的设计。面向对象的建模和设计促进了对需求的理解,软件开发人员不必在开发过程的不同阶段进行概念和符号的转换,有利于开发得清晰、更容易维护的软件系统。OMT方法为大多数应用领域的软件开发提供了一种实际的、高效的问题求解方法。

OMT 方法使用了建模的思想,讨论如何建立一个实际的应用模型,从三个不同而又相关的角度建立了三类模型:对象模型、动态模型和功能模型。对象模型描述对象的静态结构和它们之间的关系,主要的概念包括类、属性、操作、继承、关联(即关系)和聚合等;动态模型描述系统那些随时间变化的方面,其主要概念有状态、子状态、超状态、事件、行为和活动等;功能模型描述系统内部数据值的转换,其主要概念有加工、数据存储、数据流、控制流和角色等。OMT 方法为每一个模型都提供了图形表示。

OMT 方法讨论的核心就是建立三类模型,三类模型描述的角度不同,却又相互联系。

1. 对象模型

几乎解决任何一个问题,都需要从客观世界实体及实体间相互关系抽象出极有价值的对象模型。

对象模型描述系统的数据结构,是三个模型中最基础、最核心、最重要的。对象模型描述了由对象和相应实体构成的系统静态结构,包括构成系统的类和对象、它们的属性和操作以及它们之间的联系。对象模型为建立动态模型和功能模型提供了实质性的框架。

构成对象模型的基本元素有对象(类)和它们之间的关系。

【案例 5-2】 银行网络 ATM 系统

银行网络 ATM 系统的对象模型实型如图 5.13 所示。

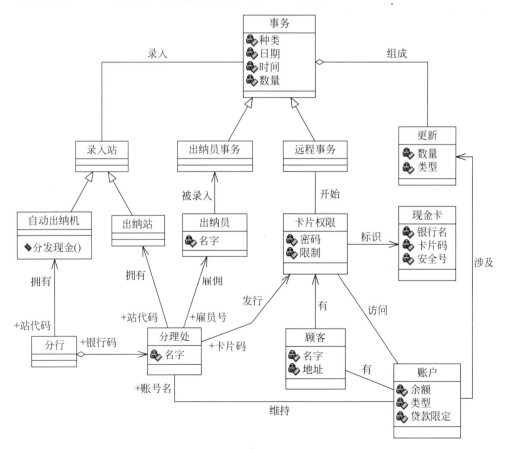

图 5.13　建立对象模型

2. 动态模型

动态模型根据事件和状态描述了系统的控制结构、系统中与时间和操作顺序有关的内容。动态模型着重于系统的逻辑结构,描述某时刻对象及其联系的改变。动态模型描述了系统的交互次序,当问题涉及交互作用和时序时(例如用户界面及过程控制等),动态模型是重要的。

动态模型包括状态机图和时序图。

(1) 事件和状态。

事件:对于对象的触发行为,指从一个对象到另一个对象的信息的单向传递。

状态:对象所具有的属性值,具有时间性和持续性。

脚本:在系统某一执行期间内的一系列事件。

在系统中具有属性值、链路的对象,可能相互激发,引起状态的一系列变化。有的事件传递的是简单信号,有的事件则传递的是数据值。由事件传送的数据值称为"属性"。

(2) 状态机图。状态机图是一个状态和事件的网络,侧重于描述每一类对象的动态行为和状态的迁移。

动态模型由多个状态机图组成,每个有重要行为的类都有一个状态机图。各状态机图可并发地执行及独立改变状态。

【案例 5-3】 打电话

"打电话"的状态机图如图 5.14 所示。

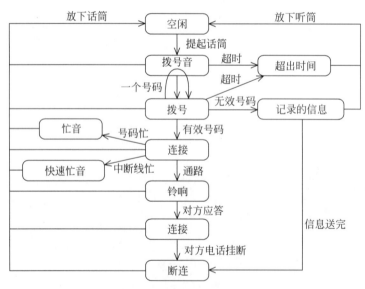

图 5.14 打电话的状态机图

(3) 时序图。时序图侧重描述系统执行过程中的一个特定"场景"。场景有时也叫"脚本",是完成系统某个功能的一个事件序列,用来描述多个对象的集体行为。

"打电话"的场景如图 5.15 所示。

"打电话"的时序图如图 5.16 所示。

1. 拿起电话受话器	12. 打电话者听见振铃声
2. 电话忙音开始	13. 对方接电话
3. 拨电话号码数 7	14. 接话方停止振铃
4. 电话忙音结束	15. 打电话方停止振铃声
5. 拨电话号码数 6	16. 通电话
6. 拨电话号码数 2	17. 对方挂电话
7. 拨电话号码数 6	18. 电话切断
⋮	19. 打电话者挂电话
11. 对方电话开始振铃	

图 5.15 打电话的场景

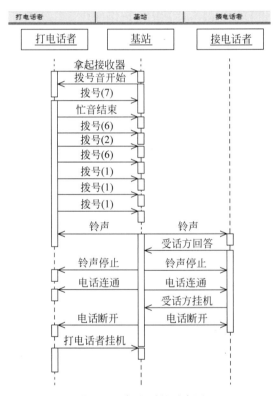

图 5.16 打电话的时序图

3. 功能模型

功能模型着重于系统内部数据的传递与处理,如函数、映射、约束和函数作用等。功能模型定义"做什么"的问题,表明值之间的依赖关系及其相关的功能。它描述了系统的数据变换。如果问题涉及大量数据变换,则功能模型非常重要。

功能模型的描述手段为分层数据流图。数据流图有助于表示功能的依赖关系,其中的处理对应于状态机图的活动和动作,数据流对应于对象图中的对象或属性。

要解决运算量很大的问题(例如高级语言编译、科学与工程计算等)时,则涉及重要的功能模型。动态模型和功能模型中都包含了对象模型中的操作,即服务或方法。

OMT方法将开发过程分为四个阶段。

(1) 分析阶段。分析阶段基于问题和用户需求的描述,建立现实世界的模型,主要产物如下:

① 问题描述;

② 对象模型＝对象图＋数据词典;

③ 动态模型＝状态机图＋全局事件流图;

④ 功能模型＝数据流图＋约束。

(2) 系统设计阶段。系统设计阶段结合问题域的知识和目标系统的体系结构(求解域),将目标系统分解为子系统。该阶段的主要产物如下。

系统设计文档:基本的系统体系结构和高层次的决策。

(3) 对象设计阶段。对象设计阶段基于分析模型和求解域中的体系结构等添加的实现细节完成系统设计,主要产物如下:

① 细化的对象模型;

② 细化的动态模型;

③ 细化的功能模型。

(4) 实现阶段。实现阶段将设计转换为特定的编程语言或硬件,同时保持可追踪性、灵活性和可扩展性。

面向对象建模得到的模型包含系统的三个要素,即对象模型、动态模型和功能模型。解决的问题不同,这三个子模型的重要程度也不同。三类模型描述的角度不同,却又相互联系。三个子模型分别从不同角度分析系统,如图5.17所示。

图 5.17　三个模型分别从不同角度分析系统

5.2.7　OOSE方法

OOSE方法是Jacobson于1994年提出的。OOSE的开发活动主要分为三类:分析、构造和测试。OOSE将面向对象的思想应用于软件工程中,建立如下五个模型。

(1) 需求模型。用例模型通过需求分析建立。…………………⎫ 分析

(2) 分析模型。用例模型通过分析来构造。……………………⎭

(3) 设计模型。用例模型通过设计来具体化。…………………⎫

(4) 实现模型。该模型依据具体化的设计来实现用例模型。… ⎭ 构造

(5) 测试模型。用来测试具体化的用例模型。………………… 测试

OOSE方法的最大特点是面向用例,并在用例的描述中引入了外部角色的概念。

贸易销售系统的用例图如图5.18所示。

OOSE方法支持商业工程和需求分析。在开发各种模型时,用例贯穿了OOSE活动的核心,描述了系统的需求及功能。

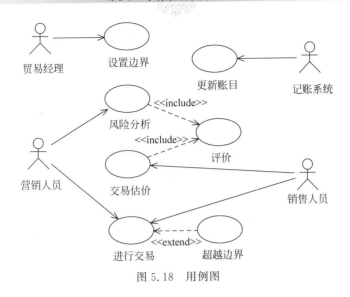

图 5.18　用例图

5.3　UML

Booch 方法、Coda/Yourdon 方法、OMT 方法及 OOSE 方法代表了面向对象方法的主要流派,它们都采用建模技术建立了各种视图来描述软件系统。模型是对系统的抽象表示,建模是在不同层次上对系统的描述。鉴于软件尤其是大型软件所具有的复杂性,以及人们对复杂问题理解的局限性,建立一种共同的建模语言来推动 OO 方法的发展是十分必要的,UML 应运而生。

UML 是一种基于面向对象的可视化通用建模语言,该方法结合了 Booch 方法、OMT 方法和 OOSE 方法的优点,统一了符号体系,并从其他的方法和工程实践中吸收了许多经过实际检验的概念和技术。不论在计算机学术界、软件产业界还是商业界,UML 已经逐渐成为系统建模、描述系统体系结构、商业体系结构和商业过程时常用的统一建模工具,并且在实践过程中还在不断扩展应用领域。

5.3.1　UML 概述

软件工程领域在 1995—1997 年取得了前所未有的进展,其成果超过该领域过去近二十年的成果总和,其中最重要的成果之一就是 UML 的出现。UML 是具有指定建模元素(图式符号)、严格语法(构图规则)、明确语义(逻辑含义)的建模语言,是在面向对象技术领域内占主导地位的标准建模语言。

UML 三个字母的含义如下。

U:对多种经典的 OO 建模方法进行了统一,形成了规范。

M:用于建立软件开发过程中的各种工程模型。

L:是一种可视化的(图式)语言。

建模语言虽然众多,但用户由于没有能力区别不同语言之间的差别,因此很难找到一种比较适合其应用特点的语言。虽然不同的建模语言大多相似,但仍存在某些细微的差别,极大地妨碍了用户之间的交流。因此客观上极有必要在精心比较不同建模语言的优缺点及总结面向对象技术应用实践的基础上,组织联合设计小组,根据应用需求,取其精华,去其糟粕,求同存异,统一建模语言。

建模方法应包括建模语言和建模过程两部分,其中建模语言提供用于表示建模结果的符号,建模过程用于描述建模时需要遵循的步骤。

UML 不仅统一了 Booch 方法、OMT 方法、OOSE 方法的表示方法,而且对其作了进一步的发展,最终统一为大众接受的标准建模语言。UML 是一种定义良好、易于表达、功能强大且普遍适用的建模语言,它融入了软件工程领域的新思想、新方法和新技术。它的作用域不限于支持面向对象分析与设计,还支持从需求分析开始的软件开发全过程。

UML 的目标之一就是为开发团队提供标准通用的设计语言来开发和构建计算机应用。UML 提出了一套 IT 专业人员期待多年的统一的标准建模符号。使用 UML,这些人员能够阅读和交流系统架构和设计规划,就像建筑工人多年来所使用的建筑设计图一样。

5.3.2 UML 的内容

UML 是一种标准化的图形建模语言,它是面向对象分析与设计的一种标准表示,由模型元素、图、通用机制以及视图四个部分构成。

1. 模型元素

模型元素代表面向对象中的类、对象、关系和交互等概念,是构成图的最基本的常用元素。一个模型元素可以用在多个不同的图中,无论怎样使用,它总是具有相同的含义和相同的符号表示。模型元素之间的连接关系也是模型元素,常见的关系有关联、泛化、依赖和实现。

(1) 类。在 UML 模型中,类是用一个矩形表示的,它包含三个区域,最上面是类名,中间是类的属性,最下面是类的方法,如图 5.19 所示。

(2) 对象。在 UML 模型中,对象是用一个矩形表示的在矩形框中,不再写出属性名和方法名,只是在矩形框中用"对象名:类名"的格式表示一个对象,如图 5.20 所示。

(3) 接口。外界对类(或构件)的使用是通过类(或构件)的方法来实现的,因此把类或构件的方法集合称为接口。接口向外界声明了它能提供的服务。

在 UML 模型中,接口用一个小圆圈表示,如图 5.21 所示。

图 5.19 类的表示　　　图 5.20 对象的表示　　　图 5.21 接口

(4) 用例。在系统中,为完成某个任务而执行一系列动作,以实现某种功能,我们把这些动作的集合称为用例实例。用例是对一组用例实例共同特征的描述,用例与用例实例的关系正如类与对象的关系。用例是 Jacobson 首先提出的,现已经成为面向对象软件开发中一个需求分析的最常用工具。

在 UML 模型中,用例是用一个实线椭圆来表示的,在椭圆中写入用例名称,如图 5.22 所示。

(5) 参与者。参与者是与系统、子系统或类发生交互作用的外部用户、进程或其他系统的理想化概念。在系统的实际运作中,一个实际用户可能对应系统的多个参与者,不同的用户也可以对应于一个参与者,从而代表同一参与者的不同实例。

在 UML 模型中,参与者用一个小人图标表示,如图 5.23 所示。

(6) 组件。组件也称构件,在系统设计中,一个相对独立的软件部件会把功能实现部分隐藏在内部,对外声明一组接口(包括供给接口和需求接口)。因此,两个具有相同接口的组件可以相互替换。

组件是比"类"更大的软件部件,例如一个 COM 组件、一个 DLL 文件、一个 JavaBeans、一个执行文件等。为了更好地在 UML 模型中表示它们,引入了组件。

在 UML 模型中,组件用带有两个小方框的矩形表示,如图 5.24 所示。

图 5.22　用例　　　　　图 5.23　参与者　　　　　图 5.24　组件

(7) 节点。节点是指硬件系统中的物理部件,它通常具有存储空间或处理能力。如 PC、打印机、服务器等都是节点。

在 UML 模型中,用一个立方体表示一个节点,如图 5.25 所示。

(8) 交互。交互是为了完成某个任务对象之间的相互作用,这种作用是通过信息的发送和接收来完成的。

在 UML 模型中,交互的表示法很简单,用一条有向直线来表示对象间的交互,并在有向直线上面标注消息名称,如图 5.26 所示。

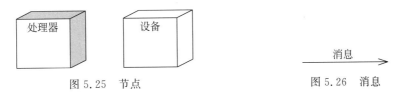

图 5.25　节点　　　　　　　　　图 5.26　消息

(9) 状态机。在对象生命周期内,在事件的驱动下,对象从一种状态迁移到另一种状态的状态序列构成了状态机,即一个状态机由多个状态组成。

在 UML 模型中,状态表示为一个圆角矩形,并在矩形内标识状态名称,如图 5.27 所示。

(10) 包。中大型的软件系统通常会包含大量的类、接口、交互,因此也就会存在大量的结构元素、行为元素。为了能有效地对这些元素进行分类和管理,需要对其进行分组。UML 中提供了"包"来实现这一目标。

在 UML 模型中,表示"包"的图形符号与 Windows 中表示文件夹的图形符号很相似。包的作用与文件夹的作用也相似,如图 5.28 所示。

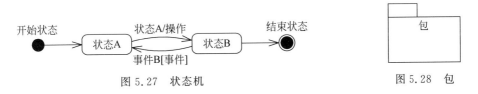

图 5.27　状态机　　　　　　　　　图 5.28　包

(11) 注释。用来对其他元素进行解释的部分(文本解释)称为注释。

在UML模型中,注释元素是用一个右上角折起来的矩形,解释的文字就写在矩形中。如图5.29所示。

(12) 关联关系。关联表示两个类之间存在某种语义上的联系,这种语义是人们赋予事物的联系。关联关系提供了通信的路径,它是所有关系中最通用、语义最弱的关系。

在关联关系中,有两种比较特殊的关系,它们是聚合关系和组合关系。

关联关系是聚合关系和组合关系的统称,是比较抽象的关系;聚合关系和组合关系是更具体的关系。

在UML模型中,使用一条实线来表示关联关系,如图5.30所示。

聚合是一种特殊形式的关联。聚合表示类之间的关系是整体与部分的关系。聚合关系是一种松散的对象间关系,计算机和它的外围设备就是一例。一台计算机和它的外设之间只是很松散地结合在一起。这些外设可有可无,可以与其他计算机共享,而且没有任何意义表明它由一台特定的计算机所"拥有"——这就是聚合。

在UML模型中,聚合关系是一条实线,用空心菱形端表示事物的整体部分,另一端表示事物的部分,如图5.31所示。

图5.29 注释　　　　图5.30 关联关系　　　　图5.31 聚合关系

如果发现"部分"类的存在是完全依赖于"整体"类的,那么应该使用"组合"关系来描述。组合关系是一种非常强的对象间关系,例如树和它的树叶之间的关系。树和它的叶子紧密联系在一起,叶子完全属于这树,它们不能被其他的树所分享,并且当树死掉,叶子也会随之死去。这就是组合,组合是一种强的聚合关系。

在UML模型中,组合关系是一条实线,用实心菱形端表示事物的整体部分,另一端表示事物的部分,如图5.32所示。

(13) 依赖关系。有两个元素X、Y,如果修改元素X的定义可能会引起对另一个元素Y的定义的修改,则称元素Y依赖于元素X。

在UML模型中,依赖关系用带箭头的虚线表示,用箭头端表示被依赖的事物,另一端是与之依赖的事物,如图5.33所示。

图5.32 组合关系　　　　图5.33 依赖关系

(14) 泛化关系。泛化关系描述了从特殊事物到一般事物之间的关系,也就是子类到父类之间的关系。从父类到子类的关系则是特化关系。

在UML模型中,泛化关系是一条实线,用空心三角箭头端表示一般事物,另一端表示特殊事物,如图5.34所示。

(15) 实现关系。实现关系用来规定接口和实现接口的类或组件之间的关系。接口是操作的集合,这些操作用于规定类或组件提供的服务。

在UML模型中,实现关系是一条虚线,用空心三角箭头端表示接口,另一端表示实现接口的类或组件，如图 5.35 所示。

图 5.34　泛化关系　　　　　图 5.35　实现关系

2．UML 图

最常用的 UML 图包括用例图、类图、时序图、状态机图、活动图、组件图和部署图。

（1）用例图。用例图描述了系统提供的一个功能单元，用来展示各类外部执行者与系统所提供的用例之间的连接。用例图的主要目的是帮助开发团队以一种可视化的方式理解系统的功能需求，包括基于基本流程的"角色"，也就是与系统交互的其他实体关系以及系统内用例之间的关系。

此外，在用例图中，没有列出的用例表明了该系统不能完成的功能。在用例图中应提供清楚、简要的用例描述，用户就很容易看出系统是否提供了必需的功能。

（2）类图。类图表示不同的实体（人、事物和数据）如何彼此相关。换句话说，它显示了系统的静态结构。

可以把若干个相关的类包装在一起作为一个单元（包），相当于一个子系统。一个系统可以有多张类图，一个类也可以出现在几张类图中。

（3）时序图。时序图表示具体用例（或者是用例的一部分）的详细流程，显示了流程中不同对象之间的调用关系，同时还可以很详细地显示对不同对象的不同调用。时序图有两个维度：垂直维度，以发生的时间顺序显示消息/调用的序列；水平维度，显示消息被发送到的对象实例。

（4）状态机图。状态机图通常是对类描述的补充，表示某个类所处的不同状态和该类的状态转换信息。

（5）活动图。活动图表示在处理某个活动时，两个或者更多类对象之间的过程控制流。活动图通常用来描述完成一个操作所需要的活动。当然它还能用于描述其他活动流，如描述用例。活动图由动作状态组成，包含完成一个动作的活动规约（即规格说明）。当一个动作完成时，将离开该动作状态。活动图中的动作部分还可包括消息发送和接收的规约。活动图可用于在业务单元级别对更高级别的业务过程进行建模或者对低级别的内部类操作进行建模。

（6）组件图。组件图用于展示系统中的组件（即来自应用的软件单元）、组件间通过接口的连接以及组件之间的依赖关系。组件图可以在一个非常高的层次上显示，从而仅显示粗粒度的组件，也可以在组件包层次上显示。

（7）部署图。部署图展示了运行时处理的节点和在节点上存在的制品的配置。节点是运行时的计算资源，制品是物理实体，如构件、文件。部署图的用途是显示该系统中不同的组件将在何处物理地运行以及它们之间如何彼此通信。因为部署图是对物理运行情况进行建模，系统的生产人员可以很好地利用这种图。

3．UML 视图

一个系统应从不同的角度进行描述，从一个角度观察到的系统称为一个视图。视图由多个图构成，它不是一个图表，而是在某个抽象层上对系统的抽象表示。

如果要为系统建立一个完整的模型图,需定义一定数量的视图,每个视图表示系统的一个特殊方面。另外,视图还应把建模语言和系统开发时选择的方法或过程连接起来。

UML 视图的结构如图 5.36 所示。

图 5.36 UML 视图

一个系统有多种视图。对于同一个系统,不同人员所关心的内容是不相同的。

(1) 用例视图。描述系统的外部特性、系统功能等。分析人员和测试人员关心的是系统的行为,因此会侧重于用例视图。

(2) 逻辑视图。描述系统的设计特征,包括结构模型视图和行为模型视图。前者描述系统的静态结构,后者描述系统的动态行为。最终用户关心的是系统的功能,因此会侧重于逻辑视图。

(3) 进程视图。表示系统内部的控制机制。常用类图描述过程结构,用交互图描述过程行为。系统集成人员关心的是系统的性能、可伸缩性、吞吐率等问题,因此会侧重于进程视图。

(4) 配置视图。描述系统的物理配置特征,用部署图表示。系统工程师关心的是系统的发布、安装、拓扑结构等问题,因此会侧重于部署视图。

(5) 实现视图。表示系统的实现特征,常用构件图表示。程序员关心的是系统的配置、装配等问题,因此会侧重于实现视图。

4. 通用机制

通用机制用于表示其他信息,比如详述模型元素的语义、修饰、通用划分、扩展机制、注释等,适用于软件系统或业务系统中每个事物的方法或规则。另外,为了适应用户的需求,通用机制允许在不修改基础元模型的前提下对 UML 作有限的变化,如提供了扩展机制,包括构造型、标记值和约束。使用 UML 语言能够适应一个特殊的方法(或过程)或扩充至一个组织或用户。

习题五

一、填空题

1. 对象的抽象是_____,类的实例化是_____。
2. 继承性是_____自动共享父类的属性和_____的机制。
3. 面向对象技术的基本特征主要是抽象性、_____、继承性和_____。
4. OMT 方法使用建模的思想建立了三类模型:_____、_____和_____。
5. OOSE 将面向对象的思想应用于软件工程中,建立的五个模型分别是需求模型、_____、_____、实现模型和_____。
6. UML 是一种标准化的图形建模语言,它的内容包括_____、_____、模型元素、_____四个部分。

二、简答题

1. 什么是面向对象?

2. 面向对象的基本特征是什么？
3. 什么是软件开发过程？
4. 传统软件开发方法存在什么问题？
5. 面向对象开发方法的特点是什么？
6. 什么是统一建模语言？
7. 简述 Coda/Yourdon 方法的面向对象设计模型。
8. 简述 UML 视图结构。

三、综合题

1. 举例说明并解释类、属性、操作、继承性、多态性、封装及抽象类的概念。
2. 列举面向对象开发方法，并说明每个方法的特点。
3. 试举一个抽象类与子类的设计实例。
4. 单重继承和多重继承设计各举一个实例。
5. 试举一个多态设计的实例。

第6章 面向对象分析

软件的需求分析工作主要研究用户对项目的需求,首先要全面理解用户的需求,其次要准确地表达用户的需求。软件开发的基础建立在对精确描述的软件需求的分析之上。需求分析的目标是精确定义系统必须完成的工作内容以及各项要求。

6.1 面向对象分析概述

面向对象分析就是运用面向对象的方法进行需求分析,其主要任务是分析和理解问题域,找出相应的描述问题域和系统所需的类及对象,分析它们的内部构成和外部关系,将其正确地抽象为规范的对象,定义其内部结构和外部消息的传递关系,建立问题域精确模型的过程。面向对象分析可为后续的面向对象设计和面向对象编程提供指导。

面向对象分析的目的是对客观世界的系统进行建模,定义所有与待解决问题相关的类(包括类的操作和属性、类与类之间的关系以及它们表现出的行为),完成对所求解问题的分析,确定系统"做什么",并建立系统的模型。

面向对象分析的基本任务是运用面向对象的方法,在软件工程师和用户充分沟通、了解基本用户需求的前提下,对问题域和系统责任进行分析和理解,找出描述它们的类和对象,定义其属性和操作,及其层次结构、静态联系和动态联系,模型化对象的行为,直到模型建成。

面向对象分析的特点是有利于人们对问题和系统责任的理解以及人员之间的交流,对需求变化有较强的适应性,并支持软件复用。

为建立分析模型,要运用如下五个基本原则:

(1) 建立信息域模型;
(2) 描述功能;
(3) 表达行为;

(4) 划分功能、数据、行为模型,揭示更多的细节;
(5) 用早期的模型描述问题的实质,用后期的模型给出实现的细节。
这些原则是面向对象分析的基础。

6.1.1 面向对象分析模型

面向对象分析从用户的需求陈述入手。需求陈述通常是不完整、不完全准确的,而且往往是非正式的。通过分析可以发现和改正原始陈述中的多义性和不一致性,补充遗漏的内容,从而使需求陈述更准确、更完整。系统分析人员通过深入理解用户需求抽象出目标系统的本质属性,并用模型准确地表示出来。

完整的面向对象分析模型分为基本模型和补充模型以及详细说明,如图 6.1 所示。

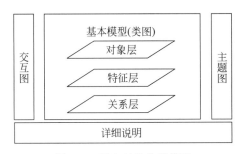

图 6.1 面向对象分析模型

1. 基本模型

基本模型是一个类图,以直观的方式表达系统最重要的信息。面向对象分析基本模型的三个层次分别描述了系统中应设置的对象、每类对象的内部构成和对象与外部的关系。

构成类图的元素所表达的模型信息分为如下三个层次。

(1) 对象层。对象层给出了系统中所有反映问题域和系统责任的对象。

(2) 特征层。特征层给出了类(对象)的内部特征,即类的属性和操作。

(3) 关系层。关系层给出了各类(对象)之间的关系,包括继承、封装、一般-特殊、整体-部分、属性的静态依赖关系、操作的动态依赖关系。

2. 补充模型

补充模型包括主题图和交互图。

(1) 主题图。主题又称为子系统,是将一些联系密切的类组织在一起的类的集合。按照粒度控制原则,可将系统组成几个主题,便于理解。主题图画出了系统的主题。

(2) 交互图。交互图是用例与系统成分之间的对照图。

3. 详细说明

详细说明按照分析方法所要求的格式对分析模型进行说明和解释,主要以文字为主。

6.1.2 面向对象分析过程

1. 获取客户对系统的需求

需求获取必须让客户与开发者充分地交流,采用用例来收集客户需求:分析人员先标识使用该系统的不同执行者,代表使用该系统的不同角色;每个执行者可以叙述他如何使用系统,或者说他需要系统提供什么功能;执行者提出的每个使用场景(或功能)都是系统的一个用例实例,一个用例描述了系统的一种用法(或一个功能);所有执行者提出的所有用例构成系统的完整需求,其中涉及对需求的分析及查找丢失的信息。

注意:执行者与用户是不同的两个概念,一个用户可以扮演几个角色(执行者);一个执行者可以是用户,也可以是其他系统(应用程序或设备)。得到的用例必须进行复审,以使需求完整。

2. 标识类和对象

类和对象是在问题域中客观存在的,应从应用领域开始识别,可以先标识候选的类和对象,然后从候选的类和对象中筛选掉不正确的或不必要的。类及对象是形成整个应用的基础,可据此分析系统的责任。

3. 定义类的结构和层次

定义类的结构和层次阶段分为两个步骤:
(1) 识别"一般-特殊"结构,该结构捕获了识别出的类的层次结构;
(2) 识别"整体-部分"结构,该结构用来表示一个对象如何成为另一个对象的一部分,以及多个对象如何组装成更大的对象。

有的面向对象方法中把互相协作以完成一组紧密结合在一起的责任的类的集合定义为主题或子系统。主题由一组类及对象组成,用于将类以及对象模型划分为更大的单位,便于理解。

主题和子系统都是一种抽象。从外界观察系统时,主题或子系统可看作黑盒,它有自己的一组责任和协作者,观察者不必关心其细节;观察一个主题或子系统的内部时,观察者可以把注意力集中在系统的某一个方面。因此,主题或子系统实际上是系统更高抽象层次上的一种描述。

4. 建立对象-关系模型

对象-关系模型描述了系统的静态结构,它指出了类之间的关系。类之间的关系有关联、依赖、泛化、实现等。两个或多个对象之间相互依赖、相互作用的关系就是关联。分析确定关联,能促使分析人员考虑问题域的边缘情况,有助于发现那些尚未被发现的类和对象。

5. 建立对象-行为模型

对象-行为模型描述了系统的动态行为,它们指明系统如何响应外部的事件或激励。建模的步骤如下:
(1) 评估所有的用例,完全理解系统中交互的序列;
(2) 标识驱动交互序列的事件,理解这些事件如何和特定的对象相关联;
(3) 为每个用例创建事件轨迹;
(4) 为系统建造状态机图;
(5) 复审对象-行为模型,以验证准确性和一致性。

综上所述,在概念上可以认为,面向对象分析大体上按照下列顺序进行:寻找类和对象→确定关联→确定属性→识别结构→识别主题→定义属性→定义服务→建立动态模型和建立功能模型。但是分析不可能严格地按照预定顺序进行,大型的、复杂的问题需要反复多次寻找、确定、识别、定义和建立来构造模型。通常,先构造出模型的雏形或部分,再逐步扩充、修改、求精直至满意为止,最后构造出符合问题域需求的正确的、准确的、完整的目标系统模型,并编写出需求规格说明,如图 6.2 所示。

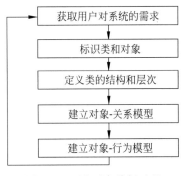

图 6.2 面向对象分析过程

分析也不是一个机械的过程。大多数需求陈述都缺乏必要的信息,所缺少的信息主要从用户和领域专家那里获取,同时也需要从分析人员对问题域的背景知识中提取。在分析过程中,系统分析人员必须与领域专家及用户反复交流,以便澄清二义性,改正错误的概念,补足缺少的信息。面向对象建立的系统模型,尽管在最终完成之前还是不准确、不完整的,但对于做到准确、无歧义的交流仍然是大有益处的。

基于前面介绍的基础知识,本书主要结合银行网络 ATM 系统需求陈述的具体实例,介绍需求陈述、建立静态模型及动态模型,并引用该实例讨论面向对象分析和面向对象设计。

6.2 需求陈述

需求陈述也叫问题陈述。需求陈述是开发任何一个系统的首要任务,主要陈述用户的需求,即该系统应该"做什么",而不是"怎么做"(系统如何实现);应该陈述系统任务是什么,而不是解决问题的方法;应该指出哪些是系统必要的性质,哪些是任选的性质;应该避免对设计策略施加过多的约束,也不要描述系统的内部结构,因为这样做将限制实现的灵活性。对系统性能及系统与外界环境交互协议的描述,是合适的需求。此外,对采用的软件工程标准、模块构造准则、将来可能做的扩充以及可维护性要求等方面的描述,也都是适当的需求。

需求陈述必须要将解决问题的目标清楚地表达出来,如果目标模糊,将会影响系统分析、设计和实现等后续开发阶段的工作。分析人员和用户一起研究和讨论才能准确表达用户的要求,并找出遗漏的信息。

需求陈述是软件系统生命周期中定义阶段的最后一个步骤,是作为整个软件开发范围的指南,是软件开发人员开发出正确的、符合用户要求的软件的重点。

需求陈述过程中需要解决的问题如下:

(1) 问题域。被开发系统的应用领域。

(2) 系统责任。所开发的系统应具备的功能。

(3) 充分的交流。获得准确分析结果的关键。

(4) 需求的不断变化。应变能力的强弱是衡量一种方法优劣的重要标准。

(5) 考虑复用要求。提高开发效率、改善软件质量的重要途径。

(1) 对需求陈述进行分析。需求陈述通常是不完整、不准确的,也可能还是非正式的。通过分析可以发现和改正需求陈述中的歧义性、不一致性,剔除冗余的内容,挖掘潜在的内容,弥补不足,从而使需求陈述更完整、更准确。

在分析需求的过程中，系统分析人员不仅应该反复、多次地与用户讨论、交流信息，还应该调研、观察、了解现有的类似系统。

分析人员应快速建立一个原型系统。通过在计算机上运行原型系统，分析人员和用户可充分交流和相互理解，从而能更正确地、更完整地提取和确定用户的需求。

（2）需求建模。系统分析人员根据提取的用户需求，深入理解用户需求，识别出问题域内的对象，并分析它们相互之间的关系，抽象出目标系统应该完成的需求任务，并用 OOA 模型准确地表示出来，即用面向对象观点建立对象模型、动态模型和功能模型。

面向对象分析模型是面向对象设计的基础，它应该准确地、简洁地表示问题。通过建立模型，可避免理解上的片面性，提高目标系统的正确性、可靠性，在此基础上编写出面向对象的需求规格说明。

（3）需求评审。通过用户、领域专家、系统分析人员和系统设计人员的评审及反复修改后，确定需求规格说明。

需求分析是复杂而又艰辛的过程。系统分析人员应该多和用户交流，认真和领域专家探讨，并在领域专家的指导和密切配合下进行，以便有效地完成任务。

需求分析的工作将最终交给软件设计和开发人员进行具体的软件设计和开发，其针对的对象是软件设计和开发人员。

银行网络 ATM 系统的需求陈述。

（1）问题综述。某银行拟开发一个自动取款机系统，它是一个由自动取款机、中央计算机、分行计算机及营业终端组成的网络系统，如图 6.3 所示。ATM 和中央计算机由总行投资购买。总行拥有多台 ATM，分别设在全市各主要街道上；分行负责提供分行计算机和营业终端，营业终端设在分行下属的各个储蓄所内。该系统的软件开发成本由各个分行共同承担。

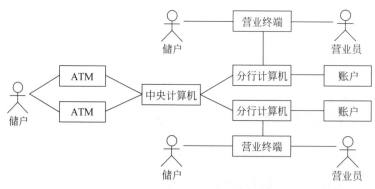

图 6.3 银行网络 ATM 系统的示意图

（2）实施陈述。银行营业员使用营业终端处理储户提交的储蓄事务。储户可以用现金或支票向自己拥有的某个账户内存款或开新账户，也可以从自己的账户中取款。通常，一个储户可能拥有多个账户。营业员负责把储户提交的存款或取款事务输进营业终端，接收储户交来的现金或支票，或者付给储户现金。营业终端与相应的分行计算机通信，分行计算机具体处理针对某个账户的事务并且维护账户。

拥有银行账户的储户有权申请领取现金兑换卡，使用兑换卡可以通过 ATM 访问自己的账户。目前,仅限于用现金兑换卡在 ATM 上提取现金(即取款)或查询有关自己账户的信息(例如某个指定账户上的余额)。将来可能还要求使用 ATM 办理转账、存款等事务。

所谓现金兑换卡,就是一张特制的磁卡,上面有分行代码和卡号。分行代码唯一标识总行下属的一个分行,卡号确定了这张卡可以访问哪些账户。通常,一张卡可以访问储户的若干个账户,但是不一定能访问这个储户的全部账户。每张现金兑换卡仅属于一个储户所有,但是,同一张卡可能有多个副卡,因此,必须考虑同时在若干台 ATM 上使用同样的现金兑换卡的可能性。也就是说,系统应该能够处理并发的访问。

当用户把现金兑换卡插入 ATM 之后,ATM 就与用户交互,以获取有关这次事务的信息,并与中央计算机交换关于事务的信息。首先,ATM 要求用户输入密码,并把从这张卡上读到的信息以及用户输入的密码传给中央计算机,请求中央计算机核对这些信息并处理这次事务;中央计算机根据卡上的分行代码确定这次事务与分行的对应关系,并且委托相应的分行计算机验证用户密码;如果用户输入的密码是正确的,ATM 就要求用户选择事务类型(取款、查询等);当用户选择取款时,ATM 请求用户输入取款额;最后,ATM 从现金出口输出现金,并且打印出账单交给用户。

6.3 建立功能模型

功能模型描述的是外部执行者所理解的系统功能,主要通过用例设计和用例分析来体现系统需要实现的具体功能模块,通过用例图以及相应的用例说明来阐述软件系统的各种功能。功能模型主要指出系统"做什么"。用例描述是外部参与者与系统之间进行的有效的交互行为,提供整个功能的一般描述。场景是用例的一个特定用例实例,通常情况下每个场景都有与之相对应的交互行为。总之,功能模型描述了待开发系统的功能需求,被广泛应用到了面向对象的系统分析中。

本节结合银行网络 ATM 系统进行面向对象分析,对功能模型的建立方法给予介绍。

6.3.1 确定基本系统模型图

基本系统模型是用来确定系统的边界和输入输出数据流的,表明一个计算如何从输入值得到输出值,表明值之间的依赖关系及相关的功能,它不考虑计算的次序。基本系统模型仅包含一个加工,它代表被开发系统的加工和变换数据的整体功能。它的输入流是该系统的输入数据,输出流是系统的输出数据。建立功能模型时,先列出输入输出值,输入输出值是系统与外部世界之间的事件等参数;然后检测问题陈述,从中找出遗漏的所有输入输出值。

银行网络 ATM 系统的基本系统模型图如图 6.4 所示。

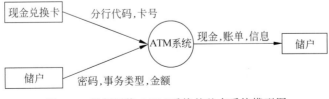

图 6.4 银行网络 ATM 系统的基本系统模型图

系统包含两个外部实体：一个是储户，它既是数据源点，又是数据终点，储户将事务（如密码、事务类型、金额等）由营业员通过营业终端提交给系统或系统可给储户提供信息（如金额、账单等）；另一个是现金兑换卡，它是数据源点，系统从它上面读取分行代码和卡号等信息。

6.3.2 细化数据流图

功能模型由多张数据流图组成。数据流图用来表示从源对象到目标对象的数据值的流向，说明输出值是怎样从输入值得来的。数据流图通常按层次组织，最顶层由单个处理组成，也可由收集输入、计算值及生成结果的一个综合处理构成。数据流图不包含控制信息，控制信息在动态模型中表示。同时，数据流图也不表示对象中值的组织，值的组织在对象模型中表示。

数据流图有助于表示功能依赖关系，其中的处理对应状态机图的活动和动作，数据流对应对象图中的对象或属性。数据流图中包含有处理、数据流、动作对象和数据存储对象。

（1）处理。处理是指把功能模型中的处理框逐步分解，得到描述系统加工和变换数据的基本功能的若干个处理框。处理用来改变数据值。最底层处理是纯粹的函数，一张完整的数据流图是一个高层处理。

（2）数据流。数据流图中的数据流用于将对象的输出与处理、处理与对象的输入、处理与处理联系起来。在一个计算机中，用数据流来表示中间数据值，数据流不能改变数据值。

（3）动作对象。动作对象是一种主动对象，它通过生成或者使用数据值来驱动数据流图。

（4）数据存储对象。数据流图中的数据存储是被动对象，它用来存储数据。它与动作对象不一样，数据存储本身不产生任何操作，只响应存储和访问的要求。

银行网络 ATM 系统的功能级数据流图如图 6.5 所示。

6.3.3 功能描述

当数据流图分解到一定程度后，应该对各个处理进行描述。描述功能可用自然语言、流程图、IPO 图（或表）和伪码等工具。描述可用说明性描述或过程性描述。说明性描述用于确定输入输出值之间的关系，它优于过程性描述，因为它隐含实现的考虑。过程性描述用于确定一个算法来实现处理功能，算法只是用来确定处理干什么。过程性描述着重描述实现处理功能的算法。

银行网络 ATM 系统的"更新账户"的功能描述如图 6.6 所示。

在上述任何情况下，显示账单内容为：ATM 编号、日期、时间、账户编号、事务类型、事务数量（若有）以及新的余额。

6.3.4 用例模型

用例模型是直接面向用户的，主要以需求陈述为基本依据，如系统的业务边界、使用对象等，是构造系统用例模型的基本元素。用例建模的步骤如下：

（1）从以下几方面识别系统的执行者，包括需要从系统中得到服务的人、设备和其他软件系统等；

（2）分析系统的业务边界或执行者对于系统的基本业务需求，并将其作为系统的基本

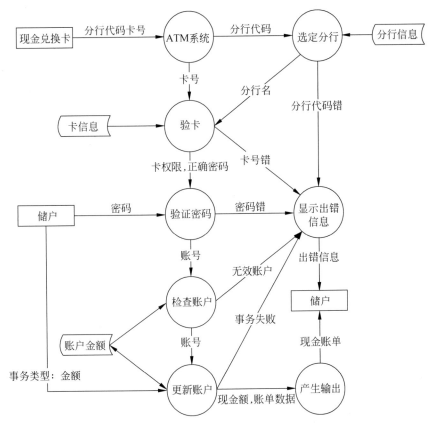

图 6.5 银行网络 ATM 系统的功能级数据流图

```
输入：账户，数量，事务类型
输出：现金，收据，信息
IF   取款数目超过账户当前余额
THEN   退出事务，不付出现金；
IF   取款数目不超过账户当前余额
THEN   记账并付出储户要求的现金；
IF   事务是存款
THEN   建立账户并无现金付出；
IF   事务是状态请求
THEN   无现金付出；
```

图 6.6 银行网络 ATM 系统"更新账户"的功能描述

用例；

（3）分析基本用例，将基本用例中具有一定独立性功能特别是具有公共行为特征的功能分解出来，将其作为包含用例供基本用例使用；

(4) 分析基本用例功能以外的其他功能，将其作为扩展用例，供基本用例进行功能扩展；

(5) 分析并建立执行者与用例之间的通信关系。

银行网络 ATM 系统的用例图如图 6.7 所示。

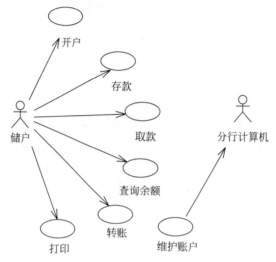

图 6.7　银行网络 ATM 系统的用例图

6.4　建立静态模型

所谓静态建模，是指对象之间通过属性互相联系，而这些关系不随时间而转移，即建立对象模型，包括一个类（包括其属性和行为）、对象（类的实例）、类和对象关系的集合。静态模型主要确定系统发生的客体。

建立对象模型时，我们的目标是从问题域中提炼出对目标系统有价值的概念。对象模型描述了问题域中的类和对象以及它们之间的关系，表示了目标系统的静态数据结构。一般来说，当用户的需求变化时，静态数据结构相对来说比较稳定。静态数据结构较少依赖应用细节，因此比较容易确定。

系统中的类和对象模型描述了系统的静态结构，在 UML 模型中，用类图和对象图来表示。类图由系统中使用的类以及它们之间的关系组成。类之间的关系有关联、依赖、泛化和实现等。类图是一种静态模型，它是其他图的基础。一个系统可以有多张类图，一个类也可出现在几张类图中。对象图是类图的一个实例，它描述某一时刻类图中类的特定实例以及这些实例之间的特定链接。

对象模型表示了逻辑的、可维护的系统数据性质，描述了系统的静态结构，它是从客观世界实体的对象关系角度来描述的，表现了对象的相互关系。该模型主要关心系统中对象的结构、属性和操作，它是分析阶段三个模型的核心，是其他两个模型的框架。

模板是类、关联、一般化结构的逻辑组成。对象模型由一个或若干模板组成。模板将模型分为若干便于管理的子块，在整个对象模型和类及关联的构造块之间。模板提供了一种集成的中间单元，模板中的类名及关联名是唯一的。

第6章 面向对象分析

面向对象分析是复杂而又艰辛的过程,系统分析人员经过反复迭代、逐步深化的认知过程来创建模型,将初始的分析模型变为最终的分析模型。也可以研究、借鉴以前对相同的或类似的问题域进行面向对象分析后所得到的结果,这样既可以实现复用,又可以提高系统分析效率。

在 UML 模型中,静态模型的建立可以通过建立类图、对象图等图来表示。

本节结合银行网络 ATM 系统的实例进行面向对象分析,进而建立静态模型。

6.4.1 寻找类与对象

构造对象模型的第一步是标出来自问题域的相关的对象类,对象包括物理实体和概念。所有类在应用中都必须有意义。在问题陈述中,并非所有类都是明显给出的,有些是隐含在问题域或一般知识中的。

类-责任-协作者(class-responsibility-collaborator,CRC)技术可用来完成类的定义。CRC 是一组表示类的索引卡片,每张卡片分成三部分,分别描述类名、类的责任和类的协作者,如表 6.1 所示。责任用来描述类的属性和操作;属性表示类的稳定特性,即为了完成客户规定的软件目标所必须保持的类的信息,一般可以从对问题的范围陈述中抽取出或通过对类的本质的理解而辨识出属性;协作表示为了完成客户的责任,对客户服务器的请求。协作是客户和服务器间合约的具体体现,标识了类之间的关系。通过确定类是否可以完成每个责任来标识协作;若不能,则需要和另一个对象交互,以便产生协作。索引卡片包含一组责任和使得责任能够被完成的相应的协作。协作者是为完成该责任而提供信息的其他相关的类。

表 6.1 CRC 卡

类名:	
责任:	协作者:

确定和标识类包括发现潜在对象、筛选对象、为对象分类,最后将同类型的对象抽象为类。

实际上,CRC 卡可以使用真实的或者虚拟的索引卡片,其目的是开发一个有组织的类的表示法。责任是和类相关的属性和操作。简单地说,责任是"类知道或做的任何事情"。协作者是为某类提供完成责任所需要的信息的类。通常,协作蕴涵着对信息的请求或对某种动作的请求。

1. 标识潜在的对象类

对象是人们要研究的任何事物及对问题域中有意义的事物的抽象,它们既可能是物理实体,也可能是抽象概念(如规则、计划和事件)。具体地说,对象可分为如下几种类型。

(1) 物理实体。指有形的实物,例如飞机、汽车、计算机、书或机房等。

(2) 与系统交互的人或组织的角色。例如医生、教师、学生、工人、部门或公司等。

(3) 与系统发生交互的人及系统必须保留其信息的人,可作为候选的类及对象。例如柜员、储户等。这些人所属的组织单位,可作为候选的类及对象,例如总行、分行等。

(4) 事件。指在特定时间所发生的事,例如飞行、演出、开会、访问或事故等。

(5) 系统必须观测、记忆的与时间有关的事件可作为候选的类及对象。例如建立账户的日期、打开一个账户等。

(6) 系统的工作环境场所。例如车间、办公室。

(7) 系统需了解掌握的物理位置、办公地点等可作为候选的类及对象。例如 ATM 机器、账户等。

(8) 性能说明。指厂商对产品性能的说明,如产品名字、型号、规格和各种性能指标等。

(9) 与系统有关的外部实体。其他系统、设备、人员等生产或消费计算机系统所使用的信息。例如打印机等。分析阶段可不把与实现有关的计算机部件作为候选的类及对象。

(10) 系统必须记忆且不在问题域约束中的顺序操作过程(为了指导人机交互),可作为候选的类及对象。例如柜员事务、远程事务等。其中属性是操作过程名、操作特权及操作步骤的描述。

在面向对象分析时,可以参照上述几类常见事物,找出在当前问题域中潜在的类和对象。另外,还可以以自然语言书写的需求文档(陈述)为依据,这种分析方法比较简单,是一种非正式分析。文档中的名词可作为潜在(候选)的类和对象,形容词可作为线索来确定属性,动词可作为潜在的服务(操作)。这个结果可作为更详细、更精确的、正式的面向对象分析的雏形,当然也是正式的面向对象分析的一个良好的开端。

下面以银行网络 ATM 系统为例来说明非正式分析过程。首先从陈述中找出下列名词作为类-对象的初步的候选者:银行、ATM、系统、中央计算机、分行计算机、营业终端、网络、总行、分行、软件、成本、市、街道、营业厅、储蓄所、营业员、储户、现金、支票、账户、事务、现金兑换卡、余额、磁卡、分行代码、卡号、用户、副本、信息、密码、类型、取款额、账单以及访问等。

通常,在需求陈述中不会一个不漏地写出问题域中所有有关的类-对象,因此,分析人员应该根据领域知识或常识进一步把隐含的类-对象提取出来。

在银行网络 ATM 系统中,系统的需求陈述虽然没写"通信链路"和"事务日志",但是根据领域知识和常识可以知道应该包含这两个实体。

2. 筛选对象类,确定最终对象类

显然,仅通过一个简单、机械的过程不可能正确地完成分析工作。通过非正式分析仅仅帮助分析人员找到了一些候选的类和对象,接下来应该严格考察、筛选每个候选对象,从中去掉不正确的或不必要的,保留确实应该记录其信息或需要其提供服务的那些对象。

假定已经找到了一个候选对象,这时又发现了另一个可能成为对象的实体,那么,是否应该将它作为对象放到模型中呢?在现实世界中,存在着许多对象,但仅可讨论而已,不能全部纳入系统中。这些对象才确实是应该记录其信息或需要其提供服务的对象。

(1) 筛选时主要依据下列标准,删除不正确或不必要的类和对象。

关键性:缺少这个对象信息,系统就不能分析并确定问题域中的对象。

可操作性:潜在对象必须拥有一组可标识的操作,它们可以按某种方式修改对象属性的值。

信息含量:选择信息量较大的对象确定为最终对象,只有一个属性的对象可以与其他同类对象合并为一个对象。

公共属性：可以为潜在的对象定义一组属性，这些属性适用于该类的所有实例。
公共操作：可以为潜在的对象定义一组操作，这些操作适用于该类的所有实例。
关键外部信息：问题空间中的外部实体和系统必须生产或消费信息。

（2）类和对象还可以按以下特征进行分类。

确切性：类表示了确切的事物（如键盘或传感器），还是表示了抽象的信息（如预期的输出）。
包含性：类是原子的（即不包含任何其他类）还是聚合的（至少包含一个嵌套对象）。
顺序性：类是并发的（即拥有自己的控制线程）还是顺序的（被外部的资源控制）。
完整性：类是易被侵害的（即它不防卫其资源受外界的影响）还是受保护的（该类强制控制对其资源的访问）。
持久性：类是短暂的（即它在程序运行期间被创建和删除）、临时的（即它在程序运行期间被创建，程序终止时被删除）还是永久的（即它存放在数据库中）。

基于上述分类可以扩充 CRC 卡的内容，以包含类的类型和特征，如表 6.2 所示。

表 6.2　扩充后的 CRC 卡

类名：	
类的类型：（如设备、角色、场所…）	
类的特征：（如确切的、原子的、并发的…）	
责任：	协作者：

（3）当建好一个完整的 CRC 卡后，来自客户和软件工程组织的代表可以使用以下方法对它进行复审。

① 参加复审的人，每人拿 CRC 卡片的一个子集。注意：有协作关系的卡片要分开，即没有一个人持有两张有协作关系的卡片。

② 将所有用例/场景分类。

③ 复审负责人仔细阅读用例，当读到一个命名的对象时，将令牌（Token）传送给持有对应类的卡的人员。

④ 收到令牌的类卡片持有者要描述卡片上记录的责任，复审小组将确定该类的一个或多个责任是否满足用例的需求。当某个责任需要协作时，将令牌传给协作者，并重复此步骤。

⑤ 如果卡片上的责任和协作不能适应用例，则需对卡片进行修改，这可能导致定义新的类或在现有的卡片上刻画新的或修正的责任及协作者。

这种做法持续至所有的用例都完成为止。

（4）审查和筛选候选项，并根据下列标准去掉不必要的类和不正确的类。

① 冗余类。若两个类表达了同样的信息，则应该保留在问题域中最富于描述力的那个类，去掉冗余的类。

上面初步分析得出了银行网络 ATM 系统的 34 个候选类，其中储户与用户、现金兑换卡与磁卡及副本分别描述了相同的信息，因此，应该将"用户""磁卡""副本"等冗余的类去掉，仅保留"储户"和"现金兑换卡"这两个类。

② 不相干的类。删除那些与问题没有多少关系或根本无关的类，仅把与问题密切相关的类-对象放进目标系统中。有些类在其他问题中可能很重要，但与当前要解决的问题无

关,同样也应该把它们删除掉。

在银行网络 ATM 系统中,应该去掉"成本""市""街道""营业厅"和"储蓄所"等候选类。因为该系统并不处理软件开发成本的问题,而且 ATM 和营业员终端放置的地点与本软件的关系也不大。

③ 模糊类。在初步分析时,列出来的作为候选的类和对象中可能有一些模糊的、泛指的名词,其中有的是系统无须记忆的信息;有的是在需求陈述中,它们所暗示的事务可用更明确、更具体的名词来表示。因此,通常应去掉这些笼统的或模糊的类。类必须是确定的,有些暂定类边界定义模糊或范围太广,如"系统""安全措施"等就属于模糊类。

在银行网络 ATM 系统中,"银行"实际指总行或分行,"访问"在这里实际指事务,"信息"的具体内容在需求陈述中随后就指明了。此外,还有一些笼统含糊的名词。因此,在本例中,应该去掉"银行""网络""系统""软件""信息"和"访问"等候选类。

④ 属性准则。对象是用属性来描述的,若有些名词只是其他对象的属性描述,则应该把这些名词从候选类和对象中去掉。当然,如果某个性质具有很强的独立性,则应把它作为类而不是作为属性,如"教师信息""学生信息""课程信息"等就属于属性。

在银行网络 ATM 系统中,"现金""支票""取款额""账单""余额""分行代码""卡号""密码"和"类型"等,都应该作为属性而不是作为类。

⑤ 操作准则。在需求陈述中,有时可能使用一些既可作为名词又可作为动词的词,此时,应根据它们在本问题中的含义来决定它们是作为类还是作为类中定义的操作。

例如,通常把电话"拨号"当作动词,当构造电话模型时,确实应该把它作为一个操作,而不是一个类。但是,在开发电话的自动记账系统时,应把"拨号"作为重要的一个类,因为它有自己的日期、时间、受话地点等属性。

总之,当一个操作具有属性需要独立存在时,应该作为类-对象,而不是作为类的操作。

⑥ 实现准则。在分析阶段,应该去掉仅和实现有关的候选类和对象。

在银行网络 ATM 系统中,"事务日志"无非是对一系列事务的记录,表示的是面向对象设计的议题;"通信链路"在逻辑上是一种联系,在系统实现时它是关联链的物理实现。因此,应该暂时去掉"事务日志"和"通信链路"这两个类,在设计或实现时再考虑它们。

综上所述,在银行网络 ATM 系统中,经过初步筛选,剩下了下列类-对象:ATM、中央计算机、分行计算机、营业终端、总行、分行、营业员、储户、账户、事务和现金兑换卡等。

CRC 卡是第一个关于面向对象系统的分析模型表示,可以通过从系统导出的被用例驱动的复审来进行测试。

6.4.2 确定关联

一个类可以用它自己的操作去操纵它自己的属性,从而完成某一特定的责任;一个类也可和其他类协作来完成某个责任。如果一个对象为了完成某个责任需要向其他对象发送消息,则我们说该对象和另一对象协作,协作实际上标识了类之间的关系。

两个或多个对象之间相互依赖、相互作用的关系就是关联。一种依赖表示一种关联,可用各种方式来实现关联,但在分析模型中应删除实现的考虑,以便设计时更为灵活。关联常用描述性动词或动词词组来表示,其中有物理位置的表示、传导的动作、通信、所有者关系、条件的满足等。从问题陈述中抽取所有可能的关联表述,把它们记下来,但不要过早去细化这些表述。分析确定关联能促使分析人员考虑问题域的边缘情况,有助于发现那些尚未被发现的类和对象。

一般情况下,在初步分析问题域中的类-对象之后,接着就可以分析、确定类-对象之间存在的关联关系了。由于在整个开发过程中,从面向对象分析到面向对象设计,面向对象的概念和表示符号都是一致的,因此分析人员可以不按照这样的工作顺序,灵活地选取自己习惯的工作方式。

1. 初步确定关联

通常,在需求陈述中使用的描述性动词或动词词组表示关联关系。因此,在初步确定关联时,大多数关联可以通过直接提取需求陈述中的动词词组而得出。通过分析需求陈述,还能发现一些在陈述中隐含的关联。

以银行网络 ATM 系统为例,用直接提取动词短语得出关联、需求陈述中隐含的关联和根据问题域的知识得出关联等方法,经过分析,初步确定出如表 6.3 所示的关联。在表 6.3 中,标☆符号的关联表示删掉的关联,标★符号的关联表示分解后又删掉的关联。

表 6.3 确定银行网络 ATM 系统的关联

确定方法	关 联
直接提取动词短语得出关联	(1) ATM、中央计算机、分行计算机及营业员终端组成网络(☆) (2) 总行拥有多台 ATM(★) (3) ATM 设在主要街道上(☆) (4) 分行提供分行计算机和营业终端(★) (5) 营业终端设在分行营业厅及储蓄所内(☆) (6) 分行分摊软件开发成本(☆) (7) 储户拥有账户 (8) 分行计算机处理针对账户的事务(★) (9) 分行计算机维护账户(★) (10) 营业终端与分行计算机通信 (11) 营业员输入针对账户的事务(★) (12) ATM 与中央计算机交换关于事务的信息(★) (13) 中央计算机确定事务与分行的对应关系(★) (14) ATM 读现金兑换卡(☆) (15) ATM 与用户交互(☆) (16) ATM 输出现金(☆) (17) ATM 打印账单(☆) (18) 系统处理并发的访问(☆)
需求陈述中隐含的关联	(19) 总行由各个分行组成 (20) 分行保管账户 (21) 总行拥有中央计算机 (22) 系统维护事务日志(☆) (23) 系统提供必要的安全性(☆) (24) 储户拥有现金兑换卡

续表

确定方法	关　　联
根据问题域的知识得出关联	(25) 现金兑换卡访问账户 (26) 分行聘用营业员
进一步完善关联	(27) 中央计算机与分行通信(中央计算机确定事务与分行的对应关系) (28) 营业员输入事务(营业员输入针对账户的事务的分解) (29) 事务修改账户(营业员输入针对账户的事务的分解) (30) 分行计算机处理事务(分行计算机处理针对账户的事务的分解) (31) 事务处理账户(分行计算机处理针对账户的事务的分解) (32) ATM 与中央计算机通信(ATM 与中央计算机交换关于事务的信息) (33) 在 ATM 上输入事务(ATM 与中央计算机交换关于事务的信息) (34) 总行拥有中央计算机(总行拥有多台 ATM 的分解) (35) 分行保管账户(分行计算机维护账户) (36) 事务修改账户(分行计算机维护账户) (37) 分行拥有分行计算机(分行提供分行计算机和营业终端的分解) (38) 分行拥有营业终端(分行提供分行计算机和营业终端的分解) (39) 营业员输入营业事务(增补) (40) 营业事务输进营业终端(增补) (41) 在 ATM 上输入远程事务(增补) (42) 远程事务由现金兑换卡授权(增补)

2. 筛选关联

经初步分析得出的关联只能作为候选关联,还需经过进一步筛选,以去掉不正确的或不必要的关联。筛选时主要根据下述标准删除候选的关联。

(1) 删除已去掉的类之间的关联。在分析、确定类和对象的过程中,如果已经删掉了某个候选类,则与这个类有关的关联也应该删掉,或用其他类重新表达这个关联。

在银行网络 ATM 系统中,由于已经删掉了"系统""网络""市""街道""成本""软件""事务日志""现金""营业厅""储蓄所"和"账单"等候选类,因此,与这些类有关的 8 个(表 5.4 中的(1)、(3)、(5)、(6)、(16)、(17)、(22)、(23))关联也应该删掉。

(2) 删除不相干的关联或实现阶段的关联。在候选类中,应该把与本问题域无关的关联或与实现密切相关的关联删去。

在银行网络 ATM 系统中,"系统处理并发的访问"只是提醒我们在实现阶段需要使用实现并发访问的算法,以处理并发事务,并没有标明对象之间的新关联(表 6.3 中序号为(18)的关联),因此应删去它。

(3) 删除瞬时动作。关联应该描述问题域的静态结构性质,而不应该是一个瞬时事件,因此应删除瞬时事件的关联。

在银行网络 ATM 系统中,"ATM 读现金兑换卡"描述了 ATM 与用户交互周期中的一个动作,它并不是 ATM 与现金兑换卡之间的固有关系,因此应该删去。类似地,还应该删去"ATM 与用户交互"这个候选的关联(表 6.3 中序号为(14)和(15)的关联)。

第6章 面向对象分析

如果用动作表述的需求隐含了问题域的某种基本结构,则应该用适当的动词词组重新表示这个关联。

在银行网络ATM系统的需求陈述中,"中央计算机确定事务与分行的对应关系"隐含了结构上"中央计算机与分行通信"的关系(表6.3中序号为(13)的关联),因此应该删去。

(4) 分解多元关联。多元关联是三个或三个以上对象之间的关联,多数可以分解为二元关联或用词组描述成限定的关联。

在银行网络ATM系统中,"营业员输入针对账户的事务"可以分解成"营业员输入事务"和"事务修改账户"两个二元关联,而"分行计算机处理针对账户的事务"也可以做类似的分解(表6.3中序号为(11)和(8)的关联)。"ATM与中央计算机交换关于事务的信息"这个候选的关联,实际上隐含了"ATM与中央计算机通信"和"在ATM上输入事务"这两个二元关联(表6.3中序号为(12)的关联)。

(5) 派生关联。有的关联可以用已有的、必要的关联来定义时,应该去掉这些冗余的关联。

在银行网络ATM系统中,"总行拥有多台ATM"派生了"总行拥有中央计算机"和"ATM与中央计算机通信"这两个关联;"分行计算机维护账户"的实际含义是"分行保管账户"和"事务修改账户"(表6.3中序号为(2)和(9)的关联)。

3. 完善关联

经过筛选后余下的关联不够精确、完善时,应该进一步分解和增补,以调整关联。通常从下述几个方面进行改进。

(1) 重命名。关联的命名相当重要,准确的名字有利于读者理解。因此,如有不合适的、含义不清的名字,应该重新选择含义更明确的名字作为关联名。

在银行网络ATM系统中,将"分行提供分行计算机和营业员终端"改为"分行拥有分行计算机"和"分行拥有营业员终端"就更明确些(在表6.3中序号为(4)的关联)。

(2) 分解。为了能够适用于不同的关联,必要时应该分解以前确定的类-对象。

在银行网络ATM系统中,应该把"事务"分解成"远程事务"和"营业事务"。

(3) 补充。发现了遗漏的关联或分解类和对象之后需要新关联时,应该及时增补。

在银行网络ATM系统中,把"事务"分解成上述两类之后,需要补充"营业员输入营业事务""营业员将事务输进营业终端""在ATM上输入远程事务"和"远程事务由现金兑换卡授权"等关联(表6.3序号为(39)、(40)、(41)和(42)的关联)。

4. 标明阶数

当确定各个关联的类型之后,可以初步确定关联的阶数。随着系统分析反复改进,阶数也会经常改动。

图6.8所示是经上述分析过程之后得出的银行网络ATM系统的初始对象模型图。

6.4.3 确定属性

属性用来描述类和对象的稳定特性,即为了完成客户规定的目标所必须保存的类的信息。一个属性是一个数据项(状态信息),类中对象都有相应的值(状态)。在面向对象分析

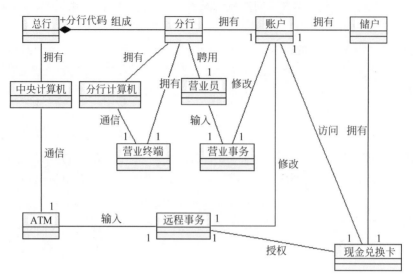

图 6.8 银行网络 ATM 系统的初始对象模型图

中,"属性"用来反映问题域和系统的任务。属性能帮助我们更深入、更具体地认识类和对象和结构,能为"类和对象"以及"结构"提供更多的细节。因此,在一个系统中,确定属性是非常重要的。

一般可以从问题陈述中提取出或通过对类的理解而辨识出属性。通常情况下,确定属性的过程包括分析和选择两个步骤。

1. 分析

属性是个体对象的性质,通常用修饰性的名词词组来表示。形容词常常表示具体的可枚举的属性值,属性不可能在问题陈述中完全表述出来,必须借助于应用域的知识及对客观世界的知识才可以找到它们。

属性的确定既与问题域有关,也和目标系统的任务有关。确定属性时,应该仅考虑与具体应用直接相关的属性,不要考虑那些超出所要解决的问题范围的属性;在分析过程中应该首先找出最重要的属性,以后再逐渐把其余属性增添进去;在分析阶段不要考虑那些纯粹用于实现的属性。

2. 选择

选择属性时,首先在需求陈述中找出属性或通过分析找出属性,这些属性必须是问题域中对象的基本性质,而且在目标系统中是必要的;然后认真考察经初步分析而确定下来的那些属性,删除不正确的和不必要的属性,选择正确的和必要的属性;最后恰当地给属性命名。

在确定属性的过程中,通常有以下几种常见情况。

(1) 误把对象当作属性。

对象是在应用领域内具有自身性质的实体。若某个实体的独立存在相当重要,而相比之下它的值不那么重要,则应把它作为一个对象而不是对象的属性。同一个实体在不同的应用领域中是作对象还是作属性,需要根据应用需求具体分析而定。

例如,在邮政目录中,"城市"是一个属性;然而在人口普查中,"城市"则被看作是对象。在具体应用中,具有自身性质的实体一定是对象。

(2) 把链属性误作为属性。

在分析过程中,不应该把链属性作为对象的属性。若某个性质依赖于某个关联链(具体上下文)的存在,则该性质是链属性而不是属性,可考虑把该属性重新表述为一个限定词。链属性在多对多关联中很明显。在整个开发过程中,不要把它作为两个关联对象中任意一个的属性。

(3) 把限定误当成属性。

名称常常作为限定词而不是对象的属性。当名称不依赖于上下文关系时,名称即为一个对象属性,尤其是当它不唯一时。当属性固定下来后,能减少关联的阶数时,则可将该属性重新定义成为一个限定词。

在银行网络 ATM 系统中,分行代码、聘员号、账号和站号等都是限定词,不要把它们误认为属性。

(4) 误把内部状态当成属性。

若属性描述了对外不透明的对象的内部状态,则应从对象模型中删除该属性。

(5) 过于细化。

一个对象的属性不能过于细化。在分析过程中,应去掉那些对大多数操作没有影响的属性。

(6) 存在不一致的属性。

在考虑对象模糊性时会引入对象标识符表示。在对象模型中不列出这些对象标识符,它隐含在对象模型中,只列出存于应用域的属性。

6.4.4 识别主题

在开发大型、复杂系统的过程中,为了降低复杂程度,人们习惯于把系统再进一步划分成几个不同的主题,也就是在概念上把系统包含的内容分解成若干范畴。

主题是一种指导开发者或用户研究大型复杂模型的机制,是把一组具有较强联系的类组织在一起而得到的类的集合。主题是一种手段,有助于分解大型项目,以便分组承担任务。主题还可以给出面向对象分析和设计的模型总体概貌,它所依据的原理是"整体-部分"关系的扩充。一个系统模型可以包含多个主题。也就是说,主题是整个问题域和系统任务的一部分,是用来与整个问题域和系统任务(总体)进行通信的部分。

1. 主题的特点

(1) 主题是由一组类构成的集合。
(2) 一个主题内部的对象类应具有某种意义上的内在联系。
(3) 描述系统中相对独立的组成部分,如一个子系统。
(4) 描述系统中某一方面的事物,如人员、设备。
(5) 解决系统中某一方面的问题,如输入输出。

（6）主题的划分有一定的灵活性和随意性。

2．如何划分主题

是否划分主题要看目标系统的大小。对于含有较多对象的系统，应采用选择、精炼和构造的方法来确定主题。

先由高级分析人员粗略地识别对象和关联，初步选取结构中最上层的类作为一个主题；经进一步分析，在更深入了解系统结构的基础上，修改和精炼主题，通过实例连接互相联系的类可划分到一个主题；然后按问题领域构造出一个主题（主题编号和主题名），应该将相互间依赖和交互较多的对象确定为同一个主题，把不属于任何结构也没有实例连接的类作为一个主题。

按问题领域确定主题时，应该将相互间依赖和交互较多的对象确定为同一个主题。以银行网络 ATM 系统为例，确定"总行""分行"和"ATM"为系统中的三个主题，用（1）、（2）和（3）分别表示这三个主题的编号，如图 6.9 所示。该案例不是很复杂，可以不引入主题层，在这里主要是为了说明如何确定主题。为了使模型图简单、清晰，在下面的章节中讨论这个案例时将忽略主题层。

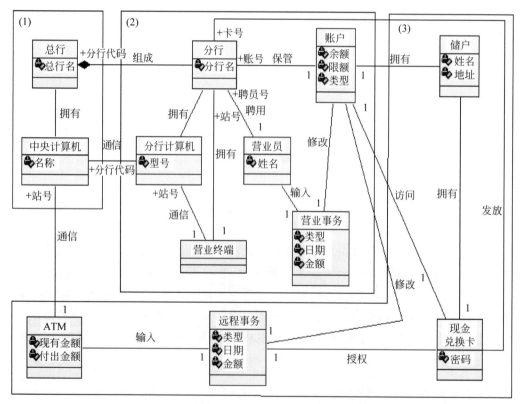

图 6.9　加入限定词的银行网络 ATM 系统的对象模型图

图 6.9 说明如下。

（1）"卡号"：在前面的分析过程中遗漏了"分行发放现金兑换卡"这一关联，现在发现了，因而就把"卡号"这个限定词补上。

（2）"账号"是关联"分行保管账号"上的限定词。
（3）"聘员号"是关联"分行聘用营业员"上的限定词。
（4）"站号"是关联"分行拥有营业终端""营业终端与分行计算机通信"和"中央计算机与ATM通信"等上的限定词。

6.4.5 识别结构

确定了类的属性后，就可以利用继承来共享公共的性质，以结构的形式重新组织类了。结构是问题域复杂关系的表示，它与系统的任务直接相关。"一般-特殊"结构具有继承性，一般类和对象的属性和方法一旦被识别，即可在特殊类和对象中使用。

一般说来，可以使用两种方式建立继承（即归纳）关系。

1. 自底向上

采用自底向上的方式抽象出现有类的共同性质，以泛化出父类，通过查找出具有相似属性、操作或关联的类来发现继承。这个过程实质上模拟了人类归纳思维的过程。

在银行网络ATM系统中，"远程事务"和"营业事务"可以一般化为"事务"（父类），也可以将ATM和"营业终端"一般化为"输入站"（父类）。

在识别中，应尽可能应用基于客观世界边界的常用分类结构。如不能直接使用现有的类，可以将属性或类稍加细化再表示出来。对称性常有助于发现某些丢失的类。

2. 自顶向下

采用自顶向下的方式把现有的类细化成更具体的子类，这模拟了人类的演绎思维过程。通常，具体化的子类可以在应用领域中直接找出来。如具体化类与现有实际情况矛盾时，说明该类定义不当，需要重新考虑。

在银行网络ATM系统中，"远程事务"和"营业事务"是"事务"（父类）的具体化类（子类）。同样，ATM和"营业终端"是"输入站"（父类）的具体化类（子类）。

又如，菜单可以有固定菜单、顶部菜单、弹出菜单、下拉菜单等，这就可以把菜单类具体细化为各种具体菜单的子类。当同一关联名出现多次且意义也相同时，应尽量具体化为相关联的类。

在类层次结构中，可以为具体类分配属性和关联。特殊类共有的属性应放在父类中。特殊类中应定义自己独有的属性，当然它可以继承父类的属性。以银行网络ATM系统为例，加入继承的ATM对象模型如图6.10所示。

6.4.6 定义服务

对象收到消息后所能执行的操作即其可提供的服务。定义服务的工作主要包括以下四个方面。

1. 访问对象属性的操作

在对象模型中，对类中定义的每个属性都是可以访问的，应该提供访问这些属性的服务。因此，需要定义访问这些属性的读/写操作。这些操作在对象模型中没有显式表示出来，但隐含在属性内。

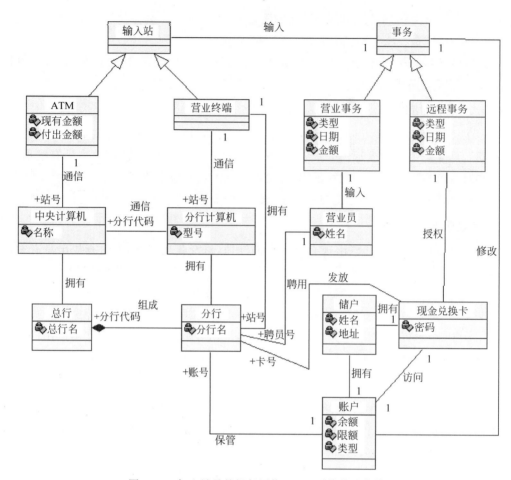

图 6.10　加入继承的银行网络 ATM 系统的对象模型

操作定义了对象的行为并以某种方式修改对象的属性值。通常叙述系统过程中的动词可作为候选的操作。类所选择的每个操作展示了类的某种行为。在确定类中应有的服务时，既要考虑该类实体的常规行为，又要考虑在本系统中需要的特殊服务。

2．来自事件驱动的操作

发往对象的事件会驱动对象状态（即属性值）的修改，对象被驱动后的行为可定义成为一个操作，并通过执行该操作提供相应的服务。也就是说，当对象接收到事件后，在事件驱动下完成相应的服务。

在银行网络 ATM 系统中，发往分行的事件"请分行验卡"驱动该对象的服务"验证卡号"；而事件"处理分行事务"驱动分行对象的服务"更新账户"。

3．处理对应的操作

数据流图中的每个处理都对应于一个对象（也可能是若干对象）上的操作。可将完成每个处理的功能定义成为相应的操作。应该仔细对照状态机图和数据流图，以便更准确地确定对象应该提供的服务。

在银行网络 ATM 系统中，数据流图上的处理"验证密码"就可以定义成为一个"验证密码"操作,该分行对象通过执行这个操作提供"验证密码"服务。

4. 消除冗余操作

应该尽量利用继承机制,以减少所需定义的服务数目。只要不违背领域知识和常识,就尽量将相似类(子类)中共享的属性和操作抽取出来,以建立这些类的新父类,并在类等级的不同层次中正确地定义各个服务。可利用继承关系消除冗余的定义、共享的属性和操作,简化实现。

6.4.7 完善对象模型

在建模的任何一个阶段中,一旦发现了模型的缺陷,就必须返回前面阶段进行修改。有些细化工作(如定义服务)要等到动态模型和功能模型建完以后才能进行。

在建模的过程中,不一定按前述的工作顺序进行,分析人员完全可以以自己的独特方法进行,既可以将几个阶段并行处理,也可以随意组织前述工作顺序。

通过以上各步,对象模型就建立起来了,但这样不能确保模型是完全正确的。事实上,软件开发过程就是一个反复修改、逐步完善的过程。如果是初次使用面向对象方法,建议还是按照前述顺序进行比较好。由于面向对象的概念和符号在整个开发过程中都是一致的,因此远比使用结构化分析和设计技术更容易实现反复修改及逐步完善的过程。

(1) 几种可能丢失对象的情况及解决办法。

① 若同一类中存在毫无关系的属性和操作,则分解这个类,使各部分相互关联。

② 若一般化体系不清楚,则可能分离扮演两种角色的类。

③ 若存在无目标类的操作,则找出并加上失去目标的类。

④ 若存在名称及目的相同的冗余关联,则通过一般化创建丢失的父类,把关联组织在一起。

(2) 删除冗余的类。如果某类中缺少属性、操作和关联,则可删除这个类。

(3) 补充关联。若丢失了操作的访问路径,则加入新的关联以回答查询。

在银行网络 ATM 系统中,一个"事务"由若干个"更新"组成,它们构成"整体-部分"关系。一个"更新"是一个动作,即对账户所做的一次处理,如存款、取款、查询等。"更新"有类型、金额等属性,所以可补充定义使其成为一个单独类,让"事务"与它构成"整体-部分"关系。

(4) 分解类。在银行网络 ATM 系统中,"现金兑换卡"可分为"卡权限"和"现金兑换卡"两个功能,前者表示储户访问账户的权限,后者则表示含有分行代码和卡号的数据载体。

(5) 合并类。如在一个应用系统中,两个类虽然名字不同,但是它们所完成的任务以及与其他类的关系也相同,则可将这两个类合并成为一个类。

在银行网络 ATM 系统中,"分行"与"分行计算机"可合并为"分行"。同样,可将"总行"与"中央计算机"合并成为"总行"。

以银行网络 ATM 系统为例,通过进一步的完善,可得出如图 6.11 所示的 ATM 对象模型。

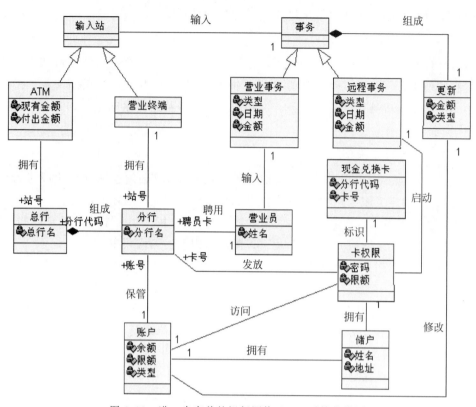

图 6.11 进一步完善的银行网络 ATM 系统的类图

6.5 建立动态模型

对象模型建立起来后,接着可以建立动态模型。对于一个系统来说,功能模型指明了系统应该"做什么",而动态模型则明确规定了"什么时候做",即在何种状态下、接受了什么事件的触发,来确定对象的可能事件的顺序。

动态模型是与时间和变化有关的系统性质。该模型描述了系统的控制结构,它表示瞬间的、行为化的系统控制性质,关心的是系统的控制和操作的执行顺序;它表示从对象的事件和状态的角度出发,表现了对象的相互行为。该模型描述的系统属性是触发事件、事件序列、状态、事件与状态的组织。通常使用时间跟踪表或状态机图作为描述工具。对于数据库系统来说,动态模型并不重要。但如果是交互式系统,建立动态模型却是非常重要的。

建立动态模型的第一步是编写典型交互行为的脚本。虽然脚本中不可能包括每个偶然事件,但是至少必须保证不遗漏常见的交互行为。接下来从脚本中提取出事件,确定触发每个事件的动作对象以及接受事件的目标对象。第三步是排列事件发生的次序,确定每个对象可能有的状态及状态间的转换关系,并用状态机图描绘它们。最后,比较各个对象的状态机图,检查对象之间的一致性,确保事件之间的匹配。

在 UML 模型中,动态模型的建立体现了系统中用例各个对象间的协作合作关系和分工情况。通常可以通过时序图、协作图、状态图和活动图等图来表示。

本节结合银行网络 ATM 系统的实例进行面向对象分析,对动态模型的建立方法给予叙述。

6.5.1 准备脚本

在建立动态模型的过程时,为了确保整个交互过程的正确性和清晰性,保证不遗漏重要的交互步骤,对目标系统的行为有更具体的认识,首先要编写脚本,用脚本表示系统的行为,为建立动态模型奠定基础。在分析阶段不考虑算法的执行,算法是实现模型的一部分。

所谓"脚本",原意是指表演戏曲、话剧,拍摄电影、电视剧等所依据的本子,里面记载台词、故事情节等。在建立动态模型的过程中,脚本是指在某一执行期间内系统中的对象(或其他外部设备)与目标系统之间发生一个或多个典型的互换信息时产生的事件,所互换的信息值就是该事件的参数。对于各事件,应确定触发事件的动作对象和该事件的参数。

编写脚本的过程是分析用户对系统交互行为的需求的过程,需要用户参与,提出意见,并审查和更改。例如在银行网络 ATM 系统的需求陈述中,虽然表明了应从储户那里获得有关事务的信息,但并没有准确说明获得信息的具体过程和需要什么参数,动作顺序如何等还是模糊的。

脚本包括"正常脚本"和"例外脚本"。首先编写正常情况的脚本;然后考虑特殊情况,例如输入或输出的数据为最大值(或最小值);最后考虑用户的出错情况,例如输入的值为非法值或响应失败等。此外,还应该考虑在基本交互行为之上的"通用"交互行为,如帮助要求和状态查询等。

银行网络 ATM 系统正常情况下的脚本如表 6.4 所示。

表 6.4　银行网络 ATM 系统的正常情况下的脚本

序号	脚　　本
1	ATM 请储户插卡;储户插入一张现金兑换卡
2	ATM 接受该卡并读取它上面的分行代码和卡号
3	ATM 要求储户输入密码;储户输入自己的密码,如"1234"等数字
4	ATM 请求总行验证卡号和密码;总行要求"9"号分行核对储户密码,然后通知 ATM 该卡有效
5	ATM 要求储户选择事务类型(取款、转账、查询等);储户选择"取款"
6	ATM 要求储户输入取款额;储户输入如"100"等数字
7	ATM 确认取款额在预先规定的限额内,然后要求总行处理该事务;总行把请求转给分行,该分行成功地处理完这项事务并返回该账户的新余额
8	ATM 输出现金并请储户拿走这些现金;储户拿走现金
9	ATM 问储户是否继续这项事务;储户回答"不"
10	ATM 打印账单,退出现金兑换卡,请储户拿走它们;储户取走账单和卡

银行网络 ATM 系统异常情况下的脚本,如表 6.5 所示。

表 6.5　银行网络 ATM 系统的异常情况下的脚本

序号	脚　　本
1	ATM 请储户插卡;储户插入一张现金兑换卡
2	ATM 接受这张卡并顺序读取它上面的数字
3	ATM 要求储户输入密码;储户误输入如"1111"等数字
4	ATM 请求总行验证输入的数字和密码;总行在向有关分行咨询之后拒绝这张卡

续表

序号	脚 本
5	ATM显示"密码错误",并请储户重新输入密码;储户输入"1234"等数字;ATM请总行验证后知道这次输入的密码正确
6	ATM请储户选择事务类型;储户选择"取款"
7	ATM询问取款额;储户改变主意,不想取款了,随之按"取消"键
8	ATM退出现金兑换卡,并请储户拿走它;储户拿走他的卡
9	ATM请储户插卡

6.5.2 确定事件

应该认真分析脚本的各个步骤,以便从中确定所有外部事件。事件是指已发生并可能引发某种活动的一件事。事件包括系统与用户(或外部设备)交互的所有信号、发送者、接收者、输入、输出、中断、转换和动作等。从脚本中容易发现正常事件,但是应注意不要遗漏了出错条件和异常事件。

传递信息的对象的动作也是事件。经过分析,应该区分出每类事件的发送对象和接收对象。一类事件相对它的发送对象来说是输出事件,但是相对它的接收对象来说则是输入事件。有时一个对象把事件发送给自己,在这种情况下,该事件既是输出事件又是输入事件。

6.5.3 准备时序图

完整、正确的脚本为建立动态模型奠定了必要的基础。但是,用自然语言书写的脚本往往不够简明,而且有时在阅读时会有二义性。为了更好地建立动态模型,通常在画状态机图之前先画出时序图。时序图按照时间顺序显示对象之间的交互关系,描述场景中的对象和类,以及在完成场景中定义的功能,是对象之间要交换的信息。为此首先需要进一步明确事件及事件与对象的关系(时序图实质上是扩充的脚本);接着在脚本和时序图的基础上画出状态机图;最后由状态机图组成动态模型。

银行网络ATM系统的时序图如图6.12所示。

时序图能形象、清晰地表示事件序列以及事件与对象的关系。在时序图中,一条竖线代表一个类和对象,每个事件用一条水平的箭头线表示,箭头方向从事件的发送对象指向接收对象。事件按照先后顺序排列,时间从上向下递增。也就是说,画在最上面的水平箭头线代表最先发生的事件,画在最下面的水平箭头线代表最晚发生的事件。箭头线之间的间距并不表示两个事件之间的精确时间差,图中仅用箭头线在垂直方向上的相对位置表示事件发生的先后次序,并不表示两个事件之间的精确时间差。

6.5.4 生成协作图

协作图主要用于描述相互协作的对象之间的交互关系和链接关系。协作图与时序图不同的是,时序图强调交互对象之间交互的时间顺序,而协作图更加强调交互对象之间的交互关联。借助UML建模工具,通常协作图可以由已经建立好的时序图自动生成。

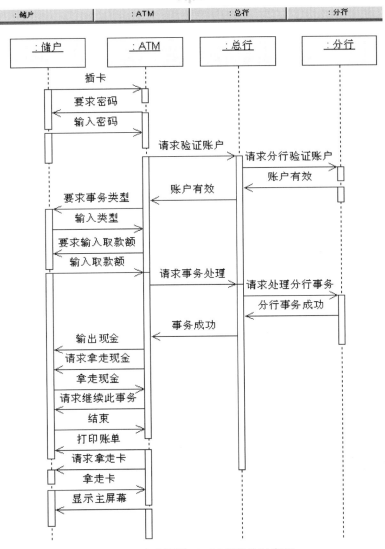

图 6.12　银行网络 ATM 系统的时序图

银行网络 ATM 系统的协作图如图 6.13 所示。

6.5.5　构造状态机图

状态机图通常是对类描述的补充,它说明该类的对象的所有可能的状态,以及哪些事件将导致状态的改变。状态机图描述了对象的动态行为,是一种对象生命周期的模型。

对各对象建立状态机图,反映对象接收和发送的事件,每个事件跟踪都对应于状态机图中的一条路径。所有对象都具有状态,状态是对象执行了一系列活动的结果。当某个事件发生后,对象的状态将发生变化。

画出时序图后,可根据时序图再画出状态机图。从一张时序图出发画状态机图时,应该集中精力仅考虑影响一类对象的事件,也就是说,仅考虑时序图中指向某条竖线的那些箭头线。把这些事件作为状态机图中的有向边(即箭头线),边上标以事件名。两个事件之间的间隔就是一个状态。一般说来,如果同一个对象对相同事件的响应不同,则这个对象

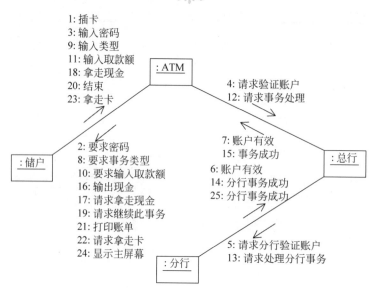

图 6.13　银行网络 ATM 系统的时序图

处在不同状态。应该尽量给每个状态取个有意义的名字。通常,从时序图中当前考虑的竖线射出的箭头线,是这条竖线代表的对象达到某个状态时所做的行为(往往是引起另一类对象状态转换的事件)。

状态机图描绘事件与对象状态的关系。当某个对象接收了一个事件以后,会转换成什么样的状态,这取决于该对象的当前状态和所接收的事件。由事件引起的状态改变称为"转换"。通常,用一张状态机图描绘一类对象的行为,它确定了由事件序列引出的状态序列。但是,也不是任何一个类和对象都需要有一张状态机图描绘它的行为。很多对象仅响应与过去历史无关的那些输入事件,或者把历史作为不影响控制流的参数。对于这类对象来说,状态机图是不必要的。系统分析员应该集中精力仅考虑具有重要交互行为的那些类。

1. 确定状态机图中的事件与类-对象

一般情况下,状态机图确定了由事件序列引出的状态序列,因而,可用一张状态机图描绘一类对象的行为。

在动态模型中,并不是任何一个类-对象的行为都需要用一张状态机图描绘,我们只需考虑那些具有重要交互行为的类就行了。

2. 状态机图的表示

状态机图反映对象接收和发送的事件:每个脚本或时序图都对应状态机图中的一条路径(即箭头线),路径上标以事件名。两个事件之间的间隔就是一个状态,应给每个状态取个有意义的名字。这就是事件和状态的一张序列初始图。

3. 绘制状态机图的策略

(1) 考虑分支点。画出了初始状态机图之后,再将其他脚本的时序图合并到该初始的状态机图中,方法是首先在以前考虑过的脚本中找出分支点,然后把其他脚本中的事件序列作为一条可选的路径并入已有的状态机图中。

(2) 考虑异常情况。状态机图不但要考虑正常事件,还需要考虑边界情况、特殊情况和异常情况(例如用户要求取消正在处理的事务)。当发生了异常事件后,系统应给出出错处理的脚本,并且并入已有的状态机图中。

(3) 补充遗漏情况。状态机图的构造应考虑所有脚本,并且包含影响某类对象状态的全部事件。因而,在完成初始状态机图后,应进一步检查状态机图,发现有遗漏的情况,应该立即补充遗漏脚本,并且并入已有的状态机图中。

4. 实例分析

在银行网络 ATM 系统中,"现金兑换卡""事务"和"账户"等是被动对象,并不发送事件;"储户"和"营业员"是系统外部的动作对象,无须在系统内实现它们;"ATM""营业终端""总行"和"分行"都是相互发送事件的主动对象。由于"营业终端"的状态机图和"ATM"的状态机图类似,因此只需要考虑 ATM、总行、分行的状态机图。

ATM、总行和分行的状态机图详见图 6.13、图 6.14 和图 6.15。这些状态机图都是简化的、粗略的,对异常情况和出错情况等考虑不周。例如,图 6.13 并没有表示在网络通信链路不通时的系统行为。在这种情况下,ATM 会停止处理储户事务。

银行网络 ATM 系统 ATM 类的状态机图如图 6.14 所示。

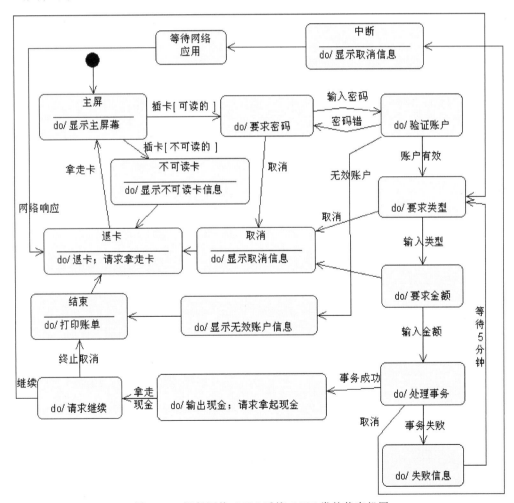

图 6.14 银行网络 ATM 系统 ATM 类的状态机图

银行网络 ATM 系统总行类的状态机图如图 6.15 所示。

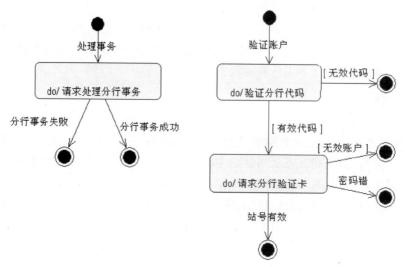

图 6.15　银行网络 ATM 系统总行类的状态机图

银行网络 ATM 系统分行类的状态机图如图 6.16 所示。

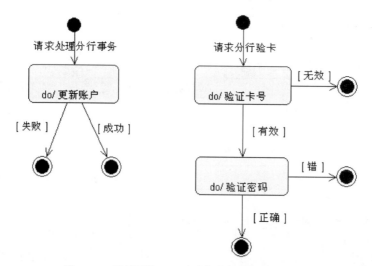

图 6.16　银行网络 ATM 系统分行类的状态机图

6.5.6　完善动态模型

将每个类的动态行为用一张状态机图来描绘,各个类的状态机图通过共享事件合并起来,从而构成系统的动态模型。多个类的状态机图完成之后,还需要检查系统的完整性和一致性。每个事件应该有个发送者和接收者,当发送者和接收者是同一个对象时,对无前驱或后续的状态应该着重检查。如果这种状态既不是交互序列的起点,又不是终点,则一定是个错误。也就是说,动态模型是基于事件共享而互相关联的一组状态机图的集合。

以银行网络 ATM 系统为例,在总行类的状态机图中,事件"分行代码错"(无效代码)是由总行发出的,但是在 ATM 类的状态机图中,并没有一个状态接收这个事件。因此,在 ATM 类的状态机图中应该再补充一个状态"do/显示分行代码错信息",它接收由前驱状态"do/验证账户"发出的事件"分行代码错",它的后续状态是"退卡"。

6.6 面向对象分析实例

【案例 6-1】 饮料自动售货机系统

饮料自动售货机系统的面向对象分析实例。

一个饮料自动售货机可以放置 5 种不同或部分相同的饮料,由厂商根据销售状况自动调配,并可随时重新设置售价。但售货机最多仅能放置 50 罐饮料,其按键设计在各种饮料样本的下方。若金额计算器累加后金额足够,则选择键灯会亮;若某一种饮料已销售完毕,则售完灯会亮。

顾客将硬币投入售货机,经累加后金额足额的饮料选择键灯亮,等待顾客按键选择。顾客按键后饮料由取物口掉出,并自动结算及找钱。

顾客可在按下选择键前的任何时刻,拉动退币杆取消交易,收回硬币。

分析过程:

(1) 自动售货机可以放置 5 种不同或部分相同的饮料;

(2) 厂商根据销售状况自动调配;

(3) 厂商设置售价。

(4) 售货机最多仅能放置 50 罐饮料。

(5) 金额计算器累加金额;

(6) 选择键灯会亮。

(7) 饮料销售完毕;

(8) 售完灯会亮。

(9) 顾客将硬币投入售货机;

(10) 顾客按键选择;

(11) 饮料由取物口掉出;

(12) 结算及找钱。

(13) 顾客拉动退币杆;

(14) 顾客取消交易。

候选对象-类:售货机,饮料,厂商,销售状况,售价,按键,金额计算器,金额,选择键;售完灯,顾客,硬币,取物口,退币杆,交易。

筛选之后:售货机,金额计算器,选择键;顾客,退币杆。

隐含对象:存量计数器。

饮料自动售货机系统的类图如图 6.17 所示。

饮料自动售货机系统的事件追踪图如图 6.18 所示。

饮料自动售货机系统正常情况下的脚本如表 6.6 所示。

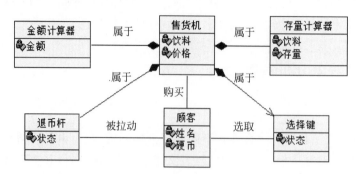

图 6.17 饮料自动售货机系统的类图

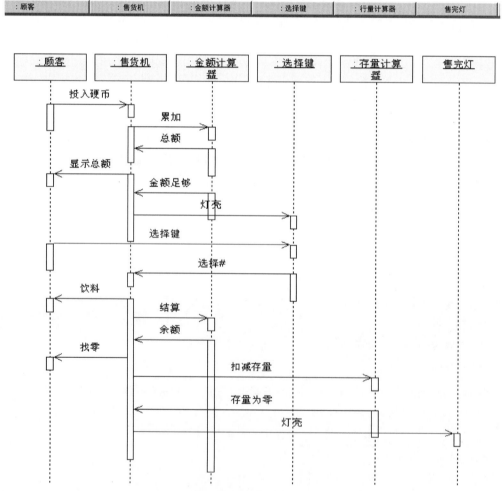

图 6.18 饮料自动售货机系统的事件追踪图

第6章 面向对象分析

表6.6 饮料自动售货机系统正常情况下的脚本

序号	脚　　本
1	售货机请顾客投币；顾客投币到售货机
2	售货机接收投币，由金额计数器累加币值
3	金额计数器将累加币值显示在自动售货机上
4	币值足额时，选择键灯亮
5	顾客按键选择饮料，相应的饮料由售货机取物口掉出
6	金额计数器计算余额，售货机将余额退回顾客
7	存量计数器扣减出售饮料数量，若数量为零，售完灯亮

饮料自动售货机系统的状态机图如图 6.19 所示。

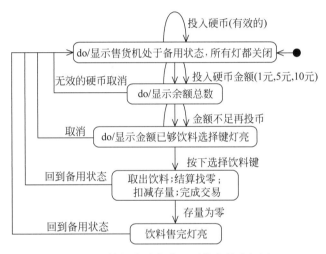

图 6.19　饮料自动售货机系统的状态机图

饮料自动售货机系统的初始功能图如图 6.20 所示。

饮料自动售货机系统的功能图如图 6.21 所示。

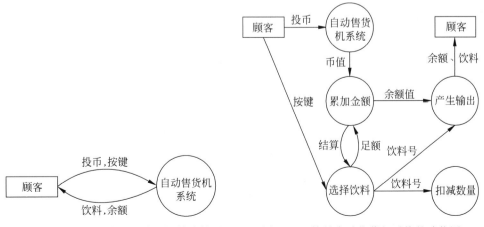

图 6.20　饮料自动售货机系统的初始功能图　　图 6.21　饮料自动售货机系统的功能图

饮料自动售货机系统的类图如图 6.22 所示。

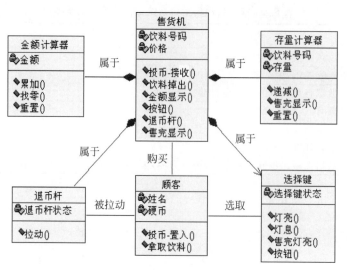

图 6.22 饮料自动售货机系统的类图

习题六

一、判断题

1. 不可以用自然语言描述功能。（   ）
2. 静态建模是指对象之间通过属性互相联系，而这些关系不随时间而转移，即建立对象模型。（   ）
3. 可以从问题陈述中提取出或通过对类的理解而辨识出属性。（   ）
4. 是否划分主题要看目标系统的大小。对于含有较多对象的系统，应采用选择、精炼和构造的方法来确定主题。（   ）
5. 确定了类的属性后，就可以利用继承来共享公共的性质，以结构的形式重新组织类。（   ）
6. 结构是问题域复杂关系的表示，它与系统的任务直接相关。（   ）
7. 功能模型指明了系统应该"做什么"。（   ）
8. 动态模型明确规定了"什么时候做"。（   ）
9. 事件是指已发生并可能引发某种活动的一件事。（   ）
10. 从脚本中容易发现正常事件和异常事件。（   ）
11. 面向对象分析的特点是有利于对问题和系统责任的理解以及人员之间的交流，对需求变化有较强的适应性，并支持软件复用。（   ）
12. 状态机图描绘事件与对象状态的关系。（   ）
13. 当某个对象接收了一个事件以后，会转换成什么样的状态，这取决于该对象的当前状态和所接收的事件。（   ）
14. 功能模型描述的是外部执行者所理解的系统功能。（   ）
15. 功能模型描述了待开发系统的功能需求，被广泛应用在面向对象的系统分析中。（   ）

第6章 面向对象分析

二、填空题

1. 构成类图的元素所表达的模型信息,分为三个层次:_____、特征层和_____。
2. 补充模型有_____和_____。
3. 可以用自然语言、_____、_____(或表)和_____等工具描述功能。
4. 确定和标识类包括_____、_____、_____,最后将同类型的对象抽象为类。
5. 确定关联包括_____关联、_____关联和_____关联。
6. 一般说来,确定属性包括_____和_____两个步骤。
7. 对于含有较多对象的系统,应采用_____、_____和_____的方法来确定主题。

三、简答题

1. 什么是面向对象分析?
2. 说明面向对象分析模型的构成。
3. 简述面向对象分析的过程。
4. 简述如何确定服务。
5. 什么是动态模型?
6. 简述如何准备脚本。
7. 简述如何准备时序图。
8. 简述如何确定基本的系统模型图。
9. 简述面向对象分析的目的。
10. 简述面向对象分析的基本任务。
11. 为建立分析模型,要运用的是哪些基本原则?
12. 简述建立对象-行为模型的步骤。

四、综合题

完成实例图书管理系统的面向对象分析过程,包括静态模型、动态模型和功能模型。

系统需求如下。

在图书馆管理系统中,要为每个借阅者建立一个账户,并给借阅者发放借阅卡(借阅卡号、借阅者名),账户中存储借阅者的个人信息、借阅信息以及预定信息。

持有借阅卡的借阅者可以借阅书刊、返还书刊、查询书刊信息、预订书刊并取消预订,但这些操作都是通过图书管理员进行的,也即借阅者不直接与系统交互,而由图书管理员充当借阅者的代理与系统交互。

在借阅书刊时,需要输入所借阅的书刊名、书刊的 ISBN/ISSN 号,然后输入借阅者的图书卡号和借阅者名,完成后提交所填表格。系统验证借阅者所借阅的书刊是否存在,若存在,则借阅者可借出书刊,建立并在系统中存储借阅记录。

借阅者还可预定该书刊。一旦借阅者预定的书刊可以获得,就将书刊直接寄给预订人。另外,系统不考虑书刊的最长借阅期限,假设借阅者可以无限期地保存所借阅的书刊。

第 7 章 面向对象设计

分析是提取和整理用户需求并建立问题域精确模型的过程。设计是把分析阶段得到的需求转变成符合成本和质量要求的、抽象的系统实现方案的过程。从面向对象分析到面向对象设计是一个逐渐扩充模型的过程。或者说,面向对象设计就是用面向对象观点建立求解域模型的过程。

7.1 面向对象设计概述

面向对象设计是面向对象方法在软件设计阶段应用与扩展的结果,就是根据在问题域中已建立的分析模型,运用面向对象技术进行系统软件设计,并补充实现的细节部分,如人机界面、数据存储、任务管理等,形成符合成本和质量要求的、抽象的系统实现方案,在求解域中建立设计模型。面向对象设计定义系统的构造蓝图、约定和规则,一直到系统的实现,用于解决如何做的问题。

面向对象设计是一种软件设计方法,是一种工程化规范,其主要作用是对面向对象分析的结果进行进一步规范化整理。从面向对象分析模型到面向对象设计模型的转化如图 7.1 所示。

图 7.1 分析模型转换为设计模型

分析模型与设计模型的区别如表 7.1 所示。

表 7.1 分析模型与设计模型的区别

分析模型	设计模型
概念模型,回避了实现问题	物理模型,是实现蓝图
对设计是通用的	针对特定的实现

第7章 面向对象设计

续表

分析模型	设计模型
对类型有3种构造型	对类型有任意数量的构造型（依赖于实现语言）
不太形式化	比较形式化
开发费用较低	开发费用较高
层数少	层数多
勾画系统的设计轮廓	进行系统设计
主要通过研讨会等方式创建	设计模型和实现模型需双向开发
可能不需要在整个生命周期内都做维护	在整个生命周期内都应该维护

面向对象设计的基本任务即面向对象设计的工作流，如图7.2所示。

图7.2 面向对象设计的工作流

1. 系统设计

系统设计用于确定实现系统的策略和目标系统的高层结构，包括把整个系统分解为子系统的方法、子系统的软硬件布局等策略性决策。

(1) 将分析模型划分成子系统。将分析模型划分为若干子系统时，子系统应该具有良好的接口，子系统内的类应相互协作；标识出问题本身的并发性，为子系统分配处理器。

(2) 人机交互设计。人机交互包括对用户分类，描述人机交互的脚本，确定命令层次结构，设计详细的交互，生成用户界面的原型，定义 HIC 类。

(3) 任务管理设计。任务管理包括识别任务（进程）及任务所提供的服务、任务的优先级、进程是事件驱动还是时钟驱动以及任务与其他进程和外界如何通信。

(4) 数据管理设计。数据管理设计包括设计系统中各种数据对象的存储方式（如内部数据结构、文件、数据库）。以及设计相应的服务，即为要储存的对象增加所需的属性和操作。

(5) 资源管理设计。面向对象系统可利用一系列不同的资源。很多情况下，子系统会同时竞争这些资源，因此要设计一套控制机制和安全机制，以控制对资源的访问，避免对资源使用的冲突。

(6) 子系统间的通信。子系统之间可以通过建立客户/服务器连接进行通信，也可以通过端对端连接进行通信。前提是必须确定子系统间通信的合约（Contract），合约规定了子系统之间交互的方式。

2. 对象设计

在面向对象的系统中，模块、数据结构及接口等都集中体现在对象和对象层次结构中。对象设计是根据具体的实现策略，对分析模型进行扩充；为每个类的属性和操作做出详细的设计。确定解空间中的类、关联、接口形式及实现操作的算法。

(1) 对象描述的方式。协议描述：描述对象的接口，即定义对象可以接收的消息以及接收到消息后应完成的相关操作；实现描述：描述传送给对象的消息所蕴含的每个操作的实现细节，实现细节就是关于描述对象属性的数据结构的内部细节和描述操作的过程细节。

（2）为对象中的属性和操作设计数据结构和算法。

3. 消息设计

消息设计是指使用对象间的协作和对象-关系模型设计消息模型，即设计连接类与它的协作者之间的消息规约。

4. 优化及复审

优化主要考虑提高效率和建立良好的继承结构，对设计模型进行复审，并在需要时迭代。

面向对象分析与设计活动是一个迭代与演化的过程，概念与表示方法的一致性使得分析与设计阶段可平滑过渡。通过系统设计和对象设计产生设计模型，是进一步完成系统实现的基础。

7.1.1 面向对象设计的模型

面向对象设计模型同样由主题、类和对象、结构、属性和服务等五个层次组成，并且又扩充了问题域、人机交互、任务管理和数据管理四个部分。

这五个层次就像五个透明的图层，而整个模型像由五个图层（水平切片）合并而成，五个层次一层比一层描述得更具体、更明确；四大组成部分又可想象成为整个模型的四个垂直切片。不同的应用系统中，这四个子系统的侧重程度和规模都不同，应该根据系统规模的大小确定子系统的数目。在复杂的系统中，子系统可能要继续分解；对于小系统来说，可能要合并小的子系统。典型的面向对象设计模型如图 7.3 所示。

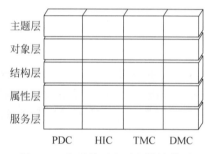

图 7.3　典型的面向对象设计模型

面向对象设计主要考虑"如何实现"的问题，因而这一阶段注意的焦点从问题空间转移到解空间，着重完成各种不同层次的模块设计。面向对象设计的系统结构如图 7.4 所示。

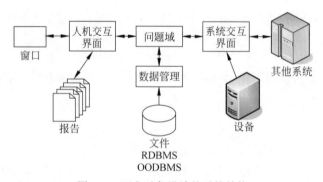

图 7.4　面向对象设计的系统结构

7.1.2 面向对象设计的准则

所谓优秀设计，就是权衡了各种因素，从而使得系统在其整个生命周期中的总开销最

第7章 面向对象设计

小的设计。对大多数软件系统而言,60%以上的软件费用都是用于维护的,因此,优秀软件设计的一个主要特点就是容易维护。

面向对象设计的准则如下。

1. 模块化

面向对象开发方法很自然地支持把系统分解成模块的设计原则:对象就是模块。对象是把数据结构和操作这些数据的方法紧密地结合在一起所构成的模块,即将一个完整的概念组成一个独立的单元,然后通过一个名字来引用它。在面向对象系统的较高层次,将一些相关的应用问题封装在一个子系统中,对子系统的访问是通过访问子系统的接口实现的;在较低的层次,将具体对象的属性和操作封装在一个对象类中,通过类的接口访问其属性。

2. 抽象

面向对象方法不仅支持过程抽象,而且支持数据抽象。

类封装了数据和的方法,是一种包含过程抽象的数据抽象,可以创建对象(类的成员)。类包含相似对象的共同属性和服务,它对外定义了公共接口,构成了类的规格说明(即协议),规定了外界可以使用的合法操作符。对于这种接口,使用者无须知道类中的具体操作是如何实现的,也无须了解内部数据的具体表现方式,只要搞清它的规格说明,就可通过接口定义的操作访问类实例中包含的数据。通常把这类抽象称为规格说明抽象。

参数化抽象指当描述类的规格说明时并不具体指定所要操作的数据类型,而是把数据类型作为参数。例如,C++语言提供的"模板"机制就是一种参数化抽象机制。

3. 信息隐藏

在面向对象方法中,对象是属性和服务的封装体,这就实现了信息隐藏。类结构分离了接口与实现。类的属性的表示方法和操作的实现算法,对于类的用户来说,都应该是隐藏的,用户只能通过公共接口访问类中的属性。

4. 低耦合

一个软件结构内不同模块(包括类、对象、包)之间互连的依赖关系表示耦合度。所以耦合可以用来衡量模块之间的相对独立性,反映软件结构内不同模块之间的互联强度。耦合的强弱与模块之间接口的复杂度以及通过接口的数据的复杂程度有关。依赖关系越多,耦合度越强,依赖关系越少,耦合度越弱。在面向对象方法中,对象是最基本的模块,不同对象之间相互关联的依赖关系表示了耦合度。

衡量设计优良的一个重要标准就是弱耦合。所谓弱耦合,就是软件结构内某个对象的改变对其他对象的影响很小。在理想情况下,对某一部分的理解、测试或修改,无须涉及系统的其他部分。设计时应尽量减少对象之间发送的消息数(接口少),减少消息中的参数个数(接口小),对象之间以明显和直接的方式通信,减少通信的复杂程度(显式的接口)。传统方法中有关降低耦合的原则在面向对象方法中仍然适用。反之,强耦合设计会给理解、测试或修改带来很大的难度,并且还降低了该类的可复用性和可移植性。

当然,对象不可能完全孤立,不同对象之间的耦合是不可避免的。两个对象必须相互联系、相互依赖时,应该通过类的协议(即公共接口)实现两个对象的相互依赖(耦合),而不是通过类的具体实现细节来描述。

一般说来，对象之间的耦合可分为两大类。

(1) 交互耦合。交互耦合是指对象之间的耦合通过消息的连接来实现。为使交互耦合尽可能松散，应该遵守下述准则：

① 尽量降低消息连接的复杂程度。应该尽量减少消息中包含的参数个数，以降低参数的复杂程度；

② 减少对象发送（或接收）的消息数。

(2) 继承耦合。继承耦合是一般化类与特殊类之间耦合的一种形式，应该提高继承耦合程度。从本质上看，通过继承关系结合起来的基类和派生类构成了系统中粒度较大的模块。因此，它们彼此之间应该结合得越紧密越好。

为获得紧密的继承耦合，特殊类应该是对它的一般化类的一种具体化。因此，如果一个派生类摒弃了它基类的许多属性，则它们之间是松耦合的。在设计时，应该使特殊类尽量多继承并使用其一般化类的属性和服务，从而更紧密地耦合到其一般化类。

5. 高内聚

所谓内聚，是衡量一个模块内各个元素彼此结合的紧密程度，是设计中使用的一个构件内的各个元素对完成一个定义明确的目的所做出的贡献程度。结合得越紧密，内聚越强，结合得越不紧密，内聚越弱。强内聚也是衡量设计优良的一个重要标准，在设计时应该力求做到高内聚。

在面向对象设计中存在下述三种内聚。

(1) 服务内聚。服务内聚是指一个服务应该完成一个且仅完成一个任务。

(2) 类内聚。设计类的原则是一个类应该只有一个功能，它的属性和服务应该是强内聚的；类的属性和服务应该全都是完成该类对象的任务所必需的，其中不包含无用的属性或服务；如果某个类有多个功能，通常应该把它分解成多个专用的类。

(3) 层内聚。层内聚又称一般-特殊内聚。设计出的一般-特殊结构应该符合多数人的概念。更准确地说，这种结构应该是对相应的领域知识的正确抽取。也就是说，特殊类应该尽量地继承一般类的属性和服务。

例如，虽然表面看来飞机与汽车有相似的地方（都用发动机驱动，都有轮子，……），但是，如果把飞机和汽车都作为机动车类的子类，则不符合领域知识的表示形式，这样的一般-特殊结构是低内聚的。高内聚的一般-特殊结构应该是：设置一个抽象类"交通工具"，把飞机和机动车作为交通工具类的子类，而汽车又是机动车类的子类。

高内聚应把向用户或高层提供相关服务的功能放在一起，而将其他内容排除在外。紧密的继承耦合与高度的层内聚是一致的。为了保证适当的层内聚，往往需要保证严格的层次结构，使高层能够访问低层的服务，而低层却不能访问高层的服务。应用程序的典型层次图和通信系统中的简化层次分别如图 7.5 和图 7.6 所示。

计算服务、消息或数据传输服务、数据存储服务、管理安全服务、用户交互服务、访问操作系统服务、硬件交互服务等相关的服务可以放在同一层。

层向外界提供服务的过程和方法通常称为应用编程接口（API）。应用编程接口的规格说明必须描述高层用来访问服务的协议以及每个服务的语义和副作用。层内聚的优点如下：

第7章 面向对象设计

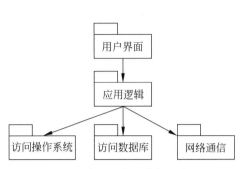

图 7.5　应用程序的典型层次图　　图 7.6　通信系统中的简化层次

(1) 替换高层模块时对低层模块没有影响；

(2) 可以用等价的层替换低层，但必须复制该层所有的应用编程接口，这样高层才不受影响。

传统方法中的功能内聚、通信内聚、顺序内聚、时间内聚等概念及提高内聚的原则在面向对象设计中仍然适用。

6. 软件复用

在面向对象设计中，一个类的设计应该具有通用性，为开发相似的系统提供软件复用可能。

软件复用有两个方面的含义：一是尽量使用已有的类，包括开发环境提供的类库及以往开发类似系统时创建的类；二是如果确实需要创建新类，则在设计这些新类的协议时，应该考虑将来的可重复使用性。

软件复用可以提高软件开发生产率，确保目标系统的质量，同时降低开发和维护的成本。可复用是面向对象开发方法的一个重要特性。也就是说，用面向对象的概念和方法比较容易实现复用。因此，在软件开发过程中，复用基本上从设计阶段开始。为了实现复用，既要尽量复用已有的类，又要创建可复用的新类。

软件复用可分为以下三个层次：

(1) 知识的复用，例如软件工程知识的复用；

(2) 方法和标准的复用，例如面向对象方法或国家制定的软件开发规范的复用；

(3) 软件成分的复用。

软件成分的复用可以进一步划分成以下三个级别：

(1) 代码复用。可采用源代码剪贴、源代码包含和继承三种形式中的任何一种；

(2) 设计结果复用。复用某个软件系统的设计模型，即求解域模型；

(3) 分析结果复用。即复用某个系统的分析模型。

更具体地说，可能被复用的软件成分主要有以下 10 种。

(1) 项目计划。软件项目计划的基本结构和其他内容（例如软件质量保证计划）都是可以跨项目复用的。

(2) 成本估计。因为在不同项目中经常含有类似的功能，所以有可能在只做极少修改或根本不做修改的情况下，复用对该功能的成本估计结果。

（3）体系结构。即使在考虑不同的应用领域时，也很少有截然不同的程序和数据体系结构。因此，有可能创建一组类属的体系结构模板（例如事务处理体系结构），并把那些模板作为可复用的设计框架。通常把类属的体系结构模板称为领域体系结构。

（4）需求模型和规格说明。类和对象的模型及规格说明是明显的复用候选者。用传统软件工程方法开发的分析模型（例如，数据流图）也是可复用的。

（5）设计。用传统方法开发的体系结构、数据、接口和过程设计结果是复用的候选者，以外，系统和对象设计也是可复用的。

（6）源代码。用兼容的程序设计语言书写的、经过验证的程序构件是复用的候选者。

（7）用户文档和技术文档。即使针对的应用是不同的，也有可能复用用户文档和技术文档的大部分。

（8）用户界面。用户界面可能是最常被复用的软件成分，尤其是图形用户界面（GUI）软件。因为它可占到一个应用程序60%的代码量，因此，复用的效果非常显著。

（9）数据。在多数经常被复用的软件成分中，被复用的数据包括内部表、列表和记录结构以及文件和完整的数据库。

（10）测试用例。一旦设计或代码构件被复用，其附属的相关的测试用例应该也被复用。

7．简洁化设计

一个软件60%的工作量是维护工作。为了便于维护，现代软件工程越来越重视软件的简洁和易于理解。简洁化设计应做好以下几点：

（1）设计简单的类。避免定义太多的属性和服务。一个类的职责要清晰，这样不仅易于理解，也有助于复用。

（2）使用简单的协议。对象之间的关联是通过消息触发的。消息过于复杂，说明对象之间的耦合程度太紧，不利于维护。

（3）设计结果简洁明了。软件应该提供清晰、简明、可靠的对外接口，而且还应该有详尽的文档说明，以方便用户使用。

7.1.3 面向对象设计的启发规则

1．设计结果应该清晰易懂

使设计结果清晰、易懂、易读是提高软件可维护性和可复用性的重要措施。显然，人们不会复用那些他们不理解的设计，因此要做到以下几点：

（1）用词一致。用词一致是指应该使名字与它所代表的事物一致，而且应该尽量使用人们习惯的名字；不同类中相似服务的名字应该相同。

（2）使用已有的协议。如果开发同一软件的其他设计人员已经建立了类的协议，或者在所使用的类库中已有相应的协议，则应该使用这些已有的协议。

（3）减少消息模式的数量。如果已有标准的消息协议，设计人员应该遵守这些协议。如果确需自己建立消息协议，则应该尽量减少消息模式的数目。只要可能，就应使消息具有一致的模式，以利于读者理解。

（4）避免模糊的定义。一个类的用途应该是有限的，而且应该从类名较容易地推想出它的用途。

2. 一般-特殊结构的深度应适当

一般说来,在一个中等规模(大约包含 100 个类)的系统中,类等级层次数应保持为 7 ± 2。不应该仅仅从方便编码的角度出发随意创建派生类,应该使一般-特殊结构与领域知识或常识保持一致。

3. 设计简单类

应该尽量设计小而简单的类,这样便以开发和管理。为了保持简单,应注意以下几点。

(1)避免包含过多的属性。属性的数量直接影响类的复杂程度。因为若一个类有很多属性,那就意味着这个类需要实现很多与之对应的具体方法。

(2)有明确的定义。分配给每个类的任务应该简单,能通过简单语句进行功能描述最佳。

(3)尽量简化对象之间的合作关系。若需要通过多个对象协作来实现具体方法,通常会破坏类的清晰性和简明性。

(4)不要提供太多的操作。

4. 使用简单的协议

经验表明,通过复杂消息相互关联的对象是紧耦合的,对一个对象的修改往往会导致其他对象的修改。一般来说,消息中的参数不要超过三个。

5. 使用简单的操作

面向对象设计出来的类中的操作通常都很小,一般只有 3~5 行源程序语句,可以用仅含一个动词和一个宾语的简单句子描述它的功能。应法分解或简化复杂的服务。若语句中出现多层嵌套的情况或者出现复杂 case 语句,需要检查这个方法的实现,并设法对其进行分解或简化。

6. 把设计变动减至最小

通常,设计的质量越高,设计结果保持不变的时间也越长。即使出现必须修改设计的情况,也应该使修改的范围尽可能小。理想的设计变动曲线如图 7.7 所示。

一般来说,设计的早期阶段变动较大。随着时间推移,设计方案日趋成熟,改动也会越来越小。图 7.7 中的峰值与出现设计错误或发生

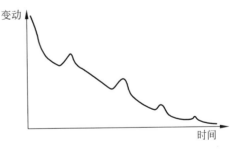

图 7.7 理想的设计变动曲线

非预期变动的情况相对应。峰值越高,表明设计质量越差,可复用性也越差。

7.2 系统设计

系统设计是问题求解及建立解答的高级策略,必须制定解决问题的基本方法。系统的高层结构形式包括子系统的分解及其固有并发性、子系统的划分、数据存储管理、资源协调、软件控制实现、人机交互接口。

根据 Rumbaugh 对对象建模技术(object modeling technique,OMT)方法的定义,系统设计是为实现系统需求而对软件体系结构进行的设计。系统设计的主要活动如下:

(1) 划分分析模型为子系统;
(2) 确定需要并发运行的子系统并为它们分配处理器;
(3) 描述子系统之间的通信;
(4) 标识全局资源及访问它们所需的控制机制;
(5) 为系统定义合适的控制流机制;
(6) 确定人机交互构件;
(7) 选择实现数据管理和任务管理的基本策略;
(8) 考虑边界条件;
(9) 评审并考虑权衡。

设计阶段先从高层入手,然后再进行细化。系统设计要决定整个结构及风格,这种结构为后面设计阶段更详细策略的设计提供了基础。

7.2.1 系统分解

系统分解即建立系统的体系结构,是在设计比较复杂的应用系统时普遍采用的策略。根据可用的软件库以及程序员的编程经验,系统分解首先把系统分解成若干比较小的部分,然后再分别设计每个部分,通过面向对象分析得到问题域的精确模型,为设计体系结构奠定良好的基础,建立完整的框架。

系统的主要组成部分称为子系统。通常根据所提供的功能,把分析模型中紧密相关的类、关系等设计元素划分为子系统。子系统既不是一个对象,也不是一个功能,而是类、关联、操作、事件和约束的集合。子系统的所有元素共享某些公共的性质,可能涉及完成相同的功能,可能驻留在相同的产品硬件中,也可能管理相同的类和资源,子系统可通过它提供的服务来标识。在 OOD 中,这种服务是完成特定功能的一组操作。

一般说来,子系统的数目应该与系统规模基本匹配,各个子系统之间应该具有尽可能简单、明确的接口。接口确定了交互形式和通过子系统边界的信息流,但是无须规定子系统内部的实现算法,因此可以相对独立地设计各个子系统。在划分和设计子系统时,应该尽量减少子系统彼此间的依赖性。

【案例 7-1】 保险单子系统

保险单子系统的系统设计如图 7.8 所示。

定义子系统时应遵循的标准如下:

(1) 子系统应该具有定义良好的接口,通过接口和系统的其余部分通信;
(2) 除少数"通信类",在子系统中的类应只和该子系统中的其他类协作;
(3) 子系统数目不应太多;
(4) 可在子系统内进行划分,以降低复杂性。

1. 子系统之间的交互方式

在软件系统中,子系统之间的关系分为客户/服务器

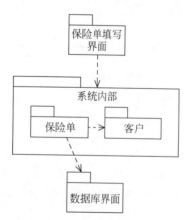

图 7.8 保险单子系统的系统设计

(C/S)关系和平等伙伴关系两种。这两种关系对应两种交互的方式,即客户/服务器交互方式和同等伙伴交互方式。

(1) 客户/服务器交互方式。客户/服务器交互方式也称单向交互方式。在客户/服务器交互方式中,作为"客户"的子系统调用作为"服务器"的子系统,执行某些服务后并返回结果。

在该交互方式中,任何交互行为都是由客户驱动的。因此,作为客户的子系统必须了解作为服务器的子系统的接口,而服务器不必了解客户的接口。

在 C/S 结构中,每个子系统只承担一个由客户端或服务器端隐含的角色,服务只是单向地从服务器端流向客户端。

C/S 结构中子系统间的协作如图 7.9 所示。

(2) 平等伙伴交互方式。平等伙伴(P2P)交互方式也称双向交互方式。在该交互方式中,每个子系统都可能调用其他子系统。因此,每个子系统都必须了解其他子系统的接口,子系统间必须相互了解接口。

在 P2P 结构中,服务可以双向流动。

P2P 结构中子系统间的协作如图 7.10 所示。

图 7.9　C/S 结构中子系统间的协作

图 7.10　P2P 结构中子系统间的协作

与客户/服务器关系相比,平等伙伴交互关系中子系统之间的交互更复杂,而且这种交互方式还可能构成通信环路,会给设计带来难度,并容易出现设计错误。通常,系统使用客户/服务器关系,因为单向交互更容易理解,也更容易设计和修改,而双向交互相对困难些。

2. 组织系统的两种方案

把子系统组织成完整的系统时,有水平层次组织和垂直块状组织两种方案可供选择。

(1) 水平层次组织。水平层次组织方案把软件系统组织成一个层次系统,每层是一个子系统。上层在下层的基础上建立,下层为实现上层功能而提供必要的服务。每层内所包含的对象彼此间相互独立,而处于不同层次上的对象,彼此间往往有关联。这种结构表示了完成系统功能所需功能的不同抽象层次,抽象级别由与其相关的处理对用户的可见程度来确定。

低层子系统提供服务,相当于服务器;上层子系统使用下层提供的服务,相当于客户,构成了上、下层之间的客户/服务器关系。这种组织方式使软件系统形成层次结构。

层次结构又可进一步划分成两种模式:封闭式和开放式。

① 封闭式。在封闭模式中,每层子系统只根据相邻下层建立,且仅使用相邻下层提供的服务。这种方式降低了各层次之间的相互依赖性,更容易理解和修改,因为一个层次的接口只影响与其相邻的上一层。

② 开放式。在开放模式中,某层子系统可以使用其下面任何一层子系统所提供的服务。该方式减少了各层上重新定义服务的需求,使得整个系统更高效、更紧凑。但是该方式没有遵守信息隐藏的原则,对任何一个子系统的变更都会影响到更高层次的那些子系统。设计软件系统时应该权衡设计准则的各因素,然后决定组织系统结构的方式。

Buschmann 及其同事提出了以下分层设计方法:

① 建立分层的标准,即决定子系统将如何被组合成层次的体系结构;
② 确定层的数量,太多使系统复杂,太少降低子系统的功能独立性;
③ 命名层并将子系统分配到某个层,确信同层的子系统间的通信以及和其他层的子系统间的通信遵循软件体系结构的设计思想;
④ 定义每个层的接口;
⑤ 精化子系统,以建立每个层的类结构;
⑥ 定义层间通信的消息模型;
⑦ 评审层设计,以保证层间的耦合度最小;
⑧ 迭代以精化分层设计。

通常,需求陈述中只描述了系统顶层和底层的内容。顶层就是用户看到的目标系统,底层则是可以使用的资源(如硬件、操作系统和数据库等)。这两层间差异很大,为了减少不同层次之间的概念差异,设计者必须引入一些中间层次来弥补。

(2) 垂直块状组织。垂直块状组织方案将系统垂直地分解成若干相对独立的、低耦合的子系统,一个子系统相当于一块,每块提供一种类型的服务。

在一个系统中,可利用层次和块的混合组织方式。各种可能的组合结构可以成功地把多个子系统组成一个完整的、混合结构的软件系统。在混合结构组织中,同一层次可以由若干块组成,而同一块也可以分为若干层。大多数复杂系统组织采用层次与块的混合结构。

例如,表 7.2 表示一个应用系统的组织结构,这个应用系统采用了层次与块状的混合结构。

表 7.2 典型应用系统的组织结构

	应用软件包		
人机对话控制	窗口图形	仿真软件包
	屏幕图形	
	像素图形	
	操作系统		
	计算机硬件		

3. 设计系统的拓扑结构

由子系统组成完整的系统时,典型的拓扑结构有管道型、树形、星形等。设计者应该采用与问题结构相适应的、尽可能简单的拓扑结构,以减少子系统之间的交互数量。

4. 系统的并发设计

当系统有许多并发行为时,要划分任务,简化并发行为的设计与编码。一个任务指系统中的一个过程,有时就是进程的同义词。并发任务可通过检查每个对象的状态机图而定义。如果事件和跃迁条件指明在任意时刻只有单个对象是活跃的,则是一个控制线程。即使一个对象向另一个对象发送消息,只要第一个对象等待响应,控制线程就会继续;如果第一个对象不等待,则控制线程会分叉。

OO 系统中的任务是通过独立控制线程设计的。

对象-行为模型对分析类间或子系统间的并发性提供了支持。如果类和子系统不是同时活动的,则不需要并发处理,它们可以在同一个处理器硬件上实现;如果类和子系统必须异步地或同时作用于事件,则被视为并发的。这时有两种选择:将每个子系统分配给各自独立的处理器;将子系统分配给同一处理器并通过操作系统特性提供并发支持。

在分布式系统中,软件体系结构风格对系统分布方案具有决定性的影响。选择体系结构风格时应考虑以下因素:

(1) 被开发系统的特点,如系统类型、用户需求、系统规模、使用方式等;
(2) 网络协议,不同的网络协议支持不同的体系结构风格;
(3) 可用的软件产品,包括网络软件、OS、DBMS、现有的数据服务器等;
(4) 成本及其他,包括购置硬件及软件成本、新开发软件成本、系统的安装与维护成本。此外,还包括开发人员对所选择体系结构风格下实现技术的熟练程度及开发期限等。

根据以上因素选择合适的体系结构,然后将子系统分配到体系结构的节点上。

7.2.2 设计问题域子系统

问题域子系统也称问题域部分。从面向对象分析到面向对象设计是一个平滑的过渡,既没有间断,也没有明确的分界线。面向对象分析用于建立系统的问题域对象模型,而面向对象设计用于建立求解域的对象模型。都是建模,但两者必定性质不同。分析建模可以与系统的具体实现无关;设计建模则要考虑系统具体实现环境的约束,如要考虑系统准备使用的编程语言、可用的软构件库(主要是类库)以及程序员的编程经验等约束问题。

面向对象方法中的一个主要目标是保持问题域组织框架的完整性、稳定性,这样可提高以分析、设计到实现的追踪性。因为系统的总体框架是建立在问题域基础上的,所以,在设计与实现过程中,无论细节做怎样的修改,例如增加具体类、属性或服务等,都不会影响开发结果的稳定性。稳定性是在类似系统中实现复用分析、设计和编程结果的关键因素。为更好地支持系统的扩充,也同样需要稳定性。

问题域子系统可以直接引用面向对象分析所得出的问题域精确对象模型。该模型提供了完整的框架,为设计问题域子系统奠定了良好的基础,面向对象设计应该保持该框架结构。只要可能,就应该保持面向对象分析所建立的问题域结构。通常,面向对象设计在分析模型的基础上,会从实现角度对问题域模型作一些补充或修改,修改包括增添、合并或分解类和对象、属性及服务,调整继承关系等。如果问题域子系统相当复杂庞大,则应把它进一步分解成若干更小的子系统。

在面向对象设计过程中,可能对面向对象分析所得出的问题域模型做的补充或修改如下。

1. 调整需求

当用户需求或外部环境发生变化或者分析人员对问题域理解不透彻或缺乏领域专家

帮助,以致建立了不能完整、准确地反映用户真实需求的面向对象分析模型时,需要对面向对象分析所确定的系统需求进行修改。

一般来说,首先对面向对象分析模型做简单的修改,然后再将修改后的模型引用到问题域子系统中。

2. 复用已有的类

设计时,应该在面向对象分析结果的基础上实现现有类的复用,现有类是指面向对象程序设计语言所提供的类库中的类。因此,在设计阶段就要开始考虑复用,为代码复用奠定基础。如果确实需要创建新的类,则在设计新类时,必须考虑它的可复用性。

复用已有类的过程如下:

(1) 选择类库中可复用的现有类,加入到问题域子系统中,并标出现有类中对本系统无用的属性和服务,以便将无用的属性和服务降到最低程度;

(2) 将问题域类中从现有类继承来的属性和服务标出来;

(3) 确定被复用的现有类和问题域类之间的一般-特殊关系;

(4) 修改与问题域类相关的关联,必要时用与复用现有类相关的关联替换与问题域类相关的关联。

3. 把问题域类组合在一起

在面向对象设计过程中,通常,设计者为了把问题域类组合在一个类库中,需要引入一个抽象类将问题域类作为从属类组织在一起,并把所有与问题域有关的类关联到一起,建立类的层次结构。当没有更先进的、更好的组合机制时,才采用该种组合方法。实际上就是,当把类库中的某些类组织在一起之后,就可以将同一问题域中的类组织在一起,存储在类库之中。另外,可通过建立协议来完成这种组织。

4. 增添一般化类

在设计过程中,常有一些具体类需要有一个公共的协议,即它们需要定义一组类似的服务。在这种情况下,可以引入一个附加类(例如抽象类),以便建立这个协议,用于数据管理或者其他外部系统部件的通信。也就是说,命名公共服务集合时,这些服务在具体类中定义实现。

5. 调整继承层次

当面向对象模型中的一般-特殊结构包括多重继承,而使用一种只有单继承和无继承的编程语言时,需要对面向对象模型作一些修改,即将多重继承化为单继承,单继承化为无继承,用单继承和无继承编程语言来表达多重继承功能。

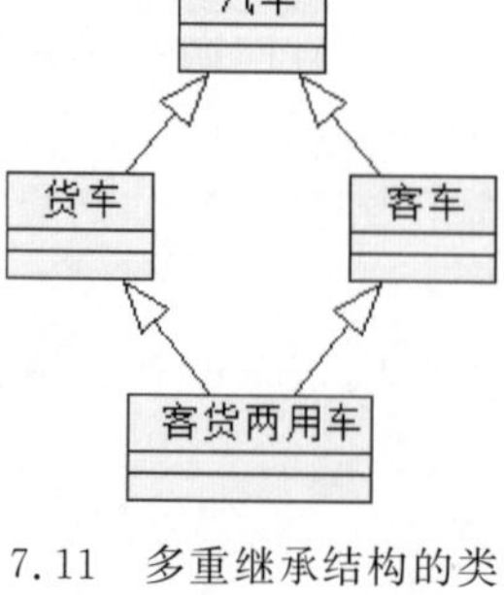

(1) 使用多重继承机制。使用多重继承机制时,应该避免出现属性及服务的命名冲突。

图 7.11 是一种多重继承结构的例子,这种模式可以称为窄菱形模式。使用这种模式时出现属性及服务命名冲突的可能性比较大。

(2) 使用单继承机制。如果打算使用仅提供单继承机

图 7.11 多重继承结构的类图

制的语言实现系统,则必须把面向对象分析模型中的多重继承结构转换成单继承结构。

常见的做法是把多重继承结构(如图 7.11 所示)简化成单一层次的单继承结构,如图 7.12 所示。显然,在多重继承结构中的某些继承关系,经简化后将不再存在,这表明需要在各个具体类中重复定义某些属性和服务。也就是说,这种设计意味着泛化关系在设计中不再那么清晰,类的某些属性和服务在特殊类中会重复出现,造成冗余。

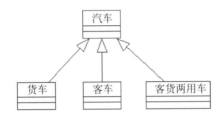

图 7.12 把多重继承结构简化为单一层次的单继承结构的类图

当然,也可以设计成另外一种单继承结构,即把特殊类当成抽象类所扮演的角色。对于扮演多个角色的类,使用抽象类来进行描述,各种角色通过一个关联关系联系到对应类,如图 7.13 所示。

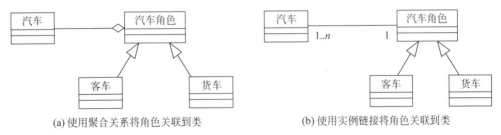

图 7.13 将角色关联到类

6. 设计实例

银行网络 ATM 系统的问题域子系统的设计。

在面向对象设计过程中,银行网络 ATM 系统的问题域子系统的结构如图 7.14 所示。把银行网络 ATM 系统的问题域子系统,进一步分解成更小的 ATM 站子系统、中央计算机子系统和分行计算机子系统,构成星形拓扑结构。以中央计算机为中心向外连接(用专用电话线),与所有 ATM 站和分行计算机通信。区分每个 ATM 站和每台分行计算机连向中央计算机的电话线,分别用 ATM 站号和分行代码来实现。

这里假设面向对象分析模型是完整的,在面向对象设计过程中对问题域模型不必做实质性的修改或扩充。

7.2.3 设计人机交互子系统

人机交互子系统也称人机交互部分。人机交互部分的设计结果将对用户情绪和工作效率产生重要影响。人机界面设计得好,则会使系统对用户产生吸引力,用户在使用系统的过程中会感到友好、兴奋,能够激发用户的创造力,还能提高工作效率;相反,人机界面设计得不好,用户在使用过程中就会感到不方便、不习惯,甚至会产生厌烦和恼怒的情绪,同时也会影响软件产品的竞争力和软件生命周期。虽然好的人机交互部分不可能挽救一个

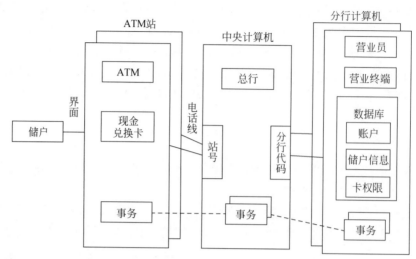

图 7.14　银行网络 ATM 系统的问题域子系统的结构

功能很差的软件,但性能差劲的人机交互部分将使一个功能很强的产品变得不可接受。

为了得到良好的人机界面,在面向对象分析过程中我们已经对用户界面需求作了初步分析。在面向对象设计过程中可延续分析的结果,由于大部分工作都与稳定的状态行为有关,因此把交互的细节加入到用户界面设计中,对系统的人机交互接口进行详细设计,以确定人机交互的细节,其中包括限定交互时间、指定窗口和报表的形式、设计命令层次等内容。

设计人机交互子系统的关键是使用原型技术。建立人机界面的原型,征求用户的意见,获取用户的评价,也是设计人机界面的一种有效途径。

1. 设计人机交互界面的准则

要把人机交互界面设计得友好,让用户满意,应该遵循下列准则。

(1) 一致性。一致性是指在人机交互界面中,应使用一致的术语,一致的步骤,一致的动作。

(2) 减少步骤。在设计人机交互界面时,应使用户为完成某个操作而需敲击键盘的次数、点按鼠标的次数或者下拉菜单的距离,都减至最少;应适应技术水平不同的用户,将其为获得期望结果所需使用的时间减至最少;特别应该为熟练用户提供简捷的操作方法,例如热键。

(3) 及时提供反馈信息。在运行时间较长时,应该有提示使得用户不感到寂寞。每当要用户等待系统完成一个任务时,系统都应该向用户提供有意义的、及时的反馈信息,以便能够让用户知道系统当前已经完成的任务进度以及是否正常等信息,不要"哑播放"。

(4) 提供撤销命令。人在与系统交互的过程中难免会犯错误,因此,系统应该提供"撤消"命令,以便用户发现错误时能及时撤消错误动作,消除错误动作造成的后果。

(5) 无须记忆。不应该要求用户记住在某个窗口中显示的信息,然后再用到另一个窗口中,这是软件系统的责任,而不是用户的任务。

此外,在设计人机交互部分时应该力求达到下述目标:用户在使用该系统时用于思考人机交互方法所花费的时间减至最少,而用于做他实际想做的工作所用的时间达到最大。更理想的情况是,人机交互界面能够增强用户的能力。

(6) 易学。人机交互界面应该易学易用,应该提供联机学习、操作手册以及其他参考资料,以便用户在遇到困难时可随时参阅。

(7) 富有吸引力。人机交互界面不仅应该方便、高效,还应该使人在使用时感到心情愉快,能够从中获得乐趣,从而吸引人去使用它。

2. 设计人机交互系统的策略

1) 分类用户

人机交互界面的两个要点是人如何命令系统及系统如何向用户提交信息。

首要任务是认真研究使用系统的用户,深入到用户的工作现场,仔细观察用户的工作流程。如观察用户必须完成哪些工作、如何工作;思考要完成这些工作,系统应该提供哪些工具以及如何实现;如何让工具使用起来更方便、更有效。

为了更好地了解用户的需要与爱好,以便设计出符合用户需要的界面,设计者首先应该把将来可能与系统交互的用户分类。通常从下列几个不同角度进行分类。

(1) 按技能分类:初级/中级/高级。

(2) 按职务分类:总经理/部门经理/职员。

(3) 按工作性质分类:行政人员/技术人员。

(4) 按专业知识分类:外专业/专业/系统员/程序员。

2) 描述用户

描述用户是指应该仔细了解将来使用系统的每类用户的情况,把获得的下列各项信息记录下来。

(1) 用户类型。

(2) 使用系统欲达到的目的。

(3) 特征,如年龄、性别、受教育程度、限制因素等。

(4) 关键的成功因素,如需求、爱好、习惯等。

(5) 技能水平。

(6) 完成本职工作的脚本。

3) 设计命令层次

设计命令层次是界面设计的重要部分,一般包含下列工作。

(1) 研究现有的人机交互含义和准则。命令层次设计有许多方式,但目前最受用户喜爱的是 Windows 界面,Windows 已经成了微机上图形用户界面事实上的工业标准。所有 Windows 应用程序的界面都是一致的,包括窗口布局、菜单、术语等的使用以及界面的风格、习惯等。Windows 的命令层次设计采用下拉式菜单和弹出式菜单,而且各菜单的组织方式也类似。

设计图形用户界面时,应该与普通 Windows 应用程序界面保持一致,并遵守广大用户习惯的约定,这样才会被用户接受和喜爱。

(2) 确定初始的命令层次。命令层次是将系统中的可用服务用过程抽象机制组织起来的、可供选用的服务的表示形式。设计命令层次时,首先从服务的基本过程抽象开始,确定系统的最上层(如大的操作、相近小命令的总称及多层命令的最上层等),然后再修改它们,以符合目标系统的特定需要。

(3) 优化命令层次。为进一步修改完善初始的命令层次,应该考虑下列一些因素。

① 次序。仔细选择每个服务的名字,并在命令层次的每部分内把服务排好次序。排序时或者把最常用的系统功能(服务)放在最前面,或者按照用户习惯的工作步骤排序。

② 整体-部分关系。寻找在这些服务中存在的整体-部分模式,这样做有助于在命令层次中分组组织服务。

③ 宽度和深度。通常,由于人的短期记忆能力有限,因此命令层次的宽度和深度都不应该过大。命令层次中同一层次显示的命令个数(宽度)为 7 ± 2 个比较合适,层次数(深度)为 3 层比较合适。

④ 减少操作步骤。做同样的工作时,应该用尽量少的单击、拖动和击键组合来表达命令,而且应该为高级用户提供简捷的操作方法。

4) 设计人机交互类

人机交互类设计可在操作系统及编程语言的基础上,利用类库中现有的、适用的类来派生出符合目标系统需要的类,作为人机交互类。

例如,Windows 环境下运行的 Visual C++语言提供了微软基础类库(MFC)。设计人机交互类时,往往仅需从 MFC 中选用一些适用的类,然后用这些类派生符合自己需要的类就可以了。

3. 设计实例

【案例 7-2】 传感器控制系统

传感器控制系统人机交互子系统的设计如图 7.15 所示。

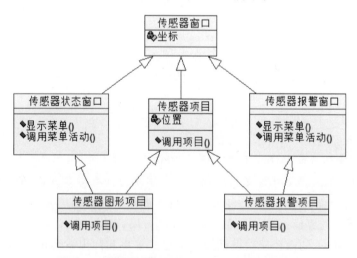

图 7.15 传感器控制系统人机交互子系统的设计

7.2.4 设计任务管理子系统

虽然从概念上说不同对象可以并发地工作,但是在实际系统中,许多对象之间往往存在相互依赖关系。此外,在实际使用的硬件中,可能仅由一个处理器支持多个对象。因此,

第7章 面向对象设计

设计工作的一项重要内容就是确定哪些是必须同时动作的对象,哪些是相互排斥的对象。当在多用户、多任务或多线程操作系统上开发应用程序时,或是在通过任务描述目标软件系统中各子系统间的通信和协同时,引入任务概念能简化某些应用的设计和编码。

当一个节点上有多个控制流存在时,需要设计一个对这些控制流进行协调和管理的进程或任务。如设计一个进程,由它负责系统的启动和初始化、其他进程的创建与撤销、资源的分配、优先级的授予等工作。

任务管理的设计包括:确定要执行的任务并识别它的特征;确定任务的优先级;创建协调任务来协调所有其他任务;为每个任务设计对象,并定义它们之间的关系。

任务应该用模板详细描述,包括任务名、描述、优先级、服务、管理者、通信方式以及在层次中的位置,便于编程人员实现。

1. 分析并发性

不仅系统软件中有并发行为,应用软件中也有并发行为,如在程序的执行时间上与其他程序有交叠的现象,这种时间交叠现象称为"并发性"。因此,在设计任务管理子系统时,应找出并分析系统中任务的并发性。

通过面向对象分析建立起来的动态模型是分析并发性的主要依据。应检查各个对象的状态机图及它们之间交换的事件,如果两个对象彼此间不存在交互,或者它们同时接收事件,则这两个对象在本质上是并发的。把若干个非并发的对象归并到一条控制线中。所谓控制线,是一条遍及状态机图集合的路径,在这条路径上每次只有一个对象是活动的。在计算机系统中用任务(Task)实现控制线,一般认为任务是进程(Process)的别名。通常把多个任务的并发执行称为多任务。

对于某些应用系统来说,通过划分任务,可以简化系统的设计及编码工作。不同的任务标识了必须同时发生的不同行为。这种并发行为既可以在不同的处理器上实现,也可以在单个处理器上利用多任务操作系统仿真实现(通常采用时间分片策略来仿真多处理器环境)。

2. 设计任务管理子系统

常见的任务有事件驱动型任务、时钟驱动型任务、优先任务、关键任务和协调任务等。设计任务管理子系统包括确定各类任务并把任务分配给适当的硬件或软件去执行。

(1) 确定事件驱动型任务。由某个事件触发而引起的任务称事件驱动型任务。事件通常表明一个设备传输过来某些数据到达的信号,事件由设备引起。任务是对事件的处理。事件驱动型任务由一个事件来触发(驱动),该事件常常是对一些数据的到达发信号,而这些数据可能来自输入数据行或者另一个任务写入的数据缓冲区。这类任务可能主要用于完成通信工作。例如,与设备、屏幕窗口、其他任务、子系统、另一个处理器或其他系统通信。

在系统运行时,事件驱动任务的工作过程如下:
① 任务处于睡眠状态(不消耗处理器时间),等待来自数据线或其他数据源的中断;
② 接收到中断就唤醒了该任务;
③ 阅读数据并把数据放入内存缓冲区或其他目的地;

④ 通知需要知道这件事的对象,然后该任务又回到睡眠状态。

(2) 确定时钟驱动型任务。按特定的时间间隔被触发后执行某些处理的任务称时钟驱动任务。例如,某些设备需要周期性地获得数据;某些人机接口、子系统、任务、处理器或其他系统也可能需要周期性地通信。在这些场合往往需要使用时钟驱动型任务。

时钟驱动型任务的工作过程如下:
① 任务设置了唤醒时间后进入睡眠状态;
② 任务睡眠(不消耗处理器时间),等待来自系统的中断;
③ 接收到这种中断,任务就被唤醒;
④ 进行处理,并通知有关的对象;
⑤ 然后该任务又回到睡眠状态。

(3) 确定优先任务。根据事件的优先级高低来做处理的任务称优先级任务,它可以满足高优先级或低优先级的处理需求。

高优先级:某些服务具有很高的优先级,为了在严格限定的时间内完成这种服务,可能需要把这类服务分离成独立的任务。

低优先级:与高优先级相反,有些服务是低优先级的,属于低优先级处理(通常指那些背景处理)。设计时可能用额外的任务把这样的处理分离出来。

任务的划分是根据时间决定优先级的,根据优先级的高低划分出轻重缓急的任务。

(4) 确定关键任务。关键任务是有关系统成功或失败的关键处理,这类处理通常都有严格的可靠性和安全性要求。

设计时可用附加的任务来分离出关键的任务,应该进行深入细致的设计、编码和测试,以满足高可靠性和安全性处理的要求。也就是根据需求决定任务的主次,保证关键任务。

(5) 确定协调任务。当系统中有三个以上任务时,应该考虑增加一个任务,用来协调任务之间的关系,该任务称为协调任务。从一个任务到另一个任务的转换时间称为现场转换时间。

引入协调任务用来控制现场转换时间时,将会给系统设计带来困难。协调任务会增加系统的总开销(增加从一个任务到另一个任务的转换时间),但是引入协调任务可为封装不同任务之间的协调控制带来好处。使用状态转换矩阵可以比较方便地描述该任务的行为。这类任务应该仅做协调工作,不要让它再承担其他服务工作。

(6) 审查每个任务。确定了各类任务后,应对任务的性质进行仔细审查,去掉人为的、不必要的任务,使系统中包含的任务数保持最少。

设计多任务系统的主要问题是设计者常常为了自己设计和编程的方便而增加任务。这样既增加了总体设计的技术复杂度,又降低了系统的可理解性,从而也加大了系统维护的难度。

(7) 确定资源需求。设计者在决定到底采用软件还是硬件的时候,必须综合权衡一致性、成本、性能等多种因素,还要考虑未来的可扩充性和可修改性。

使用多处理器或固件主要是为了满足高性能的需求。设计者必须通过计算系统载荷(即每秒处理的业务数及处理一个业务所花费的时间)来估算所需要的CPU(或其他固件)的处理能力。

使用硬件实现某些子系统的主要原因如下：

① 现有的硬件完全能满足某些方面的需求，例如，买一块浮点运算卡比用软件实现浮点运算要容易得多；

② 专用硬件比通用的 CPU 性能更高，例如，目前在信号处理系统中广泛使用固件实现快速傅里叶变换。

（8）定义每个任务。任务定义包括以下内容：

① 任务的内容。首先给任务命名，然后简要地描述任务。如果一个任务可以分解成多个任务，则修改该服务的名称以及描述，使每个服务都映射到一个任务；

② 协调方式定义每个任务怎样协调工作，指出它是事件驱动型任务还是时钟驱动型任务。对于事件驱动型任务，应描述触发该任务的事件；对时钟驱动型任务，应描述在触发之前所经过的时间间隔，同时指出是一次性的还是重复的时间间隔；

③ 通信方式定义每个任务的通信方式，指出任务从哪里取得数据值，往哪里送数据。

任务定义模板如图 7.16 所示。

3．设计实例

传感器控制系统任务管理子系统的设计和描述。

传感器控制系统任务管理子系统的类图如图 7.17 所示。

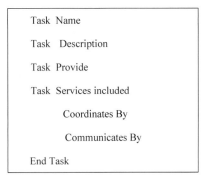

图 7.16　任务定义模板

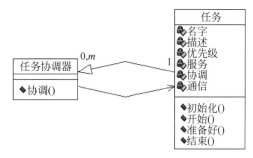

图 7.17　传感器控制系统任务管理子系统的类图

传感器控制系统的任务描述如表 7.3 所示。

表 7.3　传感器控制系统的任务描述

任务 1
名字：传感器读出
描述：该任务在需要脉冲调幅时负责读取传感器
包含：传感器样本
优先级：中等
协调：时钟驱动，100ms 的时间间隔
通信：从输入线（传感器）得到值，给雷达邮箱发送值

7.2.5　设计数据管理子系统

数据管理子系统也称数据管理部分。数据存储管理建立在某种数据存储管理系统之上，提供了数据在数据管理系统中存储和检索对象的基本结构，是系统存储或检索对象的基本设施。

设计数据管理子系统的目的是：不管是普通文件、关系数据库、面向对象数据库或其他方式，将目标软件系统中依赖开发平台的数据存取部分与其他功能分离。数据存取通过一般的数据存储管理模式（文件、关系数据库或面向对象数据库）实现，但实现细节集中在数据管理子系统中。这样既有利于软件的扩充、移植和维护，又简化了软件设计、编码和测试的过程。

1. 选择数据存储管理模式

选择数据存储管理模式是数据管理子系统设计的首要任务。不同的数据存储管理模式有不同的特点，适用范围也不相同，设计者应该根据应用系统的特点选择适用的模式。

（1）文件管理系统。文件管理系统是操作系统提供的存储机制，提供了基本的文件处理和分类能力。

文件管理系统的主要优点如下：

① 长期保存数据时具有成本低和简单等特点；

② 数据按字节流存储，适合于存储大容量数据。

主要缺点如下：

① 文件操作的级别低，操作繁琐，实现比较困难，为提供适当的抽象级别还必须编写额外的代码；

② 文件管理系统是操作系统的一个组成部分，不同操作系统的文件管理系统往往有明显差异。

（2）关系数据库管理系统。关系数据库管理系统建立在关系理论基础上，数据抽象度比文件高。数据以表的形式存储，表的每一列标识一个单一的值的属性，每一行把一个数据项标识成一个属性值的元组。不同表中的多个元组用来表示单个对象的属性。关系数据库技术成熟，适合于大的数据集以及对属性数据的复杂查询。

关系数据库管理系统的主要优点如下：

① 提供了各种最基本的数据管理功能，例如中断恢复、多用户共享、多应用共享、完整性和事务支持等；

② 为多种应用提供了一致的接口；

③ 支持标准化的语言，大多数商品化关系数据库管理系统都使用 SQL 语言。

关系数据库管理系统为了做到通用和一致性，实现相当复杂且存在一定不足，以致限制了它的普遍使用，其主要缺点如下：

① 运行开销大。即使只完成简单的事务（例如只修改表中的一行），也需要较长的时间；

② 不能满足高级应用的需求。关系数据库管理系统是为商务应用服务的。商务应用中数据量虽大，但数据结构却比较简单。一般来说，在数据类型丰富或操作不标准的应用中，很难用关系数据库管理系统实现；

③ 与程序设计语言的连接不自然。大多数程序设计语言本质上是过程性的，每次只能处理一个记录。然而 SQL 语言支持面向集合的操作，是一种非过程性语言。两者之间存在

差异,连接不方便。

(3) 面向对象数据库管理系统。面向对象数据库管理系统是一种新技术,它扩展设计途径如下:

① 在关系数据库的基础上将对象和关系作为数据储存,加强了一些操作功能。例如,增加了抽象数据类型和继承性,并创建及管理类和对象的通用服务;

② 面向对象程序设计语言中扩充了数据库的功能。例如,扩充了存储和管理对象的语法和功能,减少了对象和存储实体之间的转化;

③ 从面向对象方法本身出发来设计数据库。开发人员可以用统一的面向对象观点进行设计,不再需要区分存储数据结构和程序数据结构;

④ 查询比关系数据库慢。首先保留对象值,然后在需要时创建该对象的一个副本。这是大多数对象数据管理模式都采用的"复制对象"的方法。扩展的面向对象程序设计语言则支持"永久对象"方法:确切地存储同样的对象,包括对象的内部标识,而不是仅仅存储一个对象的副本。使用这种方法,当一个对象从存储库中检索到时,它与先前存在的那个对象是完全相同的。"永久对象"方法为在多用户环境下从对象服务器中共享对象奠定了基础。

2. 设计数据格式

设计数据格式的方法与所使用的数据存储管理模式密切相关。不同的数据存储管理模式,其设计数据格式的方法也不同。下面分别介绍适用于每种数据存储管理模式的设计方法。

(1) 文件管理系统。文件管理系统设计数据格式的步骤包括:

① 列出每个类的属性,既包括类本身的定义属性,又包括继承下来的类属性;

② 把属性表格规范成第一范式,从而得到表的定义;

③ 为每个表定义一个文件;

④ 修改原设计的第一范式,以满足性能要求和需要的存储容量;

⑤ 若文件太多,则把一般-特殊结构的对象文件合并成一个文件,即把泛化结构的属性压缩在单个文件中,以减少文件数量。

必要时把某些属性组合在一起,并用某种编码值表示这些属性,而不再分别使用独立的域表示每个属性。这样做可以减少所需要的存储空间,但是增加了处理时间。

(2) 关系数据库管理系统。关系数据库管理系统设计数据格式的步骤如下:

① 列出每个类的属性表;

② 把所有属性表规范成第三范式,从而得出第三范式表的定义;

③ 为每个第三范式表定义一个数据库表;

④ 测量性能和需要的存储容量能否满足实际性能要求;

⑤ 若不满足再返回第二步设计规范,修改先前设计的第三范式,以满足性能要求和存储需求。

(3) 面向对象数据库管理系统。面向对象数据库管理系统设计数据格式时主要有两种设计途径:扩展的关系数据库管理系统和扩展的面向对象程序设计语言。

扩展的关系数据库管理系统建立在关系数据库的基础上,其处理步骤与基于关系数据库的处理步骤类似。

对于由面向对象程序设计语言扩充而来的面向对象数据库管理系统,增加了在数据库中存储和管理对象的机制。从面向对象方法本身出发来设计数据库,开发人员可以用统一的面向对象观点进行设计,不再需要区分存储数据结构和程序数据结构(即生命期短暂的数据);也不再需要对属性进行规范化,因为数据库管理系统本身具有把对象值映射成存储值的功能。

3. 设计相应的服务

如果某个类的对象需要存储起来,则应在该类中增加一个属性和服务,用于完成存储对象自身的操作。通常把增加的属性和服务与对象中其他的属性和服务分离,作为"隐含"的属性和服务,在类和对象的定义中描述,不在面向对象设计模型的属性和服务层中显式地表示出来。

用于"存储自己"的属性和服务形成了问题域子系统与数据管理子系统之间的必要桥梁。若系统支持多重继承,那么用于"存储自己"的属性和服务应该专门定义在一个基类Object Server(对象服务器)中,通过继承关系使那些需要存储对象的类从基类中获得该属性和服务。

与设计数据格式一样,不同的数据存储管理模式,其设计相应服务的方法也不同。

(1) 文件管理系统。采用文件管理系统设计时,被存储的对象需要知道打开哪个(些)文件,怎样把文件定位到正确的记录上,怎样检索出旧值(如果有的话),以及怎样用现有值更新它们。因此,需要定义一个 Object Server(对象服务器)类,并创建它的实例。该类应该提供下列服务。

① 通知对象保存自身;

② 检索已存储的对象(查找、读值、创建并初始化对象),以便把这些对象提供给其他子系统使用。

注意:为了提高性能,应该批量处理访问文件的要求。

(2) 关系数据库管理系统。采用关系数据库管理系统设计时,被存储的对象应该知道访问哪些数据库表,怎样访问所需要的行(元组),怎样检索出旧值(如果有的话),以及怎样用现有值更新它们。因此,还应该定义一个 Object Server 类,并声明它的对象。该类应提供下列服务:

① 通知对象保存自身;

② 检索已存储的对象(查找、读值、创建并初始化对象),以便由其他子系统使用这些对象。

(3) 面向对象数据库管理系统。对于在关系数据库基础上扩充的面向对象数据库管理系统,设计时与使用关系数据库管理系统时方法相同。

对于由面向对象程序设计语言扩充而来的面向对象数据库管理系统,没有必要定义专门的类,因为该系统本身已经具有把对象值映射成存储值的功能,即给每个对象提供了"存储自己"的行为。只需给需要长期保存的对象加个标记,这类对象的存储和恢复由面向对象数据库管理系统负责完成。

如果某个类的对象需要存储起来,则应在这个类中增加一个属性和服务,用于完成存储对象自身的工作。应该把为此目的增加的属性和服务作为"隐含"的属性和服务,即无须在面向对象设计模型的属性和服务层中显式地表示它们,仅需在关于类与对象的文档中描述它们。

这样设计之后,对象将知道怎样存储自己。用于"存储自己"的属性和服务在问题域子系统和数据管理子系统之间构成了一座必要的桥梁。利用多重继承机制,可以在某个适当的基类中定义这样的属性和服务。如果某个类的对象需要长期存储,该类就从基类中继承这样的属性和服务。

系统中内部数据和外部数据的存储管理是一项重要的任务。通常各数据存储可以将数据结构、文件、数据库组合在一起,不同数据存储要在费用、访问时间、容量及可靠性之间做出折中考虑。

4. 设计实例

下面以银行网络 ATM 系统为例,具体说明数据管理子系统的设计方法。

假设采用关系数据库管理系统存储的数据,则由系统可知,唯一的永久性数据存储在分行计算机中。因为必须保持数据的一致性和完整性,而且常常有多个并发事务同时访问这些数据,因此可采用成熟的商品化关系数据库管理系统存储的数据。应该把每个事务作为一个不可分割的批操作来处理,用事务来封锁账户,直到该事务结束为止。

在这个例子中,需要存储的对象主要是账户类的对象。为了支持数据管理子系统的实现,账户类对象必须知道自己是怎样存储的。有两种方法可以达到这个目的。

(1) 每个对象自己保存自己。账户类对象在接到"存储自己"的消息后,需要增加一个属性和一个服务来定义存储自己的行为,以便知道怎样把自身存储起来。

(2) 由数据管理子系统负责存储对象。账户类对象在接到"存储自己"的消息后,知道应该发送什么消息到数据管理子系统,以便把它的状态由数据管理子系统保存起来,因此也需要增加属性和服务来定义这些行为。

应该定义一个 Object Server 类,并声明它的对象。这个类应提供下列服务。

(1) 通知对象保存自身或保存需长期存储的对象的状态。

(2) 检索已存储的对象并可使其存储和恢复。

7.2.6 全局资源管理

全局资源包括物理资源(磁盘驱动器、处理器、通信线路)和逻辑资源(数据库、对象)。这里不但有访问权限的问题,还有访问冲突的问题。所以,应该标识全局资源,并制定访问它们的策略。一般情况下,如果资源是物理对象,则通过建立协议实现并发系统的访问;如果资源是逻辑对象,Rumbaugh 建议对每个资源创建一个"保护者"对象,以控制对该资源的访问(鉴别身份、协调冲突)。

7.2.7 控制流机制

分析模型中的所有交互行为都表示为对象之间的事件。系统设计必须从多种方法中选择某种方法来实现软件的控制。

控制流是一个在处理机上顺序执行的动作序列。在分析过程中,一般不考虑控制流问题,因为假定所有的对象都能同时运行并在任何需要的时候就能执行它们的操作。但在系统设计的时候,就要考虑不是每个对象都能在自己的处理器上运行了。

有三种可能的控制流机制,如下所示。

(1) 过程驱动控制。过程驱动控制是指控制来自程序代码中,如程序等待输入。这种控制流大多用于遗留系统并且使用过程化语言编写。当使用面向对象语言时,操作的先后顺序分散在许多对象中,通过观察代码来决定输入的顺序将很困难。

(2) 事件驱动控制。事件驱动控制是指主循环等待外部事件,一旦事件到达就把与事件相关的信息分配给适当的对象。该机制的缺陷是错误过程会阻塞整个应用。

(3) 线程。系统可以创建任意数量的线程,每个线程对应不同的事件。如果某个线程需要更多的数据,就等待操作者的输入。这种控制流机制最直接,但需要比较成熟的支持线程的开发工具,特别是调试和测试工具。

一旦选定了控制流机制,就可用一组控制对象来实现它。控制对象的职责就是记录外部事件,存储它们的临时状态,并给出与外部事件相关的边界对象和实体对象的正确操作次序。

7.2.8 边界条件

设计中的大部分工作都与系统稳定的状态行为有关,但必须考虑边界条件,即系统如何启动、初始化、关闭以及故障处理。

初始化包括常量、参数、全局变量、任务。系统关闭时,应该释放所拥有的全部资源。并发系统中必须通知其他任务系统要关闭。

运行中出现故障的原因可能如下。

(1) 用户错误。系统应帮助用户纠正错误。

(2) 硬件错误。网络连接故障等情况需要保存临时状态。

(3) 软件故障。在程序中应多设计出现故障后的出口。

系统设计是不断迭代和演化的过程,要保证设计模型是正确的、完整的、一致的、现实的、易读的。

7.2.9 评审

评审内容如下:

① 如果分析模型与设计模型——映射(如每个子系统都能追溯到一个用例或一个非功能需求),则设计模型是正确的;

② 如果每个需求和每个系统的设计问题都提到了,则模型是完整的;

③ 如果一个模型不包括任何冲突,则它是一致的;

④ 如果模型能够实现,则它是现实的;

⑤ 如果非系统设计人员能够看懂模型,则模型是易读的。

7.3 对象设计

系统分析确定了问题域对象以及它们之间的关系、相关的属性和操作。系统设计确定了子系统和大多数重要的求解域对象;对象设计则要精化这些对象(这里的对象包括子系统),并定义其他的求解域对象。系统设计相当于大楼的建筑平面图,规定了每个房间的用途,以及不同房间之间、房间与外部环境之间的连接机制;对象设计则着重于每个房间的内部细节,着重于对象及其相互交互的描述。对象设计期间创建了属性数据结构和所有操作过程的详细规约,定义了所有属性的可见性(公共的、私有的或保护的),精化了对象间的接口,以定义完整的消息模型的细节。

7.3.1 设计对象的内部结构

(1) 补充遗漏的属性和操作。系统分析和设计时集中考虑应用域,往往会忽略与实现相关的细节,这时应该加上。

(2) 指定类型,声明可见性。属性用于确定类型、数据结构。除了分析活动中确定的属性,还包括一些其他属性,这些属性用来表示和其他类的对象关联的对象引用(关联的实现)。

操作用于确定参数、返回值及类型。

为了确定每个属性和操作的访问权限,UML 定义了 3 种可见性符号,即在属性和操作的说明前加上下列前缀。

① -:私有的,只能由定义它的类访问,子类和其他类都不能访问。

② +:公有的,任何类都可以访问。公有的操作确定了对象的接口。

③ #:保护的,可以由定义它的类以及该类的子类访问。

7.3.2 设计关联

在对象模型中,关联是连接不同对象的纽带,它指定了对象相互间的访问路径。设计关联时,首先对使用关联的方式进行分析研究,总结它们的使用方式,然后根据不同的使用方式设计实现关联的具体途径。

在面向对象分析过程中,仅初步确定了对象之间的关联和阶数,即设计连接类与它的协作者之间的消息规约。在面向对象设计过程中,设计人员必须确定实现关联的具体策略。应根据应用系统中的使用方式来确定实现关联的策略,可以选定一个统一实现所有关联的全局性策略,也可以对不同的关联选择不同的实现策略。

在应用系统中,使用关联有两种可能的方式:单向关联和双向关联。应用系统的复杂程度不同,使用关联的方式也不同。有些关联只需要单向遍历,有些关联可能需要双向遍历。单向关联的实现自然比较简单,而双向关联实现起来相对复杂一些。

在使用原型法开发软件的时候,原型中所有关联都应该是双向的,以便于增加新的行为,快速地扩充和修改原型。面向对象编程语言一般不提供"关联"的直接实现,而使用指针或对象引用来实现关联(由 UML 建模工具自动完成关联到引用的转换)。

1. 实现单向关联

单向遍历的关联可用指针来实现,指针是一个含有对象引用的属性。如果关联的重数是一元的,则可用一个简单指针来实现关联的指针。以公司雇员技能数据库系统为例,其单向关联的实现如图 7.18 所示。

如果关联的重数是多元的,则需要用一个指针集合来实现关联,以公司雇员技能数据库系统为例,其双向关联的实现如图 7.19 所示。

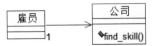
图 7.18 用指针实现雇员与公司的单向关联

图 7.19 用指针实现雇员与公司的双向关联

2. 实现双向关联

许多关联都需要双向遍历，当然，两个方向遍历的频度往往并不相同。实现双向关联有下列三种方法。

(1) 用属性实现一个方向的关联。只用属性实现一个方向的关联，当需要反向遍历时就执行一次正向查找。如果两个方向遍历的频度相差很大，而且需要尽量减少存储开销和修改时的开销，则这是实现双向关联的一种很有效的方法。

(2) 两个方向的关联都用属性实现。这种方法能实现快速访问，但是如果修改了一个属性，为了保持该关联链的一致性，则相关的属性也必须随之修改。如果修改次数远远少于访问次数，该实现方法是一种很有效的方法。

(3) 用独立的关联对象实现双向关联。使用这种方法时，关联对象不属于相互关联的任何一个类，而是一个相关对象的集合。也就是说，它是独立的关联类的实例。例如，公司雇员技能数据库系统的双向关联，如图 7.20 所示。

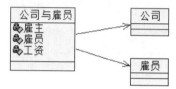

图 7.20 用对象实现关联

3. 关联对象的实现

可以引入一个关联类来保存描述关联性质的信息，关联中的每个连接对应着关联类的一个对象。

关联的重数不同，实现关联对象的方法也不同，具体方法如下：

(1) 对于一对一关联来说，关联对象可以与参与关联的任何一个对象合并，链属性存储在其中一个对象的属性中；

(2) 对于一对多关联来说，关联对象可以与"多"端对象合并，链属性作为"多"端对象的一个属性；

(3) 如果是多对多关联，则关联链的性质不可能只与一个参与关联的对象有关，要与多个关联对象有关。一般来说，用一个独立的关联类来保存描述关联性质的信息，这个类的每个实例表示一条具体的关联链及该链的属性。

7.3.3 设计接口

对象的接口也称为对象的协议、对象的界面，它通过定义对象可以接收的每个消息和当对象接收到该消息后完成的相关服务来描述。接口提供了一种方法，把对象基于操作的功能说明与具体实现区分开来，使得任何依赖和使用接口的客户不必依赖于接口的具体实现，有利于接口实现的替换。

接口描述可以用 UML 中类图一样的符号，省略属性部分，接口要包含在类名部分中。很多人喜欢用程序设计语言来定义接口，以便用编译器来发现接口描述中的错误和不一致。

银行网络 ATM 系统中"转账"的 Java 接口描述如图 7.21 所示。

要确定某个对象的完整接口，必须考察与它有关的所有用例，将与它有关的所有消息抽取出来，形成该对象的完整界面。

对于包或构件，当有依赖关系指向它的时候，就有可能表示该包或构件需要提供一个接口。

第7章 面向对象设计

```
//provided interfaces:
Public interface Transfers{
  public Account create (Customer owner, Money balance, AccountNumber account_id);
  public void Deposit (Money amount, String reason);
  public void Withdraw (Money amount, String reason);
}
```

图 7.21　银行网络 ATM 系统中"转账"的 Java 接口描述

7.3.4　设计类中的服务

设计类中的服务是面向对象设计的一项重要内容。需要综合考虑对象模型、动态模型和功能模型,才能正确确定类中应有的服务。对象模型是进行对象设计的基本框架。但是,面向对象分析得出的对象模型,通常只在每个类中列出很少几个最核心的服务,并没有详细描述类中的服务。而面向对象设计则是扩充、完善和细化面向对象分析模型的过程,设计者必须把动态模型中对象的行为以及功能模型中的数据处理转换成由适当的类所提供的服务。

1. 确定类中应有的服务

要正确确定类中应有的服务,必须综合考虑对象模型、动态模型和功能模型。

在面向对象设计过程中,必须把动态模型中对象的行为和功能模型中的数据处理转换成服务,加入到对象的类中,而这些服务必须由合适的类提供。

(1) 从对象模型中引入服务。对象模型描述了系统的对象、属性和服务,则可将这些对象(以及对象的服务)直接引入到设计中,只是要详细定义这些服务。

(2) 从动态模型中确定服务。分析类的状态机图,可从每个状态转移前后的动作说明获取每个方法体的逻辑结构。而追踪图中的消息一般对应状态机图中引起状态转移的事件或动作。状态机图和类图的比对如图 7.22 所示。

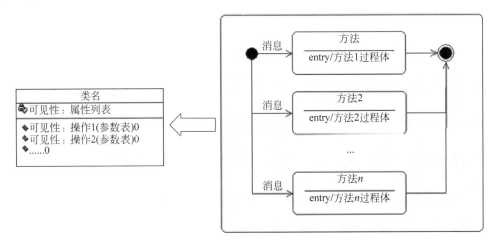

图 7.22　状态机图与类图比对

状态机图描绘了对象的生命周期,图中的状态转换是执行对象服务的结果。对象的许多服务都与对象接收到的事件密切相关。事实上,事件就表现为消息,接收消息的对象必然有由消息选择符指定的服务。该服务改变对象的状态(修改相应的属性值),并完成对象应做的动作。对象的动作既与事件有关,也与对象的状态有关。

因此,服务的算法必定与对象的状态有关。如果一个对象在不同状态下接收同样事件,则对象的行为是不同的。由此可用一个依赖于状态的多分支控制结构来实现服务的算法。

动态模型描述了系统是如何响应外部事件的,程序的主要控制结构来自动态模型。设计程序的控制结构,有时可通过内部的调度机制识别事件,并将事件映射成操作调用来显式地实现程序控制;有时可通过选择的算法按动态模型中确定的顺序执行操作,来隐式地实现程序控制。

(3) 从功能模型中确定服务。功能模型中的数据处理,可转换成由适当的类所提供的服务。功能模型指明了系统必须提供的服务。状态机图中状态转换所触发的动作,在功能模型中有时可能扩展成一张数据流图。数据流图中的某些处理可能与对象提供的服务相对应,应该在该对象所属的类中定义这个服务。当一个处理涉及多个对象时,为确定把它作为哪个对象的服务,设计者必须判断哪个对象在这个处理中起主要作用。通常在起主要作用的对象类中定义这个服务。

定义对象所属的类中的服务时,必须为服务选择合适的算法,有了优秀的算法才能设计出快速高效的服务来。此外,如果某个服务特别复杂而很难实现,则可将复杂的服务分解成简单的服务,这样实现起来比较容易(当然分解的理由不能仅考虑容易实现的因素)。算法和分解是实现优化的重要手段。

2. 设计实现服务的方法

在面向对象设计过程中还应该进一步设计实现服务的方法,主要应该完成以下几项工作。

(1) 设计实现服务的算法。设计实现服务的算法时,应该考虑下列几个因素。

① 算法复杂度。选择算法时,首先是满足用户需求,其次才是追求高效率。应根据服务需求选用复杂度较低(即效率较高)的算法。

② 容易理解与实现。易理解和易实现的算法可能与它的高效率是一对矛盾,设计者应该权衡利弊,考虑各方面因素,选择适当的算法。

③ 易修改。设计时除了考虑算法的易理解性和易实现性,还应该考虑算法的易修改性。

因此,算法设计应该尽可能通用,结构清晰,并能预测到后续可能的修改情况。

(2) 选择数据结构。设计算法时,应仔细考虑采用何种数据结构能够正确地、高效地实现算法的物理数据结构。多数面向对象程序设计语言都提供了基本数据结构,可供用户自选组合定义。

(3) 定义内部类和内部操作。设计算法时,应新增加一些在需求陈述中没有提到的类,用来存放在执行算法过程中所得出的某些中间结果。复杂操作往往可以用简单对象上的更低层操作来定义。因此,在面向对象设计过程中,在分解高层操作时通常会引入新的低层操作,这些新增加的低层操作在设计过程中必须定义。

在面向对象分析过程中,仅考虑了系统中数据的静态逻辑结构;而在面向对象设计过程中,则涉及选择算法使用的物理数据结构。

7.3.5 选择复用构件

面向对象技术中的"类"是比较理想的可复用软构件,不妨称之为类构件。

1. 可复用软构件应具备的特点

1) 模块独立性强

可复用软构件具有单一、完整的功能,且经过反复测试被确认是正确的。它应该是一个不受或很少受外界干扰的封装体,其内部实现在外面是不可见的。

2) 具有高度可塑性

可复用软构件必须具有高度可裁剪性。也就是说,可复用软构件必须提供为适应特定需求而扩充或修改已有构件的机制,而且使用简单方便。

3) 接口清晰、简明、可靠

可复用软构件应该提供清晰、简明、可靠的对外接口,而且还应该有详尽的文档说明,以方便用户使用。

精心设计的"类"基本上能满足上述要求,可以认为它是可复用软构件的雏形。

2. 类构件的三种复用方式

(1) 实例复用。实例复用是最基本的复用方式。由于类的封装特性,使用者不需要了解内部的实现细节就可用适当的构造函数创建需要的类的实例,然后向所创建的实例发送适当的消息,启动相应的服务,完成需要的任务。

此外,还可以用几个简单的对象作为类的成员,创建出一个更复杂的类,这是实例复用的另一种形式。

设计一个可复用性好的类是一件很困难的事情,因为如果类提供的服务太多,会增加接口的复杂度,降低类的可理解性;提供的服务太少,则可能降低可复用性。在设计时,需要根据具体的应用环境和以往的经验来综合考虑,设计出合适的类构件。

(2) 继承复用。面向对象方法特有的继承性提供了一种对已有的类构件进行裁剪的机制。当已有的类构件不能通过实例复用满足当前系统要求时,可以通过继承复用安全地对已有的类构件进行修改,使它满足要求。

在设计时,为提高继承复用的效果,关键是要设计一个合理的、具有一定深度的类构件的继承层次结构。每个子类在继承父类属性和服务的基础上,应加入少量的新属性和新服务,这不仅降低了每个类构件的接口复杂度,表现出清晰的进化过程,提高了每个子类的可理解性,而且为软件开发人员提供了更多可复用的类构件。必要时应在领域专家的帮助下,建立符合领域知识的继承层次。继承复用为多态复用奠定了良好基础。

(3) 多态复用。多态是一种特性,这种特性使得一个属性或变量在不同的时期可以表示不同的对象。利用多态性不仅可以使对象的对外接口更加一般化(基类与派生类的许多对外接口是相同的),降低消息连接的复杂程度,而且还提供了一种简便可靠的软构件组合机制。系统运行时,根据接收消息的对象类型,可由多态性机制启动正确的方法,去响应一个一般化的消息,从而简化消息界面和软构件的连接过程。

为充分实现多态复用,在设计类构件时,应该把注意力集中在下列一些可能影响复用性的操作上。

① 与表示方法有关的操作。

② 与数据结构、数据大小等有关的操作。

③ 与外部设备有关的操作，例如设备控制。

④ 实现算法在将来可能会改进（或改变）的核心操作。

为了克服与表示方法、数据结构或硬件特点相关的操作给复用带来的困难，可以设计一个基类，把与上述操作有关的服务定义为纯虚函数，然后在复用时先派生出一个新类，在新类中重新定义上述操作的算法。

设计一个可复用的软件比设计一个普通软件的代价要高，但随着这些软件被复用次数的增加，分摊的设计和实现的成本就会降低。

7.3.6 优化对象设计

1. 确定优先级

系统的各项质量指标并不是同等重要的，为了寻找一种适合的折中方案，设计人员必须根据系统需求的各项质量指标，确定各项质量指标的相对重要性，即确定优先级。

系统的整体质量与选择的折中方案密切相关。设计优化时要进行全局考虑，确定各项质量指标的优先级。不要使系统中各个子系统按照各自独立的或对立的目标优化，这样不仅会导致系统资源的严重浪费，而且会导致设计出不良的结果或不成功的产品。

在折中方案中设置的优先级应该是模糊的，因为没有办法指定精确的优先级数值或所占的比例。通常是在效率和清晰性之间寻找适当的折中方案。

2. 提高效率的方法

（1）适当增加冗余关联。在面向对象分析过程中，建立对象模型时尽量减少关联，避免冗余关联的出现，因为冗余关联既不会增加任何信息，又会降低模型的清晰程度。

但是，在面向对象设计过程中，当考虑用户的访问模式及不同类型的访问间的依赖关系时，就会发现，分析阶段确定的关联可能并没有构成效率最高的访问路径。为了提高访问效率，需要适当地增加一些冗余关联。

常用的操作不应该有许多遍历，而应该直接通信。如果缺少直接通信，应该在两个对象间增加另外的关系。有一个迪米特法则（又称"不要和陌生人说话"），指在软件设计中，一个方法只与由关联连接的相邻对象通信，这样的设计易理解、易修改、效率高。

【案例 7-3】 公司雇员技能数据库系统

下面以公司雇员技能数据库系统为例，说明分析访问路径及提高访问效率的方法。

公司、雇员及技能之间的关联如图 7.23 所示。

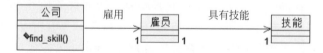

图 7.23　公司、雇员及技能之间的关联链

图 7.23 中，公司类中的服务 find_skill()用于返回具有指定技能的雇员集合。例如，用户可能询问公司中会讲日语的雇员有哪些人。假设某公司共有 6000 名雇员，平均每名雇员

会 10 种技能,则简单的嵌套查询将遍历雇员对象 6000 次,针对每名雇员平均再遍历技能对象 10 次。如果全公司仅有 5 名雇员精通日语,则查询命中率仅有 1/4000。

提高访问效率的一种方法是使用哈希(Hash)表,即"具有技能"这个关联不再利用无序表实现,而是改用哈希表实现。将"会讲日语"用唯一一个技能对象表示,这样改进后就会使查询次数由 60 000 次减少到 6000 次。

改进后的查询虽然提高了访问效率,但是当满足查询条件的对象极少时,查询命中率仍然很低。在这种情况下,更有效的提高查询效率的改进方法是给需要经常查询的对象建立索引,使查询效率更高。例如,在上述例子中,可以在公司与职员这两类对象之间建立联系,增加一个额外的限定关联"精通计算机",如图 7.24 所示。

图 7.24　为雇员技能数据库建立索引

利用这种适当的冗余关联,不必按顺序逐个查找,便可即刻查到精通编程的职员,避免了冗余的访问。这种方法在"多重"关系中同样适用。在建立多重关系时,应该考虑重数是否是必需的;在检索过程中,关系中的"多"端是否经常出现。如果有,应该试着将"多"减少为"1";否则,应对"多"端进行排序或建立索引,以改进访问时间。

当然,索引也会带来副作用,增加一定的系统开销。例如,存储空间增大,当修改基关联时会引起相应的索引修改等开销。因此,通常只给那些经常执行并且开销大、命中率低的查询建立索引,而不是任何一类查询。

(2) 调整查询次序。优化算法是优化设计的另一种有效方法。优化算法的一个重要目的是尽量缩小查找范围。考虑哪些操作用到了这个属性,如果有这样的操作,能否移到调用它的对象中;如果某些类只有很少的属性和行为,并且与其他类相关,可将这些类退化成属性(减少了类的数目)。这样做的目的是使模型变得简单、直接。

例如,假设用户在使用上述的雇员技能数据库过程中,希望找出既会讲日语又精通程序设计语言的所有雇员。如果某公司只有 5 位雇员会讲日语,精通程序设计语言的雇员却有 500 人,则应该先查找会讲日语的雇员,然后再从这些会讲日语的雇员中查找同时又精通程序设计语言的人。

也就是说,首先找出满足需同时具备多个条件中的最小值条件来缩小查询范围,然后在此基础上寻找满足其他条件的职员。采用这样的调整查询次序来优化算法,以便更好地提高查询效率。

(3) 保留派生属性。为了避免重复计算复杂表达式,可通过某种运算从其他数据派生出新的数据(这是一种冗余数据)。通常把派生数据作为派生属性"存储"(或称为"隐藏")在计算它的表达式中,在类似的表达式计算中复用。如果希望避免重复计算复杂表达式所带来的开销,可以把这类冗余数据作为派生属性保存起来。

派生属性既可以在原有类中定义,也可以定义新类,并用新类的对象保存它们。每当修改了基本对象之后,所有依赖于它的、保存派生属性的对象也必须相应地修改。

3. 调整继承关系

调整继承关系是优化设计的一项重要内容。继承关系能够为一个类族定义一个协议,并能在类之间实现代码共享,以减少冗余。一个基类和它的派生类组织在一起称为一个类继承。

对象设计给出了开发阶段中再次检查应用程序和求解对象间继承层次的机会。在面向对象设计中,建立良好的类继承对于优化结构是非常重要的。设计完善的继承层次,可以复用更多的代码,产生较少的冗余。同时代码是可扩展的,可用来创建更特别的类。利用类继承能够把若干个类组织成一个逻辑结构。

设计通过继承复用的方法是检查大量相似的类,抽取出它们的共同行为;给出一层抽象概念,并从预期的变化中抽取出一个具体类。如 AbstractFactory(抽象工厂)等设计模式,都是使用继承来防止预期的变化。但是通过继承复用是有代价的,开发人员需要正确地预见所创建的类的哪些行为需要共享,哪些行为需要由以后的新类细化,通常还不会知道以后所有可能的新类。另外,一旦开发人员为共享代码定义了继承层次,抽象类的接口就难以改变了,因为许多子类和客户类都依赖它们。

通过面向对象分析得到的对象模型中,已经建立了继承关系。但在面向对象设计过程中,应该进一步调整继承关系来优化对象模型。与建立类继承有关的问题如下。

(1) 抽象与具体。在设计类继承时,应使用自顶向下和自底向上相结合的方法。通常的做法是,首先创建一些满足具体用途的类,然后对它们进行归纳;归纳出一些通用的类作为基类后,可以根据需要再派生出具体类;之后再次归纳了。对于某些类继承来说,可这样经过持续不断的演化过程,设计出具有良好继承关系结构的类继承。

【案例 7-4】 学生类的继承实例

为学生类的继承实例创建的一些具体类,如图 7.25 所示。

为学生类的继承实例归纳出的抽象类,如图 7.26 所示。

图 7.25 通过学生类的继承实例创建的一些具体类

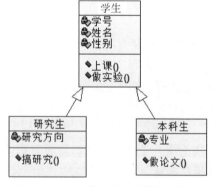

图 7.26 通过学生类的继承实例归纳出的抽象类

对学生类的继承实例的进一步具体化,如图 7.27 所示。

对学生类的继承实例的再次归纳,如图 7.28 所示。

(2) 为提高继承程度而修改类定义。在系统设计时,有时需要利用继承关系进行类归纳,以提高继承程度。如果在一组相似的类中存在公共的属性和公共的行为,则可以把这些公共的属性和行为抽取出来重新定义一个类,作为这些相似类(即子类)的共同祖先类,

第7章 面向对象设计

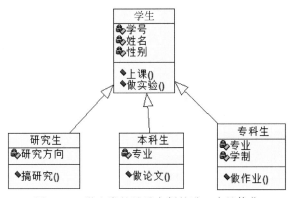

图 7.27 学生类的继承实例的进一步具体化

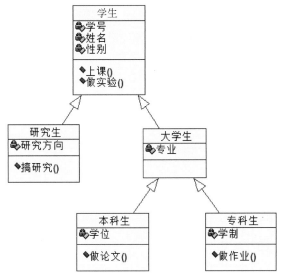

图 7.28 对学生类的继承实例的再次归纳

以便供它的子类继承,如图 7.25 和图 7.27 所示,这个过程就称为类归纳。

在对现有类进行归纳的时候,要注意下述两点:

① 不能违背领域知识和常识;

② 应该确保现有类的协议(即同外部接口)不变。

更常见的情况是,如果各个现有类中的属性和行为(操作)虽然相似却并不完全相同,则需要对类的定义稍加修改,以便定义一个基类,供其子类从中继承需要的属性或行为。

有时抽象出一个基类之后,在系统中暂时只有一个子类能从它继承属性和行为。显然,在这种情况下抽象出这个基类并没有获得良好的共享。但是,归纳的基类将来可能复用,这样做通常仍然是值得的。它不仅提高了类的复用性,也是优化设计的良好措施。

(3) 利用委托实现行为共享。仅当类间存在一般-特殊关系时,也就是存在子类确实是父类的一种特殊形式时,利用继承机制实现行为共享才是合理的。

有时程序员只想用继承作为实现操作共享的一种手段,则利用委托(即把一类对象作为另一类对象的属性,从而在两类对象间建立组合关系)也可以达到同样目的,而且这种方法更安全。使用委托机制时,只有有意义的操作才委托另一类对象实现,因此,不会发生不慎继承了无意义(甚至有害)操作的问题。在这种情况下,如果从基类继承的操作中包含了子类不应有的行为,则可能引起麻烦。

【案例 7-5】 用表实现栈

用表实现栈有两种方法:继承实现和委派实现。

例如,假设程序员正在实现一个 Stack(后进先出栈)类,类库中已经有一个 List(表)类。如果程序员从 List 类派生出 Stack 类,如图 7.29 所示,则把一个元素压入栈,相当于在表尾加入一个元素;把一个元素弹出栈,相当于从表尾移走一个元素。但是与此同时,Stack 类也继承了一些不需要的表操作,例如从表头移走一个元素或在表头增加一个元素。万一用户不慎错误地使用了这类操作,Stack 类将不能正常工作。

利用委派实现行为共享能弥补上述方法的不足。我们把将一类对象作为另一类对象的属性,从而在两类对象间建立组合关系称为委派。利用这种委派(而不是继承)既能达到同样目的,又比较安全。因为使用委派机制时,只有有意义的操作才委托另一类对象实现,因此,不会发生不慎继承了无意义(甚至有害)操作的问题。

图 7.30 描绘了委托 List 类实现 Stack 类操作的方法。Stack 类的每个实例都包含一个私有的 List 类实例(或指向 List 类实例的指针)。Stack 对象的 push(压栈)操作委托 List 类对象通过调用 last(定位到表尾)和 add(加入一个元素)操作实现,而 Stack 对象的 pop(出栈)操作则通过 List 的 last 和 remove(移走一个元素)操作实现。

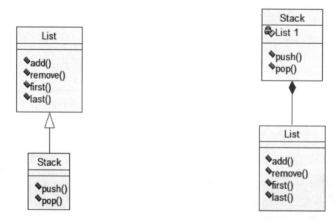

图 7.29 用表实现栈的方法一:用继承实现　　图 7.30 用表实现栈的方法二:用委派实现

7.4 面向对象设计实例

【案例 7-6】 简化的 C++类库管理系统

本节介绍简化的 C++类库管理系统的面向对象分析和面向对象设计。

7.4.1 分析阶段

1. 需求

简化的 C++类库管理系统的主要用途是管理用户在用 C++语言开发软件的漫长过程中逐渐积累起来的类,以便在今后的软件开发过程中能够从库中方便地选取出可复用的类。它

第7章 面向对象设计

应该具有编辑(包括添加、修改和删除)、储存和浏览等基本功能,下面是对它的具体需求。

(1) 管理用 C++ 语言定义的类。

(2) 用户能够方便地向类库中添加新类,并建立新类与库中原有类的关系。

(3) 用户能够通过类名从库中查询出指定的类。

(4) 用户能够查看或修改与指定类有关的信息,包括数据成员的定义、成员函数的定义及这个类与其他类的关系。

(5) 用户能够从类中删除指定的类。

(6) 用户能够在浏览窗中方便、快速地浏览当前类的父类和子类。

(7) 具有"联想"浏览功能。也就是说,可以把当前类的某个子类或父类指定为新的当前类,从而浏览这个新当前类的父类和子类。

(8) 用户能查看或修改某个类的指定成员函数的源代码。

(9) 本系统是一个简化的多用户系统,每个用户都可以建立自己的类库,不同类库之间互不干扰。

(10) 对于用户的误操作或错误的输入数据,系统能给出适当的提示信息,并且仍然继续稳定地运行。

(11) 系统易学易用,用户界面应该是 GUI 的。

2. 建立对象模型

(1) 确定类和对象。从对这个类库管理系统的需求不难看出,组成这个系统的基本对象是"类库"和"类"。类是类库中的"条目",不妨把它称为"类条目"。类条目中应该包含的信息(即它的属性)主要有类名、父类列表、成员函数列表和数据成员列表。一个类可能有多个父类(多重继承)。对于它的每个父类来说,应该保存的信息主要是该父类的名字、访问权及虚基类标志(是否是虚基类)。对于每个成员函数来说,主要应该保存函数名、访问权、虚函数标志(是否是虚函数)、返回值类型、参数及函数代码等信息。在每个数据成员中主要应该记录数据名、访问权和数据类型等信息。我们把"父类""成员函数"和"数据成员"也都作为对象。

根据对这个类库管理系统的需求可以想到,类条目应该提供的服务主要是:设置或更新类名;添加、删除和更改父类;添加、删除和更改成员函数;添加、删除和更改数据成员。类库包含的信息主要是库名和类条目列表。类库应该提供的服务主要是:向类库中插入一个类条目;从类库中删除一个类条目;把类库储存到磁盘上;从磁盘中读出类库(放到内存中)。

(2) 分析类和对象之间的关系。在这个问题域中,各个类和对象之间的逻辑关系相当简单。分析系统需求并结合关于 C++ 语言语法的知识,可以知道问题域中各个类和对象之间的关系是:一个用户拥有多个类库,每个类库由 0 或多个类条目组成,每个类条目由 0 或多个父类、0 或多个数据成员及 0 或多个成员函数组成。

本系统的功能和控制流程都比较简单,无须建立动态模型和功能模型,仅用对象模型就可以很清楚地描述这个系统。事实上,在用面向对象方法开发软件的过程中,建立系统对象模型是最关键的工作。

简化的 C++ 类库管理系统在分析阶段建立的类库管理系统的对象模型如图 7.31 所示。

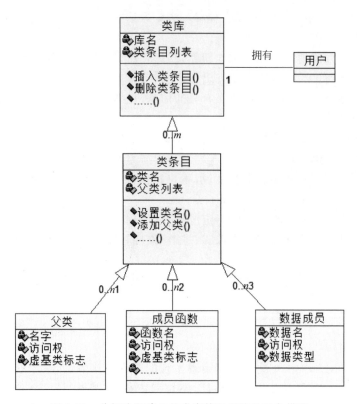

图 7.31 分析阶段建立的类库管理系统的对象模型

7.4.2 设计阶段

1. 设计类库结构

通常,类库中包含一组类,这一组类通过归纳、组合等关系组成一个有机的整体,其中归纳(即继承)关系对于复用来说具有特别重要的意义。

由于 C++语言支持多重继承,类库中相当多的类可能具有多个父类,因此,容易表示具有多个父类的类应该作为选择类库结构的一条准则。此外,简单、方便、容易实现编辑操作和容易遍历,对系统来说也很重要。经过权衡,我们决定采用链表结构来组织类库。因为在每个类条目中都有它的父类列表,查找一个类的父类非常容易。查找一个类的子类则需遍历类库,虽然开销较大但算法却相当简单。为了提高性能,可以增加冗余关联(即建立索引),以加快查找子类的速度。

可把类条目组织成类库的数据结构的方法有如下两种:

(1) 二叉树;

(2) 链表。容易表示多重继承。

2. 设计问题域子系统

通过面向对象分析,我们对问题域已经有了较深入的了解,分析阶段建立的类库管理系统对象模型总结了我们对问题域的认识。在面向对象设计过程中,仅需从实现的角度出发,并根据我们所设计的类库结构,对分析阶段的对象模型做一些补充和细化。

(1) 类条目。简化的 C++类库管理系统在设计阶段时类条目的细化如图 7.32 所示。

第7章 面向对象设计

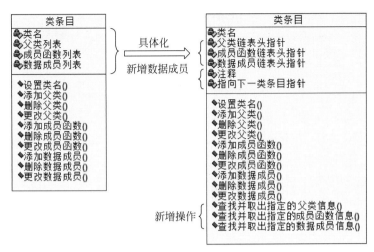

图 7.32 类条目的细化

（2）类库。简化的 C++ 类库管理系统在设计阶段时类库的细化如图 7.33 所示。

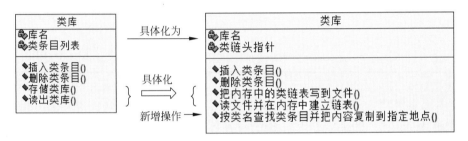

图 7.33 类库的细化

（3）父类、成员函数和数据成员。简化的 C++ 类库管理系统在设计阶段时父类的细化如图 7.34 所示。

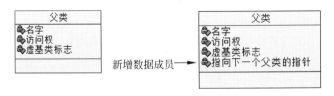

图 7.34 父类的细化

简化的 C++ 类库管理系统在设计阶段时成员函数的细化如图 7.35 所示。

图 7.35 成员函数的细化

简化的C++类库管理系统在设计阶段时数据成员的细化如图7.36所示。

图7.36　数据成员的细化

综上所述,可以画出类库的示意图,如图7.37所示。

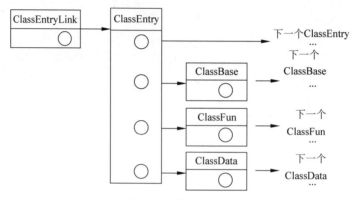

图7.37　类库示意图

(4) 类条目缓冲区。当编辑或查看类信息时,每个时刻用户只能面对一个类条目,我们把这个类称为当前类。为便于处理当前类,可额外设置一个类条目缓冲区。它是从类条目类派生出来的类,除了继承类条目中定义的数据成员和成员函数之外,主要增加了一些用于与窗口或类链交换数据的成员函数。

每当用户要查看或编辑有关指定类的信息时,就把这个类条目从类库(即类链)中取到类条目缓冲区中。用户对这个类条目所做的一切编辑操作都只针对缓冲区中的数据。如果用户编辑操作完成后不"确认"他的操作,则缓冲区中的数据不送回类库,因而也就不会修改类库的内容。

简化的C++类库管理系统类条目的缓冲区如图7.38所示。

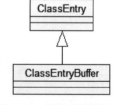

图7.38　类条目的缓冲区

3. 设计人机交互子系统

(1) 窗口。为方便用户使用,本系统采用图形用户界面,主要设计了下述一些窗口。

① 登录窗口:用于用户输入账号、确认、放弃。

② 主窗口:用于创建、浏览、存储、退出。

③ 创建窗口:用于输入新类名、选择已有类名。三个分组框分别管理父类、成员函数和数据成员,每组框有、添加、编辑、删除功能。

④ 选择浏览方式窗口:分为按类名浏览和按类关系浏览两种方式。

⑤ 类名浏览窗口。

⑥ 类关系浏览窗口。

（2）复用。应设计一个可复用的类库管理系统。在设计和实现这个类库管理系统的过程中，自然应该尽可能复用已有的软构件。

在设计过程中，基于 VC 开发环境，尽可能复用 MFC 中提供的类，以构造我们的类库管理系统。系统中使用的许多类都是从 MFC 中的类直接派生出来的。

4. 设计其他类

尽管本系统仅由问题域子系统和人机交互子系统组成，但是仅有前面讲述的那些类和对象还是不够的。所有利用 MFC 类库开发的 Windows 应用程序，都必须包含一个特定的应用类及其实例。它相当于主函数，主要作用是为应用程序建立消息循环机制。通常，可从 MFC 类库中的应用程序类 CWinApp，派生出应用系统需要的特定的应用类。在本系统中，从 CWinApp 派生出的应用类称为 ClassToolsApp，它主要是重载了 CWinApp 类中用于初始化应用窗口实例的成员函数 InitInstance()。

此外，类库类 ClassEntryLink 具有读/写文件的功能。因此，可利用 MFC 类库中的文档类 CDocument 派生出这个类库类。

简化的 C++ 类库管理系统在设计阶段时类库管理系统的对象模型，如图 7.39 所示，图中的粗箭头线表示对象之间的消息连接，在本例中主要用于交换数据。

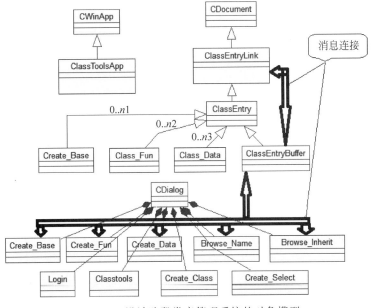

图 7.39 设计阶段类库管理系统的对象模型

习题七

一、判断题

1. 系统设计是问题求解及建立解答的高级策略。　　　　　　　　　　　　（　　）
2. 人机交互部分的设计结果将对用户情绪和工作效率产生重要影响。（　　）

二、填空题

1. 软件复用可分为_____的复用、_____的复用和_____的复用。
2. 面向对象设计的基本任务是_____和_____。
3. 面向对象设计模型同样由主题、类和对象、结构、属性和服务等五个层次组成,并且又扩充了_____、_____、_____和_____四个部分。
4. 面向对象技术中的类构件有3种复用方式,分别是_____复用、_____复用和_____复用。
5. 面向对象设计准则是_____、抽象、_____、低耦合、高内聚、_____和_____设计。
6. 人机交互接口的详细设计包括_____、_____的形式、_____等项内容。

三、简答题

1. 简述如何优化对象设计。
2. 简述如何设计内部结构。
3. 面向对象启发规则是什么。
4. 什么是面向对象设计?
5. 简述如何设计任务管理子系统。
6. 简述如何设计数据管理子系统。
7. 简述如何对全局资源管理。
8. 简述如何选择控制流机制。
9. 简述如何设计边界条件。
10. 简述如何评审。
11. 什么是对象设计?
12. 简述如何设计关联。
13. 简述如何设计类中的服务。
14. 简述面向对象设计中存在的三种内聚形式。
15. 举例说明什么是客户/服务器交互方式和平等伙伴交互方式。

四、综合题

1. 简述分析模型与设计模型的区别。
2. 简述文件管理系统、关系数据库管理系统和面向对象数据库管理系统三种数据存储管理模式的优缺点。
3. 完成实例"图书管理系统"的面向对象设计过程,包括系统设计和对象设计。

系统需求如下:

在图书馆管理系统中,要为每个借阅者建立一个账户,并给借阅者发放借阅卡(借阅卡号,借阅者名),账户中存储借阅者的个人信息、借阅信息以及预订信息。

持有借阅卡的借阅者可以借阅书刊、返还书刊、查询书刊信息、预定书刊并取消预订,但这些操作都是通过图书管理员进行的,也即借阅者不直接与系统交互,而由图书管理员充当借阅者的代理与系统交互。

在借阅书刊时,需要输入所借阅的书刊名、书刊的 ISBN/ISSN 号,然后输入借阅者的图书卡号和借阅者名,完成后提交所填表格。系统验证借阅者所借阅的书刊是否存在,若存在,则借阅者可借出书刊,建立并在系统中存储借阅记录。

借阅者还可预定该书刊。一旦借阅者预订的书刊可以获得,就将书刊直接寄给预订人。另外,系统不考虑书刊的最长借阅期限,假设借阅者可以无限期地保存所借阅的书刊。

第 8 章 代码设计

代码设计作为软件工程的一个阶段,任务就是把详细设计说明书转换为用程序设计语言编写的程序。然而在编程中遇到的问题,如程序设计语言的特性、程序设计风格会对软件的质量,对软件的可靠性、可读性、可测试性和可维护性会产生深刻的影响,因此源程序应具有良好的结构性和程序设计风格。这里通过案例来进一步说明程序设计语言对软件的重要性。

8.1 程序设计语言

程序设计语言作为一种被标准化的人机交互基本工具,其特点必然会影响人的思维和解决问题的方式,会影响其他人阅读程序的难易程度,因此编码前一定要选择适当的程序设计语言,以保证程序编码的质量。

程序设计语言是一组用来定义计算机程序的语法规则,让程序员能够准确地定义计算机所需要使用的数据、算法,并精确地定义在不同情况下所应当采取的行动,是一种实现性的软件语言。

8.1.1 程序设计语言的基本成分

程序设计语言种类繁多,但其基本成分可归纳为四种:数据成分、运算成分、控制成分、传输成分。

1. 数据成分

数据成分用来描述程序中涉及的数据,如各种类型的变量、数组、指针、记录等。作为程序操作的对象,数据具有名称、类型和作用域等特征,使用前要对数据的这些特征加以说明。数据名称由用户通过标识符命名,类型说明数据需占用存储单元的多少和存放形式,作用域说明数据可以使用的范围。

第8章 代码设计

2. 运算成分

运算成分用来描述程序中所需进行的运算,如+、-、*、/等。

3. 控制成分

控制成分用来表达程序中的控制结构,人们可利用这些控制成分来构造程序中的控制逻辑。基本的控制成分包括顺序结构、条件选择结构和重复结构,如图8.1所示。

(1) 顺序结构。顺序结构用来表示一个计算操作(或语句)的序列。执行时,从操作序列的第一个操作开始,顺序执行序列的后续操作,直至序列的最后一个操作。

(2) 条件选择结构。条件选择结构由一个条件P和两个供选择的操作A和B组成。在执行中,先计算条件表达式P的值,如果P为真,则执行操作A;否则执行操作B。当条件选择结构中的A或B又由条件选择结构组成时,就呈现出嵌套的条件选择结构形式。

(3) 循环结构。循环结构为程序描述循环计算过程提供控制手段。循环结构有多种形式,最基本的形式为while循环结构。

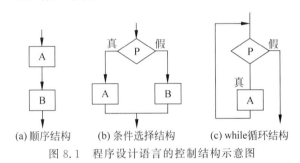

图8.1 程序设计语言的控制结构示意图

4. 传输成分

传输成分用来进行数据传输。例如,Turbo C语言标准库提供了两个控制台格式化输入、输出函数printf()和scanf(),这两个函数可以在标准输入输出设备上以各种不同的格式读写数据。printf()函数用来向标准输出设备(屏幕)写数据,scanf()函数用来从标准输入设备(键盘)上读数据。

8.1.2 程序设计语言的分类

关于程序设计语言的分类有不少争议,同一种语言可以归到不同的类中。比如按级别,程序设计语言可以分为低级语言和高级语言;按用户的要求,程序设计语言有过程式语言和非过程式语言之分;按照应用范围,程序设计语言有通用语言与专用语言之分;按照使用方式,程序设计语言有交互式语言和非交互式语言之分;按照成分性质,程序设计语言有顺序语言、并发语言和分布语言之分。

从软件工程的角度,按照程序设计语言的发展历程,可将其大体分为四类。

1. 第一代语言——机器语言

机器语言是表示成数码形式的机器基本指令集,或者是操作码经过符号化后的基本指令集。不同的机器有不同的机器语言。机器语言程序在计算机内的运行效率极高,但开发和维护机器语言程序相当困难。

2. 第二代语言——汇编语言

汇编语言比机器语言直观，是机器语言中地址部分符号化的结果，进一步还可包括宏构造。从软件工程的角度来看，汇编语言只是在高级语言无法满足设计要求或不具备某种特定功能的技术性能时才被使用。

3. 第三代语言——高级程序设计语言

高级程序设计语言（也称高级语言）的出现使得计算机程序设计语言不再过度地依赖某种特定的机器或环境。这是因为高级语言在不同的平台上会被编译成不同的机器语言，而不是直接被机器执行。最早出现的编程语言之一 FORTRAN 的一个主要目标就是实现平台独立。

（1）传统的高级程序设计语言，如 FORTRAN、COBOL、ALGOL、BASIC 等，这些程序设计语言应用广泛，历史悠久，有大量的软件库。其中有的语言得到了较大的改进，现在还在使用。

（2）通用的结构化程序设计语言。这类语言直接提供结构化的控制结构，具有很强的过程功能和数据结构功能，代表是 PL/1、Pascal、C 和 Ada。其中 C 语言对于促进结构化程序设计方法的普及有很大作用，现在仍然有很多人在学习和使用。

（3）面向对象设计语言。面向对象设计语言适合于编写用面向对象技术开发设计的软件，主要包括 C++、Java 等语言。

（4）专用语言。专用语言是为某种特殊的应用而设计的语言。通常这种语言的应用范围比较狭窄，但在相应的领域有着别的语言无法比拟的优势，代表性的语言有 LISP、Prolog、Smalltalk 等。专用语言针对特殊用途设计，一般翻译过程简便、高效，但与通用语言相比，可移植性和可维护性比较差。

4. 第四代语言

第四代语言出现于 20 世纪 70 年代，其目的是为了提高程序的开发速度，让非专业用户能直接编制计算机程序。第四代语言的特点主要有以下几点：

（1）对用户友善，一般用类自然语言、图形或表格等描述方式，普通用户很容易掌握；

（2）多数与数据库系统相结合，可直接对数据库进行操作；

（3）对许多应用功能均有默认的假设，用户不必详细说明每一件事情的做法；

（4）程序代码长度及获得结果的时间与使用 COBOL 语言相比约少一个数量级；

（5）支持结构化编程，易于理解和维护。

目前，第四代语言的种类繁多，尚无标准，在语法和能力上有很大差异，其中一些支持非过程式编程，更多的是既含有非过程语句，也含有过程语句。典型的第四代语言有数据库查询语言、报表生成程序、应用生成程序、电子表格、图形语言等。多数 4GL 是面向领域的，很少是通用的。

未来发展最理想的语言应为自然语言。使用自然语言（如英语、法语或汉语），计算机能理解并立即执行请求。但迄今为止，自然语言理解仍然是计算机科学研究中的一个难点，尽管在实验室的研究中取得了一定的成果，但在现实中的应用仍然是相当有限的。

8.1.3　程序设计语言的选择

目前开发并使用的程序设计语言有数百种之多,在这众多的语言中如何来选择适合自己程序的语言呢?

总的来说,为开发一个特定项目选择程序设计语言时,必须从技术特性、工程特性和心理特性几方面考虑。在选择语言时,应从问题入手,确定它的要求是什么以及这些要求的相对重要性。由于一种语言不可能同时满足它的各种需求,所以要对各方面进行权衡,比较各种可用语言的适用程度,选择认为是最适用的语言。

为使程序容易测试和维护,减少生命周期的成本,选用的语言应当有良好的模块机制以及可读性好的控制结构和数据结构;为便于调试和提高软件可靠性,语言的编译程序应能够尽可能多地发现程序中的错误;为降低软件开发和维护的成本,选用的语言应用良好的独立编译机制。在实际选用语言时除了考虑理论标准外,还必须同时考虑实用方面的各种限制。通常要综合考虑如下几种因素。

(1) 项目的应用领域。项目的应用领域是选择程序设计语言的关键因素。因为所谓的通用程序设计语言并不是对所有的应用领域都适用,每种语言都有自己擅长的领域。比如 COBOL 适用于商业领域,FORTRAN 适用于工程和科学计算领域,Prolog、LISP 适用于人工智能领域,C++、Java 适用于 OO 系统的开发,C 语言等则适用于多个应用领域。因此,选择时应考虑软件项目的应用范围。

(2) 软件开发的方法。程序设计语言的选择依赖于开发的方法。例如,如果要用快速原型模型来开发,要求能快速实现原型,则宜采用 4GL;如果是面向对象方法,宜采用面向对象语言编程。近年来,研究人员推出了许多面向对象的语言,如 C++、Java 等。

(3) 软件执行的环境。如果程序设计语言能够提供良好的编程环境,不但能有效提高软件生产率,还能减少错误,有效提高软件质量。近几年推出了许多可视化的软件开发环境,如 Visual Basic、Visual C、Visual FoxPro 及 Delphi(面向对象的 Pascal)等,都提供了强有力的调试工具,可帮助程序员快速形成高质量的软件。

(4) 算法和数据结构的复杂性。科学计算、实时处理和人工智能领域中的问题算法较复杂,而数据处理、数据库应用和系统软件领域内的问题,数据结构比较复杂,因此选择语言时可考虑该语言是否有完成复杂算法的能力,或者有构造复杂数据结构的能力。

(5) 软件开发人员的知识水平和心理因素。如果同时有多种语言都适合于某项目的开发时,应选择开发人员比较熟悉的语言。新的更强有力的语言,虽然对应用有很强的吸引力,但原有语言被大量长期开发的程序所使用,积累了更为丰富、完整的资料、支撑模块和成熟的软件开发工具,而且程序设计人员也有过类似项目的开发经验和成功的先例,加上心理因素,人们往往会选用原有语言。综合考虑,在引入新语言进行开发时,往往应当彻底地分析、评价、熟悉新语言,以便能顺利地从原有语言过渡到新语言。

8.2　程序设计风格

随着计算机技术的发展,软件的规模加大了,软件的复杂性也增强了。为了保证软件的质量,要加强软件测试;为了延长软件的生命周期,还要经常进行软件维护。不论测试与维护,都必须要阅读程序。因此,读程序是软件维护和开发过程中的一个重要组成部分。

有时读程序的时间比写程序的时间还要多。

同样一个题目,为什么有人编的程序容易读懂,而有人编的程序不易读懂呢?这就存在一个程序设计的风格问题。程序设计风格指一个人编制程序时所表现出来的特点、习惯及逻辑思路等。良好的编程风格可以减少编码的错误,减少读程序的时间,从而提高软件的开发效率。因此本节主要讨论与编程风格有关的因素。总的来说,好的程序设计风格包括源程序的文档化、数据说明的规范化、语句构造的结构化、输入输出的可视化。

8.2.1 源程序的文档化

在源程序中可包含一些内部文档,以帮助阅读和理解源程序,其具体内容包括标识符的命名、适当的程序注释和程序的视觉组织。

(1) 标识符的命名。标识符的命名主要指模块、变量、常量、子程序、数据区及缓冲区的命名等。它的命名最好选择含义明确的名字,使其能正确提示标识符所代表的实体,有一定的实际意义。例如,表示总量的变量名用 Total,表示平均值的用 Average 等。命名需要注意的原则还有:

① 名字不要太长,应当精炼,太长增加打字量且易出错。必要时可使用缩写名字,注意缩写规则要一致,且给每个名字加上注释;

② 不用相似的名字,相似的名字容易混淆,不易发现错误。如 cm、cn、cmn、cnm、cnn、cmm;

③ 不用关键字作标识符;

④ 同一个名字不要有多个含义;

⑤ 名字中避免使用易混淆的字符。如数字 0 与字母 O,数字 1 与字母 I 或 l,数字 2 与字母 z 等。

(2) 程序注释。注释是程序员和程序可能的阅读者间通信的重要手段,用自然语言或伪码描述。它说明了程序的功能,特别在维护阶段对理解程序提供了明确指示。它绝不是可有可无的,在一些正规的程序文件中,注释行的数量约占整个源程序的一半甚至更多。

注释分为序言性注释和功能性注释。

序言性注释通常置于每个程序模块的开头部分,用于对程序进行整体说明,主要内容包括:

① 程序标题;

② 模块的功能及目的的说明;

③ 主要算法;

④ 接口说明,包括调用格式、参数描述、子程序清单;

⑤ 有关数据描述,如重要的变量及其用途、约束和限制条件;

⑥ 模块位置,即隶属于哪个软件包;

⑦ 开发历史,包括模块的设计者、评审者、评审日期、修改日期以及对修改的描述。

功能性注释嵌在源程序体内,用以描述其后的语句或程序段进行什么样的工作,或执行了下面的语句会得到什么结果,而不是解释下面怎么做。书写功能性注释时应注意的问题如下:

① 注释用来说明程序段,而不是每一行程序都要加注释;

② 使用空行、缩进或括号，以便区分注释和程序；
③ 修改程序时也应修改注释；
④ 注解应提供一些从程序本身难以得到的信息，而不是语句的重复。

（3）程序的视觉组织。视觉组织主要是指通过在程序中添加一些空格、空行和缩进等技巧，帮助人们从视觉上看清程序的结构。比如自然的程序段之间可用空行隔开；使用移行（或称向右缩格），以便分清程序的层次关系；使用缩进，以便清晰地观察到程序的嵌套层次，同时还容易发现诸如"遗漏 end"那样的错误等。

8.2.2 数据说明的规范化

设计阶段确定了数据结构的组织和复杂性，在编写程序时则需要注意数据说明。为了使程序中的数据说明更易于理解和维护，可采用以下风格。

（1）数据说明的次序应当规范化，使数据属性容易查找，也有利于测试、排错和维护。原则上，数据说明的次序与语法无关，其次序是任意的。但出于阅读、理解和维护的需要，最好使其规范化，使说明的先后次序固定。

（2）说明语句中变量的排列应有次序。当多个变量名在一个说明语句中说明时，可以将这些变量按字母的顺序排列，以便查找。

（3）添加注释，利用注释说明程序实现时的特点。如果设计了一个复杂的数据结构，应当使用注释来说明在程序实现时这个数据结构的固有特点。例如用户自定义的数据类型，应当在注释中做必要的补充说明。

8.2.3 语句构造的结构化

虽然在设计阶段确定了软件的逻辑流结构，但构造单个语句却是编码阶段的主要任务。有关书写语句的原则有几十种，总的来说，希望每条语句都尽可能简单明了，能直截了当地反映程序员的意图，不能为了片面追求效率而使语句复杂化。其常用的规则如下。

（1）一行内只写一条语句。为了便于阅读和理解，不要一行书写多个语句。在一行内只写一条语句，并且采取适当移行（即向右缩格）的办法，使程序的逻辑和功能变得更加明确。许多程序设计语言允许在一行内书写多个语句，但这种方式会使程序可读性变差，因而不可取。

例如有一段排序程序，书写如下：

```
FOR I: = 1 TO N-1 DO BEGIN T: = I; FOR J: = I+1 TO N DO IF A[J]<A[T] THEN T: = J; IF T≠I THEN
BEGIN WORK: = A[T]; A[T]: = A[I]; A[I]: = WORK; END END;
```

由于一行中包括了多个语句，掩盖了程序的循环结构和条件结构，使其可读性变得很差。将其改进并缩进后，程序就清晰明了许多：

```
FOR I: = 1 TO N-1 DO              //改进布局
    BEGIN
        T: = I;
    FOR J: = I+1 TO N DO
        IF A[J]<A[T] THEN
T: = J;
    IF T≠I THEN
        BEGIN
```

```
            WORK: = A[T];
            A[T] : = A[I];
            A[I] : = WORK;
        END
    END;
```

（2）程序编写首先考虑清晰性。程序编写首先应当考虑清晰性，不要刻意追求技巧性，使程序编写得过于紧凑。比如不同层次的语句采用缩进形式，使程序的逻辑结构和功能特征更加清晰；要避免复杂的判定条件，避免多重的循环嵌套；表达式中使用括号以提高运算次序的清晰度等。

有一个用 C 语言写出的程序段如下所示：

```
A[I] = A[I] + A[T];
A[T] = A[I] - A[T];
A[I] = A[I] - A[T];
```

此段程序可能不易看懂，有时还需用实际数据试验一下。实际上，这段程序的功能就是交换 A[I] 和 A[T] 中的内容，目的是为了节省一个工作单元。如果改为如下形式：

```
WORK = A[T];
A[T] = A[I];
A[I] = WORK;
```

就能让读者一目了然了。

（3）尽量只采用三种基本的控制结构来编写程序。除顺序结构外，应使用 if-then-else 来实现选择结构，使用 do-until 或 do-while 来实现循环结构。

（4）除非对效率有特殊的要求，否则程序编写要做到清晰第一，效率第二。不要为了追求效率而丧失了清晰性。事实上，程序效率的提高主要应通过选择高效的算法来实现。

（5）首先要保证程序正确，然后才要求提高速度。反过来说，在使程序高速运行时，首先要保证它是正确的。

（6）避免使用临时变量而使可读性下降，避免采用过于复杂的条件测试。

（7）尽量减少使用"否定"条件的条件语句。

例如，如果在程序中出现

```
if ( !( char <'0' || char >'9'))
    ...
```

则改成

```
if ( char >= '0' && char <= '9' )
    ...
```

会显得更好，不要让读者绕弯子想。

8.2.4 输入输出的可视化

输入输出信息是与用户的使用直接相关的，其方式和格式应当尽可能方便用户的使用，一定要避免因设计不当给用户带来的麻烦。因此，在软件需求分析阶段和设计阶段，就应基本确定输入和输出的风格。系统能否被用户接受，有时就取决于输入输出的风格。对

于输入输出来说,在设计和编码时都应考虑以下几点:

(1) 对输入输出数据要进行检验,保证每个数据的有效性;

(2) 检查输入项重要组合的合理性;

(3) 输入的步骤和操作尽可能简单;

(4) 输入数据时,应允许使用自由格式输入;

(5) 输入一批数据时,最好使用结束标志;

(6) 在交互输入输出时,应使用提示符提示交互输入的请求;

(7) 应保持输入格式与输入语句要求的一致性;

(8) 为所有输出加注释,并设计输出报表格式;

(9) 此外,输入输出风格还受其他因素的影响,如输入输出设备、用户经验及通信环境等。

其实不同程序设计语言所应遵循的原则有很多,上述所谈到的是通用原则,没有全部描述。好在当今语言都寻求标准化,很多语言都已公布统一的国际标准或规范,在编写语言时尽量按照其所制定的标准或规范,将有助于程序员建立起良好的程序设计风格。

8.2.5 编程规范

对于程序设计语言来说,即便写出的程序可以运行,但是不满足标准和规范,也会对程序带来潜在的隐患。规范是建议如何去做,推荐更好的工作方式,其实编程规格就是程序设计风格在某种具体程序设计语言的具体实现。我们之前所谈到的源程序的文档化、数据说明的规范化、语句构造的结构化、输入输出的可视化都在编程规范中有所体现并结合本语言的特点进一步规范化了。

编码规范对于程序员而言尤为重要,有以下几个原因:

(1) 一个软件的生命周期中,80%以上的成本用于维护;

(2) 几乎没有任何一个软件,在其整个生命周期中,是由最初的开发人员来维护的;

(3) 编码规范可以改善软件的可读性,可以让程序员尽快而彻底地理解新的代码;

(4) 如果你将源代码作为产品发布,就需要确认它是否被很好地打包并且清晰无误,如同你已构建的其他任何产品一样。

因此为了执行规范,每个软件开发人员必须一致遵守编码规范。

8.3 结构化程序设计

结构化程序设计是一种程序设计技术,它采用自顶向下、逐步求精的设计方法和单入口/单出口的控制结构。结构化程序设计逻辑结构清晰,不仅容易阅读和理解,开发时也比较容易保证程序的正确性,即使出错也比较容易诊断和纠正,因此成为人们编写软件时广泛采用的一种方法。

8.3.1 结构化程序设计的原理

20世纪60年代,软件出现了严重危机:许多软件出现大量错误,引起信息丢失、系统报废。1963年,针对当时流行的ALGOL语言,Peter Naur指出,在程序中没有节制地使用

goto 语句,会使程序结构变得十分混乱。1968 年,荷兰学者 Dijkstra 针对 goto 语句的危害,首先提出了结构化程序设计的思想,限制了 goto 语句的使用,促成了一种新的程序设计方法——结构化程序设计方法——的产生。

结构化程序采用自顶向下、逐步求精的程序设计方法;使用三种基本控制结构构造程序,任何程序都可由顺序、选择、循环三种基本控制结构构成,这三种基本控制结构在 8.1 节已经介绍了。总的来说,一个良好的结构化程序在结构方面应具有以下四点原则。

(1) 自顶向下。设计程序时,应先考虑总体,后考虑细节;先考虑全局目标,后考虑局部目标。不要一开始就过多追求众多的细节,先从最上层总目标开始设计,逐步使问题具体化。

(2) 逐步细化。对复杂问题,应设计一些子目标作为过渡,逐步细化。

(3) 模块化设计。一个复杂问题,必定是由若干简单的问题构成的。模块化是把程序要解决的总目标分解为子目标,再进一步分解为具体的小目标,每个小目标称为一个模块。

(4) 限制使用 goto 语句。结构化程序设计方法的起源来自对 goto 语句的认识和争论。肯定的结论是:在块和进程的非正常出口处往往需要用 goto 语句,使用 goto 语句会使程序执行效率较高;在合成程序目标时,goto 语句往往是有用的,如返回语句用 goto。否定的结论是:goto 语句是有害的,是造成程序混乱的祸根,程序的质量与 goto 语句的数量成反比,应该在所有高级程序设计语言中取消 goto 语句。取消 goto 语句后,程序易于理解,易于排错,容易维护,容易进行正确性证明。作为争论的结论,1974 年 Knuth 发表了令人信服的总结,并证实了如下结论。

① goto 语句确实有害,应当尽量避免。

② 完全避免使用 goto 语句也并非是个明智的方法,有些地方使用 goto 语句,会使程序流程更清楚、效率更高。

③ 争论的焦点不应该放在是否取消 goto 语句上,而应该放在用什么样的程序结构上。其中最关键的是,应在以提高程序清晰性为目标的结构化方法中限制使用 goto 语句。

8.3.2　结构化编程

复杂问题实际上也是由简单问题组成的,所以一开始并不需要急于将它用程序设计语言编写成相应的代码,而应该先整体再局部,先抽象再具体,逐步得到解决问题的源代码。下面就以一个计数程序为例具体说明结构化编程的过程。

【案例 8-1】　编写一个数列的计数程序,要求统计数列中整数、负数的个数及所有正数的和。程序终止的条件是:遇到 0 或正数之和大于 1000。

程序如下:

```
begin
    posNum:=0; negNum:=0;Total:=0;
    read(valueA);
    while Total<=1000 and valueA<>0 do
    begin
        按要求进行计算
        read(valueA);
    end
    write(posNum,negNum,Total);
```

end;

对上面程序进行进一步细化,就可以得到:

```
begin
    posNum: = 0; negNum: = 0;Total: = 0;
    read(valueA);
    while Total < = 1000 and valueA <> 0 do
    begin
        if valueA > 0 then
begin
计算正数和及正数个数
            end
            else negNum = negNum + 1;
        read(valueA);
    end
    write(posNum,negNum,Total);
end;
```

再进一步细化就得到了最终结果:

```
begin
    posNum: = 0; negNum: = 0;Total: = 0;
    read(valueA);
    while Total < = 1000 and valueA <> 0 do
    begin
        if valueA > 0 then
begin
Total = Total + valueA;
posNum = posNum + 1;
            end
            else negNum = negNum + 1;
        read(valueA);
    end
    write(posNum,negNum,Total);
end;
```

结构化程序设计的优点主要有:

(1) 自顶向下、逐步求精的方法符合人类解决复杂问题的普遍规律,因此可以显著提高软件开发工程的成功率和生产率;

(2) 用先全局后局部、先整体后细节、先抽象后具体的逐步求精过程开发的程序有清晰的层次结构,因此容易阅读和了解;

(3) 限制使用 goto 语句,仅使用单入口的控制结构,使程序的静态结构和动态执行情况比较一致,因此,开发时比较容易保证程序的正确性,即使出现错误也比较容易诊断和纠正;

(4) 控制结构有确定的逻辑模式,编写程序代码只限于使用很少几种直截了当的方式,因此源程序清晰流畅,易读易懂,而且容易测试;

(5) 程序清晰和模块化使得修改和重新设计一个软件时可以重用的代码量最大;

(6) 程序逻辑结构清晰,有利于程序的正确性证明。

8.4 面向对象程序设计

传统的软件工程方法学曾给软件产业带来了巨大的进步,借助它,人们成功开发出了很多中小规模的软件项目。但随着软件产品的应用范围越来越广泛及软件规模的不断扩大,传统的开发方法出现各种各样的问题,很难再取得成功。到 20 世纪 90 年代时,面向对象方法学已经发展成为人们开发软件时的首选,它也是当今最好的软件开发技术。本节将重点介绍面向对象程序设计语言及其设计风格。

8.4.1 面向对象语言的特点

面向对象设计的质量决定了面向对象程序的质量,但所采用的程序语言的特点和程序设计风格也将对程序的可靠性、可重用性及可维护性产生深远影响。

面向对象设计的结果既可以用面向对象语言实现,也可以用非面向对象语言实现。从原理上说,任何一种通用语言都能实现面向对象概念。但使用面向对象语言时,语言本身充分支持面向对象概念的实现,编译程序可以自动把面向对象概念映射到目标程序中。使用非面向对象语言编写面向对象程序时,则必须由程序员自己把面向对象概念映射到目标程序中。例如对类和对象的概念,程序员只能用类似的数据结构形式来模拟类定义变量或函数,如 C 语言中的结构。另外使用非面向对象语言,要么完全回避继承的概念,要么在声明特殊化类时,把对一般化类的引用嵌套在它里面。

总的从面向对象观点看来,能够更完整、更准确地表达问题域语义的面向对象语言的语法是非常重要的。

面向对象语言的形成借鉴了历史上许多程序语言的特点,从中吸取了丰富的营养。20 世纪 80 年代以来,面向对象语言像雨后春笋一样大量涌现,形成了两大类面向对象语言:一类是纯面向对象语言,如 Smalltalk 和 Eiffel 等语言;另一类是混合型面向对象语言,也就是在过程语言的基础上增加面向对象机制,如 C++ 等语言。

纯面向对象语言着重支持面向对象方法研究和快速原型的实现,而混合型面向对象语言的目标则是提高运行速度和使传统程序员容易接受面向对象思想。成熟的面向对象语言通常都提供丰富的类库和强有力的开发环境。

在选择面向对象语言时,应该着重考察以下技术特点。

(1) 支持类与对象概念的机制。这是作为面向对象语言所应具备的基本特性。

(2) 实现整体-部分结构的机制。有指针和独立的关联对象两种方法实现这一机制。

(3) 实现一般-特殊结构的机制。既包括实现继承的机制,也包括解决名字冲突的机制。

(4) 实现属性和服务的机制。属性应该着重考虑支持实例连接的机制、属性的可见性控制及对属性值的约束。对服务来说,则应该考虑支持消息连接(即表达对象交互关系)的机制、控制服务可见性的机制和动态联编。

(5) 类型检查。语言在编译时会对类型进行检查。如果语言仅要求每个变量或属性隶属于一个对象,则该语言是弱类型的;如果语法规定每个变量或属性必须准确地属于某个特定的类,则这样的语言是强类型的。混合型语言(如 C++、Objective-C 等)则允许属性值不是对象，而是某种预定义的基本类型数据（如整数、浮点数等），这样可以提高操作的效率。

（6）类库。大多数面向对象语言都提供一个实用的类库。某些语言本身并未规定提供类库，而是由实现这种语言的编译系统自行提供类库。存在类库，许多软构件就不必由程序员重新编写了，这为实现软件重用带来了很大方便。

（7）效率。以往人们认为面向对象语言的效率低，这是因为早期的面向对象语言是解释型的而不是编译型的。事实上，使用拥有完整类库的面向对象语言，有时能比非面向对象语言运行更快，因为类库中提供了更高效的算法和更好的数据结构。

（8）持久保存对象。许多面向对象语言没有提供直接存储对象的机制。这些语言的用户必须自己管理对象的输入输出或者购买面向对象的数据库管理系统。

（9）参数化类（模板机制）。参数化类（模板机制）就是使用一个或多个类型去参数化一个类的机制。有了这种机制，程序员可以先定义一个参数化的类模板（即在类定义中包含以参数形式出现的一个或多个类型），然后把数据类型作为参数传递进来。

（10）开发环境。软件工具和软件工程环境对软件生产率有很大的影响。由于面向对象程序中继承关系和动态联编等引入的特殊复杂性，面向对象语言提供的软件工具或开发环境就显得尤其重要了。开发环境至少包括最基本的软件工具：编辑程序、编译程序或解释程序、浏览工具和调试器等。

8.4.2 面向对象语言的选择

开发人员在考虑面向对象语言的选择时，除了语言自身特点外，也应考虑以下一些实际因素。

（1）将来能否占据主导地位。在未来的时代中，哪种面向对象语言将占据主导地位呢？为使自己的产品能够具有较长的生命周期，应该选择那些将来可能占据主导地位的语言编程。那么如何进行选择呢？根据目前的市场份额及专业书刊、学术会议上所做的分析、评价，人们往往可以推测出未来市场中占据主导地位的面向对象语言。但最终决定选用面向对象语言的关键，往往是成本这种经济因素而非技术因素。

（2）可重用性。目前随着软件的复杂性和功能的增强，软件产品的生命周期也在不断增长。如何更好地维护软件产品，提高软件生存率，可重用性是一个非常重要的关键因素。因此在开发中应该优先选择最能准确表达问题语义的面向对象语言。

（3）类库和开发环境。决定可重用性的因素，除了面向对象语言本身外，开发环境和类库也是非常重要的。事实上，语言、类库和开发环境三者综合在一起，共同决定了可重用性。

考虑类库时，不仅要考虑某种语言是否提供了类库，还需要考虑类库中所包含的类包是否对开发软件有帮助。随着类库的不断充实和丰富，在开发新系统时，需要开发人员自己写的代码将会越来越少。

为方便积累可重用类，在开发环境中，除了提供基本的软件工具外，还需要提供方便的类库编辑工具和浏览工具。

（4）其他因素。在选择编程语言时，还需考虑的因素包括：对用户学习面向对象分析、设计和编码技术所能提供的培训服务水平；在使用面向对象语言时所能提供的技术支持资源；能提供给开发人员使用的开发工具、平台和发布平台及对其性能和内存的需求、集成已有软件的方便程度等。

8.4.3 面向对象程序的设计风格

良好的面向对象程序设计风格，既包括传统的程序设计风格准则，也包括为适应面向对象方法所特有的概念（例如继承性）而必须遵循的一些新准则：提高可重用性，提高可扩充性，提高健壮性。

1. 提高可重用性

软件重用有多个层次，在编码阶段主要涉及代码重用问题。一般来说，代码重用有两种：一种是本项目内的代码重用，主要是找出设计中相同或相似的部分，然后利用继承机制共享它们；另一种是新项目重用旧项目的代码，外部要做到重用必须有长远眼光并反复考虑。但是这两类重用程序的设计准则却是相同的，主要准则如下。

（1）提高方法的内聚。如果某个方法涉及两个或多个不相关的功能，则应该把它分解成几个更小的方法。

（2）减小方法的规模。如果某个方法规模过大，则应该把它分解成几个更小的方法。

（3）保持方法的一致性。功能相似的方法应该有一致的名字、参数特征（包括参数个数、类型和次序）、返回值类型、使用条件及出错条件等。

（4）把策略与实现分开。为提高重用性，编程时不要把策略和实现放在同一方法中。应把算法的核心部分放在单独实现方法中，从策略方法中提取具体参数，作为调用实现方法的单元。

（5）全面覆盖。如果输入条件的各种组合都可能出现，不能针对当前用到的组合情况，而应针对所有组合写出方法。此外一个方法不应只能处理正常值，对空值、极限值及界外值等异常情况也该做出响应。

（6）尽量不使用全局信息。应该尽量降低方法与外界的耦合程度，不使用全局信息是降低耦合度的一项主要措施。

（7）利用继承机制。在面向对象程序中，使用继承机制是实现共享和提高重用程度的主要途径。

2. 提高可扩充性

提高可重用性的准则也能用于提高可扩充性。此外，以下面向对象程序的设计准则也有助于提高可扩充性。

（1）封装实现策略。把类的实现策略（包括描述属性的数据结构、修改属性的算法等）封装起来，对外只提供公有的接口，否则将降低今后修改数据结构或算法的自由度。

（2）不要用一个方法遍历多条关联链。一个方法应该只包含对象模型中的有限内容。违反这条准则将导致方法过分复杂，既不易理解，也不易修改扩充。

（3）避免使用多分支语句。一般说来，可以利用 DO CASE 语句测试对象的内部状态，但是不要根据对象类型选择应有的行为。应合理地利用多态性机制，根据对象当前类型，自动决定应有的行为。

（4）精心确定公有方法。修改公有方法的代价通常都比较高。为提高可修改性，降维护成本,必须精心选择和定义公有方法。

3. 提高健壮性

在编程实现方法代码时,既该考虑效率,也该考虑健壮性,通常需要在健壮性与效率间做出适当的折中。为提高健壮性,应遵守以下几条准则。

(1) 预防用户的操作错误。当用户在输入数据时发生错误,不应该引起程序运行中断,更不应该造成"死机"。任何一个接收用户输入数据的方法,对其接收到的数据必须进行检查,即使发现了非常严重的错误,也应该给出恰当的提示信息,并准备再次接收用户的输入。

(2) 检查参数的合法性。对公有方法,尤其应该着重检查其参数的合法性,因为用户在使用公有方法时可能违反参数的约束条件。

(3) 不要预先确定限制条件。在设计阶段,往往很难准确地预测出应用系统中使用的数据结构的最大容量需求。因此不应该预先设定限制条件。如果有必要和可能,则应该使用动态内存分配机制,创建未预先设定限制条件的数据结构。

(4) 先测试后优化。为在效率与健壮性之间做出合理的折中,应该在为提高效率而进行优化之前,先测试程序的性能。经过测试,合理地确定为提高性能应该着重优化的关键部分。

8.5 程序效率

程序效率是指程序的执行速度、程序所需占用的内存存储空间。程序编码是最后提高运行速度和节省存储空间的机会,因此在此阶段不能不考虑程序的效率。在讨论提高效率的要求时,应该明确如下三条原则:

(1) 效率是一个性能要求,目标应在需求分析阶段给出;

(2) 追求效率要建立在不损害程序可读性或可靠性的基础上,要先使程序正确,再提高程序效率;先使程序清晰,再提高程序效率;

(3) 提高程序效率的根本途径在于选择良好的设计方法、良好的数据结构与算法,而不是靠编程时对程序语句做调整。

关于程序效率,下面分别从程序运行时间、存储器效率和输入输出效率三个方面进一步讨论。

1. 程序运行时间

源程序的效率直接由详细设计阶段确定的算法效率决定,但是写程序的风格也会对程序的执行速度和存储器产生影响。在将设计转换为代码前,应考虑以下原则。

(1) 写程序之前先简化算术表达式、逻辑表达式。
(2) 仔细检查算法中的嵌套循环,尽可能将某些语句或表达式移到循环外面。
(3) 尽量避免使用多维数组。
(4) 尽量避免使用指针和复杂的表。
(5) 采用"快速"的算术运算。
(6) 不要混淆数据类型,避免在表达式中出现类型混杂。
(7) 尽量采用整数算术表达式和布尔表达式。
(8) 选用等效的高效率算法。

(9) 许多编译程序具有"优化"功能,可以自动生成高效率的目标代码。

2. 存储器效率

在大中型计算机系统中,存储限制不再是主要问题。在这种环境下,对内存考虑操作系统的分页功能虚拟存储管理是提高效率的好方法。采用结构化程序设计,将程序功能合理分块,使每个模块或一组密切相关模块的程序体积大小与每页的容量相匹配,可减少页面调度,减少内外存交换,提高存储效率。

在微型计算机系统中,存储器的容量对软件设计和编码的制约很大。因此要选择可生成较短目标代码且存储压缩性能优良的编译程序,必要时需采用汇编程序。

提高执行效率的技术也能提高存储器效率。归纳而言,提高存储器效率的关键就是提高程序的简单性。

3. 输入输出效率

输入输出可分为两种类型:面向人(操作员)的输入输出和面向设备的输入输出。如果操作员能方便、简单地录入输入数据,同时能直观地了解输出信息为理解计算机输出的信息,所花费的时间是经济的,则可以说面向人的输入输出是高效的。

硬件之间的通信效率是很复杂的问题,但对于面向设备的输入输出,可遵循以下提高输入输出效率的指导原则。

(1) 输入输出的请求应当最小化。

(2) 对于所有的输入输出操作安排适当的缓冲区,以减少频繁的信息交换。

(3) 对辅助存储(例如磁盘),选择尽可能简单的、可接受的存取方法。

(4) 对辅助存储的输入输出,应当成块传送。

(5) 对终端或打印机的输入输出,应考虑设备特性,尽可能改善输入输出的质量和速度。

(6) 任何不易理解的、对改善输入输出效果关系不大的措施都是不可取的。

(7) 任何不易理解的、所谓"超高效"的输入输出都是毫无价值的。

8.6 程序复杂性度量

质量是产品的生命,软件产品的开发周期长,耗费了巨大的人力、物力和财力,更必须注意保证质量。对于计算机而言,并不存在真正意义上的"好"的源代码;然而作为一个人,书写习惯的好坏将决定源代码的好坏。源代码是否具有正确性、高效率、安全性、可读性等,是判断其好坏的重要标准。

随着软件项目开发规模的不断扩大,保证软件产品质量的难度也越来越大。单凭以往的程序开发经验很难保证软件产品质量及开发的顺利进行,需要对产品及开发产品的过程进行度量,这就是软件度量。

程序复杂性度量是软件度量的重要组成部分,是指理解和处理程序的难易程度,主要针对模块内程序的复杂性。它直接关联到软件开发费用的多少、开发周期的长短和软件内部潜伏错误的多少。对程序进行复杂性度量可以降低程序复杂性,提高软件的简单性和可理解性,减少软件的开发费用,缩短开发周期,减少软件内部的潜藏错误。

为了度量程序复杂性,需要满足下列要求:

(1) 它可以用来计算任何一个程序的复杂性;

(2) 对于不合理的程序,例如对于长度动态增长的程序或者对于原则上无法排错的程序,不应当使用它进行复杂性计算;

(3) 如果程序中指令条数、附加存储量、计算时间增多,不会降低程序的复杂性。

典型的程序复杂性度量有源代码行度量法、McCabe 环形复杂性度量和 Halstead 复杂性度量。

1. 源代码行度量法

采用源代码行度量法基于两个前提:一是程序复杂性随着程序规模的增加不均衡地增长;二是控制程序规模的方法最好是分而治之,将一个大程序分解成若干简单的可理解的程序段。

源代码行度量法就是统计一个程序模块的源代码行数,并以源代码行数作为程序复杂性的度量。假设每行代码的出错率为每 100 行源程序中可能有的错误数目,如每行代码的出错率为 1%,则是指每 100 行源程序中可能有一个错误。

美国软件工程专家 Thayer 曾指出,程序出错率的估算范围是 0.04%~7%,即每 100 行源程序中可能存在 0.04~7 个错误。他还指出,每行代码的出错率与源程序行数之间不存在简单的线性关系。他还指出,对于小程序,每行代码出错率应为 1.3%~1.8%;对于大程序,每行代码的出错率可增加到 2.7%~3.2%。这只是考虑了程序的可执行部分,没有包括程序中的说明部分。研究者得出一个结论:对于少于 100 个语句的小程序,源代码行数与出错率是线性相关的;随着程序的增大,出错率以非线性方式增长。

2. McCabe 环形复杂性度量

1976 年 McCabe 提出了一种基于程序控制流的程序复杂性度量法,又称环路复杂性度量,它计算基于一个程序模块的程序图中环路的个数,因此先要画出程序图。程序图是退化的程序流程图,它将程序流程图中的每个处理符号(包括处理框、判断框、起点、终点等)退化为一个节点(若干连续的处理框合并为一个节点),这样流程图中连接处理符号的控制流变成程序图中连接节点的有向弧。程序流程图与程序图的对应关系如图 8.2 所示。

环路复杂性是建立在图论基础上的。对于一个强连通的有向图 G,若 m 是图 G 中的弧数,n 是图 G 中的节点数,p 是图 G 中的强连通分量个数,则图 G 中环的个数的计算公式为

$$V(G)=m-n+p \tag{8-1}$$

为使图成为强连通图,可从图的入口点到出口点加一条用虚线表示的有向边,使图成为强连通图,这样就可以使用式(8-1)计算环路复杂性。

在图 8.2 中,节点数 $n=11$,弧数 $m=13$,$p=1$,则有

$$V(G)=m-n+p=13-11+1=3$$

可以证明,环的个数等于程序图中弧所封闭的区域数。

3. Halstead 复杂性度量

Halstead 复杂性度量是软件科学中的第一个计算机软件的分析定律,用以确定计算机软件开发中的一些定量规律。它采用一组基本的度量值,这些度量值通常在程序产生之后

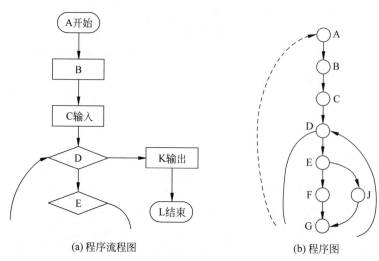

(a) 程序流程图　　　　　　　　(b) 程序图

图 8.2　程序流程图与程序图的对应关系

得出或者在设计完成之后估算出。他认为程序是由操作符和运算对象组成的。操作符包括算术操作符、逻辑操作符、赋值符、分界符、括号、子程序调用符等，还包括 begin-end、for-to、do-until、while-do、if-then-else 等。运算对象包括变量名和常数。

Halstead 提出的度量值如下。

（1）程序长度（预测的 Halstead 长度）。假设 n_1 表示程序中不同运算符（包括保留字）的个数，n_2 表示程序中不同运算对象的个数，则程序长度 H 的计算公式为

$$H = n_1 \log_2 n_1 + n_2 \log_2 n_2 \tag{8-2}$$

式中：H 是程序长度的预测值，它不等于程序中语句的个数。

（2）实际的 Halstead 长度。设 N_1 为程序中实际出现的运算符总个数，N_2 为程序中实际出现的运算对象总个数，N 为实际的 Halstead 长度，则有

$$N = N_1 + N_2 \tag{8-3}$$

（3）程序的潜在错误。Halstead 复杂性度量可以用来预测程序中的错误，预测公式为

$$B = (N_1 + N_2)_1 \log_2(n_1 + n_2)/3000 \tag{8-4}$$

式中：B 为程序中的错误数。它表明程序中可能存在的差错 B 应与程序量成正比。

习题八

一、判断题

1. 机器语言和汇编语言可以称为低级语言。　　　　　　　　　　　　　　　（　　）
2. 高级语言指的是独立于机器、面向过程或面向对象的语言。　　　　　　（　　）

二、选择题

结构化程序流程图中一般包括三种基本结构。下述结构中，（　　）不属于其基本结构。

　　A. 顺序结构　　　　B. 循环结构　　　　C. 选择结构　　　　D. 嵌套结构

三、填空题

1. 提高程序效率应当从_____、_____和_____三个方面进行考虑。
2. 典型的程序复杂性度量有_____、_____和_____。
3. 良好的程序设计风格包括源程序的_____、数据说明的_____、语句构造的_____、输入输出的_____。
4. 结构化程序设计采用_____、逐步求精的设计方法和_____的控制结构。

四、简答题

1. 简述程序设计语言的三种类型及特点。
2. 程序设计语言的基本成分是什么？
3. 良好的面向对象程序设计风格有哪些准则？

五、综合题

1. 简述如何选择适合项目的面向对象程序设计语言。
2. 分别画出顺序结构、选择结构、循环结构的结构示意图。
3. 提高程序效率必须明确的三条原则是什么？
4. 为什么要进行程序复杂性度量？
5. 对照本章内容，对自己熟悉的一门程序设计语言，尝试分析和总结其基本成分和技术特点。并编写包括输入输出、数据运算、注释的程序，长度不小于500行。
6. 对照本章程序设计风格的内容，尝试修改代码。

第 9 章 软件测试

软件无处不在。既然软件是人写的,总会或多或少地存在错误。如果不重视软件测试,就有可能带来一些不好的甚至是灾难性的后果。

1994 年的秋天,第一个面向儿童的多媒体光盘游戏《狮子王动画故事书》在美国迪士尼公司发布了。尽管当时在儿童游戏领域已有许多其他公司运作多年,但作为动画大鳄,这是迪士尼公司首次进军这个市场。发布前,迪士尼公司进行了大量促销宣传,销售额非常可观,这个游戏成为孩子们当年节假日的"必买游戏"。可是随后却是一场灾祸。12 月 26 日也就是圣诞节的后一天,迪士尼的客户支持电话开始响个不停。很快,电话支持技术员们就被无数的投诉电话所淹没。来自于愤怒的家长和完不成游戏的孩子的哭叫之声,以及报纸和电视新闻进行的大量报道,给迪士尼公司带来了非常不好的负面影响。后来经过证实,原因在于迪士尼公司未能对市面上投入使用的不同类型的 PC 机型进行广泛测试,软件仅能在极少数系统中正常运行,例如在迪士尼程序员用来开发游戏的系统中,但在大多数公众使用的系统中却不能运行。

类似的软件失败的实例还有很多,如能及时对软件缺陷进行修改,所需的花费也许很小,可一旦到用户使用时才发现问题,再来解决它可能就是巨大的数字。因此要保证软件质量,就必须及时对其进行测试,软件测试是软件质量保证的关键步骤。在进行软件测试时,必须要考虑以下问题:

(1)什么是软件测试?它和软件质量之间到底存在怎样的关系?为什么进行"充分"软件测试的软件才被允许投放市场?

(2)软件测试有很多种类,对于不同的软件,应当怎样对软件进行测试呢?

(3)对于不同的软件,应当对软件的哪些内容、从哪些角度进行测试呢?

(4) 何时开展何种软件测试最好呢?

(5) 软件测试到什么程度才算合格了呢?

希望学完本章之后,大家可以得到这些问题的答案。

9.1 软件测试基础

表面看来,软件测试的目的与软件工程其他阶段的目的并不相同。软件工程其他阶段都是"建设性"的:软件程序员从抽象的概念出发,逐步设计出具体的软件系统,直到使用一个恰当的程序设计语言写出可以执行的程序代码。但在测试阶段,测试人员努力设计各种不同的测试方案,目的是为了从系统中找到尽可能多的错误,破坏已经建好的软件系统。

但这种破坏仅仅是表面性的,暴露错误的最终目的是为了解决错误。软件测试的根本目标就是为了尽可能多地发现并解决软件中隐藏的错误,最终获得一个高质量、高水平的软件产品。

9.1.1 什么是软件缺陷

其实软件测试的目的就是为了寻找软件缺陷,即常说的错误。那究竟什么是软件缺陷呢?要正确理解软件缺陷,就必须先明白软件质量的概念和内涵。

1. 软件质量

软件质量与传统意义上的质量概念并无本质的差别,只是软件质量拥有一些自身的特性。IEEE 1983 是这样给出软件质量的定义的:软件产品满足规定的和隐含的、与需求能力有关的全部特征和特性,它包括:

(1) 软件产品质量满足用户要求的程度;

(2) 软件各种属性的组合程度;

(3) 用户对软件产品的综合反映程度;

(4) 软件在使用过程中满足用户要求的程度。

这些特性反映在软件系统的功能性、易用性、有效性、可靠性和性能等方面。软件缺陷其实就指的是对于软件产品质量而言出现的各种偏差、错误或谬误,其结果表现在功能、性能上的失败、不符合设计要求及客户的实际需求。

2. 软件缺陷

综上所述,软件缺陷是指计算机系统或者程序中存在的任何一种破坏正常运行能力的问题、错误或者隐藏的功能缺陷、瑕疵,其结果会导致软件产品在某种程度上不能满足用户需要。IEEE 对软件缺陷的定义如下:

(1) 从产品内部看,软件缺陷是软件产品开发或维护过程中所存在的错误、毛病等各种问题;

(2) 从产品外部看,软件缺陷就是系统所需要实现的某种功能的失效或丧失;

软件缺陷就是软件产品中的问题,最终表现为用户所需要的功能、性能没有完全实现,没有满足用户需求。具体来说,如果违反下列条件之一,就可以被认为是软件缺陷。

(1) 软件未实现产品说明书要求的功能;

(2) 软件出现了产品说明书提到的不应该的错误;

(3) 软件实现了产品说明书未提到的功能；

(4) 软件未实现产品说明书未提到但应实现的目标；

(5) 软件有难以理解、不易使用、运行缓慢等问题。

条件(1)、(2)、(3)相对比较好理解，只要对照需求规格说明就可以直接判定。对条件(3)和(4)的理解，下面举例说明。

有一个网上购书系统，它的需求规格说明上是这样写的：注册成功后，登录后可以进行网上购书、查询书籍相关信息。如果没有登录，只能查询书籍信息，不能进行购书。那么在下列问题中，哪几种可以被认为是软件缺陷？

(1) 用户无须登录即可购书。

(2) 网站界面设计简单。

(3) 每次只能购买一种图书。

(4) 具有下载音乐的功能。

(5) 无法查询书籍的详细信息。

(6) 同时有 500 多名用户登录时，系统响应十分缓慢。

(7) 购书价格计算错误。

根据条件判断：其中第(2)个不是软件缺陷，其余(1)(3)(4)(5)(6)都是软件缺陷。

具体来说，第(1)点违反了条件(2)，第(3)点违反了条件(4)，第(4)点违反了条件(3)，第(5)点违反了条件(1)，第(6)点违反了条件(5)；第(7)点"购书价格计算错误"，虽然需求没有谈到，但违反了条件(4)，可以被看成软件缺陷。

9.1.2 软件测试的原则

软件测试的基本原则就是站在用户的角度对软件进行全面测试，尽早、尽可能多地发现软件缺陷，并负责跟踪和分析软件中的问题，对不足之处提出质疑和改进意见。人们提出了一系列指导软件测试的基本原则。在此基础上，归纳总结为以下 10 项。

(1) 所有的测试都应追溯到用户需求。正如前言所述，软件测试的目标在于揭示错误。而从用户角度来看，最严重的错误是那些导致软件无法满足需求的错误。

(2) 软件测试必须基于"质量第一"的思想去开展各项工作。当时间和质量冲突时，时间要服从质量。

(3) 软件测试计划应该在测试工作真正开始前的较长时间内就进行。软件测试计划可以在需求模型一完成就开始，详细的测试用例定义可以在设计模型被确定后立即开始。因此，所有测试应该在代码被产生前就进行计划和设计。

(4) 将 Pareto 原则应用于软件测试。Pareto 原则认为测试中发现的 80％错误出现在 20％的程序模块中。所以如何分离这些有疑点的模块并对其进行彻底的测试是软件测试的主要问题。

(5) 测试应从"小规模"开始，逐步转向"大规模"。最初测试的焦点应在单个程序模块上，随着测试的进行，转向在集成的模块簇中寻找错误，最后在整个系统中寻找错误。

(6) 测试用例是设计出来的，不是写出来的。要根据测试的目的，采用相应的方法去设计测试用例，从而提高测试的效率，更多地发现错误，提高程序的可靠性。

(7) 穷举测试是不可能的。即使是一个大小适度的程序，其路径排列的数量也非常大。

因此，在测试中不可能运行路径的每一种组合。然而，要充分覆盖程序逻辑并确保程序设计中使用的所有条件却是有可能的。

（8）为了达到最佳效果，应该由独立的第三方来构造测试。"最佳效果"指最有可能发现错误的测试，所以创建系统的软件工程师并不是进行软件测试的最佳人选。

（9）不充分的测试是不负责任的，过分的测试也是一种不负责任的表现。过度测试同样是一种资源的浪费。

（10）重视文档。妥善保存一切测试过程文档，如测试计划、测试用例、测试报告等。

9.1.3 软件测试过程模型

随着计算机应用的发展，软件的复杂程度不断提高，源代码的规模越来越大，软件开发过程越来越不容易被控制。在长期的研究与实践中，人们意识到建立明确简洁的模型是把握复杂系统的关键，而软件测试的思想方法就建立在软件开发过程模型的基础之上，例如测试驱动开发来源于敏捷开发思想。软件测试模型与软件测试标准的研究也随着软件工程的发展而越来越深入。

1. V 模型

现在谈 V 模型，是否落后于时代？不一定，实际上许多软件过程思想是相通的，例如迭代模型、增量模型和螺旋模型都可以归为"分阶段开发"思想这一类。目前看来，V 模型适合企业级的软件开发，它更清楚地揭示了软件开发过程的特性及其本质。

20 世纪 80 年代后期 Paul Rook 提出了著名的软件测试 V 模型，旨在改进软件开发的效率和效果。V 模型是在快速应用开发（RAD）模型基础上演变而来的，由于整个开发过程形似 V 字而得名，如图 9.1 所示。

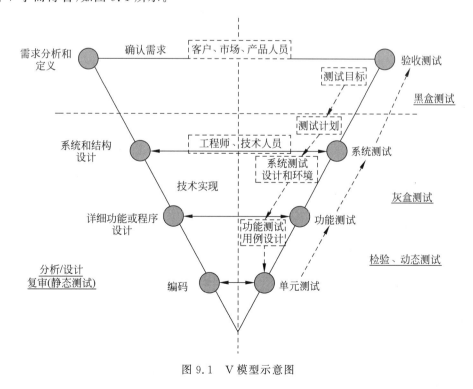

图 9.1 V 模型示意图

V模型强调软件开发的协作和速度,将软件实现和验证有机地结合起来,在保证较高的软件质量情况下缩短开发周期。

从这个V模型出发,通过扩展可以获得有关软件测试的更多信息。在进行需求分析和定义、系统和结构设计、详细功能或程序设计等过程中,测试团队要进行测试需求定义、测试计划等活动。除此之外,测试团队还有更多工作要做,以充分体现全过程的软件测试。

下面通过V模型水平和垂直的关联和比较分析,来理解软件开发和测试的关系。理解V模型具有面向客户、效率高、质量预防意识等特点,能帮助我们建立一套更有效的、更具有可操作性的软件开发过程。

从水平对应关系看,左边是设计和分析,是软件设计实现的过程,同时伴随着质量保证活动——审核的过程,也就是静态的测试过程;右边是对左边结果的验证,是动态测试的过程,即对设计和分析的结果进行测试,以确认是否满足用户的需求。详细介绍如下。

(1) 需求分析和功能设计对应验收测试,说明在做需求分析、产品功能设计的同时,测试人员就可以阅读、审查需求分析的结果,从而了解产品的设计特性、用户的真正需求,确定测试目标,可以准备用例并策划测试活动。

(2) 当系统设计人员在做系统和结构设计时,测试人员可以了解系统的实现方式及基于的平台,这样可以设计系统的测试方案和测试计划,并事先准备系统的测试环境,包括硬件和第三方软件的采购。

(3) 当设计人员在做详细功能和程序设计时,测试人员可以参与设计,对设计进行评审,找出设计的缺陷,同时设计功能、新特性等各方面的测试用例,完善测试计划,并基于这些测试用例开发测试脚本。

(4) 编程的同时进行单元测试是一种很有效的办法,可以尽快找出程序中的错误。充分的单元测试可以大幅度提高程序质量,降低成本。

从图9.1可以看出,V模型使我们能清楚地看到质量保证活动和测试项目同时展开,项目一启动,软件测试的工作也就启动了,避免了瀑布模型所带来的不足——软件测试是在代码完成之后进行。

从垂直方向看,水平虚线上部表明,其需求分析、定义和验收测试等主要工作是面向用户的,要和用户进行充分的沟通和交流,或者是和用户一起完成;水平虚线下部的大部分工作,相对来说都是技术工作,在开发组织内部进行,主要是由工程师、技术人员完成。白盒测试方法使用较多。到了功能、系统测试阶段,更多是将白盒测试方法和黑盒测试方法结合起来使用,形成灰盒测试方法。而在验收测试过程中,由于用户一般要参与,使用黑盒测试方法。

2. W模型

W模型由Evolutif公司提出。相对于V模型,W模型增加了软件各开发阶段中应同步进行的验证和确认活动,如图9.2所示。

W模型由两个V模型组成,分别代表测试过程与开发过程,图中明确表示出了测试与开发的并行关系。

测试伴随着整个软件开发周期,而且测试的对象不仅是程序,需求、设计等同样要测试,也就是说,测试与开发是同步进行的。W模型有利于尽早全面地发现问题。例如,需求

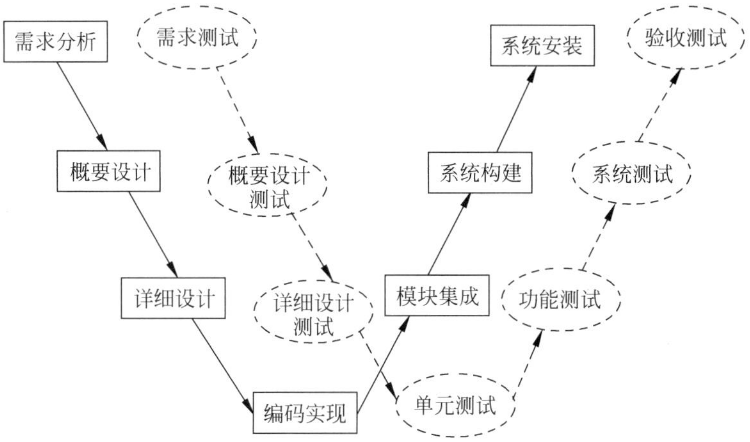

第9章 软件测试

图 9.2　W 模型示意图

分析完成后,测试人员应该参与到对需求的验证和确认活动中,以尽早地找出缺陷所在。同时,对需求的测试也有利于及时了解项目难度和测试风险,及早制定应对措施,这将显著减少总体测试时间,加快项目进度。

W 模型也存在一定的局限性。在 W 模型中,需求、设计、编码等活动被视为串行的,同时测试和开发活动也保持着一种线性的前后关系,上一阶段完全结束,才可正式开始下一个阶段的工作,这样就无法支持迭代的开发模型。对于当前软件开发复杂多变的情况,W 模型并不能解除测试管理面临的困惑。

从图 9.2 可以看出,软件分析、设计和实现的过程中伴随着软件测试——验证和确认的过程,而且包括软件测试目标设定、测试计划和用例设计、测试环境的建立等一系列测试活动。测试过程和开发过程贯穿了软件过程的整个生命周期,它们是相辅相成的关系,具体有以下几个关键点:

(1) 测试过程和开发过程是同时开始、同时结束的,两者保持同步关系;

(2) 测试过程是对开发过程中的阶段性结果和产品进行验证的过程,两者相互依赖。前期,测试过程依赖于开发过程;后期,开发过程更多地依赖于测试过程;

(3) 测试过程和开发过程的工作重点可能不一样,两者有各自的特点,不论在资源和风险管理中,两者都存在差异。

9.1.4 软件测试的阶段

传统观念中,软件测试只是软件项目过程中最后一个阶段,但随着软件产业的不断成熟和软件生命周期的延长,今天人们日益重视软件产品的质量,重视软件测试。软件测试贯穿软件产品开发的整个生命周期。

换言之,从软件项目一开始,软件测试就应该开始了,以达到提高软件质量、降低软件开发成本和提高软件开发效率的目的。具体来说,软件测试从规格说明书的需求分析静态审查开始,最后的安装测试、验收测试结束,整个过程如图 9.3 所示。

从测试过程示意图来看,软件测试由一系列不同的测试阶段组成,这些阶段分为规格说明书审查、系统和程序设计审查、单元测试、集成测试、功能测试、系统测试、验收测试和安装测试。软件开发的过程自顶向下,测试则正好相反,以上这些过程是自底向上逐步集

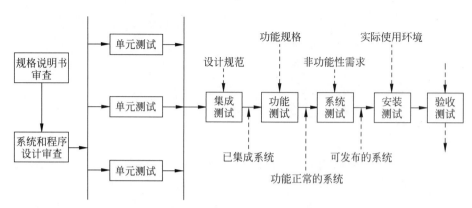

图 9.3 软件测试过程示意图

成的。当然这里所谈到的测试过程是一个完整过程,对于不同的软件系统或产品可以进行适当的裁剪或合并,如功能测试、确认测试可以合并为确认测试,验收测试和安装测试可以合并为验收测试。

(1) 规格说明书审查。检查需求分析规格说明书是否完整、正确、清晰是软件开发成败的关键。为保证需求分析的质量,应对其进行严格的审查。测试人员应参与产品需求分析,认真阅读需求分析文档,理解客户需求,同时检查规格说明书对产品描述的准确性、一致性等,为之后编写测试计划、设计测试用例等工作做好准备。这是一种静态黑盒测试方法。

(2) 系统和程序设计审查。软件设计是在理解用户需求的基础上,借助计算机技术将客户需求转换为计算机软件表示的过程。在此阶段,可以按照需求规格说明书对系统结构的合理性及处理过程的正确性进行评价,也可以利用代码会审对程序结构、代码风格、算法等过程进行审查。代码会审是一种静态白盒测试方法。

(3) 单元测试。单元测试的对象是在程序系统中的最小单元——模块或组件上,在编码阶段针对每个模块进行测试,主要通过白盒测试方法,从程序的内部结构出发设计测试用例,检查程序模块或组件已实现的功能与定义的功能是否一致以及编码中是否存在错误。单元测试一般由编程人员和测试人员共同完成。

(4) 集成测试。集成测试也称组装测试、联合测试、子系统测试,在单元测试的基础上,将模块按照设计要求组装起来的同时进行测试,主要目标是发现与接口有关的模块之间的问题。通常有两种集成方式: 一次性集成方式和渐增式集成方式。

① 一次性集成方式: 首先对各个单元分别进行测试,然后再把所有单元组装在一起进行测试,最终得到要求的系统。

② 渐增式集成方式: 首先对相关联的两三个单元进行测试,然后将这些单元逐步组装成较大的系统;在组装过程中,一边连接一边测试,以发现连接过程中产生的问题;最后完成所有单元的集成,构造一个完整的软件系统。

(5) 功能测试。功能测试是在集成测试完成后进行的,且是针对应用系统进行的测试。功能测试是基于产品功能说明书,是在已知产品所应具有的功能,从用户角度来进行的功能验证,以确认每个功能是否都能正常使用。在测试时,不考虑程序内部结构和实现方式,只检查程序功能是否可按照需求规格说明书的规定正常使用,用户是否能适当地接收输入数据而产生正确的输出信息,并保持外部信息的完整性。功能测试包括用户界面、各种操作、不同数据的输入输出和存储等的测试。

(6)系统测试。系统测试是将软件放在整个计算机环境或模拟实际运行环境下,包括软硬件平台、某些支持软件、数据和人员等,针对系统的非功能特性进行一系列的测试,包括恢复测试、安全测试、强度测试和性能测试等。

(7)安装测试。安装测试是指按照软件产品安装手册或相应的文档,在一个和用户使用该产品完全一样的环境中或相当于用户使用环境中,进行一步一步的安装操作性的测试。

(8)验收测试。验收测试的目的是向未来的用户表明系统能够像预定要求的那样工作,验证软件的功能和性能是否与用户要求的一致。验收测试一般要求在实际用户环境下进行并和用户共同完成。

一个软件产品拥有众多用户,不可能由每个用户验收,所以采用称为 Alpha(α)测试和 Beta(β)测试的过程。Alpha 测试是指软件开发公司内部人员在实际运行环境和真实应用过程中的测试。Beta 测试则是外部部分典型用户的试用测试,在测试中发现问题并进行修正和完善,最终得到正式发布的版本。在如今的互联网上非常普及 Beta 测试。

9.1.5 软件测试的工作范畴

了解了软件测试阶段的任务后,就要通过一系列测试活动来规范各阶段所进行的任务。总的来说,测试工作都要经历以下步骤:测试需求分析、制订测试计划、设计测试用例、开发测试工具或脚本、测试实施、测试评价和测试维护等,测试工作流程示意图如图 9.4 所示。

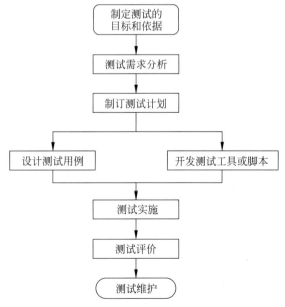

图 9.4 测试工作流程示意图

(1)测试需求分析。测试需求是整个测试过程的基础,用于确定测试对象以及测试工作的范围和作用,以及确定整个测试工作(如安排时间表、测试设计等)并作为测试覆盖的基础。被确定的测试需求项必须是可核实的,即它们必须有一个可观察、可评测的结果。无法核实的需求不是测试需求。

(2)制订测试计划。确定测试目标和测试范围,分析哪些需要测试,哪些不需要测试;识别测试风险,对测试工作的人员、进度进行合理安排。

(3)测试用例设计。为更有效地进行测试,考虑各种软件使用的场景和操作路径,设计出最有可能发现缺陷的用例。

(4)测试实施。选择相应的测试工具并开发测试脚本,按照测试计划进行测试,如手工测试、自动化测试等。如发现缺陷,则填写软件缺陷报告及其他相应表格。

(5)测试评价。对测试的结果如版本测试覆盖率、测试质量、人员测试工作以及前期的一些工作执行情况进行定量、定性分析、评估。

(6)测试维护。提交各测试阶段类型完整的测试文档,对测试用例库、测试脚本和缺陷库等进行维护,以保证其延续性。

9.2 软件测试的基本技术

事实上,要达到尽早、尽快找到软件中的错误,就必须有针对性地进行软件测试,采用有效的软件测试方法。软件测试技术可以根据测试对象在测试过程中是否发生状态变化分为动态测试和静态测试方法,又可根据测试是否针对系统内部结构和具体实现的算法角度分为黑盒测试和白盒测试两类。本节简要讨论几种常用的软件测试技术。

9.2.1 黑盒测试和白盒测试

根据哲学的观点,分析并解决问题的方法有两种:黑盒子和白盒子。所谓白盒子方法,就是能够看清楚事物内部,了解事物的内部结构和运行机制,通过剖析事物的内部结构和运行机制来处理问题。所谓黑盒子方法,就是没有办法或是不了解事物的内部结构和运行机制,而是把事物看成一个整体——黑盒子,通过分析事物的输入、输出及周边条件来分析、处理问题。

软件测试也有相类似的哲学思想。根据测试是否针对软件的内部结构和具体实现算法的可分为黑盒测试和白盒测试。

1. 黑盒测试法

在黑盒测试中,把被测试对象看成一个不能打开的黑盒子,测试人员不考虑程序的内部结构和处理过程,只针对程序接口和用户界面进行测试,依据需求规格说明书,检查程序是否能适当接收输入信息并产生正确的输出信息,保持外部信息的完整性。因此,黑盒测试又称为功能测试或数据驱动测试。

黑盒测试主要用于发现以下情况。

(1)是否有不正确或遗漏了的功能;

(2)接口能否正确地接收输入数据,能否产生正确的输出信息;

(3)访问外部信息是否有错;

(4)性能上是否满足要求;

(5)界面上是否有错误,是否不美观;

(6) 是否有初始化和终止错误。

黑盒测试方法主要用于系统测试及验收测试,其具体方法包括等价类划分法、边界值分析法、错误推测法和因果图法等。黑盒测试不可能做到穷举测试,因此局限于功能测试远远不够,还要结合白盒测试方法进行逻辑和路径测试。

2. 白盒测试法

在白盒测试中,测试人员把测试对象看作一个打开的盒子,他必须了解程序的内部结构和处理过程,以检查处理过程的细节为基础,对程序中尽可能多的逻辑路径进行测试,检验内部控制结构和数据结构是否有错,实际的运行状态与预期的状态是否一致。由于白盒测试是结构测试,所以被测对象基本上是源程序,应以程序的内部逻辑为基础设计测试用例。白盒测试的主要方法有逻辑覆盖法、基本路径测试法等。

白盒测试是"基于覆盖的测试",应朝着提高覆盖率的方向努力,尽可能多地进行测试,找出那些被忽视的错误。一般来说,白盒测试的原则如下:

(1) 保证每个模块中所有独立的路径至少测试一次;
(2) 对所有逻辑值均测试真值和假值;
(3) 在上下边界及可操作范围内运行所有循环;
(4) 检查内部数据结构,以确保其有效性。

有关黑盒测试方法和白盒测试方法的具体内容将在9.3节和9.4节进一步详细介绍。

9.2.2 静态测试和动态测试

根据测试时程序是否正在运行,测试可以分为静态测试和动态测试。

静态测试就是静态分析,针对软件开发过程中的需求规格说明书、软件设计说明书等各种文档及源程序做结构分析、流程图分析、符号执行,对软件模块的源代码进行研读、分析、检查和测试,不实际运行被测试的软件。静态测试采用人工检测和计算机辅助静态分析手段进行检测。静态分析的查错和分析功能是其他方法所不能替代的,已被当作一种自动化的代码校验方法,一般可找出大约 $30\% \sim 70\%$ 的逻辑设计错误。

动态测试通过真正运行软件代码的表现来检验软件的动态行为和运行结果的正确性。动态测试的两个基本要素是被测试程序和测试数据(测试用例),通过有效的测试用例对应的输入输出关系来分析被测程序的运行情况。

测试方法不同,各自的目标和侧重点也不一样。在实际工作中,应结合这两种方法进行运用,以达到更完善的效果。

9.2.3 验证与确认

软件测试不仅要检查程序是否出错以及程序和软件产品设计说明书是否一致,还要检验所实现的功能是否满足客户或用户的需求,这就引出了软件测试中有名的V&V(验证与确认),即英文单词 verification 和 validation 第一个字母的组合。

(1) 验证。验证是保证软件正确地实现了一些特定功能的一系列活动,即保证软件以正确的方式、方法完成任务。验证过程要提供证据,验证软件的相关产品与生命周期活动的要求(如正确性、完整性、一致性和准确性等)是否一致,验证软件的相关产品是否满足软件生存周期中的标准、约定和时间,验证每一生命周期的活动是否完成以及是否可以启动下一个生命周期的活动。

(2) 确认。确认更准确地说应称为"有效性确认"。有效性确认要求更高，是要能保证所生产软件满足了用户需求的一系列活动，提供证据表明软件是否满足了系统需求（指分配给软件的系统需求），并解决了相应的问题。

为更好地理解两者间的差异，概括地说，验证是检验开发出来的软件产品与设计规格说明书的一致性，即软件产品满足软件厂商的生产要求，保证生产出的产品是高质量的产品。但设计规格说明书本身有可能存在错误，即便软件产品中实现的结果和设计规格说明书完全一致，也有可能不是用户需要的，因为设计规格说明书可能一开始就对用户需求的理解错了。所以仅仅进行验证测试是不充分的，还要进行确认测试，检验产品功能的有效性，即软件产品确实满足用户的真正需求，确认是用户需要的产品。

9.2.4 自动化测试和随机测试

前面介绍的软件测试基本方法，如白盒测试和黑盒测试、静态测试和动态测试等方法，这些方法既可以通过手工运行，也可以通过一些软件工具进行。通过工具自动执行的软件测试一般称为软件自动化测试。

软件测试的具体实施最早大部分由人工来完成，随着软件测试的不断发展，现在大部分的工作可以由测试工具来实现，尤其是一些无法通过手工测试来完成的测试任务，如负载测试、性能测试、可靠性测试等等。

在自动化测试中，一种按测试用例一步一步来执行测试；另外一种是完全模拟客户的随意操作，被称为随机测试或猴子测试法。因为一个新软件发布时，会有成千上万的用户使用它，有些用户会故意考验它——乱敲乱试。但通过有限的测试用例很难覆盖所有的情况，所以有必要通过设计工具来模拟客户的随意性，进行大量的、自动化的随机测试，来发现用户可能碰到的问题。

9.3 黑盒测试法

黑盒测试法是依据软件的需求规格说明书，检查程序功能是否满足需求的要求，主要的黑盒测试方法有：等价类划分法、边界值分析法、错误推测法、因果图法等。

9.3.1 等价类划分法

由于黑盒测试不能进行穷举测试，所以只能选择少量的、有代表性的输入数据，来揭示尽可能多的软件错误。等价类划分法就是黑盒测试中一种重要的、常用的测试方法，它将不能穷举的测试数据进行合理分类，保证选择出来的测试数据具有完整性和代表性。

所谓等价类，就是在该区域内每个输入数据的结果是一样的，测试等价类中的某个代表值就等价于对这一类中其他值的测试。也就是说，如果该子集中某个数据测试出一个错误，那么该子集中其他输入数据也能检测出同样的错误；反之，如果等价类中的某个数据没有测试出错误来，则该子集中的其他输入数据也不能测试出错误。

等价类划分法是在分析需求规格说明的基础上，将程序所有可能的输入数据分成若干等价区域，从中选取一个代表性的数据作为测试用例。

等价类可分为有效等价类和无效等价类。有效等价类是指有意义的、正常的输入数据，可以检查程序是否实现了规格说明中所规定的功能和性能。无效等价类与有效等价类的意义相反,是指规格说明要求上不合理的或非法的输入数据,主要用于检验程序是否做了不符合规格说明的事。在进行等价类划分时要同时考虑这两种等价类,因为软件不仅要能接收合理的数据,也要能经受意外的考验。经过正反的测试才能确保软件具有更高的可靠性。

1. 不同情况下等价类划分的处理

(1) 在输入条件规定了取值范围或值的个数的情况下,可以确立一个有效等价类和两个无效等价类。例如规定输入条件为 0~100 的整数 x,则其有效等价类为 $0 \leqslant x \leqslant 100$,无效等价类为 $x<0$ 和 $x>100$。

(2) 在输入条件规定了输入值的集合或者规定了"必须如何"的条件的情况下,可以确立一个有效等价类和一个无效等价类。例如程序输入条件为 $x=10$,则其有效等价类为 $x=10$,无效等价类为 $x \neq 10$。

(3) 在输入条件是一个布尔量的情况下,可确定一个有效等价类和一个无效等价类。例如程序的输入条件是布尔值 $x=\text{true}$,则其有效等价类是 $x=\text{true}$,无效等价类是 $x=\text{false}$。

(4) 在规定了输入数据的一组值(假定 n 个)并且程序要对每一个输入值分别处理的情况下,可确立 n 个有效等价类和一个无效等价类。例如程序的输入条件为枚举类型 $x=\{1,3,7,10,15\}$,则其有效等价类为 $x=1, x=3, x=7, x=10, x=15$,程序分别对这 5 个值进行处理,对于其他值使用默认处理方式;无效等价类为 $x \neq 1,3,7,10,15$ 的值集合。

(5) 在规定了输入数据必须遵守的规则的情况下,可确立一个有效等价类(符合规则)和若干个无效等价类(从不同角度违反规则)。例如输入 x"以字母开头",那么有效等价类是"以字母开头",无效等价类包括"以数字开头""以标点符号开头""以特殊符号开头"等。

(6) 若确定已知等价类中各元素的程序处理结果不同,则可进一步将等价类划分为更小的等价类。

2. 等价类划分法设计测试数据的基本步骤

(1) 建立等价类表,列出所有划分出的等价类。等价类表如表 9.1 所示。

表 9.1　等价类表

输入条件	有效等价类	无效等价类

(2) 为每个等价类规定一个唯一的编号。

(3) 设计一个新的测试数据,使其尽可能多地覆盖尚未覆盖的有效等价类。重复这一步,最后使得所有有效等价类均被测试用例所覆盖。

(4) 设计一个新的测试数据,使其只覆盖一个无效等价类。重复这一步,使所有无效等价类均被覆盖。

【**案例 9-1**】 报表处理系统

下面介绍报表处理系统的等价类划分法。

有一个报表处理系统,要求用户输入处理报表的日期。假定日期限制在 1990 年 1 月至 2050 年 12 月之间,系统只能对该段时期的报表进行处理。若用户输入的日期不在此范围内,则显示错误。另外系统日期还要求是由年月的 6 位数字组成,前 4 位是年,后 2 位是月。根据上述条件,对于系统日期这项数据可用表 9.2 划分。

表 9.2 系统日期等价类划分法的实例

输入条件	有效等价类	无效等价类
报表日期	① 6 位数字字符	② 非数字字符; ③ 少于 6 位数字字符; ④ 多于 6 位数字字符
年份范围	⑤ 在 1990—2050 年之间	⑥ 小于 1990; ⑦ 大于 2050
月份范围	⑧ 在 1~12 月之间	⑨ 小于 1; ⑩ 大于 12

进行功能测试时,要对有效和无效等价类进行测试。根据前面提到的原则,测试数据应尽可能多地覆盖尚未覆盖的有效等价类,所以可用 201107 覆盖所有的有效等价类;对无效等价类,则要用尽可能少的数据覆盖无效等价类,所以分别输入 7 个非法数据,如 2003ce、20102、2010023、198902、205102、201000、201013。一共 8 个数据就可以了。如果不用等价类划分法,则可能需要几十或几百个,所以等价类划分法有利于提高测试效率。

最后根据等价类划分法得出的测试数据如表 9.3 所示。

表 9.3 测试数据

数据编号	测试数据内容	满足条件	备 注
1	201107	①⑤⑧	尽量多地满足有效等价类
2	2003ce	②	尽量少地满足无效等价类
3	20102	③⑤⑧	满足无效等价类条件③
4	2010023	④⑤⑧	满足无效等价类条件④
5	198902	①⑥⑧	满足无效等价类条件⑥
6	205102	①⑦⑧	满足无效等价类条件⑦
7	201000	①⑤⑨	满足无效等价类条件⑨
8	201014	①⑤⑩	满足无效等价类条件⑩

9.3.2 边界值分析法

大量测试经验发现,程序的很多错误发生在输入或输出范围的边界上,因此针对各种边界情况设置测试用例,可以发现不少程序缺陷。边界值分析法是对等价类划分法进行补充的一种测试技术。如一个除法运算,测试者若忽略了被除数为 0 的情况会导致问题的遗留。

通常情况下,软件测试包含的边界检测有如下几种类型:数字、字符、位置、质量、大小、速度、方位、尺寸和空间等。相应地,这些类型的边界值应该在最大/最小、首位/末尾、上/下、最快/最慢、最高/最低、最短/最长、空/满等情况下。这时候针对用户的输入和计算机软件本身的特性边界值条件进行详细分析和考虑就很有必要。

要确定边界情况,应该选取正好等于、刚刚大于或刚刚小于边界值作为测试数据。边界值分析法选择测试数据的原则如下。

(1) 如果输入条件规定了值的范围,则应取刚达到该范围边界的值以及刚刚超越该范围边界的值作为测试输入数据。例如 x 是 0~100 的整数,则应选择 0、100、-1、101 作为边界值。

(2) 如果输入条件规定了值的个数,则用最大个数、最小个数、比最小个数少 1、比最大个数多 1 的数作为测试数据。例如规定输入数至少 1 个,至多 3 个,则应选择的输入数个数的边界值分别是 1、3、0、4 个。

(3) 如果程序的规格说明书给出的输入域或输出域是有序集合,则应选取集合的第一个元素和最后一个元素作为测试数据。

(4) 如果程序中使用了一个内部数据结构,则应当选择该内部数据结构边界上的值以及刚好超出边界上的值作为测试数据。

报表处理系统:在等价类划分法的基础上继续用边界值分析法。

条件 1:6 位数字字符,边界为 5、7 位数字字符。

条件 2:年份在 1990—2050 年间,边界为 1991、1989、2049、2951。

条件 3:月份在 1~12 月之间,边界为 1、0、11、13。

要求根据这些边界值对之前的测试数据进行补充。以上谈到的都是基本边界值条件,基于程序功能设计考虑的因素,从软件的规格说明书上或者常识可以得到。然而在实际测试中,有些边界值用户很难注意到,但也是边界值分析中需要考虑的,属于检验边界值条件,称为子边界值条件或者内部边界值条件,主要有以下几种。

(1) 数值边界值检验。计算机都是基于二进制进行工作的,因此软件的任何数值运算都有一定的范围限制,如表 9.4 所示。

表 9.4 计算机的数值运算范围

项	范 围 或 值
位(bit)	0 或 1
字节(byte)	0~255
字(word)	0~65535 或 0~4294967295
千(kilo)	1024
兆(mega)	1 048 576
吉(giga)	1 073 741 824
太(tera)	1 099 511 627 776

例如要对字节进行检验,边界值条件就可以设置为 254 255 256。

(2) 字符边界值检验。字符也是计算机软件中很重要的表示元素,其中 ASCII 和 Unicode 是常见的编码方式,表 9.5 中列出了一些简单的 ASCII 码对应关系。

表 9.5 ASCII 码表

控制字符	ASCII 值	控制字符	ASCII 值
Null	0	1	49
Space	32	2	50
/	47	9	57
0	48	;	58

续表

控制字符	ASCII 值	控制字符	ASCII 值
@	64	`	96
A	65	a	97
B	66	b	98
Y	89	y	121
Z	90	z	122
[	91	{	123

在文本输入或文本转换过程中,需要非常明确地了解 ASCII 码的一些基本对应关系,如小写字母 a 和大写字母 A 在表中对应的 ASCII 值是不同的。这些也必须在数据区域划分过程中,根据这些等价有效类来设计测试数据。

(3) 其他边界值检验。其他边界值检验包括如下几种情况:默认值/空值/空格/未输入值/零、无效数据/不正确数据和干扰(垃圾)数据等。

9.3.3 错误推测法

在测试程序时,人们可能根据经验或直觉推测程序中可能存在的各种错误,从而有针对性地编写检查这些错误的测试用例,这就是错误推测法。这种方法没有机械的执行步骤,主要靠经验和直觉。

错误推测法的基本思想是:列举出程序中所有可能的错误和容易发生错误的特殊情况,然后根据这些猜测设计测试数据。下列几条经验可以帮助我们发现程序中出现的错误。

(1) 对于在单元测试中发现的模块错误,在系统测试中再次测试。

(2) 产品的以前版本曾经发现的错误。

(3) 输入数据为 0 或字符为空。

(4) 当软件要求输入时(如在文本框中),不是没有输入正确的信息,而是根本没有输入任何内容,就按了 Enter 键。

(5) 这种情况在产品说明书中常常忽视,程序员也可能经常遗忘,但是在实际使用中却时有发生。程序员总会习惯性地认为用户要么输入信息(不管是看起来合法的还是非法的信息)要么就会选择 Cancel 键放弃输入。

9.3.4 因果图法

等价类划分法和边界值分析法都是着重考虑输入条件,并没考虑到输入情况的各种组合,也没有考虑到各个输入情况之间的相互制约关系。如果在测试时必须考虑输入条件的各种组合,可能的组合数将是天文数字,因此要考虑描述多种条件的组合,根据相应产生的多个动作的形式来考虑设计测试用例。这就需要利用因果图。

因果图法是从自然语言书写的程序规格说明书的描述中找出因(输入条件)和果(输出或程序状态的改变),通过因果图转换为判定表。

利用因果图导出测试用例需要经过以下几个步骤。

(1) 分割功能说明书,识别出"原因"和"结果"并加以编号。

分析程序规格说明书的描述中哪些是原因,哪些是结果。原因常常是输入条件或是输入条件的等价类,而结果是输出条件。

(2) 根据原因与结果之间的关系画出因果图。

分析程序规格说明书的描述中语义的内容,并将其表示成连接各个原因与各个结果的"因果图"。

通常在因果图中,用 C_i 表示原因,E_i 表示结果;各节点表示状态,可取"0"或"1","0"表示某状态不会出现,"1"表示某状态出现。因果图的基本符号如图 9.5 所示。

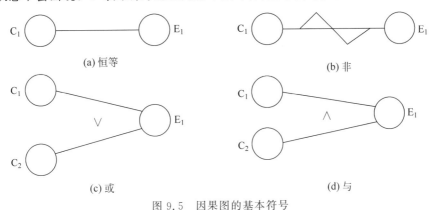

图 9.5 因果图的基本符号

图 9.5 中,左边的节点表示原因,右边的节点表示结果。原因与结果之间的关系有恒等、非、或、与。

① 恒等:若原因出现,则结果出现;若原因不出现,则结果也不出现。

② 非(~):若原因出现,则结果不出现;若原因不出现,则结果出现。

③ 或(∨):若几个原因中有一个出现,则结果出现;若几个原因都不出现,则结果不出现。

④ 与(∧):若几个原因都出现,则结果才出现;若其中有一个原因不出现,则结果不出现。

(3) 标明约束条件。

由于语法或环境的限制,有些原因和结果的组合情况是不可能出现的。为表明这些特定的情况,在因果图上使用若干标准的符号标明约束条件。从输入原因考虑有 4 种约束,如图 9.6 所示。

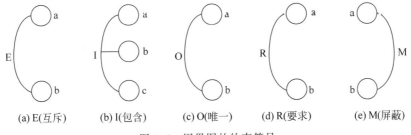

图 9.6 因果图的约束符号

E(互斥):表示 a、b 两个原因不会同时成立,两个中最多有一个可能成立。

I(包含)：表示 a、b、c 这三个原因中至少有一个必须成立。
O(唯一)：表示 a、b 当中必须有一个且仅有一个成立。
R(要求)：表示当 a 出现时，b 也必须出现。也就是说 a 出现时，b 不可能不出现。
M(屏蔽)：表示当 a 是 1 时，b 必须是 0；而当 a 为 0 时，b 的值不定。

(4) 把因果图转换成判定表。

列出所有满足约束条件的原因组合，写出在这些原因组合下的结果，必要时可在判定表中加入中间节点，如表 9.6 所示。

表 9.6　因果图转变为判定表

原　　因	允许的原因组合
中间节点	各种原因组合下中间节点的值
结果	各种原因组合下的结果值

（5）为判定表中每一列表示的情况设计测试用例。

因果图生成的测试用例包括了所有输入数据取 TRUE 与取 FALSE 的情况，构成的测试用例数目达到最少，且测试用例数目随输入数据的增加而增加。

事实上，在较为复杂的问题中，这个方法常常是十分有效的，它能有力地帮助我们确定测试用例。当然，如果哪个开发项目在设计阶段就采用了判定表，也就不必再画因果图了，可以直接利用判定表设计测试用例。

【案例 9-2】 有一个用来处理单价为 1 元的盒装饮料的自动售货机软件。若投入 1 元硬币，按下"可乐""雪碧"或"红茶"下方的按钮，相应的饮料就送出来；若投入的是 2 元硬币，在送出饮料的同时退还 1 元硬币。

根据对这一段说明，列出原因和结果。

原因：

① 投入 1 元硬币；

② 投入 2 元硬币；

③ 按"可乐"按钮；

④ 按"雪碧"按钮；

⑤ 按"红茶"按钮。

中间状态：

① 已投币；

② 已按钮。

结果：

① 退还 1 元硬币；

② 送出"可乐"饮料；

③ 送出"雪碧"饮料；

④ 送出"红茶"饮料。

根据原因和结果设计出因果图，如图 9.7 所示。

将因果图转换为测试用例，如表 9.7 所示，每列可作为确定测试用例的依据。

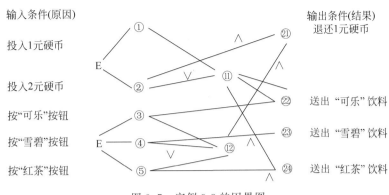

图 9.7 实例 9-3 的因果图

表 9.7 测试用例表

部件	操作/状态/结果	序号	1	2	3	4	5	6	7	8	9	10	11
输入	投入1元硬币	①	1	1	1	1	0	0	0	0	0	0	0
	投入2元硬币	②	0	0	0	0	1	1	1	1	0	0	0
	按"可乐"按钮	③	1	0	0	0	1	0	0	0	1	0	0
	按"雪碧"按钮	④	0	1	0	0	0	1	0	0	0	1	0
	按"红茶"按钮	⑤	0	0	1	0	0	0	1	0	0	0	1
中间节点	已投币	⑪	1	1	1	1	1	1	1	1	0	0	0
	已按钮	⑫	1	1	1	0	1	1	1	0	1	1	1
输出	退还1元硬币	㉑	0	0	0	0	1	1	1	0	0	0	0
	送出"可乐"饮料	㉒	0	0	0	0	1	0	0	0	0	0	0
	送出"雪碧"饮料	㉓	1	1	0	0	0	1	0	0	0	0	0
	送出"红茶"饮料	㉔	0	0	1	0	0	0	1	0	0	0	0

9.4 白盒测试法

相对于黑盒测试,白盒测试主要针对程序内部逻辑和数据流程的测试,因此白盒测试的测试用例设计需要了解程序的内部逻辑。常用的白盒测试方法主要有逻辑覆盖法、基本路径法。

9.4.1 逻辑覆盖法

逻辑覆盖法是一种基本的白盒测试法,主要考察使用测试数据运行被测程序时对程序逻辑的覆盖程度。在逻辑覆盖中,又可以分为语句覆盖、判定覆盖、条件覆盖、判定-条件覆盖、条件组合覆盖和路径覆盖。

1. 设计案例

对下列子程序进行测试。

```
int a,b;
double x;
if ((a>1)AND (b=0))
        x = x/a ;
```

```
if (a = 2) OR (x > 1)
    x = x + 1;
```

该子程序接受 a、b 和 x 的值,并将计算结果 x 的值返回调用程序,与该子程序对应的流程图如图 9.8 所示。

该子程序有两个判定:判定 1(a>1 AND b=0)和判定 2(a=2 OR x>1)。判定 1 有两个判定条件:a>1 和 b=0;判定 2 也有两个判定条件:a=2 和 x>1。根据执行流程的不同,判定 2 中的 x>1 含义也不同,判定 1 为真时,x>1 实际是 x/a>1,即 x>a;但判定 2 为假时,x>1 仍是 x>1。

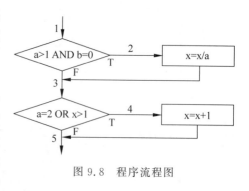

图 9.8　程序流程图

2. 逻辑覆盖法中的五种覆盖方法

下面针对图 9.8 案例分别用逻辑覆盖法中的语句覆盖、判定覆盖、条件覆盖等五种覆盖方法进行说明。

(1) 语句覆盖法。语句覆盖法是指设计足够的测试用例,使被测程序中每个可执行的语句至少执行一次。语句覆盖是比较弱的覆盖标准。

根据语句覆盖的覆盖标准,只要设计出的测试用例能够覆盖所有可执行的语句就行,即路径 1-2-4,即设计的数据应满足判定 1 和判定 2 为真:

设计测试用例{a=2,b=0,x=4},输出{a=2,b=0,x=3}。

使用语句覆盖法进行测试用例设计时,能够使得所有的执行语句都能被测试,但不能准确判断运算中的逻辑关系错误。像在这个例子里面,如果判定 1 的条件是 a>1 OR b=0,而不是 AND 关系,测试用例仍然可以覆盖所有执行语句,但发现不了其中的逻辑错误。

(2) 判定覆盖法。判定覆盖法的基本思想是指设计足够的测试用例,使得被测程序中每个判定表达式至少获得一次"真"值和"假"值,从而使程序的每个分支至少都通过一次,因此判定覆盖也称分支覆盖。

根据判定覆盖法的思想,可以针对上面的程序设计执行路径 1-2-4 和 1-3-5,进行测试用例的设计,具体内容如表 9.8 所示。

表 9.8　判定覆盖法的测试用例

测试用例	具体取值条件	判定条件	通过路径
输入{a=2,b=0,x=4} 输出{a=2,b=0,x=3}	a>1,b=0,a=2,x>1	判定 1 为真 判定 2 为真	1-2-4
输入{a=1,b=1,x=1} 输出{a=1,b=1,x=1}	a≤1,b≠0,a≠2,x<=1	判定 1 为假 判定 2 为假	1-3-5

用判定覆盖法设计测试用例时会忽略条件 OR 的情况。如上面例子中,如果判定 2 中是 x<1 而不是 x>1,会得到同样的测试结果。

(3) 条件覆盖法。条件覆盖法指设计足够的测试用例,使得判定表达式中每个条件各种可能的值至少出现一次。

对于判定 1(a>1 AND b=0),条件可以分割为:a>1 为 T1,a≤1 为 F1;b=0 为 T2,b≠0 为 F2;

对于判定 2(a=2 OR x>1),条件可以分割为:a=2 为 T3,a≠2 为 F3,x>1 为 T4,x≤1 为 F4。

根据条件覆盖的取值组合成测试用例,如表 9.9 所示。

表 9.9　条件覆盖法的测试用例

测试用例	具体取值条件	判定条件	通过路径
输入{a=1,b=0,x=3} 输出{a=1,b=0,x=4}	F1(a≤1),T2(b=0), F3(a≠2),T4(x>1)	判定 1 为假 判定 2 为真	1-3-4
输入{a=2,b=1,x=1} 输出{a=2,b=1,x=2}	T1(a>1),F2(b≠0), T3(a=2),F4(x≤1)	判定 1 为假 判定 2 为真	1-3-4

从结果很明显可以看到,条件覆盖的用例并没有满足判定覆盖的要求,即判定 1 和判定 2 的真假没有至少被执行一次。这样测试会遗留逻辑错误。所以说,即使所有条件覆盖都满足了,也不能保证所有判定覆盖都满足,所以要引入判定/条件覆盖,使测试更充分。

(4) 判定/条件覆盖法。判定/条件覆盖法的覆盖标准是设计足够的测试用例,使得判定条件的所有可能取值至少出现一次,并使每个判定可能的结果也至少执行一次。实际上就是判定覆盖和条件覆盖的结合,将判定和条件覆盖的设计方法进行综合。

按照这种思路,对于前面的例子,应该至少保证判定 1 和判定 2 各取真、假各一次,同时保证 8 个条件也要至少执行一次,以组合成测试用例,如表 9.10 所示。

表 9.10　判定/条件覆盖法的测试用例

测试用例	具体取值条件	判定条件	通过路径
输入{a=2,b=0,x=4} 输出{a=2,b=0,x=3}	T1(a>1),T2(b=0), T3(a=2),T4(x>1)	判定 1 为真 判定 2 为真	1-2-4
输入{a=1,b=1,x=1} 输出{a=1,b=1,x=1}	F1(a≤1),F2(b≠0), F3(a≠2),F4(x≤1)	判定 1 为假 判定 2 为假	1-3-5

这种覆盖仍然会忽视前面提到的代码错误。如果条件 x>1 被错误写成 x<1,还是发现不了。为使程序得到足够的测试,不但每个条件要被测试,而每个条件组合也应该被测试,这就是条件组合覆盖法。

(5) 条件组合覆盖法。条件组合覆盖法是比较强的覆盖标准,它是指设计足够的测试用例,使得每个判定表达式中条件各种可能值的组合至少出现一次,满足条件组合覆盖的测试一定满足"判定覆盖""条件覆盖"和"判定/条件覆盖"。

按照条件组合覆盖的基本思想,对于前面的例子,设计组合条件如表 9.11 所示。

表 9.11　条件组合覆盖法的测试用例

测试用例	具体取值条件	判定条件	通过路径
输入{a=2,b=0,x=4} 输出{a=2,b=0,x=3}	T1(a>1),T2(b=0), T3(a=2),T4(x>1)	判定 1 为真 判定 2 为真	1-2-4

续表

测试用例	具体取值条件	判定条件	通过路径
输入{a=1,b=0,x=3} 输出{a=1,b=0,x=4}	F1(a≤1),T2(b=0), F3(a≠2),T4(x>1)	判定1为假 判定2为真	1-3-4
输入{a=2,b=1,x=1} 输出{a=2,b=1,x=2}	T1(a>1),F2(b≠0), T3(a=2),F4(x≤1)	判定1为假 判定2为真	1-3-4
输入{a=1,b=1,x=1} 输出{a=1,b=1,x=1}	F1(a≤1),F2(b≠0), F3(a≠2),F4(x≤1)	判定1为假 判定2为假	1-3-5

9.4.2 基本路径法

基本路径法是在程序控制流图的基础上,通过分析控制构造的环路复杂性,导出基本可执行的路径集合,从而设计测试用例的方法。设计出的测试用例应能保证在测试中程序的每个可执行语句至少执行一次。基本路径法在所有白盒测试方法中应用最广,可通过如图9.9所示的五个基本步骤来实现。

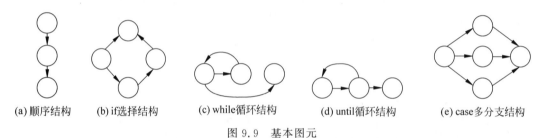

(a) 顺序结构　　(b) if选择结构　　(c) while循环结构　　(d) until循环结构　　(e) case多分支结构

图9.9　基本图元

(1) 以详细设计或源代码作为基础,导出程序的控制流图。

程序控制流图是描述程序控制流的一种图示方法,可以用基本图元来描述任何程序结构,并可以转化为相应的程序流程图。

采用基本路径法进行分析,将图9.9所示基本图元转化为程序控制流图,如图9.10所示。

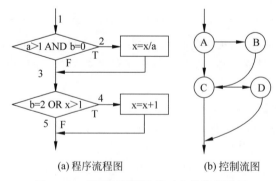

(a) 程序流程图　　(b) 控制流图

图9.10　程序流程图及其对应的控制流图

(2) 计算得到的控制流图 G 的环路复杂性 $V(G)$。

从程序的环路复杂性可导出程序基本路径集合中的独立路径条数,这是确定程序中每个可执行语句至少执行一次所需测试用例数目的上界。所谓"独立路径",是指至少包含有一条在其他独立路径中从未有过的边的路径。

环路复杂性 $V(G)$ 的计算公式有三种,分别为

$$V(G) = 控制流图的区域数量 \tag{9-1}$$

式中:区域就是控制流图中边和节点圈定的封闭范围。图形外不封闭的区域也应记为一个区域。

$$V(G) = 控制流图中判定节点数量 + 1 \tag{9-2}$$

$$V(G) = 控制流图中边的数量 - 控制流图中节点数量 + 2 \tag{9-3}$$

根据图 9.9 所示,按照上面的三种计算公式分别都可以得到 $V(G)=3$。

(3) 确定线性无关路径集合。

根据环路复杂度和程序结构设计用例数据输入和预期结果。要注意的是基本路径集不是唯一的。

图 9.9 中有 3 条基本路径,下面给出一组基本路径(这不是唯一结果,还可以给出其他的基本路径):

① A-C-E;

② A-B-C-E;

③ A-B-C-D-E。

(4) 生成测试用例。

测试用例要确保基本路径集中每条路径的执行。则针对上面的例子设计测试用例,有:

① a=1,b=1,x=1,可以覆盖 A-C-E;

② a=1,b=0,x=0,可以覆盖 A-B-C-E;

③ a=2,b=0,x=4,可以覆盖 A-B-C-D-E。

9.5 软件测试计划

9.5.1 测试策略

通过之前的内容学习,我们对软件测试的基础知识已有了初步了解,明确了软件测试活动进行的原则及相关的活动内容。在进行软件测试活动之前,测试计划是非常重要的,而软件测试策略又是测试计划重点所在。

是不是所有的软件测试都要运用现有软件测试方法去测试呢?答案是否定的。根据软件自身的特性、规模及所应用的范围,应选择不同的测试方案,以达到用最少的软件、硬件及人力资源投入,得到最佳测试效果的目的。

软件测试策略是指软件测试的总体方法和目标,用于描述目前在进行哪一阶段的测试:单元测试、集成测试、系统测试以及每个阶段内在进行的测试种类(如功能测试、性能测试、压力测试等),以确定合理的测试方案,使测试更为有效。

在测试实施前,软件测试工程师必须确定要采用的测试策略和测试方法,并以此为依据制定详细的测试案例。一个好的测试策略和方法,必将给软件测试带来事半功倍的效果,它可以充分利用有限的资源,高效、高质地完成测试。

测试可以由人工完成,也可以借助工具。软件自身的资源状况、软件类型都会影响测试策略的制定,如对于一个需要经常维护的杀毒软件,不仅需要大量的人力、物力,而且由于心理因素可能测试的效果不是很好,这时也可以选择自动化测试工具来进行一些回归测试。选择测试技术也是制定测试策略中非常重要的内容,不同的软件也有差异。

总的来说,影响测试策略的因素有以下两点。

(1) 测试完成的标准。标准的高低对策略确定有着重要的影响。对于软件测试,一般要求都是一致的。影响制定某个软件测试策略的因素一般在共性基础上,重点在一些特殊要求上。例如该软件的应用场合为军用,这将对软件的可靠性、安全性要求非常高;但如果是用于小型商场的收费系统,由于是内部使用,主要考虑其计算的准确性、精度及复杂统计与报表生成等方面。

(2) 资源状况。资源状况是指参与测试的人、测试中所需要的软件平台(如操作系统甚至会涉及第三方的一些应用软件)及测试可能用到的相关硬件设备(如计算机、网络硬件、其他外设等)。比如一个 B/S 结构的大型软件测试,所涉及的硬件资源非常庞大,要模拟用户可能使用的环境,要对现有资源进行有效的组合与分配,还要考虑某些情况下做一些模拟硬件损坏及其他平台的接口测试等。

通过以上的分析,可知测试策略包括以下内容:
① 要使用的测试技术和工具;
② 测试完成标准;
③ 影响资源分配的特殊考虑,例如测试与外部接口或者模拟物理损坏、安全性威胁。

那么究竟如何才能确定一个好的测试策略和测试方法呢?总的来说,有基于测试技术和基于测试方案的两类。

(1) 基于测试技术的测试策略。

基于策试技术的测试策略是由著名测试专家 Myers 所给出的、综合使用各种测试方法的策略,主要内容包括以下四点:
① 任何情况下都必须使用边界值测试方法;
② 必要时使用等价类划分法补充一定数量的测试用例;
③ 对照程序逻辑,检查已设计出的测试用例的逻辑覆盖程度,看是否达到了要求;
④ 如果程序功能规格说明中含有输入条件的组合情况,则一开始可以选择因果图方法。

(2) 基于测试方案的测试策略。

基于策试方案的测试策略一般来说应考虑以下两个方面:
① 根据程序的重要性和一旦发生故障将造成的损失,来确定软件的测试等级和测试重点;
② 认真研究测试策略,以便能使用尽可能少的有效测试用例,发现尽可能多的程序错误。既不能测试不足,让用户承担隐藏错误带来的危险;也不能过度测试,浪费许多宝贵的资源。应在这两点进行权衡,找到一个最佳平衡点。

9.5.2 制订测试计划

无论做什么工作都是计划先行,再按照计划有效地去执行、跟踪和控制。专业的测试必须以一个好的测试计划为基础。测试计划是测试的起始步骤和重要环境,也是软件测试人员与产品开发小组交流的主要方式。那么通过测试计划要达到什么目标呢？IEEE 829—1998 是这样给出测试计划的目的。

(1) 规定测试活动的范围、方法、资源和进度；

(2) 明确正在测试的项目、要测试的特性、要执行的测试任务、每个任务的负责人以及与计划相关的风险。

测试计划采用的形式是书面文档,其最终结果就是一页纸,但这页纸并不是测试计划的全部内容。测试计划只是创建详细计划过程的一个副产品,重要的是计划过程,而不是产生的文档。不要让测试计划成为束之高阁的文档,一个空架子。实际上制订测试计划除了最终的文档之外,更重要的是通过制订测试计划的这一过程,交流软件测试小组的意图、期望以及对执行测试的理解。

一份完整的测试计划文档,采用何种格式或是模版并不是最重要的,格式可以自行调整。常见的与测试相关的重要内容如下。

(1) 产品基本情况。描述软件产品的目的、背景、范围及可能使用的文档。

(2) 测试需求。确定被测试的对象、内容和范围,来源于用户需求,包括功能性需求和非功能性需求。

(3) 测试策略。测试的项目、测试的主要方法、完成标准、使用的工具、特殊事项等。

(4) 资源分配。人员组成、任务和职责、环境、人员培训等。

(5) 测试计划表。计划测试的阶段,可以帮助项目管理者掌握项目的进行状态。

(6) 可交付工件。最终测试完成后交付的内容,包括测试模型、测试记录、缺陷报告等。

(7) 附录 A。项目任务。

要制订有效的测试计划主要就是明确以下内容：明确测试需求、制定相应的测试策略进行资源分配配置及制定测试计划表。测试策略的制定在 9.5.1 节已经讨论过了,下面就来重点谈一下测试需求、资源分配和测试计划表。

(1) 明确测试需求。测试计划的第一步就是将软件分解成较小而且相对独立的功能模块,并撰写测试需求。要如何对测试需求进行分类呢？分类有很多方法,最常见的是按照功能分类,将软件分解为不同的功能模块,以便更好地进行设计。

测试需求的目的就是确定测试对象及测试工作的范围和内容。测试需求是测试设计和开发测试用例的基础,详细的测试需求是用来衡量测试覆盖率的重要指标。

明确测试需求的前提就是要明确产品的基本情况,了解产品的需求,知道自己要测试什么软件产品,软件包括哪些模块,要实现什么功能,应用在什么范围,它的质量和可靠性目标等。这些信息都应从软件需求规格说明上去了解。

明确需求后列出所有要测试的功能项。测试需求的内容既可以单列文档,也可以放入测试计划中。凡是没有出现在清单上的功能项都在测试范围之外,所以程序员一定要严格按照需求规格设计说明书上的要求来编写程序。万一出现了不在说明书上的功能,是无法列入测试需求清单的,这是很危险的行为。测试需求的要点有以下三点。

① 功能测试：理论上覆盖所有的功能项,有可能是一个浩大工程,但有利于测试的完整性。

② 设计测试：包括用户界面、菜单结构及窗体设计是否合理等的测试。
③ 综合考虑：主要考虑数据流从软件一个模块流到另一个模块的过程的正确性。

(2) 进行资源分配。进行资源分配是指制订一个项目资源计划，包括所需要的资源及其在每阶段的任务，具体测试资源包括人力资源(人员数量和技能)、测试环境(包括硬件和软件)、所需软件、外包测试公司(是否使用及选择的原则)、相关的其他配备(如电话、磁盘、参考书等)。

(3) 制订测试计划表。测试计划表就是根据测试内容和测试资源的具体情况估计测试工作，参考软件开发进度、项目工作计划等制订测试进度和时间表。制订时间表时还要考虑进度破坏，进度破坏就是如果测试进度受到项目先前事件的影响导致进度越来越延迟。因此在制作计划表时应采用灵活的测试进度，即相对日期来估计时间，一旦发生意外情况，及时更新计划。

计划不是制订完了就结束了，在最后的测试结果评审时要严格验证计划和实际执行间是否有偏差，并在最终的报告中体现出测试计划的一致性。

9.6 测试用例设计

9.6.1 什么是测试用例

测试用例是指对一项特定的软件产品进行测试任务的描述，为特定目的(如考察特定程序路径或验证是否符合特定需求)而设计的测试数据及与之相关联的测试规程的集合，体现了具体的测试方案、方法、技术和策略。

测试用例是有效发现软件缺陷最小的测试执行单元，也会形成文档，它在测试中的作用至关重要，有自己特定的标准。设计测试用例时要考虑一些因素才能更好地进行测试。那么，使用测试用例到底有什么作用呢？

(1) 有效性。测试用例是测试人员在测试过程中的重要依据。每个测试人员在具体实施测试的过程中都应该严格依据设计好的测试用例来进行，不同的测试人员实施相同的测试用例所得到的测试结果应该是一致的。对于设计良好的测试用例而言，用例的计划、实施和跟踪是保证测试有效性的有力证明。

(2) 可复用性。良好的测试用例应当可以重复使用。对一个程序来讲，即便是最简单的程序，对其进行穷举测试都是不可能的，所以应当在有限的测试中进行设计，保证测试的效果，以节约时间，提高测试效率。

(3) 易组织性。即便是很小的测试项目，也需要成千甚至更多的测试用例，测试用例可能在几个月乃至后续的数年间被不断创建和反复使用。利用有效的测试计划和管理组织好这些测试用例，以便提供给其他测试人员或其他项目人员进行参考使用。

(4) 可评估性。从项目的管理角度来说，测试用例的通过率是检验软件质量的重要指标。评价软件的质量时，量化的标准应是测试用例的通过率和软件错误的数量。

(5) 可管理性。测试用例也可以当作检验测试人员进度、工作量及衡量测试人员工作效率的一个重要因素。

因此测试用例对整个软件测试乃至整个软件项目来讲都非常重要的，但并不是每个测试人员都可以编写测试用例，它需要设计者对软件本身的规格说明书、设计、用户场景及模块结构有比较清晰的了解。初入测试行业的人员一开始只能够执行别人设计好的测试用例,随着项目的进行和自己的不断学习,积累经验之后才能独立编写测试用例,提供给其他人使用。

9.6.2　测试用例的书写标准

软件产品或软件开发项目的测试用例一般以该产品的软件模块或子系统为单位,形成一个测试用例文档,但不是绝对的。测试用例文档中应当将需要测试的所有信息都规范地写出来,这就必须为测试用例的书写提供相应的编写规范和模板。

测试用例文档的模板须符合内部的规范要求,同时也受制于测试用例管理软件的约束。测试用例文档由简介和测试用例两部分组成。简介部分包括测试目的、测试范围、定义术语、参考文档、概述等。根据测试用例的作用,IEEE 829—1983 中列出了测试用例的主要元素。

(1) 标识符。用来标识每个测试用例,具有唯一性。它也是与测试用例相关文档引用和参考的基本元素,这些文档包括设计规格说明书、测试日志表、缺陷报告和测试报告等。

(2) 测试项。准确描述需要测试的项及其特征,测试项应该比测试设计说明中所列出的特性描述更加具体。例如做 Windows 计算器应用程序的窗口测试时,测试对象是整个应用程序的用户界面,这样测试项应该是应用程序的界面和特性要求,如窗口缩放测试、界面布局、菜单等。

(3) 输入标准。用来执行测试用例的输入要求。这些输入可能包括数据、文件或者验证步骤的操作(例如点击鼠标的左键、敲击键盘的按键等),必要的时候,相关的数据库、文件也必须罗列。

(4) 期望结果。按照指定的环境和输入标准得到的期望输出结果。如果可能的话,尽量提供适当的系统规格说明来证明期望的结果。

(5) 测试用例之间的关联。用来标识该测试用例与其他测试(或其他测试用例)之间的依赖关系。在测试的实际过程中,很多测试用例并不是单独存在的,它们之间可能有某种依赖关系,例如,用例 A 需要在 B 的测试结果正确的基础上才能进行,此时需要在 A 的测试用例中表明其对 B 的依赖性,从而保证测试用例的严谨性。

以上内容涵盖了测试用例的基本元素:测试索引、测试环境、测试输入、测试操作、预期结果、评价标准。

9.6.3　测试用例设计的原则

编写测试用例经常采用软件测试常用的基本方法,如等价类划分法、边界值分析法、错误推测法、因果图法、逻辑覆盖法等来设计测试用例,视软件的不同性质采用不同的方法。如何灵活运用各种基本方法来设计完整的测试用例,并最终实现暴露隐藏的缺陷,主要凭借测试设计人员的理论知识、丰富经验和精心设计。

测试用例设计的最基本要求:覆盖住所要测试的功能。这是最基本的要求了,但要能达到切实覆盖全面,需要对被测试产品功能进行全面了解、明确测试范围(特别是要明确哪些是不需要测试的)、具备基本的测试技术(如等价类划分法)等。

在设计测试用例时,除了需要遵守基本的测试用例编写规范外,还需要遵守一些基本的原则。

1. 尽量避免含糊的测试用例

含糊的测试用例会给测试过程带来困难,甚至会影响测试的结果。在测试过程中,测试用例的状态是唯一的。通常情况下,在执行测试过程中,良好的测试用例一般会有以下三种状态。

(1) 通过(Pass)。

(2) 未通过(Failed)。

(3) 未进行测试(Not Done)。

如果测试未通过,一般会有测试的错误报告进行关联;如未进行测试,则需要说明原因(如测试用例本身的错误、测试用例目前不适用、环境因素等)。因此,清晰的测试用例使测试人员在测试过程中不会出现模棱两可的情况。不能说这个测试用例部分通过,或者是从这个测试用例描述中不能找到问题,但软件错误应该出现在这个测试用例中,这样的测试用例将会给测试人员的判断带来困难,同时也不利于测试过程的跟踪。

2. 单个用例覆盖最小化原则

单个用例覆盖最小化原则是所有这四条原则中的重点,也是在工程中最容易被忘记和忽略的。下面通过例子来进一步说明。假如要测试一个功能 A,它有三个子功能 A1、A2 和 A3,可以用下面两种方法来设计测试用例。

方法 1:用一个测试用例覆盖三个子功能:Test_A1_A2_A3。

方法 2:用三个单独的用例分别来覆盖三个子功能:Test_A1,Test_A2,Test_A3。

方法 1 适用于规模较小的工程。对于有一定规模和质量要求的项目,方法 2 则是更好的选择,因为它具有如下优点。

(1) 测试用例的覆盖边界定义更清晰。

(2) 测试结果对产品问题的指向性更强。

(3) 测试用例间的耦合度最低,彼此之间的干扰也就最低。

上述这些优点所能带来直接好处是测试用例的调试、分析和维护成本最低。每个测试用例应该尽可能简单,只验证你所要验证的内容,不要考虑验证太多功能,这样只会增加测试执行阶段的负担和风险。David Astels 在他的著作 *Test Driven Development:A Practical Guide* 中曾这样描述:最好一个测试用例只有一个 Assert 语句。此外,覆盖功能点简单明确的测试用例,也便于组合生成新的测试。

3. 尽量将具有相类似功能的测试用例抽象并归类

软件测试过程是无法进行穷举测试的,因此,对相类似的测试用例的抽象过程显得尤为重要。一个好的测试用例应该能代表一组或者一系列的测试过程。

4. 尽量避免冗长和复杂的测试用例

尽量避免冗长和复杂的测试用例的主要目的是保证验证结果的唯一性。这也是和第一条原则相一致的,为的是在测试过程的执行过程中,确保测试用例的输出状态唯一性,从而便于跟踪和管理。在一些很长和复杂的测试用例设计过程中,需要将测试用例进行合理的分解,从而保证测试用例的准确性。在某些时候,当测试用例包含很多不同类型的输入或输出或者测试过程的逻辑复杂而不连续时,需要对测试用例进行分解。

在实际的测试用例设计中，需要将前述的基本原则和考虑因素结合起来，遵循基本的测试用例编写规范，按照实际测试的需求灵活地组织设计测试用例。

9.7 面向对象测试

对于面向对象软件而言，其测试的目标不变，仍是用最少的时间和工作量来发现尽可能多的错误。但面向对象软件的性质与传统软件不同，具体来说其区别体现在：

(1) 对象作为一个单独的组件，一般要比一个功能模块大；

(2) 由对象到子系统间的集成通常是松散耦合的，系统中没有一个明显的"顶层"；

(3) 如果对象被复用，测试者就无权进入组件内部来分析其代码了。

这些不同意味着基于代码分析的白盒测试方法需要扩展到更大粒度的对象上，而在集成测试中需要采用黑盒测试。不过一旦系统被集成，对系统用户而言，系统是否采用面向对象的方法去开发的这一点并不明显。

在面向对象系统中，测试可分为如下四个层次。

(1) 测试与对象关联的单个操作。它们是一些函数或程序，上面讨论的白盒测试方法和黑盒测试方法都适用。

(2) 测试单个对象类。黑盒测试方法的原理不变，但等价类划分法这个概念需要扩展，以适合操作序列的情况。同样，结构化测试需要一个不同类型的分析。

(3) 测试对象集成。严格的自顶向下或自底向上的集成都不适合一组关联对象的情况。应该使用其他方法（基于场景的测试等）。

(4) 测试面向对象系统。根据系统需求描述进行的检验和有效性验证过程，与传统方式开发的系统一样进行测试。

面向对象系统的测试技术现在发展得非常迅速。针对面向对象软件开发的特点，其测试方法和技术也必然要做相应的改变，从而形成面向对象的测试模型、面向对象的单元和集成测试方法等。

9.7.1 面向对象的测试模型

面向对象的开发模型突破了传统的瀑布模型，将开发分为面向对象分析、面向对象设计和面向对象编程三个阶段。分析阶段产生整个问题空间的抽象描述，在此基础上，进一步归纳出适用于面向对象编程语言的类和类结构，最后形成代码。由于面向对象的特点，采用这种开发模型能有效地将分析设计的文本或图表代码化，不断适应用户需求的变动。针对面向对象软件的开发特点，应该有一种新的面向对象测试模型，使开发阶段的测试与编码完成后的单元测试、集成测试、系统测试成为一个整体。

针对面向对象开发模型中的面向对象分析、面向对象设计和面向对象实现三个阶段，同时结合传统的测试步骤，面向对象的软件测试可以分为：

(1) 面向对象分析的测试。面向对象分析的测试是对分析结果的测试。

(2) 面向对象设计的测试。面向对象设计的测试是对设计结果的测试，针对的是分析设计产生的文本，是软件开发前期的关键性测试。

(3) 面向对象编程的测试。面向对象编程的测试是针对编程风格和程序代码实现进行的测试，测试内容在面向对象单元测试和面向对象集成测试中体现。

(4)面向对象的系统测试及验收测试。

9.7.2 面向对象的单元测试

传统的单元测试的对象是软件设计的最小单位——模块。单元测试的依据是详细设计描述,它对模块内所有重要的路径设计测试用例,以便发现模块内部的错误。单元测试多采用白盒测试技术,系统内多个模块可并行地进行测试。

当考虑面向对象软件时,单元的概念发生了变化。封装驱动了类和对象的定义,这意味着每个类和类的实例(对象)包装了属性(数据)和操纵这些数据的操作,而不是个体的模块。最小的可测试单位是封装的类或对象。类包含一组不同的操作,并且某特殊操作可能作为一组不同类的一部分存在,因此,单元测试的意义发生了较大变化。故在单元测试中不再孤立地测试单个操作,而是将操作作为类的一部分。因此,面向对象单元测试的对象通常是对一个类,单元测试应对类中所有重要的属性和方法设计测试用例,以发现类内部的错误。

类测试的目的就是要确保一个类的代码能够完全满足类说明所描述的要求。如果类的实现是正确的,那么类的每个实例也应该正确。

1. 类测试的时间

在完全说明了某个类并对其编码不久,面向对象的单元测试就开始了。同传统软件的测试一样,单元测试开始时也要制订一个测试计划。在反复迭代过程中,类的实现和说明在进程中可能会发生变化,所以应该在软件的其他部件使用该类之前对类进行测试,同时还有必要执行回归测试。

2. 类测试

通过代码检查和执行测试用例可以有效测试一个类的代码。在某些情况下,用代码检查代替基于执行的测试方法是可行的,但是代码检查也存在以下两个不利之处:代码检查容易受到人为因素影响;代码检查在回归测试方法中明显需要更多的工作量。

白盒测试的覆盖方法能保证程序中所有的语句至少执行一遍,所有程序的路径都要执行。在测试类时,完全的覆盖测试按顺序应分为以下三个部分。

(1)基于属性的测试。对类中所有属性的设置和访问进行测试。

(2)基于服务的测试。类中每个方法都要单独进行隔离测试。单个方法的测试类似于传统软件中单个函数的测试,许多相关的白盒测试技术,如逻辑覆盖、路径覆盖等都可以用在这里。

(3)基于状态的测试。除了类的每个操作要进行测试,类的行为也要进行测试,所有能引起状态变化的事件都要模拟到。类的行为通常可用状态机图来描述。在利用状态机图进行类测试时,可考虑覆盖所有状态、状态迁移等覆盖标准,也可考虑从初始状态到终止状态的所有迁移路径的覆盖。

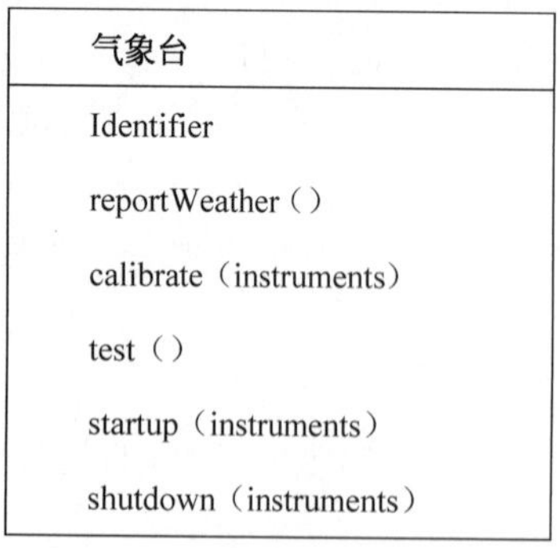

例如,考虑一个气象台系统,其接口如图9.11所示。它只有一个属性,即它的标识符。这是一个常量,在气象

```
气象台
Identifier
reportWeather()
calibrate (instruments)
test()
startup (instruments)
shutdown (instruments)
```

图9.11 气象台对象接口

台安装时已被设定,因此只需要检查它是否已经被设置。

　　针对操作 reportWeather()、calibrate()、test()、startup()和 shutdown()设计测试用例,理想状态下应孤立测试这些方法。但某些情况想需要对操作序列进行测试,如为测试 shutdown()操作,需要先执行 startup()方法。

　　为测试气象台的状态,必须要使用气象台的状态模型,如图 9.12 所示。使用这个模型就能识别出要测试状态的变迁序列,并定义时间序列来强制执行这些变迁。

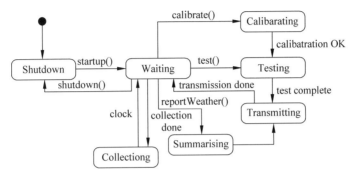

图 9.12　气象台的状态模型图

　　原则上,应测试每个可能的状态变迁序列。气象台应当测试到的状态序列包括:
（1）Shutdown→Waiting →Shutdown;
（2）Waiting→Calibrating →Testing →Transmitting →Waiting;
（3）Waiting→Collecting →Waiting →Summarising →Transmitting →Waiting。

　　如果使用了集成,类测试的设计就更加困难。超类中提供的操作被多个子类继承,所有的子类都要进行测试,每个子类中所有的继承操作也要测试,因为继承的操作在继承时会发生会改变。同样,当一个超类操作被覆盖时,重写的操作也一定要测试。

　　软件测试从"小型"测试开始,逐步过渡到"大型"测试。小型测试着重测试单个类和类中封装的方法,测试单个类的方法有随机测试、划分测试和基于故障的测试等,下面来谈一下划分测试。

3．划分测试

　　前面谈到代码检查存在一些问题,基于执行的测试方法能够克服这些缺点,但在设计测试、开发测试驱动程序时也需要很大的工作量。这里介绍一种面向对象的测试方法,与传统的等价类划分法相似,可以减少测试类所需的测试用例数量,这种测试方法称为划分测试。它对输入和输出进行分类,设计测试用例来检查每个类。那么它是怎么划分的呢?这里通过一个银行类 Account 来说明。

　　Account 类属性有 balance(账户余额)和 creditLimit(透支额)。操作有:

open()打开账户　　　　　　setup()建立
deposit()存款　　　　　　　withdraw()取钱
balance()查询余额　　　　　summarize()操作清单
creaditLimit()透支限额　　　close()关闭账户

（1）基于状态划分:就是根据它们改变类状态的能力对类操作进行划分。考虑

Account 类,状态操作包括 deposit()、withdraw(),非状态操作包括 balance()、summarize()、creditLimit()。将给非状态操作和不改变状态的操作分别进行测试,因此。

测试用例 a：open()→setup()→deposit()→deposit()→withdraw()→withdraw()→close()。

测试用例 b：open()→setup()→deposit()→summrize()→creaditLimit()→balance()→withdraw()→close()。

(2) 基于属性划分：就是根据它们所使用的属性进行划分。对于类 Account,属性 balance()和 creaditLimit()用于定义划分。操作可分为三类：①使用 creditLimit()的操作；②修改 creditLimit()的操作；③既不使用也不修改 creditLimit()的操作。然后为每个划分设计测试用例。

(3) 基于类别的划分：就是根据每个操作所完成的一般功能划分类操作。例如 Account 类操作可以划分为初始化操作——open()、setup(),计算操作——deposit()、withdraw(),查询操作——balance()、summarize()、creadLimit()及关闭操作 close()。

9.7.3 面向对象的集成测试

对于传统的集成测试,有两种方式进行测试。第一种是自顶向下集成。它是构造程序结构的一种增量式方式,从主控模块开始,按照软件的控制层次结构,以深度优先或广度优先的策略,逐步把各个模块集成在一起。另一种是自底向上集成。自底向上测试是从"原子"模块(即软件结构最低层的模块)开始组装测试。因为面向对象软件没有明显的层次控制结构,操作和数据被集成在类中,这一组相互协作的类通过组合提供一组服务,它们应该一起测试。这就是所谓的集群测试。

在面向对象系统中,传统的自顶向下和自底向上集成策略就没有意义,一次集成一个操作到类中(传统的增量集成方法)经常也是不可能的。在这些系统中,没有明显的"顶层"为集成提供目标,也不存在一个清晰的层次结构来组织系统。因此集成需要根据类操作以及类相关属性的关联来构成。在面向对象系统集成测试中,有三种不同的策略。

(1) 基于线程的测试。基于线程的测试是指把响应系统的一个输入或事件所需的一组类集成起来,分别集成每个线程并进行测试,同时应用回归测试以保证没有产生副作用。面向对象的系统通常是事件驱动的,所以这是一种特别合适的测试方法。要使用好这个方法,就一定要了解清楚事件处理在系统中是如何进行的。

(2) 基于使用的测试。这种方法首先测试那些几乎不使用服务器类的类(称为独立类)。在独立类测试完成后,接下来测试使用独立类的下一层类,称为依赖类。这个依赖类层次的测试一个层次一个层次地持续下去,一直持续到构造完整个系统。

(3) 基于场景的测试。场景描述了对系统的使用模式,测试可以根据场景描述来进行。基于场景的测试是这些方法中最有效的,不仅可以用于类间的集成测试,也可以用于系统确认测试。它组织测试过程,先测试最平常的场景,不寻常或异常的场景放在稍后测试,这样做符合测试的基本原理。

当选择场景设计系统测试时,保证对每个类中的每个方法至少执行一遍是非常重要的,所以当选择了一个场景时,将执行的方法用记号标记出来。当然图 9.10 给出的是一个经过简化的顺序图,去掉了异常情况。一个完全的场景测试一定要将这些考虑进去并保证这些异常能被正确地处理。

面向对象的集成测试能够检测出单元测试因为无法检测出类相互作用才会产生的错位。基于单元的测试可以保证类及其成员行为的正确性，集成测试则关注系统的结构和内部相互作用。

9.8 软件测试自动化

软件测试是一项艰苦的工作，对一些可靠性要求比较高的软件，测试时间甚至占到总开发时间的 60%。但软件测试工作有较大的重复性，在软件发布之前都要进行几轮测试，大量的测试用例会被执行几遍。手工测试具有创造性，可以举一反三，对于那些复杂的逻辑判断、界面是否友好测试有明显优势。但如果简单的功能测试用例在测试中不断重复，工作量也较大，无法体现手工测试的优越性，容易引起测试人员的乏味，严重影响工作情绪。另外手工测试在有些方面也束手无策，需要自动化测试来加以辅助。例如通过手工测试无法做到覆盖所有代码路径，也难以测定测试的覆盖率；通过手工测试很难捕捉到许多与时序、死锁、资源冲突、多线程等有关的错误；在系统负载、性能测试时，需要模拟大量数据或大量并发用户等各种应用场合时，也很难通过手工测试来进行。如果有大量的测试用例，需要在短时间内完成，手工测试又怎么办呢？

软件测试实行自动化进程不是厌烦测试的重复工作，而是测试工作的需要，即完成手工测试所不能完成的任务，提高测试效率和测试效果的可靠性、准确性和可观性，提高测试覆盖率，保证测试工作的质量。

9.8.1 自动化测试的基本概念

谈到自动化测试，一定有人会提到测试工具。有很多人都认为所谓自动化测试就是使用了一两个测试工具，这种理解是不对的或者说是片面的。的确，测试工具是自动化测试的一部分工作，但"使用测试工具进行测试"并不等于"自动化测试"。那么什么是自动化测试呢？

自动化测试是把以人为驱动的测试行为转化为机器执行的一种过程，即模拟手工测试步骤，通过自动执行由程序语言编制的测试脚本，完成软件的单元测试、集成测试、功能测试、负载性能测试等相关工作。自动化测试集中在实际测试被自动执行的过程上，就是由手工逐个运行测试用例的操作被测试工具自动执行的过程所代替。自动化测试需要借助测试工具，但仅仅使用测试工具还不够，需要借助网络通信环境、邮件系统、后台运行程序及改进的开发流程等，由系统自动完成软件测试的各项工作，主要包括：

(1) 测试环境的搭建和设置，如自动上传软件包到服务器并完成安装；

(2) 基于模型实现测试设计的自动化或基于软件设计规格说明书实现测试用例的自动生成；

(3) 脚本自动生成，如基于模块 UML 状态图、时序图生成可运行的测试脚本；

(4) 测试数据的自动生成，例如通过 SQL 语句在数据库中产生大量数据记录，用于测试；

(5) 测试操作步骤的自动执行，包括软件系统的模拟操作、测试执行过程的监控；

(6) 测试后结果分析，如实际输出和预期输出的自动对比分析；

(7) 测试报告的自动生成功能。

由于手工测试的局限性,软件测试借助测试工具成为必然。自动化测试由计算机系统自动完成,由于机器执行速度快也不会劳累,可以 24 小时连续工作,并严格按照所开发的脚本、指令执行,不会有半点差错,其自动化测试的优势主要体现在:

(1) 缩短软件开发测试周期。自动化测试具有运行速度快、永不疲劳的特点。手工测试会感觉到累,测试人员正常工作时间 8 小时,最多十几个小时。但机器不会觉得累,可以不间断的工作。

(2) 测试效率高,充分利用硬件资源。可以在运行某个测试工具的同时,运行另一个测试工具;也可以同时考虑新的测试方法或设计新的测试用例,节省大量时间;还可以把大量系统测试及回归测试安排到夜间或周末运行,提高效率。

(3) 节约人力资源,降低测试成本。对于回归测试,如果是手工方式,需要大量的人力去验证大量稳定的旧功能,而通过测试脚本和测试工具,只要一个人就可以。

(4) 提高软件测试结果的准确度和精确度。软件测试的自动化结果都是数量化的,能够同预期结果进行量化对比。搜索用时 0.33s 或 0.24s,系统都会发现问题,不会有任何差异。

(5) 增强测试的稳定性和可靠性。通过测试工具运行测试脚本,可保证测试 100% 地进行。如果是人的话则有可能会撒谎。个别测试人员并没有执行所有测试用例,但他告诉你他执行了。

(6) 有特别的能力,可以做手工测试不能做的事情。有些手工测试做不到的,自动化测试可以做到,如负载、性能测试。

9.8.2 测试工具的分类及选择

应根据测试的要求和任务来选择测试工具。对于一些特殊的应用,特别是一些应用服务器的功能测试,没有测试工具供选择,需要自己开发。多数情况下,选择开源工具或第三方专业测试工具是比较明确的选择。

软件测试工具的种类很多,根据测试方法的不同,分为白盒测试工具和黑盒测试工具,或者分为静态测试工具和动态测试工具。根据测试对象和目的的不同,分为单元测试工具、功能测试工具、负载测试工具和测试管理工具等。

白盒测试工具针对程序代码、程序结构、对象属性、类层次等进行测试,测试中发现缺陷可以定位到代码行,单元测试工具多属于白盒测试工具。针对白盒测试工具,可以进一步将其划分为静态测试工具和动态测试工具。静态测试工具主要对代码进行语法扫描,找出不符合编码规范的地方,根据某种质量模型评价代码的质量,生成系统的调用关系图。它是直接对代码进行分析的,不需要运行代码,也不需要对代码进行编译链接生成可执行文件。静态测试工具主要有 Compuware 公司的 CodeReview、Telelogic 公司的 Logiscope 软件及 PR 公司的 PRQA 软件。另外很多安全性测试工具都通过代码扫描来分析代码,找出安全漏洞,也属于静态测试工具。

动态测试工具与静态测试工具不同,需要实际运行被测系统,设置断点,向代码生成的可执行文件插入监测代码,掌握断点这一时刻程序具体的运行数据,如对象属性、变量值等,其代表工具有 Compuware 公司的 DevPartner 软件和 IBM 公司的 Rational Puritfy 系列。

黑盒测试工具一般是通过图形用户界面来实现自动化测试的,即借助脚本的录制/回放模拟用户操作,再将被测系统的输出记录下来与给定的预期结果相比较。黑盒测试工具一般用于系统的功能测试、负载测试、性能测试等,复用性较好,适合大规模的回归测试和各种性能测试。GUI 的代表性功能测试工具有 HP 公司的 QTP、IBM Rational Funtional tester 和 Segue 公司的 SilkTest 等,性能测试工具的有 HP 公司的 LoadRunner、IBM 的 Rational Performance tester 等。

要选择好测试工具,首先要根据软件产品或项目需要,确定要使用哪类工具,是白盒测试工具还是黑盒测试工具?是功能测试工具还是性能测试工具?即使在特定的一类工具中,也要从众多的产品中选择适合自己的。选择一个测试工具,不外乎针对自己的需求,对不同产品的功能、价格、服务等进行分析,选择适合自己、性能价格比较好的两三种产品作为候选对象。此外还要考虑测试工具引入的连续性。一般测试工具的选择步骤如下。

(1) 成立小组,负责测试工具的选择和决策,确定时间表;
(2) 确定自己的需求,研究可能存在的不同解决方案,并进行利弊分析;
(3) 了解市场上满足自己需求的产品,包括基本功能、限制、价格和服务等;
(4) 根据市场上产品的基本情况,结合自己的开发能力、预算、项目周期等决定自己是开发还是购买;
(5) 对市场上的产品进行对比分析,确定两三种产品作为候选产品;
(6) 研究这几种候选产品,必要时请厂商来介绍演示,并提供实例;
(7) 初步确定;
(8) 商务谈判;
(9) 最后决定。

需要明确的是,软件测试自动化具有很多优点,但它只是手工测试的一种补充,弥补测试实践的不足,不能完全替代手工测试和手工测试工程师,它们各有各的特点和优势,其测试对象和测试范围也不一样。多数情况下,应该将手工测试和自动化测试相结合,以最有效的方法来完成测试任务。

习题九

一、选择题

1. 在 V 模型中,(　　)对程序设计进行验证,(　　)对系统设计进行验证,(　　)应当追溯到用户需求说明。

① A. 单元和集成测试　　　　B. 系统测试
　 C. 验收测试和确认测试　　D. 验证测试
② A. 单元测试　　　　　　　B. 集成测试
　 C. 功能测试　　　　　　　D. 系统测试

③ A. 代码测试 B. 集成测试
　　C. 验收测试 D. 单元测试
2. 用边界值分析法,假定 1＜X＜100,那么 X 在测试中应该取的边界值是(　　)。
　　A. $X=1, X=100$ B. $X=0, X=1, X=100, X=101$
　　C. $X=2, X=99$ D. $X=0, X=101$
3. (　　)法根据输出对输入的依赖关系设计测试用例。
　　A. 路径测试　　B. 等价类划分　　C. 因果图　　D. 边界值分析
4. 下列几种逻辑覆盖标准中,(　　)覆盖是指设计足够的测试用例,覆盖被测程序中所有可能的路径。
　　A. 判定　　B. 条件　　C. 判定/条件　　D. 路径
5. 与设计软件测试用例无关的文档是(　　)。
　　A. 需求规格说明书　B. 详细设计说明书　C. 可行性研究报告　D. 源程序
6. 白盒测试是结构测试,被测试对象基本上是源程序,以程序的(　　)为基础设计测试用例。
　　A. 应用范围　　B. 功能　　C. 内部逻辑　　D. 输入数据
7. 为了提高测试的效率,应该(　　)。
　　A. 选择发现错误可能性大的数据作为测试用例
　　B. 随机地选取测试数据
　　C. 在完成软件编码阶段后再制订软件的测试计划
　　D. 取一切可能的输入数据作为测试数据
8. 下列不属于白盒测试技术的是(　　)。
　　A. 路径测试法　　B. 条件覆盖法　　C. 循环覆盖法　　D. 错误推测法
9. 下列说法正确的是(　　)。
　　A. 判定覆盖法包含语句覆盖,所有条件都得到了测试
　　B. 判定/条件覆盖法理论上包含了判定覆盖法和条件覆盖法的要求
　　C. 条件覆盖法的检错能力较路径覆盖强
　　D. 满足路径覆盖法一定满足条件组合覆盖法
10. 若有一个计算类型的程序,它的输入量只有一个 X,其范围是 $[-1.0, 1.0]$,现从输入的角度考虑一组测试用例: $-1.001, -1.0, 1.0, 1.001$。设计这组测试用例的方法是(　　)。
　　A. 条件覆盖法　　B. 等价分类法　　C. 边界值分析法　　D. 错误推测法
11. 软件测试中,测试用例主要由输入数据和(　　)两部分组成。
　　A. 测试规则 B. 测试计划
　　C. 预期输出结果 D. 以往测试记录分析
12. 成功的测试是指(　　)。
　　A. 运行测试实例后未发现错误项 B. 发现程序的错误
　　C. 证明程序正确 D. 改正程序的错误
13. 以下四种逻辑覆盖中,发现错误能力最强的是(　　)。
　　A. 语句覆盖　　B. 条件覆盖　　C. 判定覆盖　　D. 条件组合覆盖

第9章　软件测试

14. 测试过程的活动几乎贯穿整个开发过程,它大体分为(　　)三个阶段。
    A. 模块测试、组装测试、有效性测试　　B. 模块测试、功能测试、回归测试
    C. 单元测试、功能测试、用户测试　　　D. 单元测试、集成测试、确认测试

15. 在等价类划分法中,要为每个输入条件划分合理等价类和(　　)。
    A. 不合理的等价类　B. 设计输入数据　C. 设计测试用例　D. 编号

16. 在黑盒测试方法中,用等价类划分法设计测试用例的步骤是:首先根据输入条件把数目极多的输入数据划分为若干有效等价类和若干无效等价类;然后设计一个用例,使其覆盖(　　)尚未被覆盖的有效等价类,重复这一步,直至所有的有效等价类均被覆盖;接着设计一个测试用例,使其覆盖(　　)尚未被覆盖的无效等价类,重复这一步,直到所有的无效等价类均被覆盖。
    ① A. 1个　　　　　　　　　　　B. 一半
       C. 尽可能多　　　　　　　　　D. 尽可能少
    ② A. 1个　　　　　　　　　　　B. 全部
       C. 尽可能多　　　　　　　　　D. 尽可能少

17. 某程序功能说明中列出"规定每个运动员的参赛项目为1～3项",应用黑盒测试方法中的等价类划分法确定等价类是(　　)。
    A. 1<=项目数<=3　　　　　　　B. 项目数<1
    C. 项目数>3　　　　　　　　　D. 以上都是

18. 软件测试就是在软件投入运行前,对软件(　　)、设计规格说明书和编码的最终复审,是(　　)保证的关键步骤。
    ① A. 可行性研究　B. 需求分析　　C. 维护　　　　D. 开发
    ② A. 灵活性　　　B. 软件工程　　C. 软件质量　　D. 软件测试

19. 下列对于软件测试的描述中,正确的是(　　)。
    A. 软件测试的目的是证明程序是否正确
    B. 软件测试的目的是使程序运行结果正确
    C. 软件测试的目的是尽可能多地发现程序中的错误
    D. 软件测试的目的是使程序符合结构化原则

20. 下列叙述中正确的是(　　)。
    A. 程序设计就是编制程序
    B. 程序的测试必须由程序员自己去完成
    C. 程序经调试改错后还应进行再测试
    D. 程序经调试改错后不必进行再测试

21. 黑盒测试是通过软件的外部表现来发现软件缺陷和错误的测试方法。具体地说,黑盒测试用例设计技术包括(　　)等。现有一个处理单价为1元的盒装饮料的自动售货机软件,若投入1元硬币,按下"可乐"、"雪碧"或"红茶"按钮,相应的饮料会送出来;若投入的是2元硬币,在送出饮料的同时退还1元硬币。表1是用因果图法设计一部分测试用例,1表示执行该动作,0表示不执行该动作。(　　)的各位数据,从左到右分别填入空格表中的(1)～(8)是正确的。

用例序号		1	2	3	4	5
输入	投入1元硬币	1	1	0	0	0
	投入2元硬币	0	0	1	0	0
	按"可乐"按钮	1	0	0	0	0
	按"雪碧"按钮	0	0	0	1	0
	按"红茶"按钮	0	0	1	0	1
输出	退还1元硬币	(1)	0	(5)	(7)	0
	送出"可乐"饮料	(2)	0	0	0	0
	送出"雪碧"饮料	(3)	0	0	(8)	0
	送出"红茶"饮料	(4)	0	(6)	0	0

① A. 等价类划分法、因果图法、边界值分析法、错误推测法、判定表驱动法
　B. 等价类划分法、因果图法、边界值分析法、正交试验法、符号法
　C. 等价类划分法、因果图法、边界值分析法、功能图法、基本路径法
　D. 等价类划分法、因果图法、边界值分析法、静态质量度量法、场景法

② A. 01001100　　B. 01101100　　C. 01001010　　D. 11001100

二、简答题

1. 软件测试的目的是什么？
2. 什么是黑盒测试？有哪些常用的黑盒测试方法？
3. 什么是白盒测试？有哪些常用的白盒测试方法？
4. 简述验证与确认之间的区别。
5. 软件测试应该划分为哪几个阶段？各个阶段应重点测试的内容是什么？

三、综合题

1. 程序功能说明书指出，某程序的输入条件为每个学生可以选修1～3门课程。试用黑盒法设计测试用例。
(1) 按等价分类法设计测试用例（要求列出设计过程）。
(2) 按边界值分析法设计测试用例。
(3) 按错误推测法设计测试用例。

2. 设被测试的程序段为：找出实现语句覆盖、条件覆盖或判定覆盖至少要选择的数据组。

```
Begin              可供选择的测试数据组为：
s1 ;                          x      y
if (x = 0) and (y > 2)   Ⅰ    0      3
    then s2;             Ⅱ    1      2
    if (x < 1) or (y = 1) Ⅲ  -1      2
        then s3 ;        Ⅳ    3      1
    s4 ;
end
```

3. 随意选择一个物品，根据所学的软件测试技术、方法和内容对其进行测试，如水杯、电梯等。

第10章 软件过程

许多计算机和软件科学家尝试把其他工程领域中行之有效的工程学知识运用到软件开发工作中来。经过不断实践和总结，最后得出一个结论：按工程化的原则和方法组织软件开发工作是有效的，是摆脱软件危机的一个主要出路。

软件过程研究的是如何将人员、技术和工具等组织起来，通过有效的管理手段，提高软件生产的效率，保证软件产品的质量。软件工程过程在于规范软件开发的活动细节，如管理、控制、人员、通信、合作、技巧等，使得从事软件开发的软件机构能够依靠周密而细致的运作规程来组织软件开发的系列活动，降低由于人为因素而导致软件产品存在缺陷的可能性。

软件过程改善是当前软件管理工程的核心问题。五十多年来，计算事业的发展使人们认识到要高效率、高质量和低成要地开发软件，必须改善软件生产过程。20世纪70年代初至20世纪90年代中期，软件工程走过了一条从结构化分析与设计、结构化评审、结构化程序设计和结构化测试，到以过程成熟度模型(PMM)、个体软件过程(PSP)和群组软件过程(TSP)为标志的以过程为中心，向着软件过程技术成熟和面向对象技术、构件技术发展的真正软件工业化生产的道路。

软件生产转向以改善软件过程为中心，是世界各国软件产业的必经之路。软件工业已经或正在经历着"软件过程的成熟化"，并向"软件的工业化"渐进过渡。规范的软件过程是软件工业化的必要条件。

10.1 软件过程概述

软件工程过程是软件工程发展到一定阶段，传统的软件工程难以解决愈发复杂的软件开发问题时提出的新的解决办法，它使软件工程环境进入了过程驱动的时代。软件工程过程有效地推动了软件开发的高速发展。

软件工程过程是指为获得软件产品,在软件工具支持下由软件工程师完成的一系列软件工程活动。软件工程过程通常包含四种基本的过程活动。

(1) P(Plan):软件规格说明,规定软件的功能及其运行的限制。

(2) D(Do):软件开发,产生满足规格说明的软件。

(3) C(Check):软件确认,确认软件能够完成客户提出的要求。

(4) A(Action):软件演进,为满足客户的变更要求,软件必须在使用的过程中演进。

事实上,软件工程过程是一个软件开发机构针对某一类软件产品为自己规定的工作步骤,它应当是科学的、合理的,否则必将影响到软件产品的质量。

软件工程过程也称为软件生命周期过程或软件过程组,是指软件生命周期中的一系列相关过程。过程就是活动的集合,活动是任务的集合,任务则起到把输入加工成输出的作用。活动的执行可以是顺序的、迭代的(重复的)、并行的、嵌套的或者是有条件地引发的。

软件过程涉及软件生命周期中相关的过程与活动,其中"活动"是构成软件过程的最基本的成分之一。此外,软件开发是由多人分工协作并使用不同的硬件环境和软件环境来完成的,因此软件过程还包括支持人与人之间进行协调与通信的组织结构、资源及约束等因素。因而,过程活动、活动中所涉及的人员、软件产品、所用资源和各种约束条件是软件过程的基本成分。

软件过程定义了一组关键过程域,它们构成软件项目管理的基础,并规定了技术方法的采用、工程产品(模型、文档、数据、报告、表格等)的产生、里程碑的建立、质量的管理以及适当的变更控制。

软件过程是软件生命周期中的一系列相关软件工程活动的集合,每个软件过程又由一组工作任务、项目里程碑、软件工程产品和交付物以及软件质量保证点等组成。一个软件过程首先要建立一个公共过程框架,其中定义了少量可适用于所有软件项目的框架活动,而不考虑它们的规模和复杂性;再给出各个框架活动的任务集合,使得框架活动能够适合于项目的特点和项目组的需求;最后是保护伞活动,如软件质量保证、软件配置管理以及测量等,它们独立于任何一个框架活动并将贯穿整个过程。

10.2 软件过程能力成熟度模型

能力成熟度模型的本质是软件管理工程的一个部分,它是对软件组织在定义、实现、度量、控制和改善其软件过程的进程中各个发展阶段的描述。它通过五个不断进化的层次来评定软件生产的历史与现状。

10.2.1 软件过程能力成熟度模型的诞生

信息时代,软件质量的重要性越来越为人们所认识。软件是产品,是装备,是工具,其质量使得顾客满意是产品市场开拓、事业得以发展的关键。而软件工程领域在 1992 年至 1997 年取得了前所未有的进展,其成果超过了软件工程领域过去 15 年来的成就总和。

软件管理工程引起广泛注意源于 20 世纪 70 年代中期。当时美国国防部曾立题专门研究软件项目做不好的原因,发现 70% 的项目是因为管理不善而引起,而并不是因为技术实力不够,进而得出一个结论,即管理是影响软件研发项目全局的因素,而技术只影响局部。到了 20 世纪 90 年代中期,软件管理工程不善的问题仍然存在,大约只有 10% 的项目能够在预定的费用和进度下交付。软件项目失败的主要原因有：需求定义不明确；缺乏一个好的软件开发过程；没有一个统一领导的产品研发小组；子合同管理不严格；没有经常注意改善软件过程；对软件构架很不重视；软件界面定义不善且缺乏合适的控制；软件升级暴露了硬件的缺点；关心创新而不关心费用和风险；军用标准太少且不够完善等。在关系到软件项目成功与否的众多因素中，软件度量、工作量估计、项目规划、进展控制、需求变化和风险管理等都是与工程管理直接相关的因素。由此可见，软件管理工程的意义至关重要。

软件管理工程和其他工程管理相比有其特殊性。首先，软件是知识产品，进度和质量都难以度量，生产效率也难以保证。其次，软件系统的复杂程度也是超乎想象的。因为软件复杂和难以度量，软件管理工程的发展还很不成熟。

软件管理工程的发展在经历了从 20 世纪 70 年代开始以结构化分析与设计、结构化评审、结构化程序设计以及结构化测试为特征的结构化生产时代，到 20 世纪 90 年代中期，以 CMM 模型的成熟模型和日益为市场接受为标志，已经进入以能力成熟度模型、个体软件过程和群组软件过程为标志、以过程为中心的时代。而软件发展的第三个时代，即软件工业化生产时代，从 20 世纪 90 年代中期软件过程技术的成熟和以面向对象技术、构件技术的发展为基础，已经渐露端倪，估计到 2020 年，可以实现真正的软件工业化生产，这个趋势应该引起软件企业界和有关部门的高度重视，以及早采取措施，跟上世界软件发展的脚步。

软件过程分为三个流派：CMU SEI 的 CMM-PSP-TSP、ISO 9000 质量标准体系和 ISO/IEC 15504(SPICE)。

CMM-PSP-TSP 即软件能力成熟度模型-个体软件过程-群组软件过程，出自 1987 年美国 Carnegie Mellon 大学软件工程研究所(CMU SEI)以 Humphrey 为首的研究小组发表的研究成果《承制方软件工程能力的评估方法》。ISO 9000 质量标准体系是在 20 世纪 70 年代由欧洲首先采用的，其后在美国和世界其他地区也迅速地发展起来。目前，欧洲联合会积极促进软件质量的制度化，提出了如下 ISO 9000 软件标准系列：ISO 9001、ISO 9000-3、ISO 9004-2、ISO 9004-4、ISO 9002。ISO/IEC 15504(SPICE)是能力成熟度模型的参考模型，是 1991 年国际标准化组织根据一项动议，按照 CMU SEI 的基本思路产生的技术报告。

10.2.2 软件过程能力成熟度模型的组织与结构

1987 年，美国 Carnegie Mellon 大学软件工程研究所发表的 CMM/PSP/TSP 技术为软件管理工程开辟了一条新的途径。

CMM 框架用 5 个不断进化的等级来评定软件生产的历史与现状：其中初始层是混沌的过程，可重复层是经过训练的软件过程定义层是标准一致的软件过程，管理层是可预测的软件过程，优化层是能持续改善的软件过程。任何单位所实施的软件过程都可能在某一方面比较成熟，在另一方面不够成熟，但总体上必然属于这 5 个等级中的某一个等级。而在某个等级内部，也有成熟程度的区别。在 CMM 框架的不同等级中，需要解决带有不同等级特征的软件过程问题。因此，一个软件开发单位首先需要了解自己正处于哪个等级，然后才能够对症下药地针对该等级的特殊要求解决相关问题，这样才能收到事半功倍的软件过程改善效果。任何软件开发单位在致力于软件过程改善时，只能由所处的层次向紧邻的上一层次进化。而且在由某一成熟层次向上一更成熟层次进化时，在原有层次中的那些已经具备的能力还必须得到保持与发扬。

软件产品质量在很大程度上取决于构筑软件时所使用的软件开发和维护过程的质量。软件过程是人员密集和设计密集的作业过程,若缺乏有素训练,就难以建立起支持,改进工作亦将难以取得成效。CMM 描述的这个框架勾列出了从无定规的混沌过程向训练有素的成熟过程演进的途径。

CMM 包括两部分:软件能力成熟度模型和能力成熟度模型的关键惯例。软件能力成熟度模型主要描述模型的结构,并且给出该模型基本构件的定义;能力成熟度模型的关键惯例详细描述了每个"关键过程方面"涉及的"关键惯例"。这里的"关键过程方面"是指一组相关联的活动,每个软件能力成熟度等级包含若干对该成熟度等级至关重要的过程方面,它们的实施对达到该成熟度等级的目标可起到保证作用。这些过程域就称为该成熟度等级的关键过程域。反之,对达到相应软件成熟度等级的目标不起关键作用的过程域称为非关键过程域。也就是说,"关键过程方面是"互相关联的若干软件实践活动和有关基础设施的一个集合。而"关键惯例"是指使关键过程方面得以有效实现和制度化的作用最大的基础设施和活动,对关键过程的实践起关键作用的方针、规程、措施、活动以及相关基础设施的建立。关键实践一般只描述"做什么"而不强制规定"如何做"。各个关键惯例按每个关键过程方面的 5 个"公共特性"(对执行该过程的承诺,执行该过程的能力,该过程中要执行的活动,对该过程执行情况的度量和分析,及证实所执行的活动符合该过程)归类,逐一详细描述。当做到了某个关键过程的全部关键惯例,就认为实现了该关键过程,实现了某成熟度等级以及低级所含的全部关键过程,就认为达到了该等级。

上面提到了CMM 把软件开发组织的能力成熟度分为 5 个等级。除了第 1 级外,其他每一级由几个关键过程方面组成。每一个关键过程方面都由上述 5 种公共特性予以表征。CMM 给每个关键过程规定了一些具体目标,按每个公共特性归类的关键惯例是按该关键过程的具体目标选择和确定的。如果恰当地处理了某个关键过程涉及的全部关键惯例,这个关键过程的各项目标就达到了,也就表明该关键过程实现了。这种成熟度分级的优点在于这些级别明确而清楚地反映了过程改进活动的轻重缓急和先后顺序。表 10.1 给出具有 5 个等级的软件机构的特征。

表 10.1 各个等级的软件机构的特征

级别	1.初始级	2.可重复级	3.定义级	4.管理级	5.优化级
特点	• 过程执行杂乱无序。 • 管理无章。 • 开发项目成效不稳定,产品的性能和质量依赖于个人能力和行为	• 管理制度化,工作有章可循。 • 开发工作初步实现标准化。 • 变更基线化。 • 过程可跟踪。 • 新项目计划和管理基于过去的实践经验,具有重复以前成功项目的环境和条件	• 开发过程标准化、文档化。 • 完善的培训和专家评审制度。 • 技术和管理活动稳定实施。 • 项目质量、进度和费用可控制。 • 项目过程、岗位和职责均有共同的理解	• 产品和过程有定量质量目标。 • 过程的生产率和质量可度量。 • 有过程数据库。 • 实现项目产品和过程的控制。 • 可预测过程和产品的质量趋势,如预测偏差并及时纠正	• 不断改进过程,采用新技术、新方法。 • 有防止缺陷、识别薄弱环节及加以改进的手段。 • 可通过反馈取得过程有效性的统计数据并可据此进行分析,改善过程

10.2.3 能力等级的特点和关键过程域

1. 能力等级的特点

第一级(初始级):软件过程是混乱无序的,对过程几乎没有定义,成功依靠的是个人的才能和经验;管理方式属于反应式。

第二级(可重复级):建立基本的项目管理来跟踪进度、费用和功能特征;通过必要的项目管理,能够利用以前类似的项目应用取得成功。该级别的关键过程域包括需求管理、项目计划、项目跟踪和监控、软件子合同管理、软件配置管理、软件质量保证。

第三级(定义级):已经将软件管理和过程文档化、标准化,同时综合成该组织的标准软件过程,所有的软件开发都使用该标准软件过程。该级别的关键过程域包括组织过程定义、组织过程焦点、培训大纲、软件集成管理、软件产品工程、组织协调、专家评审。

第四级(管理级):收集软件过程和产品质量的详细度量,对软件过程和产品质量有定量的理解和控制。该级别的关键过程域包括定量的软件过程管理、产品质量管理。

第五级(优化级):软件过程实现量化反馈,新的思想和技术促进过程的不断改进。该级别的关键过程域包括缺陷预防、过程变更管理、技术变更管理。

CMM 将软件过程的成熟度分为五个等级,图 10.1 表示出了五个等级的晋级过程。

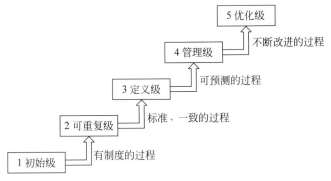

图 10.1　CMM 的等级模型图

2. 关键过程域

除去初始级以外,其他四个等级都有若干指导软件机构改进软件过程的要点,称为关键过程域。每个关键过程域是一组相关的活动,且这些活动都有一些达标的标准,用以表明每个关键过程域的范围、边界和意图。为达到关键过程域的目标所采取的手段可能因项目而异,但一个软件机构为实现某个关键过程域,必须达到该关键过程域的全部目标。只有一个机构的所有项目都已达到某个关键过程域的目标,才能说该软件机构以该关键过程域为特征的过程能力规范化了。表 10.2 给出了各成熟度等级对应的关键过程域和主要工作内容。

3. 关键实践

关键实践是对关键过程域起关键作用的方针、规程、措施、活动以及相关基础设施的建立。为了达到关键过程域所规定的目标,必须实施相应的关键实践。每个关键过程域所包含的关键实践涉及五个方面,即执行约定、执行能力、执行的活动、测量和分析、验证实施。关键过程域所包含的关键实践全部按这五个共同特征加以组织,如图 10.2 所示。

表 10.2　各个成熟度等级对应的关键过程域

级别	1.初始级	2.可重复级	3.定义级	4.管理级	5.优化级
关键过程域		• 需求管理； • 项目计划； • 项目跟踪和监控； • 软件子合同管理； • 软件质量保证； • 软件配置管理	• 组织过程焦点； • 组织过程定义； • 培训大纲； • 软件集成管理； • 组织协调； • 软件产品工程； • 专家评审	• 定量过程管理； • 软件质量管理	• 过程变更管理； • 缺陷预防； • 技术变更管理
主要工作	• 过程活动杂乱无序； • 开发过程的可重复性差	• 客户与软件项目间对客户要求有共同理解； • 制订软件工程和软件管理的合理计划； • 建立适当的对实际进展的跟踪和监控； • 选择合格的软件承包方，并有效管理； • 提供对软件项目所采用的过程和产品质量的适当的可视性； • 需求变更和产品基线控制	• 规定软件机构在提高整体过程能力、改进软件过程活动方面的责任； • 开发和维持一组便于使用的软件过程财富； • 培训个人的技能和知识，以高效执行其任务； • 根据项目的要求裁剪和优化，将软件工程活动和管理活动集成为一个协调的、定义良好的软件过程； • 制定组间合作的方法； • 一致地执行妥善定义的软件工程过程； • 通过设计评审、结构化走查或其他学院式评审方法实施同行评审	• 为已定义的过程建立一套详细的性能度量机制； • 为产品和过程设立质量目标，度量软件过程和产品	• 用第4级建立的度量机制不断地改进软件机构中的软件过程； • 识别缺陷出现的原因，防止它们再次出现； • 识别能带来好处的新技术，以有序的方式引进这些新技术；能在不断变化的环境中高效率地创新

共同特征是表明一个关键过程域的实施和规范化是否有效、可重复且持久的一些属性。五个共同特征的含义如下。

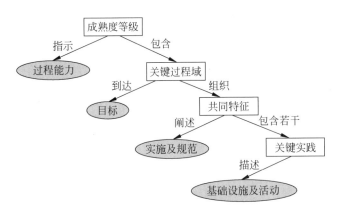

图 10.2　CMM 的内部结构示意图

(1) 执行约定。描述一个机构在保证将过程建立起来并持续起作用方面所必须采取的行动。执行约定一般包括制定机构的方针和规定高级管理人员的支持。

(2) 执行能力。描述为了实施软件过程,项目或机构中必须存在的先决条件。执行能力一般包括资源、组织机构和培训。

(3) 执行的活动。描述为了实现一个关键过程域所必需的角色和规程(即描述必须由谁做什么)。执行的活动一般包括制订计划与规程、执行计划、跟踪执行情况,必要时采取纠正措施。

(4) 测量和分析。描述对过程进行测量和对测量结果进行分析的活动。测量和分析一般包括一些为了确定所执行活动的状态及有效性所能采用的测量和分析。

(5) 验证实施。描述保证遵照已建立的过程进行活动的措施。验证一般包括管理人员和软件质量保证部门所做的评审和审核。

国际上有一个公认的基本观点是:整个软件过程的改进是基于许多小的、进化的步骤,而不是通过一次革命性的创新来实现的。这些小的进化步骤就是通过关键实践来实现的。

4. CMM 的作用

CMM 主要有两个方面的作用:科学地评价软件开发单位的软件能力成熟等级;帮助软件开发单位进行自检,了解自己的强项和弱项,从而不断完善和改进单位的软件开发过程,确保软件质量,提高软件开发效率。

5. 个体软件过程和群组软件过程

由于 CMM 并未提供有关实现 CMM 关键过程域所需的具体知识和技能,因此,美国 Carnegie Mellon 大学研究与开发了个体软件过程(PSP)和群组软件过程(TSP),形成 CMM-PSP-TSP 体系。

1995 年,个体软件过程的推出在软件工程界引起了极大的轰动,可以说是由定向软件工程走向定量软件工程的一个标志。PSP 是一种可用于控制、管理和改进个人工作方式的自我改善过程,是一个包括软件开发表格、指南和规程的结构化框架。个体软件过程为基于个体和小型群组软件过程的优化提供了具体而有效的途径,例如如何制订计划、如何控制质量、如何与其他人相互协作等。在软件设计阶段,个体软件过程的着眼点在于软件缺陷的预防,其具体办法是强化设计结束准则,而不是设计方法的选择。个体软件过程保障软件产品质量的一个重要途径是提高设计质量。

个体软件过程能够说明个体软件过程的原则；帮助软件工程师设计出准确的计划；确定软件工程师为改善产品质量要采取的步骤；建立度量个体软件过程改善的基准；确定过程的改变对软件工程师能力的影响。

群组软件过程用于指导项目组中的成员如何有效地规划和管理所面临的项目开发任务，并且告诉管理人员如何指导软件开发队伍，以始终以最佳状态来完成工作。群组软件过程实施集体管理与自我管理相结合的原则，最终目的在于指导开发人员如何在最少的时间内，以预计的费用生产出高质量的软件产品，所采用的方法是对群组开发过程的定义、度量和改进。

群组软件过程致力于开发高质量的产品，建立、管理和授权项目小组，并且指导他们如何在满足计划费用的前提下，在承诺的期限范围内，不断生产并交付高质量的产品。

CMM 是过程改善的第一步，它提供了评价组织能力、识别优先改善需求和追踪改善进展的管理方式。企业只有开始 CMM 改善后，才能接受需要规划的事实，认识到质量的重要性；才能注重对员工经常进行培训，合理分配项目人员，并且建立起有效的项目小组。然而，它实现的成功与组织内部有关人员的积极参加和创造性活动密不可分。

个体软件过程能够指导软件工程师如何保证自己的工作质量，估计和规划自身的工作，度量和追踪个人的表现，管理自身的软件过程和产品质量。经过个体软件过程学习和实践的正规训练，软件工程师们能够在他们参与的项目工作之中充分运用个体软件过程，从而有助于 CMM 目标的实现。

群组软件过程结合了 CMM 的管理方法和个体软件过程的工程技能，通过告诉软件工程师如何将个体过程结合进小组软件过程，将后者与组织进而与整个管理系统联系起来；通过告诉管理层如何支持和授权项目小组，坚持高质量的工作，并且依据数据进行项目的管理，向组织展示如何应用 CMM 的原则和个体软件过程的技能去生产高质量的产品。

总之，单纯实施 CMM，永远不能真正做到能力成熟度的升级，只有将实施 CMM 与实施个体软件过程和群组软件过程有机地结合起来，才能发挥最大的效力。因此，软件过程框架应该是 CMM-PSP-TSP 的有机集成。

10.2.4 实施 CMM 是软件企业发展的必然趋势

1. 实施 CMM 的必要性

软件开发的风险之所以大，是由于软件过程能力低，其中最关键的问题在于软件开发组织不能很好地管理其软件过程，从而使一些好的开发方法和技术起不到预期的作用。而且项目的成功也离不开工作组的杰出努力，所以仅仅建立在可得到特定人员上的成功不能为全组织生产和质量的长期提高打下基础，必须在建立有效的软件如管理工程实践和管理实践的基础设施方面坚持不懈地努力，才能不断改进，才能持续地成功。

软件质量是一模糊的、捉摸不定的概念。我们常常会听到某某软件好用，某某软件不好用；某某软件功能全、结构合理，某某软件功能单一、操作困难……这些模模糊糊的语言不能算作是软件质量评价，更不能算作是软件质量科学的定量评价。软件质量，乃至于任何产品质量，都是一个很复杂的事物性质和行为。产品质量，包括软件质量，是人们实践产物的属性和行为，是可以认识、可以科学描述的，是可以通过一些方法和人类活动来改进的。

实施 CMM 是改进软件质量的有效方法,它有助于控制软件生产过程,提高软件生产者的组织能力和软件生产者的个人能力。软件工程和很多研究领域及实际问题有关,主要相关领域和因素有:①需求工程。理论上,需求工程是应用已被证明的原理、技术和工具,帮助系统分析人员理解问题或描述产品的外在行为。②软件复用,定义为利用工程知识或方法,由一个已存在的系统来建造一个新系统。这种技术可改进软件产品质量和生产率。其他领域和因素还有软件检查、软件计量、软件可靠性、软件可维修性、软件工具评估和选择等,在此不再一一赘述。

2. CMM 与 ISO 9001 的比较

前面提到软件过程的三个流派:CMU SEI 的 CMM-PSP-TSP、ISO 9000 质量标准体系和 ISO/IEC 15504(SPICE)。这里主要比较一下 CMM 和 ISO 9000 质量标准体系中的 ISO 9001 的异同。

ISO 9000 族国际标准是在总结了英国的国家标准基础之上产生的,因此,欧洲通过 ISO 9000 认证的企业数量最多,约占全世界的一半以上。受此影响,相当多的欧洲软件企业选择了 ISO 9001 认证。

在基本原理方面,ISO 9001 和 CMM 都十分关注软件产品质量和过程改进。尤其是 ISO 9000:2000 版标准增加持续改进、质量目标的量化等方面的要求后,在基本思路上和 CMM 更加接近。它们之间的主要差别是状态上的差别:ISO 9001 侧重于"机构保证在设计、开发、生产、安装及服务过程中与指定的要求一致";而 CMM 侧重于"支持机构评估及改进其系统的工程能力"及"指出机构选择的模型的不足之处"。

CMM 和 ISO 9001 阐述了一个机构应该将他们如何做的观点写下来,然后去做,最后检查他们是否按照他们说的去做了。不同的是,ISO 9001 所关注的是确保合格的人员所做的过程记录是有效的,并且开发生产出满足质量要求的产品;CMM 将能力层次概念切开,做一件事情是第 1 级层次的概念,写下所做的事情是第 2 级层次的概念,有一定组织水平的写作是第三级层次的概念等。CMM 同样衡量管理能力,如第 4 级层次连续处理问题的能力等。

这两个标准都涉及了产品的开发和产品的质量,但 CMM 对产品的设计和开发的细节做了较多要求,而 ISO 9001 对产品的开发过程和产品本身的质量细节做了较多要求;CMM 建立了系统工程能力模型第 3 级模型,而 ISO 9001 则无此内容;CMM 没有对产品存储设备的测试做出要求,而 ISO 9001 则有此要求。

ISO 9001 要求与质量管理体系相关的所有工作人员经过授权并签字的质量记录;它还要求足够的资源,包括提供必要的员工培训等,其中第四节要求对机构的每个过程都要有记录。这是 CMM 第 2 级的基本要求。从 ISO 9001 的角度来看 CMM,至少 CMM 第 2 级及以上级别才能和 ISO 9001 相提并论。

由以上可以得知 ISO 9001 和 CMM 既有区别又相互联系,两者不可简单地互相替代;取得 ISO 9001 认证并不意味着完全满足 CMM 某个等级的要求;取得 CMM 第 2 级(或第 3 级)也不能笼统地说可以满足 ISO 9001 的要求。

3. CMM 在中国的现状

中国生产力促进协会、北航 SEI、中科院研究 SEI 等科研机构已于近几年在北京、上海、广州和深圳等地先后举办了多次报告会和研讨会，组织了课程学习和应用实验，开展了软件过程方面的研究与开发工作，并发表了多篇研究成果和学术论文，在软件质量保障平台支撑环境方面也取得了一定的成果。

近两年来，CMM 在我国获得了各界越来越多的关注，业界有过多次关于 CMM 的讨论。2000 年 6 月国务院颁发的《鼓励软件产业和集成电路产业发展的若干政策》对中国软件企业申请 CMM 认证给予了积极的支持和推动作用，其中第 17 条规定"对软件出口型企业 CMM 认证费用予以适当支持"。2000 年，中关村电脑节举办了 CMM 专题论坛，吸引了众多业内人士。鼎新、东大阿尔派、联想、方正、金蝶、用友、浪潮、创智、华为、东大阿尔派等大型集团或企业等 1997—2000 年开始了对 CMM 的研究、实验或预评估。其中鼎新公司从 1997 年着手进行 CMM 认证工作，1999 年 7 月通过第三方认证机构的 CMM2 认证。东大阿尔派公司于 2000 年 10 月通过第三方认证机构的 CMM2 认证。2001 年 1 月，联想软件经过英国路透集团的严格评估，顺利通过了 CMM2 认证。2001 年 6 月 26 日，沈阳东软软件股份有限公司（原沈阳东大阿尔派软件股份有限公司）正式通过了 CMM3 认证，成为中国首家通过 CMM3 认证的软件企业。

总体上讲，国内对软件过程理论的讨论与实践正在展开，目标是使软件的质量管理和控制达到国际先进水平，软件产业获得可持续发展的能力。专家分析，在未来两三年内，国内软件业势必出现实施 CMM 的高潮。从这一趋势看，中国的软件企业已经开始走上标准化、规范化、国际化的发展道路，中国软件业已经面临一个整体突破的时代。

但是我们应该看到目前国内对软件管理工程存在的最大问题是认识不足。管理实际上是一把手工程，需要高层管理人员的足够重视；而且软件过程的重大修改也必须由高层管理部门启动，这是软件过程改善能否进行到底的关键；此外，软件过程的改善还有待于全体有关人员的积极参与。

除了要认识到过程改善工作是一把手工程这个关键因素外，还应认识到软件过程成熟度的升级本身就是一个过程，且有一个生命周期。过程改善工作需要循序渐进，不能一蹴而就，需要持续改善，不能停滞不前；需要联系实际，不能照本宣科；需要适应变革，不能凝固不变。一个有效的途径是自顶向下的课程培训，即从高层主管依次普及到下面的工程师。

4. CMM 实施的思考

上面重点介绍了 CMM，但是应注意的是，并不是实施了 CMM，软件项目的质量就能有所保障。CMM 是一种资质认证，它可以证明一个软件企业对整个软件开发过程的控制能力。按照 CMM 的思想进行管理与通过 CMM 认证并不能画等号。CMM 认证不仅评估软件企业的生产能力，整个评估过程同时还在帮助企业完善已经按照 CMM 建立的科学工作流程，发现企业在软件质量、生产进度以及成本控制等方面可能存在的问题，并且及时予以纠正。认证的过程是纠正企业偏差的过程，一定不能把 CMM 认证当作一种考试、一种文凭，而是要看成一项有利于企业今后发展的投资，借此来改变中国软件业长久以来形成的积弊。

第10章 软件过程

实施 CMM 对软件企业的发展起着至关重要的作用，CMM 过程本身就是对软件企业发展历程的一个完整而准确的描述。企业通过实施 CMM，可以更好地规范软件生产和管理流程，使企业组织规范化。企业通过 CMM 不是为了满足其他公司的要求，而是为了让企业更好地发展，为企业进一步扩大规模打下坚实的基础。如果企业只是为了获得一纸证书而通过 CMM，那么就已经本末倒置了，对企业的长久发展反而有害。试想如果态度不够端正，即使通过 CMM 认证，企业又怎么能够保证它在以后的操作过程当中继续坚持 CMM 规范呢？CMM 只是一个让企业更好发展的规范，不应该成为企业炒作自己的工具。企业需要的是优化自己的管理，提高产品的质量，而非一张 CMM 证书。

CMM 不是万能的，它的成功与一个组织内部有关人员的积极参与和创造性活动是密不可分的，而且 CMM 并未提供实现有关子过程域所需要的具体知识和技能。在国内要想取得过程改进成功，必须做好以下几点：软件过程改进必须有高级主管的支持与委托，并积极地管理过程改进的进展；必须有中层管理的积极支持；责任分明，过程改进小组的威望高；基层的支持与参与极端重要；利用定量的可观察数据，尽快使过程改进成果可见，从而激励参与者的兴趣；将实施 CMM 与实施 PSP 和 TSP 有机地结合起来；为企业的商业利益服务，并要求同时相符的企业文化变革。

应该看到，过程改善工作必然具有一切过程所具有的固有特征，即需要循序渐进，不能一蹴而就；需要持续改善，不能停滞不前；需要联系实际，不能照本宣科；需要适应变革，不能凝固不变。将 CMM-PSP-TSP 引入软件企业最有效的途径首先是要对单位主管和主要开发人员进行系统的培训；其次是自顶向下的课程培训，即从高层主管依次普及到下面的工程师，包括最基本的软件工程、CMM、专业领域知识、软件过程方面等的培训。不过要强调的一点是，我们必须根据自身的实际制定可行的方案。不深入研究就照搬别的企业的模式是很难起到提高软件产品质量水平的真正目的的。

CMM 模型划分为 5 个级别，共计 18 个关键过程域，52 个目标，300 多个关键实践。每个 CMM 等级的评估周期（从准备到完成）约需 12～30 个月。此期间应抽调企业中有管理能力、组织能力和软件开发能力的骨干人员，成立专门的 CMM 实施领导小组或专门的机构；同时设立软件工程过程组、软件工程组、系统工程组、系统测试组、需求管理组、软件项目计划组、软件项目跟踪与监督、软件配置管理组、软件质量保证组、培训组。各个小组在完成自己的任务同时要协调其他小组的工作，然后建立和完善软件过程，按照 CMM 规范评估这个过程。CMM 正式评估由 CMU-SEI 授权的主任评估师领导一个评审小组进行，评估过程包括员工培训、问卷调查和统计、文档审查、数据分析、与企业的高层领导讨论和撰写评估报告等，评估结束时由主任评估师签字生效。此后最关键的就是根据评估结果改进软件过程，使 CMM 评估对于软件过程改进所应具有的作用得到最好的发挥。

现在国内软件产业的发展可以说已经具有一定规模了，但除了北大方正、东大阿尔派、用友等大企业外，做软件工程项目更多的是一些规模在数十人左右的中小企业，目前处于 CMM 的初级阶段，没有基础和经验。也许有人会问，像这样一些人力物力资源匮乏的企业，如何进行软件开发项目的管理呢？建议这些中小企业可以以 CMM 为框架，先从 PSP 做起，然后在此基础上逐渐过渡到 TSP，以保证 CMM-PSP-TSP 确实在企业中生根开花。总之，我们必须从软件过程、过程工程的角度来看待 CMM 的发展，从经济学的观点来分析这个过程的价值。我相信在实施 CMM-PSP-TSP 的过程中,只要坚持改善软件工程的管理,并在实践中注意总结适合自身的经验,一定能取得很好的效果。

10.3 软件过程的改进

软件过程改进(SPI)用于帮助软件企业对其软件(制作)过程的改变进行计划、措施的制定以及实施。它的实施对象就是软件企业的软件过程,也就是软件产品的生产过程,当然也包括软件维护之类的维护过程,而对于其他的过程并不关注。

在世界范围内,软件项目需求正以非常快的速度增长,并且这种增长看起来还远未达到目的。这种增长已经导致软件开发活动急剧性增长,使软件过程得到了更多的关注。软件过程可以定义为人们用来开发和维护软件以及相关产品(如工程计划、设计文档、规章、检测事例及用户手册)的一组活动、方法、实践及转换。软件过程重要性的提高已经引起了对软件过程改进的要求,这就需要过程分析和评估的方法。

CMM 在软件改进措施的策划上、措施计划的实施上和过程定义方面都有着特殊的价值。在策划改进措施期间,有关软件过程问题和经营环境知识的软件工程过程组成员可将 CMM 关键过程域的目标和当前的实践相比较,并检查管理优先级、实践运行的层次、实施每次实践对组织的价值以及改进组织在其文化背景下一个实践的能力等方面有关的关键实践。接下来,软件工程过程组必须确定哪些问题需要进行过程改进、如何实现更改以及如何获得所需要的改进。CMM 通过对有关过程的改进进行讨论,揭示与通用软件工程实践所采用的那些完全不同的假定,从而对这些活动提供帮助。在实施行动计划时,过程组可以用 CMM 和关键实践来构造部门可操作的行动计划和定义软件过程。

对于软件企业来说,软件过程是整个企业最复杂、最重要的业务流程,软件产品就是软件企业的生命。改进整个企业的业务流程,最重要的还是要改进它的软件过程。多年以来,人们认识到要想高效率、高质量和低成本地开发软件,必须以改善软件生产过程为中心,全面开展软件工程和质量管理手段。这是世界各国软件产业都要走的路。我国软件产业之所以落后,不是因为技术落后,而是对软件生产的管理落后。CMM 就是结合了质量管理和软件工程的双重经验而制定的一套针对软件生产过程的规范。由此可见,对软件生产过程的管理在整个软件企业的管理中起了决定性作用。

软件过程改进是指在软件开发过程中对当前过程的执行及其结果的改进的一系列活动,至少涉及如下三个层次:

(1) 组织级业务目标和方针,如缩短交付工期、提高技术有效性、减少延期率、降低交付缺陷率、提高客户满意度等;

(2) 软件开发过程,如瀑布模型、迭代模型等,同时包括支持过程,如配置管理、质量保证等,还有管理过程;

(3) 过程活动中使用的模板、方法、检查单等。

改进过程都要以组织业务目标为驱动。因此要针对这三个层次的不同,看看当前过程的目的、过程描述、活动执行的步骤、入口准则、出口准则、使用的方法和工具,当然也包括人员的技能要求等,以及涉及的软件开发过程和支持过程等方面是否有存在影响过程目标和业务目标的地方。如果一个组织的规范性比较弱,那么组织文化要与过程改进同时进行,从管理层营造支持改进的氛围和基础设施,组织方针也要随之改变。

10.3.1 软件过程改进的五条原则

软件过程改进的五条核心原则分别如下。

1. 注重问题

"问题的解决是过程改进的核心,实践不仅是软件过程改进的目标,也是它的起点。"这条原则为过程改进人员指明了目标,明确了方法。软件过程改进就是要在实践中发现软件过程中的问题,并在实践中寻找解决问题的办法。可以说,过程改进就是在不断发现问题和解决问题的过程中不断向前发展。

2. 强调知识创新

"改进是一种知识的创新,软件过程改进是受知识驱动的。"这条原则强调了知识创新在软件过程改进中的作用,提醒了软件过程改进人员在注重知识创新的同时更要注重知识的传播和扩散。

3. 鼓励参与

通常从事软件过程改进工作的做法是:过程改进仅仅是过程改进人员的事情,其他人员只是被动地接受。而"合作促使改进产生"这条原则给予了我们很好的启发和提示。它告诉我们,过程改进不仅是一个人或几个人的事情,而且是整个组织的事情。只有鼓励大家都积极参与,让这些人基于自身的经验和职业的判断力来实实在在地设计和开发新的过程,才能使设计出来的过程真正为他们所理解,为他们所用,从而实现过程的成功。这也是我们在过程改进工作中容易疏忽的地方。

4. 领导层的统一

"改进必须综合各个层次的人的力量。"软件过程改进人员一定要保证软件过程改进的目标与组织的整体目标是一致的,因为只有这样才能保证软件过程改进工作得到各个领导层的赞同、支持和投入,才能综合利用各个层次的力量来推动软件过程改进工作的前进。这是预防过程改进项目风险的重要手段。

5. 计划不断地改进

"改进应该是一个不断持续的过程。"这一原则进一步提示和告诫软件过程改进人员一定要认识到改进不断持续的特性。到达顶点并不重要,关键是你现在处在一个上升的过程中,达到个目标就创造了另一个更高的目标,这个目标对我们的过程和环境都具有重要的意义。

这五条原则是从实践中发展而来、相互关联的软件过程改进哲学,对我们的软件过程改进工作具有非常重要的指导作用。

10.3.2 软件过程改进的策略

1. 重诊断,轻评估

以诊断和解决企业实际问题为软件过程改进的方法论,不追求商业评估。以往在实施 ISO 9000 的过程中发现,企业拿证书的愿望常常会冲淡"真正改进"的目的。所以,除非不得已,建议一开始不要把商业评估作为目标,以便将焦点集中在"改进"上。的确,一旦进行商业评估，难保不急功近利，限期取证。软件过程改进如同"治病"，多长时间治好怎么可以人为规定呢？

重诊断，正是前述自底向上方法论的具体贯彻。根据企业的不同状态和症状，实施有针对性的方案，将有望设计出实用性更强、效率更高的应用模型。

2．并行实施制度化和企业文化

中小企业往往制度化体系很不健全，存在着随意决策的管理习惯，甚至基本的企业纪律都不具备，企业还处于"人治"和"法制"的争论中。这样的状态和某些大企业实施软件过程改进的状况是不同的，需要特别强调行政施压。由于缺乏统一的企业文化，所以理念的统一也要加以重视。

CMM 的实质是制度化体系，实施 CMM 也是实施全面制度化的有效途径。但是制度和组织文化总是辩证存在的，没有良好的文化保障，制度化将困难重重；而没有制度的支撑，文化也将是无源之水。企业文化的实施从改造企业价值观开始，价值观是企业文化的核心。一个企业中如果好的行为不能得到鼓励，坏的行为不能得到惩罚，那怎么能倡导出有利于制度生存的价值观呢？

并行实施制度化和企业文化还包括另外一个层次的含义，过程改进要加强推进和减少阻力并重。现实中有两种错误认识：一种认为员工都是自觉的，只要把道理讲清楚了，制度就能得到实施。这种假定是不现实的，如同法律一样，如果假设人们都是遵纪守法的，那么法律本身就没必要存在了。实际情况是，人们在组织中总是有区分的，有的人主动顺应变革，有的人推一推也能动，有的人可能推十下也不动，从而成为变革的障碍。所以变革的落实需要一个强的"推力"。另外一个观点刚好相反，认为没必要对员工讲为什么，只要告诉怎样做就行了。这又走到另外一个极端。体系在强力的推动下可能会暂时得到执行，但是由于并没有解决观念转变的问题，一定难以持久。

3．推行工具

充分利用配置管理工具和项目管理工具这两种工具，工具将有效分解事务性工作，从而缓解人力资源投入不足的矛盾。

根据不同的平台，配置管理工具推荐使用 VSS 和 CVS，项目管理工具使用微软公司的 MSP。使用工具可有效分解管理工作量，提升工作效率；有助于管理制度的真正落实，使体系更加固定化。

4．补基础课

为了解决基础薄弱的问题，需要在软件过程改进前期为企业补充基础管理和基本软件工程两门课。

CMM 的设计以美国的软件企业为研究对象，它假定企业在实施 CMM 前，已经具备了基本软件工程和基本管理的能力，所以有"先管理、后工程"的观点，就是先把项目管理到位，再实施软件工程（即软件工程到位）。

但是这个假定对于绝大部分的中国软件企业是不成立的。

软件企业需要补的基础管理内容包括基本时间管理、角色转变、目标管理、沟通管理、基本人力资源管理等；基本软件工程则包括基本的软件工程生命周期、阶段划分、基本文档编制等。

5. 三方参与

按照 ISO 9000 的说法,三方参与也叫全员参与,分为三个层面。

(1) 高于项目管理的层面,称为高层经理。他们提供资源和战略两方面的支持,所以高层经理应该对体系的总体架构,体系实施的必要性、可行性、障碍和风险、资源等负有责任。

(2) 项目管理层面,含项目经理和软件过程改进人员。软件过程改进人员作为制度化体系的执行者和推行者,应该加强自身修养,要求别人的事,一定要自己能做到。而项目经理作为主要的一线实施人员,需要对整个体系的细节有深入了解和研究,应该把日常工作时间的 30%~50% 放在工程化管理相关事宜上;要贯彻公司的软件过程改进整体制度,积极主动在项目组内进行推行。

(3) 项目组成员层面,包括开发和测试人员,要求团队以纪律性要求自己,做好局部和整体、短期和长期的矛盾平衡。

特别要关注试点项目的 PM(项目经理)选择,选择好的 PM 意味着软件过程改进一半的成功。

需要说明的是,自底向上并不是绝对不做正式评估。如果需要,等到水到渠成再实施评估,不仅使得过程改进更实在,而且只需投入少量的资金就可获得评估。

10.3.3 软件过程改进战略策划

如果把软件过程改进看作一个项目,像其他项目一样,它也要有一个好的计划。这个计划不但要满足公司的商业目标,还要包含过程改进战略和具体的实施步骤(子项目)。软件过程改进非一日之功,急于求成必将导致失败。因此,如果不进行系统的战略策划而盲目进行过程改进,只会浪费时间和资金而不会取得好的效果。有了有效的战略计划,我们才能在这项长期的活动中获得管理人员、开发人员和公司所有者的理解和耐心的支持。

那么,如何进行战略策划呢? 本书介绍的开发过程改进战略策划的方法,已经在很多软件企业成功实施,其中应用的主要技术包括战略决策、优先级排序、过程改进与过程评审。

通常,战略策划由一个小组负责,小组里要包括参与过程评审的人员以及其他策划工作的受益人,另外高层经理的参与是非常重要的;策划在负责人的指导下以讨论方式进行。实践证明,以下步骤非常有效:针对不同的改进点分别制定过程改进方案、评价各个改进方案、对改进方案进行排序、估计实施的进度表、获得管理层的承诺。

1. 制定过程改进方案

评审结束后,策划组要对评审结果进行分析,筛选出 10 个左右的改进点;然后将每个改进点都作为一个改进项目,分别制定两到三页的改进方案。方案主要包括以下内容:

(1) 现状的简单介绍;

(2) 改进方案介绍;

(3) 预期收益;

(4) 实施负责人;

(5) 对成本、资源和项目周期的估计。

方案中还应该说明建议使用的实施方法,例如是否进行试用等。估计成本时要包括过程定义的时间、试用期间人员培训的成本、处理反馈意见的时间和重新试用的成本。

因为所有的改进工作不可能一次实施,所以接下来我们要确定各个改进项目的优先级。

2. 评价各个改进方案

怎么确定改进方案的优先级呢?主要是通过考察三方面的因素,即方案对商业目标的影响、风险因素和在 CMM 中的定位。

有些公司还会对各方案进行成本-收益分析(例如考察投资回报率),但是 1 级或 2 级的企业往往没有充分的历史数据,因此无法准确估计过程改进的无形收益;4 级和 5 级的企业通常就能做到这一点,3 级的企业也有可能做到。

(1) 对商业目标的影响。对商业目标的影响是指某项改进工作对总体战略目标的影响。

首先,策划小组要和主管的高层经理进行讨论,明确公司的商业目标并分析确定决定商业目标能否实现的 5~7 个关键成功因素。如果公司没有明确成文的商业目标,小组的首要工作就是确定商业目标;如果商业目标已经非常清楚、明确,并且形成了文档,策划小组的核心工作就是分析关键成功因素并对每个关键成功因素确定权重。

接下来,我们要对每项改进活动进行分析,按其对每个关键成功因素的贡献进行评分,然后将结果进行加权平均,作为最后比较的一个依据。

(2) 风险因素。风险是指实施改进工作的困难程度。我们要考虑实施某项改进是像赌博一样冒险么?结果是不是有一定的可预测性呢?通常,风险的来源主要有三个方面:项目的规模、结构和技术。

项目规模风险是指实施的人工成本。一般人工成本越低,风险越小。

结构方面的风险主要有以下因素:

① 参与该项目开发的功能组的数量;

② 项目的复杂程度;

③ 制定解决方案的人员在该过程域的经验是否丰富;

④ 对改进中带来的变更预期存在抵触行为。

技术风险主要包括以下方面:

① 需要改进的软件工程过程的成熟程度;

② 能否获得新技术方法的充分培训;

③ 工具和其他支持条件的成熟程度。

(3) 在 CMM 中的定位。在 CMM 中的定位是指某一改进活动对达到更高能力成熟度等级的贡献。权重是按照 KPA 所属的能力成熟度等级来确定的,比较简单。我们可以初步确定:目前所处等级的下一个能力成熟度等级的 KPA 权重最大且相等,其后按顺序递减。各改进点的分值按其对单个 KPA 的影响确定,有些改进点可能影响多个 KPA。另外需要注意,各个改进点对某一个 KPA 的影响总值不能超过 100%。

接下来,我们还可以根据评审结果将下一个成熟度等级的 KPA 进行划分,看看哪些更重要。评审中,大家一致认为对组织影响最大的问题所对应的 KPA 应该获得较高的权重。

3. 对改进方案进行排序

进行了以上分析之后,我们按照分值对各个改进方案进行排序,总分的计算方法如下:

$$总分 = (权重1)(对商业目标的影响) + (权重2)(风险) +$$
$$(权重3)(在CMM中的定位) + \cdots$$

公式中的得分是按上面介绍的步骤进行处理后得出的,权重主要是根据策划小组成员的共识确定的。有些公司认为三方面的因素同样重要,因此赋予相同权重;也有些公司认为对商业目标影响的重要性是在CMM中定位的三倍,而风险因素是在CMM中定位的两倍。

这样就基本建立了各个改进项目的优先级,分数最高的优先级最高。

4. 估计实施的进度表

排序完成后,就要考虑各个改进点的依赖关系,根据优先级顺序和依赖关系进行总体战略策划,并制定进度表。有趣的是,优先级较低的改进项目往往是优先级较高的项目的先决条件,因此在进度表中应该靠前。另外,我们还要考虑实施效果的影响和可视性。例如,对于1级的企业,管理层还没有建立起过程改进的威信,过去给人的印象总是言行不一,那么就要选择风险较低、大家都能看到且有不凡收益的改进项目,帮大家建立信心,即使这些项目优先级较低。

5. 获得管理层的承诺

下一步,我们要完成正式的计划并提交管理层,获得认同和承诺。我们在前面说过,高层管理人员的参与是非常必要的。这里,我们要再次强调管理层的重要作用,因为他们要负责批准战略计划、授权启动改进项目并且不断重申对于过程改进的承诺。

过程改进的总体计划通常包括介绍(说明计划的目标)、制订计划时所使用的方法、对评审结果和推荐措施的总结,主要内容是各个改进项目的方案和策划活动的结果。当然也应该包括进度表、相关任务、负责人、项目运行指标以及所需的资源,如人员、资金、软件、硬件工具等。

管理人员评审和签字批准意味着管理层对改进活动人员和资源上的支持和承诺。

通过以上的介绍,相信大家对过程改进的战略策划已经有了一定的了解。我们需要强调的是,成功的过程改进策划是建立在以下基本原则之上的:

(1) 过程改进与商业目标相结合;
(2) 合适人员积极参与;
(3) 制定有效的策划方法;
(4) 积极沟通,思路共享;
(5) 保持整体观念。

很多客户通过实施以上的方法,在评审结束后迅速、有效地实施了过程改进,他们对自己的决策满怀信心,不断向着更高的能力成熟度迈进。

10.3.4 软件过程改进的建议

1. 改进用户需求的过程

1) 改进用户需求的获取方式

(1) 研究用户特点。

（2）成立需求调查小组。

2）改进获取用户需求的态度

（1）建立正式的外部文档方式。

（2）制定正式的提交过程。

3）根据用户需求内容准备工作

（1）使用专业的用户需求调查表单,力求取得用户的配合。

（2）对用户需求的分析、总结须及时反馈到用户方,以取得及时而有效、满意但不多余的需求。

2. 改进需求分析方式

（1）改进需求分析的前提条件——正确获取用户的需求。

（2）针对不同类型的系统采用不同的需求方式和模型,更有助于界定需求的范畴。

（3）及时总结、改进需求分析的方式和模型,形成需求分析模式库。

（4）复用和改进需求分析模式库。

（5）在经验分析的基础之上,加载有效的、适用的、先进的需求分析理论。

（6）改进项目组内需求分析的沟通和流通方式。

（7）在需求分析初始,尽早分析需求的可行性并进行备案。

（8）对不适当需求与用户沟通,以取得理解和信任。

（9）对不合理需求与用户协调,以降低成本。

（10）需求一旦获得认定,尽快进行系统分析和设计。

（11）及时有效地控制需求的变化,防止对需求随意更改和增删。

3. 改进系统分析和设计的原则

（1）以最小的代价实现系统。

（2）以开发人员最熟悉的方法、技术和工具实现系统。

（3）尽量采用先进的方法和理论,以适应发展的需求。

（4）在系统的相关处,与具体的实施人员进行及时有效的沟通,寻求实现的最佳途径。

（5）以简单、易懂的方式进行分析和设计。

（6）以简单、易懂的方式表现系统。

（7）系统分析的方式要易于复用,并及时进行调整、改进系统的系统分析库。

（8）对系统的分析、设计加以控制、遵守,防止系统结构的随意更改。

4. 改进系统的实施和验证

（1）确保在取得共同的理解后才进行系统的实施和验证。

（2）系统的实施和验证遵循一定的流程,以约定的方式进行沟通。

（3）系统的变化能够以多种不同方式进行沟通,以确保变化被告知并被认可。

（4）确保在系统的实施和验证过程中,所采用的方式和方法是易于理解的,且不易发生变化。

（5）系统的实施和验证完成标识明显,易于被相关人员识别。

5．改进用户验收的被动局面

（1）理解和支持用户的行为。

（2）取得用户的理解和支持。

（3）对系统进行充分的验证。

（4）提高系统安装的成功率和速度。

（5）改进系统界面，使系统直观、有效。

（6）保证进度，提高诚信度。

6．改进系统维护过程

（1）对用户进行有效的培训。

（2）快捷、有效、合理地处理用户的问题。

（3）跟踪问题，形成"问题库"。

10.3.5　为什么要实施软件过程改进

软件过程改进的最根本利益其实在于它能够极大提高项目成功的概率，这是大家都追求的。当然需要明确定义这里的"项目成功"的含义，不是客户要求三个月完工或最后按时交工就是成功，而是综合平衡进度及交付后的质量、成本等若干要素后所达到的最优状态。

在项目管理三要素中，项目关系人通常会把进度当作第一目标，结果相当多的项目是赶进度完成的项目，在交付后面临着大量的后续修改，甚至推翻重来。如果把这部分开销算到项目中去，项目早已失败得一塌糊涂了。

对大量失败项目的统计结果表明，最大的原因在于缺乏过程或者没有很好地遵循已定义的过程。我们知道决定项目质量和生产率的要素有人、技术和过程，如果借用木桶理论，过程不见得是其中最宽的一条，但是当前它是最短的，所以它决定着木桶的盛水量。我们迫切地需要软件过程改进，就是要把最短的木条尽快补上去。

只有基于良好的过程，人和技术才能发挥出最大的威力。

10.3.6　以项目形式管理软件过程改进

以项目形式管理软件过程改进，特别有利于提高团队凝聚力、规避风险、明确目标、提高效率，而且由于软件过程改进项目组与其他项目组形成了一种矩阵式组织结构，可以有效地促进组与组之间的交流。所以对于软件过程改进这样一件比较复杂的工程来说，以项目形式进行管理将是成功的重要保证。

国外的一项有关软件过程改进的调查表明，没有很好地对过程改进进行管理造成了至少70%以上的软件企业改进失败或挫折。当我们问自己如下问题的时候，能否迅速给出满意的答案。

（1）软件过程改进强调管理，自身是如何管理的？

（2）软件过程改进提供方法论，自己的方法论如何？

（3）软件过程改进强调做事要有计划性，自身计划性如何？

（4）软件过程改进倡导风险管理，自身的风险被很好识别了吗？

本书试图给出一种对软件过程改进自身进行管理的方法——"以项目形式管理软件过程改进"。

以项目形式管理软件过程改进通常分为如下五步骤：体系诊断，方案设计，项目策划，过程管理，项目验收总结。

1．体系诊断

诊断是一切过程改进和管理咨询的前奏。对于不以取证为目的的软件过程改进来说，这一步尤其重要。

过程诊断和过程审计有着某种程度的相似性，通常的方式为面谈、文档查阅、检查表填写等形式。典型的软件过程改进诊断花费大约为2～3人/日，这和组织的成熟度、组织的历史、管理和业务的复杂度都有关系。

对诊断过程的漠视是自上向下改进策略的最大弊端。

2．方案设计

在了解了组织、项目的实际状态以后，就可以有针对性地提出解决方案了，这一步骤称为方案设计。

方案设计的内容主要来自于CMM、SEBOK、最佳实践（Good Practice）。诸如此类的方案设计，存在两个裁剪特征：一是横向裁减，可以在打破现有知识体系的基础上，创造性地构建新体系；其二是纵向裁减，比如对于具体的KPA，也可以分两步或更多步来达到要求。所有这些裁减都会带来更多的灵活性。

软件过程改进方案的编制需要涵盖如下内容：本组织软件过程改进的历史、过程诊断（包括诊断方法、诊断结果和差距分析）、改进方案（包括总体目标、总体工程化管理系统设计和详细改进措施）、资源需求预测、计划进度概要（包括前提和承诺、资源需求预测）、风险、里程碑。

3．项目策划

方案得到认可后，可启动项目策划。软件过程改进的项目策划要求与其他项目策划的要求并无多少差异，主要是编制一份项目计划，包括如下内容：项目目标（包括整体目标和本阶段目标）、假定和约束、项目组织（包括组织结构、接口关系、报告关系和责任矩阵）、项目进度跟踪方式、项目里程碑、交付物（包括文档编制和人员培训）、风险管理、项目激励和项目验收。

4．过程管理

计划制订好以后，还要对软件过程改进的实施过程进行定期和不定期的过程跟踪，一般可通过"周"和"里程碑"两种周期进行跟踪。周跟踪的内容为进度、完成量、问题和风险，通过周报和周会的形式进行；里程碑跟踪的内容为进度、工作量、人力开销、风险等，还要对项目管理的经验和教训进行总结。里程碑也是识别典型案例和收集最佳实践的良好时机。里程碑跟踪活动通常包括"里程碑总结报告编制"和"里程碑总结会"两种形式。

5．项目验收总结

对于自底向上的软件过程改进，并没有标准的验收准则可利用，这要求组织根据自身裁减的体系编制自己的验收准则。验收准则有定性和定量两种形式，定量适合于有一定管理基础的组织，需要有足够的、可信的、可比的历史数据。但多数中小软件企业可能在起步阶段只能选择定性验收的方式，这种定性验收方式常常是"先僵化、再固化、后优化"理念的一种体现。

项目验收后,组织需要进行软件过程改进项目的最后一项活动——项目总结,需要提交书面报告并召开总结会,项目总结中要统计汇总软件过程改进本身数据、进度、开销、偏差及分析,还要识别和共享经验教训。这一阶段的工作将为今后的软件过程改进持续改进打下良好的基础,软件过程改进将进入下一个改进循环。

软件过程改进是一个系统工程,要有计划和方法的进行,这样才能做得有效,获得预期的效果。

习题十

一、判断题

1. 基于软件人员能力成熟度模型的评估的依据是成熟度级别上的关键过程域。（　　）
2. 软件企业通过评估结果可以了解关键过程域方面的强项和弱项,明确努力的方向。
（　　）

二、选择题

1. 软件过程不断改进是(　　)的基本原理之一,是(　　)的基本过程之一。
   A. 软件过程　　　B. 软件工程　　　C. 软件生命周期　　　D. 软件需求
2. 软件过程需要不断完善,首先从(　　)的软件开发方式改变为(　　)的软件开发方式,按照软件过程的系统方法进行软件的工程活动和管理活动,进而不断完善软件各个软件过程,从而不断提高(　　)。
   A. 工程化　　　B. 过程化　　　C. 非过程化　　　D. 非工程化
   E. 软件工程能力　　F. 软件过程能力　　G. 软件成熟度模型
3. (　　)的提高首先需要对当前的软件过程状况进行科学的(　　)。
   A. 度量　　　B. 估算　　　C. 评估　　　D. 管理
   E. 软件工程能力　　F. 软件过程能力　　G. 软件成熟度模型
4. CMM提供了一个框架,将软件过程改进的进化步骤组织成五个成熟度等级,为过程不断改进奠定了(　　)的基础。
   A. 无序　　　B. 有序　　　C. 循环　　　D. 循序渐进
5. 五个成熟度等级定义了一个(　　)的尺度,用来衡量一个软件机构的(　　)和评价其软件过程能力。
   A. 无序　　　B. 有序　　　C. 循环　　　D. 循序渐进
   E. 过程目标　　F. 软件过程成熟度
6. 每个成熟度等级为继续改进过程提供了一个台基。每个等级包含了一组(　　),通过实施相应的一组(　　)达到这一组的(　　)。5个成熟度等级各有其不同的行为特征,通过三个方面来表现,即一个机构为建立或改进软件过程所进行的活动,对每个项目所进行的活动和所产生的跨越各项目的过程能力。
   A. 基本特征　　　B. 关键实践　　　C. 关键过程域　　　D. 过程目标
   E. 成熟度框架

三、填空题

1. 软件过程改进的五条原则分别是_____、_____、_____、_____、_____。

2. 软件过程改进的策略分别是_____，_____，_____，充分利用配置管理工具和项目管理工具这两种工具，补充基础管理和软件工程知识，_____。

3. 一个企业的成熟度级别是所有_____被实施的_____级别。

4. 一个致力于改善整个软件过程能力的项目强调的是_____、_____和_____，缺一不可。

5. 人们用于开发和维护软件及其相关产品的一系列活动称为_____；表示（开发组织或项目组）遵循其软件过程所获得的实际结果称为_____；而描述通过遵循其软件过程能够实现预期结果的程度称为_____；一个特定软件过程被明确和有效地定义、管理、测量和控制的程度称为_____；表征_____的平台称为_____。

6. 对软件机构进化阶段的描述，随着软件机构定义、实践、测量、控制和改进其软件过程，软件机构的能力经过这些阶段逐步前进，称为_____；互为关联的若干软件实践活动和有关基础设施的一个集合称为_____；对_____的实施起关键作用的方针、规程、措施、活动以及相关基础设施的建立称为_____。

第11章 成本估算与进度规划

软件项目管理包括进度管理、成本管理、质量管理、团队与沟通管理、资源管理、规范化管理。管理的对象是进度、系统规模及工作量估算、经费、组织机构和人员、风险、质量、作业和环境配置等。软件项目管理所涉及的范围覆盖了整个软件生命周期。

为使软件项目开发获得成功，一个关键问题是必须对软件开发项目的工作范围、可能遇到的风险、需要的资源（人、硬/软件）、要实现的任务、经历的里程碑、花费工作量（成本）以及进度的安排等做到心中有数。而软件项目管理可以提供这些信息。通常，这种管理在技术工作开始之前就应开始，而在软件从概念到实现的过程中继续进行，并且只有当软件开发工作最后结束时才终止。

1. 启动一个软件项目

在制订软件项目计划之前，必须先明确项目的目标和范围、考虑候选的解决方案、标明技术和管理上的要求。有了这些信息，才能确定合理、精确的成本估算，实际可行的任务分解以及可管理的进度安排。

项目的目标标明了软件项目的目的，但不涉及如何去达到这些目的。范围标明了软件要实现的基本功能，并尽量以定量的方式界定这些功能。候选的解决方案虽然涉及的方案细节不多，但有了方案，管理人员和技术人员就能够据此选择一种"好的"方法，给出诸如交付期限、预算、个人能力、技术界面及其他许多因素所构成的限制。

2. 制订项目计划

制订计划的任务包括。

（1）估算所需要的人力（通常以人月为单位）、项目持续时间（以年份或月份为单位）、成本（以元为单位）。

（2）做出进度安排，分配资源，建立项目组织及任用人员（包括人员的地位、作用、职责、规章制度等），根据规模和工作量估算分配任务。

（3）进行风险分析，包括风险识别、风险估计、风险优化、风险驾驭策略、风险解决和风险监督。这些步骤贯穿在软件工程过程中。

（4）制定质量管理指标：如何识别定义好的任务？管理人员对结束时间如何掌握？如何识别和监控关键路径以确保结束？对进展如何度量？如何建立分隔任务的里程碑？

（5）编制预算和成本。

（6）准备环境和基础设施等。

3．计划的追踪和控制

一旦建立了进度安排，就可以开始着手追踪和控制活动。由项目管理人员负责在过程执行时监督过程的实施，提供过程进展的内部报告，并按合同规定向需方提供外部报告。对于在进度安排中标明的每个任务，如果任务实际完成日期滞后于进度安排，则管理人员可以使用一种自动的项目进度安排工具来确定在项目的中间里程碑上因进度误期所造成的影响。若影响较大，可对资源重新定向，对任务重新安排，或者（作为最坏的结果）可以修改交付日期，以调整已经暴露的问题。用这种方式可以较好地控制软件的开发。

4．评审和评价计划的完成程度

项目管理人员应对计划完成程度进行评审，对项目进行评价，并对计划和项目进行检查，使之在变更或完成后保持完整性和一致性。

5．编写管理文档

项目管理人员根据合同确定软件开发过程是否完成。如果完成，应从完整性方面检查项目完成的结果和记录，把这些结果和记录编写成文档并存档。

软件项目计划是软件项目管理的主要内容。软件项目是否能够高质量、高效率地完成，不仅取决于所采用的技术、方法和工具，更重要的是软件项目计划。本章简要介绍与软件计划密切相关的软件度量、软件估算和进度规划三个方面的内容。

11.1　软件度量与软件生产率

要切实可行地做好软件计划，软件度量是最基本的工作。

11.1.1　软件度量

软件度量就是对软件生产率与质量的度量，即以投入工作量为依据的软件开发活动的度量和开发成果质量的度量。从计划和估算的目的出发，人们总希望在软件项目的管理中，了解以下几个方面的问题：

（1）软件生产率指的是什么？

（2）如何评价软件的质量？

（3）如何通过以往的生产率数据和质量数据来推断出现在的生产率和质量？

（4）如何进行更精确的计划和估算？

软件度量学可以回答上述问题。

软件度量分为两类，即直接度量和间接度量。

直接度量包括所投入的成本和工作量。软件产品的直接度量包括产生的代码行数（line of coele，LOC）、执行速度、存储量大小、在某种时间周期中所报告的差错数。只要事先建立特定的度量规程,很容易做到直接度量开发软件所需要的成本和工作量、产生的代码行数等。

间接度量则包括功能性、复杂性、效率、可靠性、可维护性和许多其他的质量特性。软件的功能性、效率、可维护性等质量特性很难用直接度量判明,只有通过间接度量才能推断。

11.1.2 面向规模的度量

在面向软件开发过程的直接度量中,常见的一种方法就是面向规模的度量。软件开发机构可以建立一个如表 11.1 所示的面向规模的数据表格来记录项目的某些信息,该表格列出了在过去几年完成的每个软件开发项目和关于这些项目的相应的面向规模的数据。如表 11.1 所示,项目 A-01 的开发规模为 220.1 kLOC(千代码行),整个软件工程的活动(分析、设计、编码和测试)的工作量用了 34 人月,成本为 268 000 元。进一步分析可知,开发的文档页数为 465,在交付用户使用后第一年内发现了 27 个错误,有 5 个人参加项目 A-01 的软件开发工作。

表 11.1　面向规模的度量

项目	工作量/人月	成本/千元	规模/kLOC	文档页数	错误数	开发人数	责任人
A-01	34	268	220.1	465	27	5	
B-03	62	446	28.2	1321	84	6	
C-05	43	320	18.5	1105	61	8	
D-08	55	460	24.2	2010	98	10	

对于每个项目,可以根据表格中列出的基本数据进行简单的面向规模的生产率和质量的度量。例如,可以根据表 11.1 对所有的项目计算出以下平均值:

生产率 = kLOC/PM(人月)

质量 = 错误数/kLOC

成本 = 元/LOC

开发文档 = 文档页数/kLOC

11.1.3 面向功能的度量

1. 功能点的计算

面向功能的软件度量是对软件开发过程的间接度量方法。面向功能度量的目标是程序的"功能性"和"实用性",而不是对 LOC 计数。这种度量方法是由 Albrecht 首先提出来的。他提出了一种叫作功能点方法的生产率度量法,该方法利用软件信息域中的一些计数量和软件复杂性估计的经验关系式而导出功能点 FP(Function Point)。功能点通过填写如表 11.2 所示的表格来计算。首先要确定五个信息域的特征,并在表格中相应位置给出计数。

表 11.2　功能点度量计算

信息域参数	计数	加权因数			加权计数
		简单	中间	复杂	
用户输入数	×	3	4	6	=
用户输出数	×	4	5	7	=

续表

信息域参数	计数	加权因数				加权计数
		简单	中间	复杂		
用户查询数		× 3	4	6	=	
文件数		× 7	10	15	=	
外部接口数		× 5	7	10	=	
总计数		×			=	

信息域的值用如下方式定义。

(1) 用户输入数。用户输入数是面向不同应用的输入数据，对它们都要进行计数。输入数据应区别于查询数据，应分别计数。

(2) 用户输出数。用户输出数是为用户提供的面向应用的输出信息，它们均应计数。这里的"输出"指的是报告、屏幕信息、错误信息等，在报告中的各个数据项不应再分别计数。

(3) 用户查询数。查询是一种联机输入，它导致软件以联机输出的方式生成某种即时的响应。每个不同的查询都要计数。

(4) 文件数。每个逻辑主文件都应计数。这里所谓的逻辑主文件是指逻辑上的一组数据，它们可以是一个大的数据库的一部分，也可以是一个单独的文件。

(5) 外部接口数。对所有被用来将信息传送到另一个系统中的机器可读写的接口（即磁带或磁盘上的数据文件）均应计数。

一旦收集到上述数据，就可以计算出与每个计数相关的复杂性值。使用功能点方法的机构要自行拟定一些准则以确定一个特定项是简单的、平均的还是复杂的。尽管如此，复杂性的确定多少还是带点主观因素。

计算功能点的公式如下：

$$FP = 总计数 \times [0.65 + 0.01 \times SUM(F_i)] \qquad (11\text{-}1)$$

其中，总计数是由表 11.2 所得到的所有加权计数项的和；$F_i(i=1\sim14)$ 是复杂性校正值，应通过逐一回答图 11.1 所列各项要求确定；$SUM(F_i)$ 是求和函数。

式(11-1)中的常数和应用于信息域计数的加权因数可经验地确定。

2. 功能点的校正

以下是计算功能点的校正值。

(1) 评定每个因素的尺度是 0～5，0～5 含义分别如下。

① 0：没有响应。

② 1：偶然的。

③ 2：适中的。

④ 3：普通的。

⑤ 4：重要的。

⑥ 5：极重要的。

(2) F_i 中的 i 的取值如下。

① 系统是否需要可靠的备份和恢复？

② 是否需要数据通信？
③ 是否有分布处理的功能？
④ 性能是否关键？
⑤ 系统是否运行在既存的高度实用化的操作环境中？
⑥ 系统是否需要联机数据项？
⑦ 联机数据项是否需要输入处理，以建立多重窗口显示或操作？
⑧ 主文件是否联机更新？
⑨ 输入、输出、文件、查询是否复杂？
⑩ 内部处理过程是否复杂？
⑪ 程序代码是否被设计成可复用的？
⑫ 设计中是否包括转换和安装？
⑬ 系统是否被设计成可重复安装在不同机构中？
⑭ 应用是否被设计成便于修改和易于用户使用？

(3) 一旦计算出功能点，就可以仿照 LOC 的方式度量软件的生产率、质量和其他属性：

$$生产率 = FP/PM(人月)$$
$$成本 = 元/FP$$
$$质量 = 错误数/FP$$
$$开发文档 = 文档页数/FP$$

11.1.4　软件质量的度量

质量度量贯穿于软件工程的全过程以及软件交付用户使用之后。在软件交付之前得到的度量提供了一个定量的根据，可用于判断设计和测试质量的好坏。这类度量包括程序复杂性、模块的有效性和总的程序规模。在软件交付之后的度量则应把注意力集中于还未发现的差错数和系统的可维护性方面。

1. 影响软件质量的因素

1978 年，McCall 和 Cavano 定义了一组质量因素。这些因素可从三个不同的方面评估软件质量。

(1) 产品的运行（使用）；
(2) 产品的修正（变更）；
(3) 产品的转移（为使其在不同的环境中工作而作出修改，即移植）。

2. 质量的度量

虽然已经有许多软件质量的度量方法，但事后度量使用得最广泛，它包括正确性、可维护性、完整性和可使用性。

(1) 正确性。一个程序必须正确地运行，而且还要为它的用户提供某些输出。正确性要求软件执行所要求的功能。对于正确性最一般的度量是每千代码行（kLOC）的差错数，其中将差错定义为已被证实是不符合需求的缺陷。差错在程序交付用户普遍使用后由程序的用户报告，按标准的时间周期（典型情况是一年）进行计数。

(2) 可维护性。软件维护比起其他的软件工程活动来，需要更多的工作量。可维护性是指当程序中发现错误时,要能够很容易地修正它;当程序的环境发生变化时,要能够很容易地适应它;当用户希望变更需求时,要能够很容易地增强它。直接度量可维护性的方法还没有,必须采取间接度量。有一种简单的面向时间的度量,叫作平均变更等待时间MTTC。这个时间包括开始分析变更要求、设计合适的修改、实现变更并测试它以及把这种变更发送给所有的用户。一般来说,一个可维护的程序与那些不可维护的程序相比,应有较低的 MTTC(对于相同类型的变更来说)。

(3) 完整性。在计算机犯罪和病毒盛行的年代里,完整性的重要性在不断增加。该属性用于度量一个系统抗拒安全性攻击(事故的和人为的)的能力。软件的三个成分——程序、数据和文档——都会遭到攻击。

为了度量完整性,需要定义两个附加的属性:危险性和安全性。危险性是指特定类型的攻击在一给定时间内发生的概率,它可以被估计或从经验数据中导出。安全性是排除特定类型攻击的概率,它也可以被估计或从经验数据中导出。一个系统的完整性可定义为

$$完整性 = \sum[1-危险性\times(1-安全性)]$$

式中,对每个攻击的危险性和安全性都进行累加。

(4) 可使用性。在软件产品的讨论中,"用户友好性"这个词汇的使用越来越普遍。如果一个程序不具有"用户友好性",即使它所执行的功能很有价值,也常常会失败。可使用性力图量化"用户友好性"并依据以下四个特征进行度量:

① 为学习系统所需要的体力上的和智力上的技能;
② 为达到适度有效地使用系统所需要的时间;
③ 当软件被某些人适度有效地使用时所度量的在生产率方面的净增值;
④ 用户角度对系统的主观评价(可以通过问题调查表得到)。

11.1.5 影响软件生产率的因素

Basili 和 Zelkowitz 确定了五种影响软件生产率的重要因素。
(1) 人的因素。软件开发组织的规模和专长。
(2) 问题因素。问题的复杂性、对设计的限制以及需求的变更次数。
(3) 过程因素。使用的分析与设计技术、语言和 CASE 工具的有效性及评审技术。
(4) 产品因素。计算机系统的可靠性和性能。
(5) 资源因素。CASE 工具、硬件和软件资源的有效性。

对于一个给定的项目,上述某一因素的取值高于平均值(条件非常有利),那么与那些同一因素的取值低于平均值(条件不利)的项目比,它的软件开发生产率较高。对于上述五种因素,从高度有利到不利,条件的改变将以表 11.3 所示的方式影响生产率。

表 11.3 影响生产率的因素

因素	人的因素	问题因素	过程因素	产品因素	资源因素
近似的百分比变化	90%	40%	50%	140%	40%

为了了解这些数字的含义,可以假定有两个软件项目组,他们的成员在使用相同的资源和过程方面具有同等的能力。一个项目组面对的是一个相对简单且具有平均可靠性和性能需求的问题,另一个项目组面对的是一个复杂的、具有极高可靠性和性能目标值的问题。根据上面列出的数字,第一个项目组呈现出的软件生产率(40%~140%)可能会优于

第二个项目组。

11.2 软件项目估算与开发成本估算

软件项目管理过程是从软件项目计划开始的。在制订项目计划时,第一项活动就是估算。在做估算时往往存在某些不确定性,使得软件项目管理人员无法正常进行管理而导致产品迟迟不能完成。现在已使用的实用技术是时间和工作量的估算。因为估算是所有其他项目计划活动的基石,且项目计划又为软件工程过程提供了工作方向,所以我们不能没有计划就开始着手开发,否则将会陷入盲目。

11.2.1 软件项目计划的目标

软件项目管理人员在开发工作一开始就会面临一个问题:需要进行定量估算,可是确切的信息又不一定有效。进行详细的软件需求分析能够得到估算所必需的信息,然而分析常常要花费几周或几个月的时间才能完成,但估算却要求当前马上完成。

软件项目计划的目标是提供一个能使项目管理人员对资源、成本和进度作出合理估算的框架。这些估算应当在软件项目开始的一个有限的时间段内做出,并且随着项目的进展定期进行调整和更新。

11.2.2 软件的范围

软件项目计划的第一项活动是确定软件的范围。软件范围包括功能、性能、约束条件、接口和可靠性。在估算开始之前,应对软件的功能进行评价,并对其进行适当的细化,以便提供更详细的细节。由于成本和进度的估算都与功能有关,因此常常采用功能分解。性能的考虑包括处理和响应时间的需求。约束条件则用于标识外部硬件、可用存储或其他现有系统对软件的限制。

软件范围最不明确的方面是可靠性的讨论。软件可靠性的度量已经存在,但在项目计划阶段难得用上。因此,可以按照软件的一般性质规定一些具体的要求,以保证它的可靠性。例如,用于空中交通指挥系统或者宇宙飞船(两者都是与人有关的系统)的软件就不能失效,否则就会危及人身安全。一个销售管理系统或字处理器软件也不应失效,但失效的影响没有那么严重。当然还不能像在软件范围的描述中那样精确地量化软件的可靠性,但可以利用项目的性质帮助估算工作量和成本,以保证可靠性。

11.2.3 软件开发的资源

软件项目计划的第二个任务是对完成该软件项目所需的资源进行估算。把软件开发所需的资源画成一个金字塔,在塔的底部有现成的、用以支持软件开发的工具——硬件及软件工具,在塔的高层是最基本的资源——人,如图11.1所示。

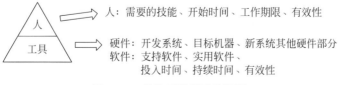

图11.1 软件开发所需的资源

通常,对每种资源应说明四个特性:资源的描述,资源的有效性说明,资源在何时开始需要,使用资源的持续时间。最后两个特性统称为时间窗口。对每个特定的时间窗口,在开始使用它之前就应说明它的有效性。

1. 人力资源

在考虑各种软件开发资源时,人是最重要的资源。在进行软件开发活动时,必须考虑人员的技术水平、专业、人数以及在开发过程各阶段中对各种人员的需求。

计划人员时,首先估算范围并选择为完成开发工作所需要的技能,然后在组织状况(如管理人员、高级软件工程师等)和专业(如通信、数据库、微机等)两方面作出安排。对一些规模较大的项目,在整个软件生命周期中,各种人员的参与情况是不一样的。在软件计划和需求分析阶段,要对软件系统进行定义,主要工作是由管理人员和高级技术人员完成的,初级技术人员参与较少。待到对软件进行具体设计、编码及测试时,管理人员会逐渐减少对开发工作的参与,高级技术人员主要在设计方面把关,具体编码及调度参与较少,大量的工作将由初级技术人员完成。到了软件开发的后期,需要对软件进行检验、评价和验收,管理人员和高级技术员又将投入很多的精力。

一个软件项目所需要的人数只能在对开发的工作量作出估算(例如多少人月或多少人年)之后才能确定。

2. 硬件资源

硬件是软件开发项目的一种工具。在软件项目计划期间,主要考虑的硬件资源有服务器、客户机、网络设备、其他硬件设备。

服务器连同必要的软件工具构成一个软件开发系统。通常这样的开发系统能够支持多种用户的需要,且能保持大量的由软件开发小组成员共享的信息。因为许多软件开发机构都有很多人需要使用开发系统,因此,计划人员应当仔细地规定所需的时间窗口,并且验证资源是否有效。

但在许多情况下,除了那些很大的系统之外,不一定非要配备专门的开发系统。因此,所谓硬件资源,可以认为是对现存计算机系统的使用,而不是去购买一台新的计算机。

3. 软件资源

在开发期间,开发人员会使用很多软件工具来帮助软件项目的开发。最早的软件工具是自展程序。

一个初步的汇编语言翻译器用机器语言写成,可用它来开发更高级的汇编器。在已有软件能力的基础上,软件开发人员最终将其自展成高级语言编译器及其他工具。

现在,软件工程人员在许多方面都使用类似于硬件工程人员所使用的计算机辅助设计(CAD)和计算机辅助工程(CAE)工具的软件工具集。这种软件工具集叫作计算机辅助软件工程。

主要的软件工具分类如下。

(1) 业务系统计划工具集。业务系统计划工具集可提供一种"元语言",依靠模型化一个组织的战略信息需求,导出特定的信息系统。这些工具要回答一些简单但重要的问题,例如,业务关键数据从何处来?这些信息又向何处去?如何使用它们?当它们在业务系统中传递时又如何变换？要增加什么样的新信息？业务系统计划工具集帮助软件开发人员建立信息系统,把数据通过某一路线送到需要这些信息的地方,并接收外来信息；然后通过分析改进数据的传送,并促进判断的做出。

(2) 软件项目管理工具集。项目管理人员使用软件项目管理工具集可生成关于工作量、成本及软件项目持续时间的估算,定义开发策略及达到这一目标的必要步骤,计划可行的项目进程安排以及持续地跟踪项目的实施。此外,管理人员还可使用这些工具收集建立软件开发生产率和产品质量的度量数据。

(3) 支援工具。支援工具可以分为文档生成工具、网络系统软件、数据库、电子邮件、通报板以及在开发软件时控制和管理所生成信息的配置管理工具。

(4) 分析和设计工具。分析和设计工具可帮助软件技术人员建立目标系统的模型,以及进行模型质量的评价。它们通过对每个模型执行一致性和有效性的检验,帮助软件技术人员在错误扩散到程序中之前将其排除。

(5) 编程工具。系统软件实用程序、编辑器、编译器及调试程序都是 CASE 中必不可少的部分。而除这些工具之外,还有一些新的有用的编程工具,如面向对象的程序设计工具、第四代程序生成语言、高级数据库查询系统及各种 PC 工具(如表格软件)。

(6) 测试工具。测试工具为软件测试提供了各种不同类型和级别的支持。有些工具(如路径覆盖分析器)为测试用例设计提供了直接支持,并在测试的早期使用。其他工具(如自动回归测试和测试数据生成工具)在组装和确认测试时使用,它们有助于减少测试过程中所需要的工作量。

(7) 原型化和模拟工具。原型化和模拟工具是一个很大的工具集,它包括简单的窗口画图及实时嵌入系统时序分析与规模分析的模拟产品,功能杂而全。它们最基本的情况是：原型化工具把注意力集中在建立窗口和为使用户能够了解一个信息系统或工程应用的输入输出域而提出的报告；它们最完全的情况是：使用模拟工具建立嵌入式的实时应用,例如,为一个精炼设备建立过程控制系统的模型或者为一架飞机建立航空控制系统的模型。在系统建立之前,可以对用模拟工具建立起来的模型进行分析,有时还要执行,以便对所建立的系统的运行时间性能进行评价。

(8) 维护工具。维护工具可以帮助分解一个现有的程序,并帮助软件技术人员理解这个程序。然而,软件技术人员必须利用直觉、设计观念和人的智慧来完成逆向(还原)工程过程及重建应用。这种人的成分也是逆向工程及重建应用工具的一个组成部分,并且不大可能在可预见的未来完全被自动化所代替。

(9) 框架工具。框架工具能够提供一个建立集成项目支撑环境的框架。在多数情况下,框架工具实际提供了数据库管理和配置管理的能力与一些实用工具,能够把各种工具集成到 IPSE 中。

4. 软件复用性及软件构件库

为了促成软件的复用,提高软件的生产率和软件产品的质量,可建立可复用的软件构件库。根据需要,对软件构件稍作加工,就可以构成一些大的软件包。这要求这些软件构件应加以编目,以利于引用；并进行标准化和确认,以利于应用和集成。在使用这些软件部件时,有两种情况必须加以注意。

(1) 如果有现有的满足要求的软件,应当设法搞到它。因为搞到一个现有的软件所花的费用比重新开发一个同样的软件所花的费用少得多,而且可靠性要好一些。

(2) 如果对一个现有的软件或软件构件,必须修改它才能使用,就必须小心谨慎,因为修改时可能会引发新的问题。而修改一个现有软件所花的费用有时会大于开发一个同样软件所花的费用。

11.2.4 软件项目估算

在计算机技术发展的早期,软件的成本在整个计算机系统的总成本中所占百分比很少。在软件成本的估算上,出现一个数量级的误差,其影响相对比较小。如今软件的规模越做越大,复杂性也随之加大,在大多数基于计算机的系统中已成为最昂贵的部分。如果软件成本估算的误差很大,就会使盈利变成亏损。对于开发者来说,成本超支可能造成灾难性的损失。

软件成本和工作量的估算很难精确做出,因为变化的东西太多,人、技术、环境、政治都会影响软件的最终成本和开发的工作量。但是软件项目的估算还是能够通过一系列系统化的步骤,在可接受的风险范围内提供可参考的估算结果。

当一个待解决的问题过于复杂时,可以把它进一步分解,直到分解后的子问题变得容易解决为止。然后分别解决每个子问题,并将这些子问题的解答综合起来,从而得到原问题的解答。通常,这是解决复杂问题最自然的一种方法。

软件项目估算是一种解决问题的形式,在多数情况下,要解决的问题(对于软件项目来说,就是成本和工作量的估算)非常复杂,因此,可以对任务进行分解,把其分解成一组较小的、接近于最终解决的、可控的子问题,再定义它们的特性。

1. LOC 和 FP 估算

LOC 和 FP 是两种不同的估算技术,但有许多共同特性。估算时,项目计划人员首先给出一个有界软件范围的叙述,并由此叙述尝试着把软件分解成一些小的可分别独立进行估算的子功能;然后对每个子功能估算其 LOC 和 FP(即估算变量);接着把生产率度量(如 LOC/PM 或 FP/PM)用作特定的估算变量,导出子功能的成本或工作量;最后,将子功能的估算进行综合后就能得到整个项目的总估算。

LOC 或 FP 估算技术对于分解所需要的详细程度是不同的。当用 LOC 作为估算变量时,功能分解是绝对必要的且需要达到很详细的程度。而估算 FP 所需要的数据是宏观的量,当把 FP 当作估算变量时所需要的分解程度可以不用很详细。还应注意的是,LOC 可直接估算,而 FP 要通过估计输入、输出、数据文件、查询和外部接口的数目,以及在 11.1.3 节中描述的 14 种复杂性校正值间接地确定。

项目计划人员可对每一个分解的功能提出一个有代表性的估算值范围,利用历史数据或凭实际经验(当其他的方法失效时),对每个功能分别按最佳值、可能值、悲观值三种情况给出 LOC 或 FP 估计值,并记作 a、m、b。当这些值的范围被确定之后,也就隐含地指明了估计值的不确定程度。接着计算 LOC 或 FP 的期望值 E,公式为

$$E = (a + 4m + b)/6 \text{(加权平均)} \qquad (11\text{-}2)$$

假定实际的 LOC 或 FP 估算结果落在最佳值与悲观值范围之外的概率很小,使用标准的统计技术可以计算估算值的标准偏差。一旦确定了估算变量的期望值,就可以当作 LOC

第11章 成本估算与进度规划

或 FP 的生产率数据。这时，计划人员可以采用下列两种方法进行估算。

（1）所有子功能的总估算值除以相应于该估算的平均生产率度量，得到工作量估算。例如，总的 FP 估算值是 310，基于过去项目的平均 FP 生产率是 5.5FP/PM，则项目的总工作量是：

$$工作量 = 310/5.5 = 56PM$$

（2）每个子功能的估算值乘上根据子功能复杂性修正了的生产率校正值，得到生产率度量。对平均复杂性的功能，使用平均生产率度量。然而，对于一个特定的子功能，根据其复杂性比平均复杂性高或低的情况，将向上或向下（多少有点主观地）调整平均生产率度量。例如，平均生产率是 490LOC/PM，则对比平均复杂性高的子功能，估算的生产率可以仅仅为 300LOC/PM；而简单的功能，可以是 650LOC/PM。必须特别注意，为了反映通货膨胀、项目复杂性的增加、新人手或其他开发特性的影响，应当随时修正平均生产率度量。

作为 LOC 和 FP 估算技术的一个实例，现在我们考查一个为计算机辅助设计应用开发的软件包。系统定义指明，软件是在一个工作站上运行的，其接口必须使用各种计算机图形设备，包括鼠标、数字化仪、高分辨率彩色显示器和激光打印机。在这个实例中，应使用 LOC 作为估算变量。当然，FP 也可使用，但这时需要进行信息域取值的估算。

根据系统定义，软件范围的初步叙述如下："软件将从操作人员那里接收二维或三维几何数据。操作人员通过用户界面与 CAD 系统交互并控制它，这种用户界面将表现出很好的人机接口设计特性。所有的几何数据和其他支持信息保存在一个 CAD 数据库内。要开发一些设计分析模块，以产生在各种图形设备上显示的输出。软件要设计得能控制并能与各种外部设备交互，包括鼠标、数字化仪、激光打印和绘图仪。"现在假定进一步的细化已做过，并且已识别出下列主要的软件功能：用户界面和控制功能、二维几何分析、三维几何分析、数据库管理、计算机图形显示功能、外部设备控制、设计分析模块。通过分解可得到估算表，如表 11.4 所示。

表 11.4 估算表

功　　能	最佳值 a	可能值 m	悲观值 b	期望值 E	元/行	行/PM	成本/元	工作量/PM
用户接口控制	1800	2400	2650	2340	14	315	32 760	7.4
二维几何造型	4100	5200	7400	5380	20	220	107 600	24.4
三维几何造型	4600	6900	8600	6800	20	220	136 000	30.9
数据结构管理	2950	3400	3600	3350	18	240	60 300	13.9
计算机几何显示	4050	4900	6200	4950	22	200	108 900	24.7
外部设备控制	2000	2100	2450	2140	28	140	59 920	15.2
设计分析	6600	8500	9800	8400	18	300	151 200	28.0
总　计				33 360			656 680	144.5

表 11.4 中给出了 LOC 的估算范围，计算出的各功能的期望值放在表中的第 4 列。对该列垂直求和，可得到该 CAD 系统的 LOC 估算值为 33 360。

从历史数据求出生产率度量，即行/PM 和元/行。计划人员需要根据复杂性程度的不同，对各功能使用不同的生产率度量值。表 11.4 中的成本和工作量这两列的值，可分别用 LOC 的期望值 E 与元/行相乘，及用 LOC 的期望值 E 与行/PM 相除得到。因此可得该项目总成本的估算值为 657 000 元,总工作量的估算值为 145 人月。

2. 工作量估算

工作量估算是估算工程开发项目成本使用最普遍的技术。每个项目任务的解决都需要花费若干人日、人月或人年;每个工作量单位都对应于一定的货币成本,从而可以由此作出成本估算。

类似于 LOC 或 FP 技术,工作量估算从软件项目范围抽出软件功能开始,接着给出为实现每个软件功能所必须执行的一系列软件工程任务,包括需求分析、设计、编码和测试。

列出各个软件功能和相关的软件工程任务,如表 11.5 所示。

表 11.5 中对每个软件功能提供了用人月表示的每项工作任务的工作量估算值,横向和纵向的总计给出了所需要的工作量。应当注意,"前期"的开发任务(需求分析和设计)花费了 75 人月,说明这些工作相当重要。

表 11.5 工作量估算表

	功　能	任　务				
		需求分析	设计	编码	测试	总计
工作量估算	用户界面控制	1.0	2.0	0.5	3.5	7.0
	二维几何分析	2.0	10.0	4.5	9.5	26.0
	三维几何分析	2.5	12.0	6.0	11.0	31.5
	数据结构管理	2.0	6.0	3.0	4.0	15.0
	图形显示功能	1.5	11.0	4.0	10.5	27.0
	外设控制功能	1.5	6.0	3.5	5.0	16.0
	设计分析模块	4.0	14.0	5.0	7.0	30.0
	总计	14.5	61.0	26.5	50.5	152.5
成本估算	费用率/元	5200	4800	4250	4500	
	成本/元	75 400	292 800	112 625	227 250	708 075

计划人员针对每个软件功能,把与每个软件工程任务相关的劳动费用率记入表中费用率这一行,这些数据反映了"负担"的劳动成本,即包括公司开销在内的劳动成本。一般来说,对于每个软件工程任务,劳动费用率都可能不同。高级技术人员主要投入到需求分析和早期的设计任务中,而初级技术人员则进行后期设计任务、编码和早期测试工作,他们所需成本比较低。因此,在表中需求分析的劳动成本为 5200 元/PM,比编码和单元测试的劳动成本高出 22%。

最后一个步骤是计算每个功能及软件工程任务的工作量和成本。如果工作量估算是不依赖 LOC 或 FP 估算而实现的,那么就可得到两组能进行比较和调和的成本与工作量估算。

如果这两组估算值一致,则估算值是可靠的;如果估算的结果不一致,就有必要做进一步的检查与分析。

11.2.5　软件开发成本估算

软件开发成本主要是指软件开发过程中所花费的工作量及相应的代价。它不同于其他物理产品的成本,它不包括原材料和能源的消耗,主要是人的劳动消耗。人的劳动消耗

第11章 成本估算与进度规划

所需代价是软件产品的开发成本。另一方面,软件产品开发成本的计算方法不同于其他物理产品成本的计算。软件产品不存在重复制造过程,它的开发成本是以一次性开发过程所花费的代价来计算的。因此软件开发成本的估算应是从软件计划、需求分析、设计、编码、单元测试、组装测试到确认测试,整个软件开发全过程所花费的代价作为依据的。

对于一个大型的软件项目,由于项目的复杂性,开发成本的估算不是一件简单的事,要进行一系列的估算处理,主要靠分解和类推的手段进行。基本估算方法分为三类。

1. 类推估算法

(1) 自顶向下的估算方法。自顶向下的估算方法的主要思想是从项目的整体出发进行类推,即估算人员根据以前已完成项目所消耗的总成本(或总工作量),来推算出将要开发软件的总成本(或总工作量),然后按比例将它分配到各开发任务单元中去,再来检验它是否能满足要求。Boehm 给出了一个参考例子,如表 11.6 所示。

表 11.6 软件开发各阶段工作量分配

软件名称:库存情况更新　　　　开发者:王刚　　　　日期:2011 年 9 月 27 日

阶　　段	项目任务	工作量分布	小　　计
计划与需求	软件需求定义	7	8
	开发计划	1	
产品设计	产品设计	7	12
	初步的用户手册	4	
	测试计划	1	
详细设计	详细 PDL 描述	6	16
	数据定义	6	
	测试数据及过程设计	2	
	正式的用户手册	2	
编码与单元测试	编码	8	16
	单元测试结果	8	
组装与联合测试	按实际情况编写文档	5	10
	组装与联合测试	5	
总计			62

这种方法的优点是估算工作量小,速度快;缺点是对项目中的特殊困难估计不足,估算出来的成本盲目性大,有时会遗漏被开发软件的某些部分。

(2) 自底向上的估算方法。自底向上的估算方法的主要思想是把待开发的软件进行细分,直到每个子任务都已经明确所需要的开发工作量,然后把它们加起来,得到软件开发的总工作量。这是一种常见的估算方法,它的优点是各个部分的估算准确性高;缺点是缺少各项子任务之间相互联系所需要的工作量,以及许多与软件开发有关的系统级工作量(配置管理、质量管理、项目管理),所以往往估算值偏低,必须用其他方法进行检验和校正。

(3) 差别估计法。差别估计法综合了上述两种方法的优点,其主要思想是把待开发的软件项目与过去已完成的软件项目进行类比,从其开发的各个子任务中区分出类似的部分和不同的部分;类似的部分按实际量进行计算,不同的部分则采用相应的方法进行估算。这种方法的优点是可以提高估算的准确程度,缺点是不容易明确"类似"的界限。

2. 专家判定技术估算法

专家判定技术是指由多位专家进行成本估算。由于单独一位专家可能会有种种偏见，譬如有乐观的、悲观的、要求在竞争中取胜的、让大家都高兴的种种愿望及政治因素等。因此，最好由多位专家进行估算，取得多个估算值。

有多种方法把这些估算值合成一个估算值。例如，一种方法是简单地求各估算值的中值或平均值，其优点是简便，缺点是可能会由于受一两个极端估算值的影响而产生严重的偏差。另一种方法是召开小组会，让各位专家们统一于或至少同意某一个估算值。其优点是可以除去无根据的估算值，缺点是一些组员可能会受权威或政治因素的影响。

3. 经验模型估算法

软件开发成本估算是依据开发成本估算模型进行估算的。开发成本估算模型通常采用经验公式来预测软件项目计划所需要的成本、工作量和进度数据。用以支持大多数模型的经验数据都是从有限的一些项目样本中得到的。因此，还没有一种估算模型能够适用于所有的软件类型和开发环境，从这些模型中得到的结果必须慎重使用。

(1) Putnam 模型。Putnam 模型是一种动态多变量模型，它假定在软件开发的整个生命周期中工作量有特定的分布。这种模型是依据在一些大型项目（总工作量达到或超过 30 人年）中收集到的工作量分布情况而推导出来的，但也可以应用在一些较小的软件项目中。大型软件项目的开发工作量分布可以用曲线表示，如图 11.2 所示。

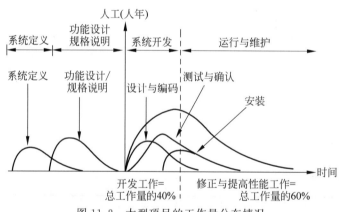

图 11.2　大型项目的工作量分布情况

图 11.2 所示的工作量分布曲线被称为 Rayleigh-Norden 曲线。用 Rayleigh-Norden 曲线可以导出一个"软件方程"，把已交付的源代码（源语句）行数与工作量和开发时间联系起来：

$$L = C_k K^{\frac{1}{3}} T_d^{\frac{4}{3}} \tag{11-3}$$

其中，T_d 是开发持续时间（以年计）；K 是包括软件开发与维护在内的整个生命周期所花费的工作量（以人年计）；L 是源代码行数，以 LOC 计；C_k 是技术状态常数，它反映出"妨碍程序员进展的限制"，并因开发环境而异。

C_k 典型值的选取如表 11.7 所示。

第11章 成本估算与进度规划

表 11.7　技术状态常数 C_k 的取值

C_k 的典型值	开发环境	开发环境举例
3000	差	没有系统的开发方法，缺乏文档和复审，为批处理方式
9000	好	有合适的系统升发方法，有充分的文档和复审，为交互执行方式
15 000	优	有自动开发工具和技术

改写式(11-2)，可得工作量公式为：

$$K = \frac{L^3}{C_k^3 T_d^4} \tag{11-4}$$

若引入一个劳动率因子(¥/人年)，就可以从 K 得到开发费用。由式(11-4)还可以估算开发时间：

$$T_d = \left[\frac{\begin{matrix} L^3 & \cdots & \\ \vdots & \ddots & \vdots \\ & \cdots & \end{matrix}}{C_k^3 K} \right]^{\frac{1}{4}}$$

(2) COCOMO 模型。COCOMO 模型由 TRW 公司开发，Boehm 提出的结构型成本估算模型，是一种精确的、易于使用的成本估算方法。该模型中使用的基本量有以下几个。

源指令条数(DSI)定义为代码或卡片形式的源程序行数。若一行有两个语句，则算作一条指令。它包括作业控制语句，但不包括注释语句。1kDSI＝1000DSI。

开发工作量(MM)表示开发工作量，度量单位为人月，定义 1MM＝19 人日＝152 人时＝1/12 人年。

开发进度(TDEV)表示开发进度，度量单位为月，它由工作量决定。

在 COCOMO 模型中，考虑开发环境，软件开发项目的总体类型可分为三种。

组织型：相对较小、较简单的软件项目。对此种软件，一般需求不那么苛刻。开发人员对软件产品的约束较少，程序的规模不是很大(少于 5 万行)。例如，批数据处理、科学计算模型、商务处理模型、熟悉的操作系统、编译程序、简单的库存/生产控制系统，均属此种类型。

嵌入型：此种软件要求在紧密联系的硬件、软件和操作的限制条件下运行，通常与某些硬件设备紧密结合在一起，因此对接口、数据结构、算法要求较高，软件规模任意。例如，大而复杂的事务处理系统、大型/超大型的操作系统、航天控制系统、大型指挥系统，均属此种类型。

半独立型：对此种软件的要求介于上述两种软件之间，但软件规模和复杂性都属于中等以上，最大可达 30 万行。例如，大多数事务处理系统、新的操作系统、新的数据库管理系统、大型的库存/生产控制系统、简单的指挥系统，均属此种类型。

COCOMO 模型按其详细程度分成三级：即基本 COCOMO、中间 COCOMO 模型、详细 COCOMO 模型。基本 COCOMO 是一种静态单变量模型，它用一个以已估算出来的源代码行(LOC)为自变量的(经验)函数计算软件开发工作量。中间 COCOMO 模型则在用 LOC 为自变量的函数计算软件开发工作量(此时称为名义工作量)的基础上，再用涉及产品、硬件、人员、项目等方面属性的影响因素调整工作量的估算。详细 COCOMO 模型包括

COCOMO 模型的所有特性,但用上述各种影响因素调整工作量估算时,还要考虑对软件工程过程中每一步骤(分析、设计等)的影响。

使用这三种模型估算工作量和进度的基本(名义)公式相同。

工作量:
$$\text{MM} = r(\text{kDSI})^c \tag{11-5}$$

进度:
$$\text{TDEV} = a(\text{MM})^b \tag{11-6}$$

其中,经验常数 r、c、a、b 取决于项目的总体类型。

① 基本 COCOMO 模型。

通过统计 63 个项目的历史数据,得到 COCOMO 模型的工作量和进度公式,如表 11.8 所示。

表 11.8 基本 COCOMO 模型的工作量和进度公式

总体类型	工作量	进度
组织型	$\text{MM} = 10.4(\text{kDSI})^{1.05}$	$\text{TDEV} = 10.5(\text{MM})^{0.38}$
半独立型	$\text{MM} = 3.0(\text{kDSI})^{1.12}$	$\text{TDEV} = 10.5(\text{MM})^{0.35}$
嵌入型	$\text{MM} = 3.6(\text{kDSI})^{1.20}$	$\text{TDEV} = 10.5(\text{MM})^{0.32}$

利用表 11.8 中的数据,可求得软件项目或分阶段求得各软件任务的开发工作量和开发进度。

② 中间 COCOMO 模型。

进一步考虑以下 15 种影响软件工作量的因素,通过定下乘法因子,修正 COCOMO 模型工作量公式和进度公式,可以更合理地估算软件(各阶段)的工作量和进度。中间 COCOMO 模型的名义工作量与进度公式如表 11.9 所示。

表 11.9 中间 COCOMO 模型的名义工作量与进度公式

总体类型	工作量	进度
组织型	$\text{MM} = 3.2(\text{kDSI})^{1.05}$	$\text{TDEV} = 10.5(\text{MM})^{0.38}$
半独立型	$\text{MM} = 3.0(\text{kDSI})^{1.12}$	$\text{TDEV} = 10.5(\text{MM})^{0.35}$
嵌入型	$\text{MM} = 10.6(\text{kDSI})^{1.20}$	$\text{TDEV} = 10.5(\text{MM})^{0.32}$

对 15 种影响软件工作量的因素 f_i 按等级打分,如表 11.10 所示。

表 11.10 15 种影响软件工作量的因素

	工作量因素 f_i	极低	低	正常	高	极高	超高
产品因素	软件可靠性	0.75	0.88	1.00	1.15	1.40	1.65
	数据库规模		0.94	1.00	1.08	1.16	
	产品复杂性	0.70	0.85	1.00	1.15	1.30	
计算机因素	执行时间限制			1.00	1.11	1.30	1.66
	存储限制			1.00	1.06	1.21	1.56
	虚拟机易变性		0.87	1.00	1.15	1.30	
	环境周转时间		0.87	1.00	1.07	1.15	

第11章 成本估算与进度规划

续表

工作量因素 f_i		极低	低	正常	高	极高	超高
人员因素	分析人员能力		1.46	1.00	0.86	0.71	
	应用领域实际经验	1.29	1.13	1.00	0.91	0.82	
	程序员能力	1.42	1.17	1.00	0.86	0.70	
	虚拟机使用经验*	1.21	1.10	1.00	0.90		
	程序语言使用经验	1.41	1.07	1.00	0.95		
项目因素	现代程序设计技术	1.24	1.10	1.00	0.91	1.10	
	软件工具的使用	1.24	1.10	1.00	0.91		
	开发进度限制	1.23	1.08	1.00	1.04		

*：这里的虚拟机,是指为完成某一个软件任务所使用的硬件、软件的结合。

此时,工作量计算公式改成：

$$MM = r \times \prod_{i=1}^{15} f_i \times (kDSI)^c \tag{11-7}$$

下面通过几个案例讲解一下中间COCOMO模型是如何应用的。

【案例11-1】 COCOMO模型的成本估算法。

一个32kDSI的声音输入系统可看作一个输入原型或是一个可行性表演模型。该系统所需的可靠性非常低,因为它不打算投入生产性使用。把此模型看作半独立型软件,则有：

$$MM = 3.0 \times 32^{1.12} = 146$$

又查表知 $f_1 = 0.75$, 其他 $f_i = 1.00$, 则最终有：

$$MM = 146 \times 0.75 = 110$$

【案例11-2】 COCOMO模型的成本估算法(工作量因素 f_i 的取值)。

一个规模为10kDSI的商用微机远程通信的嵌入型软件,使用中间COCOMO模型进行软件成本估算,其要求见表11.11。

表11.11 影响工作量因素 f_i 的取值

影响工作量因素 f_i	情 况	取 值
软件可靠性	只用于局部地区,恢复问题不严重	1.00(正常)
数据库规模	20 000B	0.94(低)
产品复杂性	用于远程通信处理	1.30(很高)
时间限制	使用70%的CPU时间	1.10(高)
存储限制	64KB中使用45KB	1.06(高)
机器	使用商用微处理机	1.00(额定值)
周转时间	平均2小时	1.00(额定值)
分析员能力	优秀人才	0.86(高)
工作经验	远程通信工作3年	1.10(低)
程序员能力	优秀人才	0.86(高)
工作经验	微型机工作6个月	1.00(正常)
语言使用经验	12个月	1.00(正常)
使用现代程序设计技术	1年以上	0.91(高)
使用软件工具	基本的微型机软件	1.10(低)
工期	9个月	1.00(正常)

程序名义工作量为：
$$MM = 10.6 \times 10^{1.20} = 44.38(MM)$$
程序实际工作量为：
$$MM = 44.38 \times \prod_{i=1}^{15} f_i = 44.38 \times 1.17 = 51.5(MM)$$
开发所用时间为：
$$TDEV = 10.5 \times 51.5^{0.32} = 8.9(月)$$

如果分析人员与程序员的工资都按每月 6000 元计算，则该项目的开发人员的工资总额为
$$51.5 \times 6000 = 309\,000(元)$$

③ 详细 COCOMO 模型。

详细 COCOMO 模型的名义工作量公式和进度公式与中间 COCOMO 模型相同，但工作量因素分级表(类似于上表)则分层、分阶段给出。针对每个影响因素，按模块层、子系统层、系统层，共有三张工作量因素分级表，供不同层次的估算使用。每张表中的工作量因素又按开发各个不同阶段给出。例如，关于软件可靠性(RELY)要求的工作量因素分级表(子系统层)，如表 11.12 所示。

表 11.12 软件可靠性工作量因素分级表(子系统层)

RELY 级别	阶　　段				
	需求和产品设计	详细设计	编程及单元测试	集成及测试	综合
非常低	0.80	0.80	0.80	0.60	0.75
低	0.90	0.90	0.90	0.80	0.88
正常	1.00	1.00	1.00	1.00	1.00
高	1.10	1.10	1.10	1.30	1.15
非常高	1.30	1.30	1.30	1.70	1.40

使用这些表格，可以比中间 COCOMO 模型更方便、更准确地估算软件开发工作量。

11.3 进度计划

11.3.1 各阶段工作量的分配

估计出总的工作量以后，就需要一个可以进行各阶段工作量分配的模型。某一阶段工作量所占的百分比必须根据经验数据确定。在开发过程中保存的记录有助于增加经验数据库存，而且将改善今后估算的准确性。表 11.13 给出了开发阶段中工作量分配的变化范围。应特别注意的一点是用于初始系统开发阶段的维护工作量占主要部分。在进入某个系统时，要特别注意设计软件的可维护性。

表 11.13 系统开发阶段工作量的分配

阶段	占开发时间的百分比/%
需求分析与设计	30
概要设计	6

续表

阶段	占开发时间的百分比/%
详细设计	7
编码设计	7
单元测试	5
组装测试	5
确认测试	5
系统维护	35

Pressman 提出了一种称为 40-20-40 的工作量分配规则,即前期工作(计划、需求分析、概要设计和详细设计阶段)和后期工作(测试阶段)各占 40%,编码阶段占 20%。

11.3.2 制订开发进度计划

11.2 节讨论的每项软件估算技术都能得出完成软件开发任务所需人月(或人年)数的估算值。

图 11.3 给出了在整个定义与开发阶段工作量分配的一种建议方案,这个分配方案也称为 40-20-40 规则。它指出在整个软件开发过程中,编码的工作量仅占 20%,编码前的工作量占 40%,编码后的工作量占 40%。

40-20-40 规则只能用来作为一个指南,实际的工作量分配比例必须按照每个项目的特点来决定。一般花费在计划阶段的工作量很少超过总工作量的 2%~3%,除非是具有高风险的巨额费用的项目;需求分析可能占项目工作量的 10%~25%,而用在设计评审与反复修改的时间也必须考虑在内。

图 11.3 工作量的分配

由于软件设计已经投入了工作量,因此其后的编码工作相对来说困难要小一些,用总工作量的 15%~20% 就可以完成。测试和随后的调试工作约占软件开发工作量的 30%~40%,所需要的测试量往往取决于软件的重要程度。如果软件与人命相关,即如果软件失效将危及人的生命,测试可能占有更高的百分比。

进一步地,由 COCOMO 模型可知,开发进度 TDEV 与工作量 MM 的关系为:

$$\text{TDEV} = a(\text{MM})^b$$

如果想要缩短开发时间或想要保证开发进度,必须考虑影响工作量的那些因素,按可减小工作量的因素取值。但即使如此,最多也只能压缩到名义开发时间的 75%。因此比较精确的进度安排可利用中间 COCOMO 模型或详细 COCOMO 模型。

11.3.3 进度安排的方法

软件项目的进度安排与多重任务工作的进度安排基本差不多,因此,只要稍加修改,就可以把用于一般开发项目进度安排的技术和工具应用于软件项目。软件项目的进度计划和工作的实际进展情况,对于较大的项目来说,难以用语言叙述清楚。特别是表现各项任务之间进度的相互依赖关系,需要采用图示的方法。以下介绍几种有效的图示方法。在这几种图示方法中,如下信息必须明确标明:

(1) 各个任务的计划开始时间和完成时间;

(2) 各个任务完成的标志,即○(文档编写)和△(评审);
(3) 各个任务与参与工作的人数以及各个任务与工作量之间的衔接情况;
(4) 完成各个任务所需的物理资源和数据资源。

1. 甘特图

甘特图用水平线段表示任务的工作阶段,线段的起点和终点分别对应任务的开工时间和完成时间,线段的长度表示完成任务所需的时间。图 11.4 给出了一个具有 5 个任务的甘特图,任务名分别为 A、B、C、D、E。

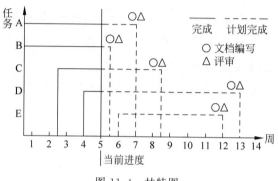

图 11.4 甘特图

如果这 5 条线段分别代表完成任务的计划时间,则在横坐标方向附加一条可向右移动的纵线。它可随着项目的进度指明已完成的任务(纵线扫过的)和有待完成的任务(纵线尚未扫过的)。我们从甘特图上可以很清楚地看出各子任务在时间上的对比关系。

在甘特图中,每个任务完成的标准不是以能否继续下一阶段任务为标准,而是以必须交付的文档与通过评审为标准。因此在甘特图中,文档编制与评审是软件开发进度的里程碑。甘特图的优点是标明了各任务的计划进度和当前进度,能动态地反映软件开发的进展情况;缺点是难以反映多个任务之间存在的复杂逻辑关系。

2. 时标网状图

为克服甘特图的缺点,可用具有时标的网状图来表示各个任务的分解情况,以及各个子任务之间在进度上的逻辑依赖关系,如图 11.5 所示。

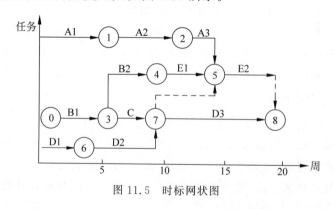

图 11.5 时标网状图

从图 11.5 中可以看出各个任务之间在进度上的依赖关系。例如,在甘特图中,我们并

第11章 成本估算与进度规划

不知道任务 A 与 E 之间是什么关系,但是从图 11.5 中可以看出,任务 A 分为三段,任务 E 分为两段。E2 的开始取决于 A3 的完成。

时标网状图中的箭头(直线、折线)表示各任务间的(先决)依赖关系,箭头上的名字表示任务代号,箭头的水平长度表示完成该任务的时间,而圆圈表示一个任务结束、另一个任务开始的事件。

图中还有一些虚箭头,表示虚拟任务,即事实上不存在的任务。引入虚箭头也是为了显式地给出任务间的(先决)依赖关系。

3. 计划评审技术和关键路径方法

计划评审技术(PERT)和关键路径法(CPM)都是安排开发进度、制订软件开发计划最常用的方法。它们都采用网络图描述一个项目的任务网络,也就是从一个项目的开始到结束,把应当完成的任务用图或表的形式表示出来。通常用两张表来定义网络图,一张表给出与一个特定软件项目有关的所有任务(也称为任务分解结构),另一张表给出应当按照什么样的次序来完成这些任务(有时称为限制表)。

下面举例说明。假定某一开发项目在进入编码阶段之后,开始考虑如何安排三个模块 A、B、C 的开发工作。其中,模块 A 是公用模块,模块 B 与 C 的测试有赖于模块 A 调试的完成。模块 C 要利用已有的模块,但对它要在理解之后做部分修改。最后直到 A、B 和 C 做组装测试为止。这些工作步骤按图 11.6 来安排。在此图中,各边表示要完成的任务,边上均标注任务的名字,如"A 编码"表示模块 A 的编码工作;边上的数字表示完成该任务的持续时间;图中有数字编号的节点是任务的起点和终点,如 0 号节点是整个任务网络的起点,8 号节点是终点。图中足够明确地表明了各项任务的计划时间以及各项任务之间的依赖关系。

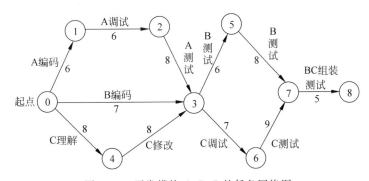

图 11.6 开发模块 A、B、C 的任务网络图

在组织较为复杂的项目任务或是需要对特定的任务进一步做更为详细的计划时,可以使用分层的任务网络图。

最后,在软件工程项目中必须处理好进度与质量之间的关系。在软件开发实践中常常会遇到这样的事情,当任务未能按计划完成时,只好设法加快进度赶上去。但事实告诉我们,在进度压力下赶任务,其结果往往是以牺牲产品质量为代价。还应当注意到,产品的质量与生产率有着密切的关系。例如,日本的许多产品可以做到质量与生产率的一致。日本认为在价格和质量上折中是不可能的,但高质量给生产者带来了成本的下降这一事实是可以理解的,这里的质量是指的软件工程过程的质量。

习题十一

一、判断题

1. LOC 是直接估算。 （ ）
2. FP 是间接估算。 （ ）
3. CPM 的关键路径指的是网络图中完成时间最长的路径。 （ ）
4. CPM 的关键路径是决定项目完成的最短时间的路径。 （ ）
5. 关键路径上的任何活动延迟,都会导致整个项目完成时间的延迟。 （ ）
6. 关键路径上的任何任务都是关键任务。 （ ）
7. 任务分解是进行估算和编制项目进度的基础。 （ ）
8. 任务分解为评估和分配任务提供了具体的工作包。 （ ）

二、选择题

1. 若计划人员对每个功能分别按最佳值、可能值、悲观值三种情况给出 LOC 或 FP 的估计值,记作 a、m、b,则 LOC 或 FP 的期望值 E 的公式为（　　）,m 是加权的最可能的估计值,遵循（　　）。

   A. $E=(a+m+b)/3$　　　　　　　　B. $E=(a+4m+b)/6$
   C. $E=(2a+3m+4b.)/3$　　　　　　D. χ 概率
   E. γ 概率　　　F. β 概率　　　G. 泊松

2. 软件产品是（　　）、（　　）标准的过程。大型软件项目往往是（　　）项目。

   A. 可见的　　　B. 不可见的　　　C. 一次性　　　D. 多次
   E. 存在　　　　F. 不存在

3. （　　）的作用是为有效地定量地进行管理,把握软件工程过程的实际情况和它所产生的产品质量。

   A. 进度安排　　　B. 度量　　　C. 风险分析　　　D. 估算

4. 在制订计划时,应当对人力、项目持续时间、成本作出（　　）;（　　）实际上就是贯穿于软件工程过程中一系列风险管理步骤。最后,每个软件项目都要制订一个（　　）,一旦（　　）制订出来了,就可以开始着手（　　）。

   A. 进度安排　　　B. 度量　　　C. 风险分析　　　D. 估算
   E. 追踪和控制　　F. 开发计划

5. 在进行软件项目估算时,将代码行 LOC 和功能点 FP 数据在两个方面使用：一是作为一个估算变量,度量软件每个（　　）的大小;二是联合使用从过去的项目中收集到的（　　）和其他估算变量,进行成本和（　　）的估算。

   A. 模块　　　B. 软件项目　　　C. 分量　　　D. 持续时间
   E. 工作量　　F. 进度　　　　　G. 基线数据　　H. 改进数据

6. LOC 和 FP 是两种不同的估算技术,但两者有许多共同的特征,只是 LOC 和 FP 技术对于分解所需要的（　　）不同。

第11章　成本估算与进度规划

A. 详细程度　　　B. 分解要求　　　C. 改进过程　　　D. 使用方法

7. 当用（　　）作为估算变量时,功能分解是绝对必要的,且应达到很详细的程度；而用（　　）作为估算变量时,分解程度可以不很详细。

A. FP　　　　　B. LOC　　　　　C. 模块　　　　　D. 分量

8. 对于一个大型的软件项目,由于项目的复杂性,需要进行一系列的估算处理,主要按（　　）和（　　）手段进行。

A. 类推　　　　B. 类比　　　　C. 分解　　　　D. 综合

9. 软件项目的进度管理有许多方法,但（　　）不是常用的进度控制图示方法。在几种进度控制图示方法中,（　　）难以表达多个子任务之间的逻辑关系,使用（　　）不仅能表达子任务之间的逻辑关系,而且可以找出关键子任务。

A. 甘特图　　　B. IPO　　　　　C. PERT　　　　D. 时标网状图

10. 在PERT方法中,用带箭头的边表示（　　）,用圆圈节点表示（　　）,它标明（　　）的（　　）。

A. 数据流　　　B. 控制流　　　C. 事件　　　　D. 处理

E. 起点或终点　F. 任务

三、填空题

1. 定义一个人参加劳动时间的长短为＿＿＿＿,其度量单位为PM（人月）或PY（人年）。

2. 定义完成一个软件项目（或软件任务）所需的＿＿＿＿为＿＿＿＿,其度量单位是人月/项目（任务）,记作PM（人月）。

3. 定义单位（劳动量）所能完成的软件＿＿＿＿的数量为软件＿＿＿＿,其度量单位为LOC/PM。它表明一般指＿＿＿＿的一个平均值。

4. 一个软件的开发工作量如表11.14所示。该软件共有源代码2900行,其中500行用于测试,2400行是执行＿＿＿＿的源代码,则劳动生产率是＿＿＿＿（LOC/PM）。

表11.14　软件开发所需工作量

阶段	软件计划	需求分析	设计	编码	测试	总计
需要工作量/人月	1.0	1.5	3.0	1.0	3.5	10.0

5. 估算的方法分为三类：从项目的整体出发,进行＿＿＿＿的方法称为＿＿＿＿估算法；把待开发的软件细分,直到每个子任务都已经明确所需的开发工作量,然后把它们加起来,得到软件开发总工作量的方法称为＿＿＿＿估算法；而把待开发的软件项目与过去已完成的软件项目做类比,区分出类似部分和不同部分分别处理的方法称为＿＿＿＿估算法。＿＿＿＿是由多位专家进行成本估算的方法。

6. 通常估算本身带有＿＿＿＿。项目的复杂性越高,规模越大,开发工作量＿＿＿＿,估算的风险就＿＿＿＿。

7. 项目的结构化程度提高,进行精确估算的能力就能＿＿＿＿,而风险将＿＿＿＿。有用的历史信息＿＿＿＿,总的风险会减少。

四、简答题

1. 简述软件开发成本估算的方法。
2. 简述编制进度计划的步骤。
3. 简述软件工程各阶段工作量的分配。

第12章 团队建设与沟通管理

如何将参加软件开发的人员组织起来并发挥最大的工作效率,对于软件项目的成功完成是非常重要的。软件项目组织究竟采取什么形式,要针对开发项目的特点来决定,同时也与参加工作人员的素质有关,人的因素是不容忽视的。本章的主要内容是讨论软件开发过程中团队的建设与管理,包括团队成员的角色选择、职责、组织结构、人员管理计划、关系的建立与沟通等。

12.1 团队建设的基本概念

团队是具有一定数量的个体成员组织的集合,包括自己组织的人、供应商、分包商、客户等,大家为一个共同的目标而工作,协调一致,愉快合作,最终开发出高质量的软件产品。团队管理具有针对性、临时性、注重团队性、适应项目生命周期的特点。

团队的建设与管理的内容如下:

(1) 团队的项目组织形式;

(2) 团队成员和项目经理的确定与基本要求;

(3) 团队的建设与管理;

(4) 团队的沟通管理。

12.2 项目团队的组织

组建团队首先要明确软件项目的组织结构。软件项目的组织结构应该能够增加团队的工作效率,避免摩擦与矛盾的发生。因此,一个理想的团队结构应当适应人员的不断变化,有利于成员之间的信息交流,有利于软件项目中各项任务的协调。

在建立组织时应注意以下原则。

(1) 尽早落实责任。要尽早指定专人负责软件开发,使其有权进行管理,并对任务的完成负责。

(2) 减少接口。开发过程中人员之间的联系是必不可少的,但应注意,组织的工作效率是和完成任务中存在的人际联系的数目是成反比的。

(3) 责权均衡。软件经理所负的责任不应比委任给他的权力还大。

12.2.1 项目的组织结构模式

软件项目的组织结构具有临时性和目标性的特点,即该组织只存在于项目的进行过程中,从项目的启动开始到项目的结束而终止。项目组织的根本使命就是在项目经理的领导下,齐心协力,为了完成一个既定的目标而努力工作。软件项目通常有三种组织结构的模式可供选择,即项目型、职能型、矩阵型。选择什么样的结构要根据多方面的因素考虑。在这三种结构中,矩阵型结构的组织沟通最复杂,项目型结构在项目收尾时,项目经理和团队成员的压力最大。

1. 项目型

项目型是按课题划分的模式。此模式是把软件人员按课题组成小组,小组成员自始至终完成所分配课题的各种任务,即要负责完成产品的定义、设计、实现、测试、复查和文档编写,甚至包括维护在内的全过程。

项目型组织结构中的部门完全是按照项目进行设置的,是单目标的垂直组织方式,存在一个项目,就有一个与部门相类似的项目组。项目完成之后,这个项目组的部门也就解散了。这时,项目组的成员就面临去向的问题。所以这种组织结构不存在原来意义上的部门概念,每个项目以项目经理为首,项目工作会运用到大部分的组织资源;项目经理具有高度的独立性,享有高度的权利;完成每个项目的目标所需要的全部资源完全归属项目组使用,如图 12.1 所示。

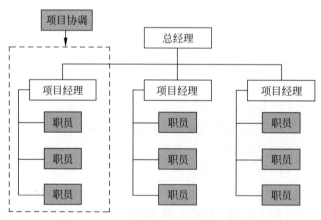

图 12.1 软件开发组织的项目型模式

项目型组织结构适用于开拓型等风险比较大的项目或者对进度、成本、质量等指标有严格要求的项目,不适合人才匮乏或规模较小的企业。

项目型组织结构的优点是:

(1) 项目经理对项目负全责,可以根据项目的需要随意调动项目组织的全部资源;

(2) 项目目标单一,完全以项目为中心安排工作,决策迅速,可以及时响应用户的要求,

能够充分发挥项目组团队的工作热情,有利于项目顺利进行;

(3) 避免多重领导,项目经理是项目的唯一领导,对团队成员有绝对的管理权;

(4) 组织结构简单,便于交流、合作和管理。项目团队成员直接同属于一个部门,彼此之间的沟通和交流方便又快捷,既提高了效率,又加快了决策的速度。

项目型组织结构的缺点是:

(1) 资源不能共享,即使某个项目组的专用资源处于闲置状态,也无法应用到其他同时进行的类似的项目组;人员、设施、设备需重复配置,会造成一定程度的资源浪费;

(2) 各个独立的项目团队处于相对封闭的状态,不利于公司政策的贯彻和落实;

(3) 对项目组织的成员缺少一种事业上的连续性和安全感。在一个项目完成之后,团队成员面临重新选择去向的问题;

(4) 各个项目组织之间处于各自为政的分割状态,项目之间缺少信息交流,知识和经验无法在不同的项目组中共享。

2. 职能型

职能型是按职能划分的模式。职能型组织结构式目前最普遍的项目组织形式,是一种常规的线性组织结构。项目是以部门为主体来承担项目的,一个项目由一个或多个部门承担,一个部门也可能承担多个项目;项目有部门经理,也有项目经理,所以这种团队的成员有两个上司;参加工作的软件人员来源于若干专业部门,要开发的软件产品在每个专业部门完成阶段加工以后沿流水线向下传递,例如分别来源于计划部门、需求分析部门、设计部门、编码部门、系统测试部门、质量保证部门及维护部门等;系统定义、项目计划、软件需求规格说明等文档资料都按工序在各部门之间进行传递,如图12.2所示。

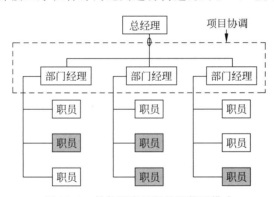

图 12.2 软件开发组织的职能型模式

这种组织结构适用于主要由一个部门完成的项目或者技术比较成熟的项目。在这种模式下,对各部门人员定期进行轮换可能是必要的。轮换的目的是减轻软件人员因长期做单调工作而产生的乏味感,这对提高工作效率是很有好处的。在这种模式下,部门之间的联系形成的接口要比项目型结构复杂,但这样的组织有利于软件人员熟悉部门内的工作,进而变成某方面工作的专家。

职能型组织结构的优点是:

(1) 可以充分发挥职能部门资源集中的优势,有利于对各部门资源的使用,使得人员的选择具有较大的灵活性;

(2) 职能部门内的专家可以同时为部门内不同的项目所使用,有利于实现资源的共享,节约人力,减少资源的浪费;

(3) 同一个部门内部的专业人员便于相互交流,相互支援,对创造性地解决技术问题具有较好的效果;项目成员在事业上具有连续性和保障性;

(4) 可以随时增派人员。当有项目成员调离项目或者离开公司时,所属的职能部门可以补充替换人员,保持项目的技术连续性;

(5) 项目成员可以将项目和本部门的职能工作融为一体,减少因项目的临时性而给项目成员带来的不确定性。

职能型组织结构的缺点是:

(1) 项目和职能部门的利益发生冲突时,职能部门更重视本部门的活动和目标,而忽视项目的活动和目标,尤其是涉及客户的需求时,客户的利益往往得不到优先考虑;

(2) 资源平衡有时会出现问题,尤其是一个职能部门有多个项目或者多个职能部门完成一个项目时;

(3) 一个项目由多个职能部门共同完成时,权力分割不利于各个职能部门的沟通交流和团结协作,项目经理没有权力控制项目的进度;

(4) 行政隶属关系使得项目经理没有充分的权力。项目成员的行政隶属关系在职能部门,项目经理对成员的管理需要与职能部门经理沟通,导致了项目团队建设与管理上的烦琐和复杂。

3. 矩阵型

矩阵型模式实际上是把上述两种模式结合起来,根据项目的需要和工作性质,从不同的部门(如设计部、编码部、测试部等)抽调和选择合适的团队成员组成一个临时的项目团队,由项目经理负责管理。项目结束之后,团队也就解体了,各个团队成员又重新回到各自原来的部门。在这种模式中,任何一个团队成员都要接受双重领导:一是部门的负责人,一是项目团队的经理。这种结构要求项目经理具有良好的谈判和沟通技巧,项目经理和各部门经理之间建立良好的工作关系,项目成员需要适应两个上司的协调工作。矩阵型模式如图 12.3 所示。

采用这种模式可以对团队成员进行优化整合,引导聚合创新,同时也改变了原有行政机构中固定的组合、相互限制的工作方式,适用于管理规范、分工明确的公司或者跨职能部门的项目。

矩阵型组织模式的优点是:

(1) 专职的项目经理负责整个项目,以项目为中心,能迅速解决问题,在最短的时间内调配各部门的人才组成项目团队,把不同部门的人才集中在一起使用;

(2) 多个项目可以共享各个职能部门的资源。在矩阵型项目组织的管理中,人力资源得到了最有效的利用,减少了人员的冗余;

(3) 既利于项目目标的实现,又利于公司目标方针的贯彻;

(4) 项目成员在项目完成之后没有后顾之忧。项目结束之后,团队成员可以回到原来的部门继续工作,而且能有更多的机会接触到公司各个不同的部门。

矩阵型组织模式的缺点是:

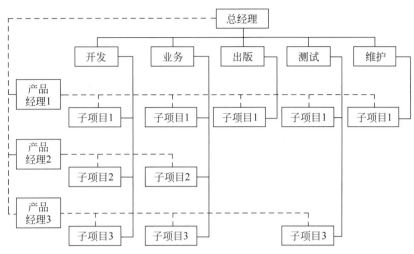

图 12.3 软件开发组织的矩阵型模式

(1) 容易引起职能部门经理和项目经理权力的冲突；
(2) 资源共享也能引起项目之间资源利用上的冲突；
(3) 项目成员有多头领导。

项目是由项目团队完成的，在矩阵型组织结构中，项目经理和项目成员来自不同的职能部门或团队，由于组织职责不同，参与项目的组织在目标、价值观和工作方法上会与项目经理所在的部门有所差别，在项目团队组建之初的磨合阶段会出现矛盾，进而产生"对抗"。对于这种由于分工不同、人员相互之间不熟悉产生的对抗，项目经理要能及时识别，并将对抗控制在"建设性"对抗的范围之内，切忌对项目组建初期的磨合放任自流。

12.2.2 程序设计小组的组织形式

通常认为程序设计工作是按独立方式进行的，程序人员独立地完成任务。但这并不意味着程序人员互相之间没有联系，人员之间联系的多少和联系的方式与生产率直接相关。程序设计小组内人数少，如 2~3 人，则人员之间的联系比较简单。但在增加人员数目时，相互之间的联系就复杂起来，并且不是按线性关系增长。此外，已经进行中的软件项目在任务紧张、延误了进度的情况下，不鼓励增加新的人员给予协助。除非分配给新成员的工作是比较独立的任务，并且不需要对原任务有更细致的了解，也没有技术细节的牵连。小组内部人员的组织形式对生产率也有影响，现有的组织形式有三种，如图 12.4 所示。

1. 主程序员制小组

主程序员制小组的核心由一位主程序员（高级工程师）、2~5 位技术人员、一位后援工程师组成。主程序员负责小组全部技术活动的计划、协调与审查工作以及设计和实现项目中的关键部分；技术人员负责项目的具体分析与开发以及文档资料的编写工作；后援工程师支持主程序员的工作，为主程序员提供咨询，也负责部分分析、设计和实现的工作，并在必要时能代替主程序员工作，以便使项目能继续进行。

主程序员制小组还可以由一些专家（例如通信专家或数据库设计专家）、辅助人员（例如后勤人员和秘书）、软件资料员协助工作。软件资料员可同时为多个小组服务，并完成下

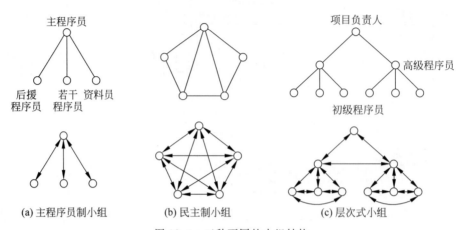

图 12.4　三种不同的小组结构

列工作：

(1) 保存和管理所有软件配置项，即文档资料、源程序清单、数据和磁介质资料等；

(2) 协助收集和整理软件生产率数据；

(3) 对可复用的模块进行分类及编写索引；

(4) 协助小组进行调查、评价和准备文档等。

主程序员制小组示意图如图 12.5 所示。

主程序员制小组突出了主程序员的领导，强调主

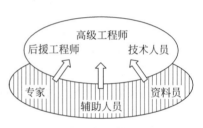

图 12.5　主程序员制小组的组织

程序员与其他技术人员的直接联系，总的来说简化了人际通信，如图 12.4(a)所示。这种集中领导的组织形式能否取得好的效果，很大程度上取决于主程序员技术水平和管理才能的好坏。

2. 民主制小组

在民主制小组中，遇到问题时，组内成员之间可平等地交换意见，其结构如图 12.4(b)所示。工作目标的制定及决定的做出都由全体成员参加。虽然也有一位成员当组长，但工作的讨论、成果的检验都公开进行。这种组织形式强调发挥小组每个成员的积极性，要求每个成员充分发挥主动精神和协作精神；讨论时尊重每个成员，充分听取他们的意见，并要求大家互相学习，在组内形成一个良好合作的工作气氛，但有时也会因此削弱了个人的责任心和必要的权威作用。有人认为这种组织形式适合于研制时间长、开发难度大的项目。

3. 层次式小组

在层次式小组中，组内人员分为三级，即项目负责人、高级程序员和初级程序员。组长（项目负责人）一人负责全组工作，包括任务分配、技术评审和走查（walkthrough），掌握工作量和参加技术活动。他直接领导 2～3 位高级程序员，每位高级程序员通过基层小组管理若干位程序员。这种组织结构只允许必要的人际通信，其结构如图 12.4(c)所示。

这种结构比较适合项目本身就是层次结构状的课题，因为这样可以把项目按功能划分成若干子项目，把子项目分配给基层小组，由基层小组完成，例如具有三个子项目的课题由具有三个基层小组的层次式小组完成；基层小组的领导与项目负责人直接联系；通常基层

小组的人数不超过十人,因此一个大型项目需要划分成若干层。

以上三种组织形式可以根据实际情况组合起来灵活运用。例如,较大的软件项目也许可以把主程序员制小组组织成层次式结构,而基层小组的领导又是一个民主制小组的成员。

12.3 团队成员的选择与基本要求

合理地配备项目团队人员是成功完成软件工程项目的切实保证。所谓合理地配备人员,应包括按不同阶段适时任用人员,恰当掌握用人标准。

12.3.1 项目开发各阶段对人员的需求

在软件开发各阶段中需要不同的人员。图12.6给出了较大项目中各类人员参与的程度。从图中可以看出,高级技术人员的参与程度和管理人员参与程度的变化十分相似,在需求分析和确认测试阶段需要他们做出较多的贡献,而详细设计、编码和单元测试则需要初级技术人员的实际参与。

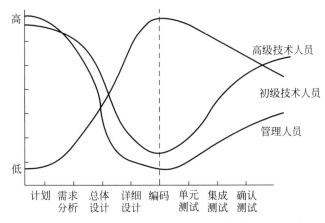

图12.6 软件开发各开发阶段各类人员参与项目的程度

一个软件项目完成的速度往往取决于参与软件开发人员的数目。在软件开发的整个过程中,多数软件项目配备以恒定的人力,如图12.7所示。

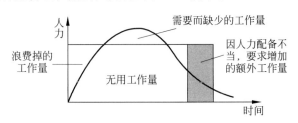

图12.7 软件项目的恒定人力配备

该曲线反映出需求定义结束后的软件生命周期(包括运行和维护)内的工作量分布情况,它也是投入人力与开发时间的关系曲线。此曲线表明,项目开发所需的人力会随着开发的进展而逐渐增加,在编码与单元测试阶段达到高峰,以后又会逐渐减少。

如果在软件开发的整个过程中恒定地配备人力,那么在开发初期,将会有部分人力资源用不上而被浪费掉;在开发的中期(编码与单元测试阶段),所需的人力又会不够,而使开发的进度被延误;在开发的后期又需要增加人力以赶进度。由此可见,恒定地配备人力对人力资源是比较大的浪费,所以一般不应采取。

12.3.2 配备人员的原则

配备软件人员时,应注意以下三个主要原则。

(1) 重质量。实践表明,软件项目开发是技术性很强的工作,任用少量有实践经验、有开发能力的人员去完成关键性任务,常常要比使用较多经验不足的人员更有效。

(2) 重培训。花力气培养所需的技术人员和管理人员,是有效解决人员问题的好办法。

(3) 双阶梯提升。人员的提升应分别按技术职务和管理职务进行,不能混在一起。

12.3.3 对项目经理的要求

软件项目经理是项目组织的核心,是项目团队的灵魂。项目经理负责对项目进行全面的管理,其管理能力、经验水平、知识结构、个人魅力都对项目的成败起着关键的作用。除一般的管理要求外,项目经理还应具有以下几方面的要求。

1. 对问题的分析与综合能力

(1) 能把用户提出的非技术性要求加以整理提炼,以技术说明书的形式转告给分析人员和测试人员。

(2) 能说服用户放弃一些不切实际的要求,以便保证合理的要求得以满足。

(3) 能够把表面上似乎无关的要求集中在一起,归结为"需要什么""要解决什么问题",这是一种综合问题的能力。

(4) 要懂得心理学,能说服上级领导和用户,既要让他们理解什么是不切实际的要求,又要让他们毫不勉强,乐于接受。

2. 项目经理的责任

(1) 制订软件项目开发计划。

(2) 组织实施软件项目开发计划。

(3) 对项目的过程进行监督与控制。

(4) 制定项目的相关决策。

(5) 挑选项目的团队成员。

(6) 对项目获得的资源进行再分配。

3. 项目经理的职业道德

(1) 应当具备个人和职业行为标准如下。

- 对自己的行为承担责任。
- 获得一定的资格认可。
- 不断更新知识,持续取得个人发展。
- 提高专业威信。
- 遵守并鼓励同事遵守行业规范。
- 遵守国家的法律。

(2) 在工作中,项目经理应当具备的职业道德如下。

- 发挥领导才能,最大限度地提高生产率,压缩成本。

- 采用先进技术,保证达到项目计划设定的质量、进度、成本目标。
- 平等对待项目团队的成员、同行、同事。
- 保护团队成员免受身心伤害。
- 为项目团队成员提供适当的工作条件和机会。
- 乐于接受他人的批评,善于提出诚恳的意见,正确评价他人的贡献。
- 帮助团队成员、同行、同事提高专业知识。

(3) 在雇主和客户的关系中,项目经理应当具备的职业道德如下。

- 做雇主和客户的诚实代理人和受托人。
- 任职和离职时都对必要的信息予以保密。
- 告知相关人员可能导致利益冲突的各种情况。
- 不能给予或者接受价值超出正常范围的礼品、款项或者服务。
- 诚实并且真实地报告项目的质量、费用和进度。

(4) 项目经理应当履行社会义务方面的职业道德如下。

- 维护社会公共安全、卫生、福利并敢于指责侵犯公共利益的行为。
- 自觉遵守行业规范,尊重他人的知识产权。
- 努力推广项目管理的专业知识。

12.3.4 团队成员的招聘与选择

人是项目中最重要的资源。一个项目要想取得成功,团队成员的能力和素质十分重要。在软件项目的团队中,项目是通过团队中担任不同角色的人共同完成的,每个角色都必须有明确的职责定义,因此选择和培养适合不同角色职责的人才是团队建设中最重要的事情。合适的人员可以通过合适的渠道得到,要根据项目的需要进行,高、中、低不同层次的人才需要进行合理的安排;要明确项目需要的人员的技能,并且要验证技能;每个成员可以在团队中扮演一个或多个角色,要有专门的人负责项目的管理工作,而大部分人从事项目的技术分析、设计和实现。常见的一些项目角色包括项目经理、系统分析人员、系统设计人员、数据库管理员、程序员、支持工程师、质量保证工程师、业务专家测试人员等。选择合适的项目人员担任合适的角色是组建团队的第一步,是决定项目团队能有效工作的主要因素。选择团队成员之前,首先可以通过心理评测、专业考察、查阅档案等方式获取有关人员的可靠数据,包括专业能力、性格特征、个人经历、人际关系等方面,建立备选人员人才库。在分配角色时,可以通过心理类型和心理特征为每一个成员选择最适合的岗位和角色。

许多心理专家和管理方面的专家通过一系列的实验,帮助我们理解人们的行为。这些实验可以使项目经理对矛盾的根源、人们的动机、生产效率等问题有了更加清晰的了解。有的是测试发生冲突时人们的表现,如好胜、合作、容纳、回避等;有的是测试人们关注任务和关注人的程度等。其中最常用的是 Myers-Briggs 心理测试方法,也称为 Myers-Briggs 性格分类法(MBTI),它是用一系列的心理测试来分析一个人的心理类型。MBTI 将人格分为 4 个维度,每个维度有两个偏好,分别是外向-内向(Extravert-Intravert)、注重事实-注重感觉(Sensing-Intuitive)、理性-感性(Thinking-Feeling)、决断-思考(Judging-Pernceiving)。

这样,4 个维度,8 种偏好,两两组合,共组成 16 种人格类型,以各个维度的字母来表示,如表 12.1 所示。

表 12.1 MBTI 的 16 种人格类型

ESFP	ISFP	ENFI	ENFP
ESTP	ISTP	INFI	INFP
ESFJ	ISFJ	ENTP	INTP
ESTJ	ISTJ	ENTJ	INTJ

这 16 种人格类型各自具有不同的性格表现，这些表现适合于不同的工作或者团队。一般来说，从事常规工程的人员可以选择 ESTJ（外向、注重事实、理性、决断），从事设计的人员可以选择 ENTJ、INTJ（外向或内向、注重感觉、理性、决断），从事市场方面的人员可以选择 ESFJ（外向、注重事实、感性、决断）等。每个项目经理都希望选择理想的团队成员。

理想的团队成员应该是完全献身于项目，有素养，有理解力，能充分理解自己的任务目标，认真执行指令，勇于处理随时发生的事件，懂得事情的分寸，不问不该问的事，技术能力强，是专业领域的专家。当接受任务时，能保证有效地、高质量地完成任务。

选择团队成员的基本原则除了要具有一定的专业素质外，还要具有较宽的专业知识面，对产品具有整体意识和系统集成的思想，并且具有较强的团队合作精神。团队领导应具备多个专业的协调能力和处理团队与其他部门之间关系的能力，并且能营造健康活泼的团队文化。

人员的素质优劣常常影响到项目的成败。软件工程项目中人的因素已经越来越受到重视，在评价和任用软件人员时必须掌握一定的标准，具备以下条件：

（1）牢固掌握计算机软件的基本知识和技能；
（2）善于分析、综合问题，具有严密的逻辑思维能力；
（3）工作踏实、细致，遵循标准和规范，具有严格的科学作风；
（4）工作中表现出耐心、毅力和责任心；
（5）善于听取别人意见，善于与周围人员团结协作，建立良好的人际关系；
（6）具有良好的书面和口头表达能力。

12.4 团队的建设与管理

12.4.1 项目成员的使用与培训

团队管理的一项重要任务是根据每个人的专长、特点、爱好来安排任务，充分做到人尽其才。对项目成员配备工作时，应该依据以下原则：

（1）人员的配备必须要为项目的目标服务；
（2）"以岗定员"保证人员配备的效率，充分利用人力资源，不能以人定岗；
（3）项目处于不同的实施阶段时，所需要的人力资源的种类、数量、质量是不同的，要安排一定比例的临时人员，根据项目的需要加入或者退出，以节约人力资源成本。

为了增加团队的凝聚力和向心力，增强团队成员对团队的归属感和责任感，项目团队可以通过帮助成员设计职业发展方向，来帮助成员适应多方面的工作和未来发展的需要，同时使团队成员为自己的良好发展前景而不愿轻易离开团队。

对于那些看重学习和愿意获得新技能的团队成员，项目团队应当提供适当的培训机会，鼓励他们，以增加他们的满足感和责任感。

第12章 团队建设与沟通管理

对项目团队成员的培训是项目团队建设的重要基础,项目组织必须重视对团队成员的培训工作。通过对项目团队成员的培训,可以提高项目团队成员的综合素质,提高项目团队成员的工作技能和技术水平。同时也可以通过提高团队成员的能力,提高项目团队成员的工作满意度,降低人员的流动比例和人力资源的管理成本。培训应该有针对性,可以采取岗前培训和岗位培训两种方式。

12.4.2 对项目团队成员的激励

项目团队成员的士气是项目成功的重要因素,对项目团队成员的激励是调动成员工作热情非常重要的手段。管理者可以通过各种措施,给项目成员以一定的物质刺激、精神刺激,激发团队成员的工作动机,调动成员工作的积极性、主动性,并鼓励创新精神,从而提高团队成员的工作效率,当然,激励应该因人而异,常见的方法有如下几种。

(1) 薪酬激励。对于软件人员,如果支付的薪酬与其工作的成果出现较大的偏差时,则会导致其产生不满情绪,打消其工作的积极性,所以薪酬必须与绩效直接挂钩。

(2) 机会激励。使用机会进行激励时,要注意公平的原则,也就是说每个员工都有平等的机会参加学习、培训和获得具有挑战性的工作,只有这样才不会挫伤软件人员的积极性。

(3) 环境激励。建立团队内部良好的技术创新氛围,项目团队全体成员对技术创新的重视和理解,尤其是管理层对软件人员工作的关注和支持,是对软件人员最有效的激励。

(4) 情感激励。知识性员工基本上都接受过良好的教育,受尊重的需求相对较高。尤其是软件人员,他们自认为自己具有聪明的才智,对企业有较大的贡献,渴望得到别人的尊重。

除此之外,还有其他一些激励手段,如弹性工作制、马斯洛的需求层次理论、海兹波格的激励理论、麦克格勒格的 X-理论、Y-理论、Z-理论、期望理论等。这些激励理论都各有不同的侧重点,篇幅有限这里不做详细讨论,有兴趣者可以参考阅读软件项目管理的有关文章和资料。

12.4.3 软件项目的指导

软件项目的指导是软件管理第四个方面的工作,其目的是在实施软件工程项目过程中,动员和促进工作人员积极完成分配的任务。实际上,指导也属于人员管理的范围,是组织好软件工程项目不可缺少的工作。

在指导软件工程项目时,需注意以下几个方面的问题。

(1) 鼓励。软件开发人员的工作兴趣和工作成绩常常能够成为推动其工作的积极因素,所以对人员进行恰当及时的鼓励是非常重要的。鼓励可以使人们充满信心,勇于克服困难,迎接新任务的挑战。

(2) 引导。通常人们愿意追随那些能够体谅个人要求或实际困难的领导。高明的领导人应能注意到这些,并能巧妙地把个人的要求和目标与项目工作的整体目标结合起来,至少应能做到对目标的一定程度上的协调,而不应眼看着矛盾存在并发展下去,以致影响工作的开展;应采取措施使合适的、工作业绩好的人员喜欢在这里工作,不愿离去;应该知道大幅度的人员调整对项目的顺利实施肯定是非常有害的。

(3) 通信。在软件工程项目中充满了人际通信联系。必要的通信联络虽然是不可少的,但如前所述,工作效率是通信量的函数。应该注意的是,如果人际通信数量过大,软件生产效率会迅速下降。

12.5 团队的沟通管理

12.5.1 沟通管理与沟通的原则

沟通管理是对传递项目信息的内容、传递项目信息的方法、传递项目信息的过程等几个方面的综合管理。沟通的目的是要做到在项目的管理过程中先沟通,再行动,让员工了解公司的相关政策,让别人了解你的想法。沟通管理的内容主要包括选择适当的沟通方式和制订合理的沟通计划。项目沟通的过程如图12.8所示。

沟通过程中的一项主要内容就是协商。协商是指与别人交换意见,以便得出结论或者达成共识。为了达成共识,需要进行直接的协商或者通过一些辅助方法进行协商,如调节和仲裁就是协商的两种辅助的方法和手段。一个软件项目可能在许多层次、许多观点上有多次的协商,在一些典型项目的进行过程中,项目团队成员需要就全部或部分内容进行协商,比如:

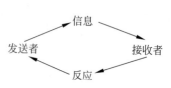

图 12.8 信息沟通的过程

(1) 范围、成本、进度和目标;
(2) 范围、成本或进度的变动;
(3) 合同条款;
(4) 任务分配;
(5) 资源的分配与利用等。

沟通是一个过程。在这个过程中,信息通过某种方式在团队成员中传递,人们之间可以通过身体的直接接触、口头叙述、文字符号的传递等各种方式进行沟通。统计表明,项目经理用在沟通管理上所花费的时间是整个管理时间的80%以上。

沟通管理是软件项目团队所有人进行信息交流和沟通的需要,确定需要信息的是谁,需要什么样的信息,什么时间需要信息,以及如何将信息分发给需要信息的人对沟通的有效性十分重要,所以项目沟通应当掌握以下几个基本原则:

(1) 及时性;
(2) 准确性;
(3) 完整性;
(4) 可理解性。

12.5.2 沟通方式

沟通管理的目标是及时并适当地创建、收集、发送、存储和处理软件项目的信息。沟通要占用软件项目团队成员很多的工作,团队成员要与客户沟通、与销售人员沟通、与开发人员沟通、与测试人员沟通,还需要在项目团队内部交换信息。获得的信息量越大,软件项目的状况就越透明,对下一步的工作就越有把握。

要想最大程度地保障沟通顺畅,信息在媒体中传播时要尽力避免干扰造成的信息损耗,使得信息在传递中保持原始状态。信息从发送出去到被接收者接收到,双方必须对理解的情况做检查和反馈,确保沟通的正确性。通常的沟通采用以下几种方式进行:

(1) 书面沟通和口头沟通;
(2) 语言沟通和非语言沟通;

(3) 正式沟通和非正式沟通；

(4) 单向沟通和双向沟通；

(5) 网络沟通。

将项目管理的信息正确传递给相应的成员十分重要，却往往并不容易，经常发生的情形是信息发送人感到正确传递了信息，但实际结果是信息没有传递到或者是被错误地理解了。大多数人不太习惯用成堆的文件或通篇的电子邮件传递的信息。如果能用非正式的方式或者双方会谈的方式来听取重要的信息，往往感觉既快、又准确、又容易接受，就像传统的一纸书信要比现代化的联系方式感觉更好更亲切一样。价值取向不同，沟通的方式在使用效果上全然不同。Drucker 提出沟通的四个基本法则是：沟通是一种感知，沟通是一种期望，沟通产生要求，信息不是沟通。沟通时应该做到以下几点：

(1) 对于紧急的信息应该通过口头的方式沟通，对于重要的信息要采用书面的方式沟通；

(2) 许多非专业技术人员，从同事到领导，往往更喜欢以非正式的方式和双向会谈的方式听取重要的有关项目的信息；

(3) 有效地发送信息依赖于项目经理和团队成员良好的沟通技能。口头沟通有利于项目团队成员和相关人员之间建立较强的关系；

(4) 人们往往有不愿意汇报坏消息的倾向，报喜不报忧的情况要引起注意；

(5) 对于重大事件、与项目变更有关的事项、有关项目和项目成员利益的承诺等要采用正式方式发送和接收；

(6) 与合同有关的信息要以正式的方式发送和接收。

选择沟通方式还要考虑传递信息的重要性、传递信息的紧急程度、沟通的外部环境、信息接收者的情况、得到的沟通情况反馈、项目所处的阶段等因素。

沟通过程需要注意如下几个方面：

(1) 沟通时心态要摆正；

(2) 主动关心他人；

(3) 主动帮助别人。

对于冲突，主要的解决方法有：

(1) 面对问题，一起解决；

(2) 妥协；

(3) 调和；

(4) 撤退；

(5) 强制。

12.5.3 编制项目沟通计划

为了保证项目的成功，必须进行沟通；为了有效地沟通，需要创建一个沟通计划。沟通计划决定了项目团队成员的详细和沟通需求：谁需要什么信息，什么时候需要，怎样获得、选择的沟通方式，以及什么时候采用书面沟通，什么时候采用口头沟通，什么时候使用非正式的备忘录，什么时候使用正式的报告等。沟通计划往往与组织计划紧密地联系在一起，这是因为项目团队的组织结构对于项目的沟通要求有重大的影响。

项目沟通计划是对项目全过程的沟通内容、沟通方法、沟通渠道等各方面的计划与安排。沟通计划的内容是项目初期工作的一部分。由于项目的相关人员有不同的沟通需求，所以应该在项目的早期与项目的相关人员一起确定沟通管理计划，并且评审该计划，这样可以预防和减少项目进行过程中存在的沟通问题。同时，项目沟通计划还需要根据计划实施的结果进行定期的检查，必要时还需要加以修订，所以项目沟通计划的管理工作是贯穿于项目全过程的一项重要工作。尤其是企业同时进行多个项目时，制订统一的沟通计划和沟通方式有利于项目的顺利进行。例如，公司所有的项目使用统一的报告格式、统一的技术文档、统一的问题解决渠道，起码在用户面前表现出公司的管理是有序的。

编制沟通计划的具体步骤如下。

1．准备工作

准备工作包括收集信息和加工处理沟通信息。其中收集信息包括项目沟通内容方面的信息、项目沟通所需要的沟通手段的信息、项目沟通的时间和频率方面的信息、项目信息的来源与最终用户方面的信息；加工处理沟通信息指的是对收集到的沟通计划方面的信息进行加工和处理。这也是编制项目沟通计划的重要环节，只有经过加工处理过的信息，才能作为编制项目沟通计划的有效信息使用。

2．确定项目沟通的需求

项目沟通需求的确定是在信息收集的基础上，对项目组织的信息需求做出全面的决策，内容包括项目组织管理方面的信息需求、项目内部管理方面的信息需求、项目技术方面的信息需求、项目实施方面的信息需求和项目与公众关系方面的信息需求。

3．确定沟通方式与方法

不同信息的沟通需要采用不同的沟通方式和沟通方法，所以在编制项目沟通计划的过程中，还必须明确各种信息需求的沟通方式与沟通方法。影响项目沟通方式与沟通方法的因素主要有以下几个方面：

（1）沟通需求的紧迫程度；

（2）沟通方式与沟通方法的有效性；

（3）项目相关人员的能力和习惯；

（4）项目的规模。

4．编制项目沟通计划

项目沟通计划的编制要根据收集的信息，确定项目沟通要实现的目标，然后再根据项目沟通的目标和沟通需求确定沟通任务，进一步根据项目沟通需要的时间要求来安排这些沟通任务，并且确定出保障项目沟通计划实施的资源和预算。

在制订项目计划时，可以根据需要制订一个沟通计划。沟通计划可以是正式的，也可以是非正式的。沟通计划没有固定的表达方式，是整个项目计划中的一部分。沟通管理计划的主要内容如下：

（1）沟通需求；

（2）沟通内容；

（3）沟通方法；

(4)沟通职责；

(5)沟通时间安排；

(6)沟通计划的维护。

习题十二

一、判断题

1. 在职能型组织结构中，项目经理的权力最大。（   ）
2. 项目型组织结构会促使资源实现共享。（   ）
3. 在项目管理过程中，沟通是项目管理者很少的一部分工作。（   ）
4. 沟通计划是项目计划的一部分。（   ）
5. 在IT项目中，许多专家认为沟通的失败是项目成功最大的威胁。（   ）

二、选择题

1. 下列组织结构中，（   ）种模式中的项目团队成员没有安全感。
   A. 项目型　　　　B. 职能型　　　　C. 矩阵型　　　　D. 弱矩阵型
2. 一个涉及很多领域和特性的项目，项目经理应该选择（   ）组织结构。
   A. 项目型　　　　B. 职能型　　　　C. 矩阵型　　　　D. 组织型
3. 项目经理花在沟通上的时间是（   ）。
   A. 20%～40%　　B. 75%～90%　　C. 60%　　　　D. 30%～60%
4. 大量使用（   ）沟通最有可能协助解决复杂的问题。
   A. 口头　　　　B. 书面　　　　C. 正式　　　　D. 信息系统
5. 对于项目中比较重要的通知，最好采用（   ）沟通方式。
   A. 口头　　　　B. 书面　　　　C. 电话　　　　D. 网络
6. 项目团队原来有6个成员，现在又增加了6个成员，这样沟通渠道增加了（   ）。
   A. 4.4倍　　　　B. 6倍　　　　C. 2倍　　　　D. 6条
7. 在项目进行过程中，老板突然有个紧急的通知告知项目经理，并要求项目经理告诉团队成员。这时项目经理应该采取（   ）沟通方式。
   A. 口头　　　　B. 书面　　　　C. 正式　　　　D. 信息系统
8. 下面各项对沟通计划的描述，（   ）是错误的。
   A. 确定沟通需求　　　　　　　B. 确定沟通的内容
   C. 确定沟通方法　　　　　　　D. 对项目管理是没有必要的

三、填空题

沟通管理的基本原则是_____、_____、_____、_____。

四、简答题

1. 简述软件项目团队的几种组织模式。
2. 简述软件项目团队组织的原则。
3. 简述程序设计小组的组织形式。
4. 简述软件项目人员配备的原则。

第13章 风险管理和配置管理

通过软件计划,我们明确了软件开发的目标,规划了具体的开发方案,而组织职能的实施又为计划的实现提供了组织机构和资源配置方面的保证。但是,计划要达到的目标再好,人员组织得再合理,如果没有有效的控制作为保证,软件开发目标也是难以实现的。因此,软件项目控制是十分重要的活动。

13.1 风险管理

软件开发几乎总会存在某些风险,对付风险应该采取主动措施。也就是说,早在技术工作开始之前,应该进行风险管理活动:标识出潜在的风险,评估它们出现的概率和影响,并且按重要性对其进行排序,然后制订风险管理计划。

风险管理的主要目标是预防风险,但是并非所有风险都能预防。因此,项目组还必须制订一个处理意外事件的计划,以便一旦风险变成现实时能够以可控和有效的方式做出反应。

13.1.1 软件风险分类

风险有两个显著特点。

(1) 不确定性。标志风险的事件可能发生,也可能不发生。也就是说,没有100%发生的风险(100%发生的风险是施加在软件项目上的约束)。

(2) 损失。如果风险变成了现实,就会造成不好的后果或损失。

分析风险时,重要的是量化不确定性的程度及与每个风险相关的损失程度。为此,必须考虑不同类型的风险。可以从不同角度对风险进行分类。

第13章 风险管理和配置管理

1. 按照风险的影响范围分类

（1）项目风险。项目风险会威胁项目计划的实现。也就是说，如果这类风险变成现实，可能会拖延项目进度并且增加项目成本。项目风险是指预算、进度、人力、资源、客户及需求等方面的潜在问题和它们对软件项目的影响。项目的复杂程度、规模以及结构的不确定性也是项目风险因素。

（2）技术风险。技术风险会威胁软件产品的质量和交付时间。如果技术风险变成现实，开发工作可能变得很困难或根本不可能。技术风险是指设计、实现、接口、验证和维护等方面的潜在问题。此外，规格说明的二义性、技术的不确定性、技术陈旧和"前沿"技术也是技术风险因素。一般说来，存在技术风险是因为问题比我们设想得更难解决。

（3）商业风险。商业风险会威胁软件产品的生存力，也往往危及项目或产品。以下为五个主要的商业风险：

① 正在开发一个没有人真正需要的"优秀产品"（市场风险）；
② 正在开发一个不再符合公司整体商业策略的产品（策略风险）；
③ 正在开发一个销售部门不知道如何去卖的产品；
④ 由于重点转移或人事变动而失去了高级管理层的支持（管理风险）；
⑤ 没有获得预算或人力上的保证（预算风险）。

注意到下述事实是非常重要的：简单分类有时并不可行，某些风险根本无法事先预测。

2. 按照风险的可预测性分类

（1）已知风险。已知风险是通过仔细评估项目计划、开发项目的商业和技术环境以及其他可靠的信息（例如不现实的交付日期、没有描述需求或软件范围的文档、恶劣的开发环境），可以发现的那些风险。

（2）可预测的风险。可预测的风险可以从过去项目的经验中推测出来，例如人员变动、缺乏与客户的沟通、因忙于维护工作而减少开发人员。

（3）不可预测的风险。不可预测的风险可能而且确实会出现，但是很难事先识别出它们。

13.1.2 风险识别

通过识别已知的和可预测的风险，项目管理者就朝着在可能时避免风险并且在必要时控制风险的目标迈出了第一步。

13.1.1节中描述的每一类风险又可进一步分成两种类型：一般性风险和特定产品的风险。一般性风险对每个软件项目都是潜在的威胁，特定产品的风险只有那些对当前项目的技术、人员及环境非常了解的人才能识别出来。为了识别出特定产品的风险，必须检查项目计划和软件范围说明，并且回答下述问题：本项目有什么特殊的性质可能会威胁我们的项目计划。

事实上，"如果你不主动地攻击风险，风险将主动地攻击你。"因此，应该系统化地识别出一般性风险和特定产品的风险。

采用建立风险条目检查表的方法，人们可以集中精力识别下列已知的和可预测的风险。

(1) 产品规模：与要开发或要修改的软件总体规模相关的风险。
(2) 商业影响：与管理或市场所施加的约束相关的风险。
(3) 客户特征：与客户素质以及开发者和客户定期通信的能力相关的风险。
(4) 过程定义：与软件过程已被定义的程度以及软件开发组织遵守软件过程的程度相关的风险。
(5) 开发环境：与用来开发产品的工具的可用性和质量相关的风险。
(6) 所用技术：与待开发系统的复杂性及系统所包含的技术的"新奇性"相关的风险。
(7) 人员数目与经验：与参加工作的软件工程师的总体技术水平及项目经验相关的风险。

1．项目风险与产品规模成正比

下面的风险条目标识了与软件产品规模相关的常见风险。
(1) 是否用 LOC 或 FP 估算产品规模？
(2) 估算出的产品规模的可信度如何？
(3) 是否用程序、文件或事务的数目来估算产品规模？
(4) 产品规模与以前产品平均规模相差的百分比是多少？
(5) 产品创建或使用的数据库的规模有多大？
(6) 产品的用户数有多少？
(7) 产品需求变动数有多少？产品交付前有多少个变动？
(8) 交付后有多少个变动？
(9) 重用的软件量有多大？

当使用风险条目考察待开发的产品时，必须把待开发产品的数据与过去的经验相比较。如果相差的百分比较大，或者虽然数字接近但过去的结果令人很不满意，则软件开发有高风险。

2．与商业影响相关的风险

商业影响有时与技术实现发生直接冲突。下面的风险条目标识了与商业影响相关的风险。
(1) 本产品对公司收入有何影响？
(2) 本产品是否受到高级管理层的重视？
(3) 交付期限是否合理？
(4) 打算使本产品的客户数有多少？本产品符合他们需要的程度是什么？
(5) 本产品必须能够与之互操作的其他产品的数目有多少？
(6) 终端用户的水平如何？
(7) 必须生成并交付给客户的产品文档的质与量如何？
(8) 政府对产品开发的约束如何？
(9) 延迟交付将使成本增加多少？
(10) 产品缺陷将使成本增加多少？

对上列每个问题的回答都必须与过去的经验相比较。如果差异很大或虽然差异不大但过去的结果很不令人满意，则软件开发有高风险。

第13章 风险管理和配置管理

3. 与客户特征相关的风险

"不好的"客户能对软件项目组在预算内按时完成项目的能力产生很大的负面影响。对于项目管理者而言,"不好的"客户是对项目计划的巨大威胁和实际的风险。下面的风险条目标识了与客户特征相关的常见风险。

(1)你以前是否与这个客户合作过?
(2)该客户对需要什么是否有固定想法?他已经把需求写下来了吗?
(3)该客户是否同意花时间召开正式的需求收集会,以确定项目范围?
(4)该客户是否愿意建立与开发者之间的快速通信渠道?
(5)该客户是否愿意参加复审工作?
(6)该客户是否具有该产品领域的技术素养?
(7)该客户是否愿意放手让开发人员工作?也就是说,当你们做具体技术工作时,该客户是否坚持要在旁边监视?
(8)该客户是否理解软件过程?

如果对上述问题中任何一个的回答是否定的,则需要做进一步的调研工作,以评估潜在的风险。

4. 过程风险

如果没有明确地定义软件过程,如果没有系统化的分析、设计和测试方法,如果虽然每个人都认为质量很重要,但却没有人采取切实的行动来保证它,那么,这个项目就处于风险中。

1) 过程问题

(1)高级管理层认识到标准软件开发过程的重要性了吗?
(2)你的公司是否已经写好了用于本项目的软件过程说明?
(3)开发人员是否愿意按照文档中描述的软件过程进行开发工作?
(4)该软件过程是否用于其他项目?
(5)你的公司是否已经为管理人员和技术人员开设了一系列软件工程培训课程?
(6)是否为每位软件开发者和管理者都提供了书面的软件工程标准?
(7)是否已经为软件过程中定义的所有交付物建立了文档提纲和示例?
(8)是否定期地对需求规格说明、设计和代码进行正式的技术复审?
(9)是否定期地对测试过程和测试用例进行正式的技术复审?
(10)是否对每次正式技术复审的结果(含发现的错误和使用的资源)都建立了文档?
(11)是否有某种机制来保证项目开发工作符合软件工程标准?
(12)是否使用了配置管理来保持软件需求、设计、代码和测试用例之间的一致性?
(13)是否使用了某种机制来控制影响软件的用户需求变化?
(14)对每份子合同,是否都有文档化的工作说明、软件需求规格说明及软件开发计划?
(15)是否有一个过程用来跟踪和复审子合同的执行情况?

2) 技术问题

(1)是否使用了简易的应用规格说明技术来辅助开发者与客户之间的通信?
(2)是否使用了特定的方法进行软件分析?

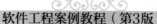

(3) 是否使用了特定的方法进行数据和体系结构设计？
(4) 是否 90% 以上的代码都使用高级语言编写？
(5) 是否定义并使用了特定的代码文档规则？
(6) 是否使用了特定的方法来设计测试用例？
(7) 是否使用了软件工具来支持计划和跟踪活动？
(8) 是否使用了配置管理工具来控制和跟踪软件过程中的变动活动？
(9) 是否使用了软件工具来支持软件分析和设计过程？
(10) 是否使用了软件工具来创建软件原型？
(11) 是否使用了软件工具来支持测试过程？
(12) 是否使用了软件工具来支持文档的生成与管理？
(13) 是否收集了所有软件项目的质量度量值？
(14) 是否收集了所有软件项目的生产率度量值？

如果对于上述问题中大多数的回答都是否定的，则软件过程是不良的，而且软件开发有高风险。

5．技术风险

突破技术限制是富于挑战性且令人兴奋的，这几乎是每一个技术人员的梦想，但这也是极具风险的事。下面的风险条目标识了与将使用的技术相关的常见风险。

(1) 将使用的技术对于你的组织而言是新的吗？
(2) 为满足客户需求，是否需要创造新的算法或输入输出技术？
(3) 软件是否需要与新的或未经验证的硬件接口？
(4) 软件是否需要与别的开发商提供的未经验证的软件产品接口？
(5) 软件是否需要与功能和性能都未在本应用领域得到验证的数据库系统接口？
(6) 产品需求中是否要求采用特殊的用户界面？
(7) 产品需求中是否要求创建与你的组织以前开发过的构件不同的程序构件？
(8) 用户需求中是否要求使用新的分析、设计或测试方法？
(9) 用户需求中是否要求使用非常规的软件开发方法，例如形式化方法、基于人工智能技术的方法、人工神经网络？
(10) 用户需求中是否对产品性能有过分的约束？
(11) 客户是否不能断定其要求的功能是"可行的"？
(12) 如果对上述问题中任何一个的回答是肯定的，则需要做进一步的调研工作，以评估潜在的风险。

6．开发环境风险

软件工程环境支持着项目组，支持着软件过程和产品。但是，如果环境有缺陷，它就可能成为重要的风险源。下面的风险条目标识了与开发环境相关的常见风险。

(1) 是否有可用的软件项目管理工具？
(2) 是否有可用的软件过程管理工具？
(3) 是否有可用的分析和设计工具？
(4) 分析和设计工具是否支持适用于所开发产品的方法？

(5) 是否有可用的编译器或代码生成器且适用于所开发的产品?
(6) 是否有可用的测试工具且适用于所开发的产品?
(7) 是否有可用的软件配置管理工具?
(8) 环境是否利用了数据库或数据仓库?
(9) 是否所有软件工具都已经集成在一起了?
(10) 项目组成员是否已经接受过使用每件工具的培训?
(11) 本地是否有专家能回答关于工具的问题?
(12) 关于工具的联机帮助和文档是否是恰当的?

如果对于上述问题中大多数的回答都是否定的,则软件开发环境是不良的,而且软件开发有高风险。

7. 人员风险

Boehm 建议用下述问题来评估与人员数目和经验相关的风险。
(1) 是否有最优秀的人才可用?
(2) 人员在技术上是否配套?
(3) 是否有足够人员可用?
(4) 开发人员能否自始至终地参加整个项目的工作?
(5) 项目组成员是否都能全部时间参加工作?
(6) 开发人员对自己的工作是否有正确的期望?
(7) 开发人员是否已接受了必要的培训?
(8) 开发人员的流动是否还不影响工作的连续性?

如果对于上述问题中任何一个的回答是否定的,则需要做进一步的调研工作,以评估潜在的风险。

13.1.3 风险预测

风险预测(也称为风险估算)试图从两个方面来评估每个风险:风险变成现实的可能性或概率,以及当风险变成现实时所造成的后果。

1. 评估风险后果

美国建议从性能、支持、成本和进度等四个方面评估风险的后果,他们把上述四个方面称为四个风险因素。下面给出这四个风险因素的定义。
(1) 性能风险:产品能满足需求且符合其使用目的的不确定程度。
(2) 成本风险:能够维持项目预算的不确定程度。
(3) 支持风险:软件易于改错、适应和增强的不确定程度。
(4) 进度风险:能够实现项目进度计划且产品能按时交付的不确定程度。

根据风险发生时对上述四个风险因素影响的严重程度,可以把风险后果划分成四个等级:可忽略的、轻微的、严重的和灾难性的。表 13.1 给出了由软件中潜在的错误所造成的各种后果的特点(由表中标为"1"的行描述),或由于没有达到预期的结果所造成的各种后果的特点(由表中标为"2"的行描述)。

表 13.1 评估风险后果

等级		因素			
		性能	支持	成本	进度
灾难性的	1	不能满足需求而导致项目失败		错误导致成本增加和进度延迟,预算超支 500 000 美元以上	
	2	不能满足要求的技术性能	无响应或无法支持的软件	资金严重短缺,很可能超出预算	不能在预定的交付日期内完成
严重的	1	不能满足需求,系统性能降低到对项目能否成功有疑问的程度		错误导致运行延迟和成本增加,预计超支 100 000～500 000 美元	
	2	技术性能有些降低	软件修改工作有些延迟	资金有些短缺,可能会超支	交付日期可能拖后
轻微的	1	不能满足需求而导致次要功能降级		成本有些增加,进度延迟可补救,预计超支 1000～100 000 美元	
	2	技术性能稍微降低一点	较好的软件支持	资金充足	现实的、可完成的进度计划
可忽略的	1	不能满足需求而导致使用不方便或对非运行方面有影响		错误对成本和进度影响很小,预计超支少于 1000 美元	
	2	技术性能没有降低	易于支持的软件	可能低于预算	交付日期提前

2. 建立风险表

建立风险表是一种简单的风险预测技术,表 13.2 是风险表的一个例子。项目组首先在表中第 1 列列出所有风险,这可以利用 13.1.2 节讲述的风险条目检查表来完成;在风险表的第 2 列中给出每个风险的类型,例如 PS 代表产品规模风险,BU 代表商业风险,CU 代表与客户相关的风险,TE 代表技术风险,DE 代表开发环境风险,ST 代表人员风险;每个风险发生的概率写在第 3 列中。每个风险发生的概率值可以先由项目组各个成员分别估算,然后求出这些值的平均值,得到有代表性的一个概率值。下一步是评估每个风险所造成的后果。

表 13.2 排序前的风险表

风 险	类别	概率	影响
规模估算可能很不准确	PS	60%	2
用户数目超出计划	PS	30%	3
重用程度低于计划	PS	70%	2
终端用户抵制该系统	BU	40%	3
交付日期将要求提前	BU	50%	2
资金将流失	CU	40%	1
客户改变需求	CU	80%	2
技术达不到预期的水平	TE	30%	1
缺少相关工具使用的培训	DE	80%	3
人员缺乏经验	ST	30%	2
人员流动频繁	ST	60%	2

使用表 13.1 描述的特点评估每个风险因素,并确定后果的严重程度。对四个风险因素

(性能、支持、成本和进度)的等级的值求出平均值,以得到风险后果的整体等级值。如果某个风险因素对项目特别重要,也可以使用加权平均值。表中第 4 列给出的是风险后果的整体等级值,其中 1 代表灾难性的,2 代表严重的,3 代表轻微的,4 代表可忽略的。

填好风险表前四列的内容后,应该根据概率和影响来排序。高概率、高影响的风险放在表的上方,而低概率的风险放在表的下方,这样就完成了第一次风险排序。

项目管理者研究排好序的风险表,并确定一条中止线。该中止线是经过表中某点的水平直线。它的含义是:只有位于线的上方的那些风险才会得到进一步的关注。对于处于线下方的风险要再次评估,以完成第二次的排序。

从管理的角度看,风险影响和风险概率的作用是不同的。对一个具有高影响但发生概率很低的风险因素,不应该花费太多管理时间。但是,高影响且发生概率为中到高的风险,以及低影响且高概率的风险,应该进入风险管理的下一个步骤。

应该在软件项目进展的过程中,迭代使用上述的风险预测与分析技术。项目组应该定期复查风险表,再次评估每个风险,以确定新情况是否引起它的概率和影响发生变化。作为这项活动的结果,可能在表中添加了一些新风险,删除了某些与项目不再有关系的风险,并且改变了表中风险的相对位置。

13.1.4 处理风险的策略

对于绝大多数软件项目来说,上述四个风险因素(性能、成本、支持和进度)都有一个临界值,超过临界值就会导致项目被迫终止。也就是说,如果性能下降、成本超支、支持困难或进度延迟(或这四种因素的组合)超过了预先定义的限度,则因风险过大,项目将被迫终止。

如果风险还没有严重到迫使项目终止的程度,则项目组应该制定一个处理风险的策略。一个有效的策略应该包括下述三方面的内容:风险避免(或缓解);风险监控;风险管理和意外事件计划。

1. 风险缓解

如果软件项目组采用主动的策略来处理风险,则避免风险总是最好的策略。这可以通过建立风险缓解计划来达到。例如,假设人员频繁流动被标识为一个项目风险,基于历史和管理经验,估计人员频繁流动的概率是 0.70(70%,相当高),预测该风险发生时将对项目成本和进度有严重影响。

为了缓解这个风险,项目管理者必须制定一个策略来减少人员流动。可能采取的措施如下:

(1) 与现有人员一起探讨人员流动的原因,例如工作条件恶劣,报酬低,劳动力市场竞争激烈等;

(2) 在项目开始前采取行动,以缓解处于管理控制之下的那些原因;

(3) 适当组织项目组,使得关于每项开发活动的信息都在组内广泛传播;

(4) 定义文档标准并建立适当的机制,以确保及时编写出文档;

(5) 所有开发工作都经过同事的复审,从而使得不止一个人熟悉该项工作;

(6) 为每个关键的技术人员指定一个后备人员。

2. 风险监控

随着项目的进展,风险监控活动也就开始了。项目管理者应监控某些能指出风险概率正在变高还是变低的因素。以上述人员频繁流动的风险为例,可以监控下述因素:

(1) 项目组成员对于项目压力的态度;

(2) 项目组的凝聚力;

(3) 项目组成员彼此间的关系;

(4) 与工资和奖金相关的潜在问题;

(5) 在公司内和公司外获得其他工作岗位的可能性。

除了监控上述因素之外,项目管理者还应该监控前述的风险缓解措施的效力。例如,前述的一个风险缓解措施要求"定义文档标准并建立适当的机制,以确保及时编写出文档"。如果关键技术人员离开该项目,这是一个能保证工作连续性的措施。项目管理者应该仔细地监控这些文档,以保证每份文档确实都按时编写出来了,而且当新员工加入该项目时,能从文档中获得必要的信息。

3. 风险管理和意外事件计划

假设项目正在顺利地进行,项目组内有些人突然宣布将要离开。如果已经执行了风险缓解措施,则有后备人员可用,必要的信息已经写入文档,而且有关的知识已经在项目组内广泛地进行了交流。此外,项目管理者还可以暂时调整资源配置,先集中力量去完成人员充足的那些功能(相应地调整进度),从而使得新加入项目组的人员有时间去"赶上进度"。同时,要求那些将要离开的人停止一切工作,在离开前的最后几个星期进入"知识交接模式",这可能包括基于视频的知识获取、建立"注释文档"和与仍留在项目组中的成员进行交流。

值得注意的是,风险缓解、监控和管理将花费额外的项目成本。例如,"备份"每个关键的技术人员是需要花钱的。因此,风险管理的任务之一就是评估何时由风险缓解、监控和管理措施所产生的低于实现它们所花费的成本。这实质上就是要做一次常规的成本-效益分析。一般说来,如果采取某项风险缓解措施所增加的成本大于其产生的效益,则项目管理者很可能决定不采取这项措施。

13.2　配置管理

软件配置管理又称软件形态管理或软件建构管理,简称软件形管。界定软件的组成项目,对每个项目的变更进行管控(版本控制),并维护不同项目之间的版本关联,以使软件在开发过程中任一时间的内容都可以被追溯。

在软件建立时,变更是不可避免的,而变更加剧了项目中软件人员之间的混乱。之所以产生混乱,是因为在进行变更前没有仔细分析,或没有进行变更控制。Babich曾经这样说过:"协调软件开发,使得混乱减到最小的技术叫作配置管理。配置管理是一种标识、组织和控制修改的技术,目的是使错误达到最小并最有效地提高生产效率。"

软件配置管理是一种"保护伞"活动,它应用于整个软件生命周期。因为变更在任何时刻都可能发生,因此软件配置管理活动的目标就是为了标识变更,控制变更,确保变更正确地实现,并向其他有关的人报告变更。

13.2.1 软件配置管理的内容

软件配置管理贯穿于整个软件生命周期,它为软件研发提供了一套管理办法和活动原则。软件配置管理无论是对于软件企业管理人员还是研发人员都着重要的意义。软件配置管理可以提炼为以下三方面内容。

1. 版本控制

版本控制是全面实行软件配置管理的基础,可以保证软件技术状态的一致性。我们在平时的日常工作中都在或多或少地进行版本管理的工作。例如,有时我们为了防止文件丢失,而拷贝一个扩展名为.bak 或日期的备份文件。当文件丢失或被修改后可以通过该备份文件恢复。版本控制是对系统不同版本进行标识和跟踪的过程。版本标识的目的是便于对版本加以区分、检索和跟踪,以表明各个版本之间的关系。一个版本是软件系统的一个实例,或是在功能上和性能上与其他版本有所不同,或是修正、补充了前一版本的某些不足。实际上,对版本的控制就是对版本的各种操作控制,包括检入/检出控制、版本的分支和合并、版本的历史记录和版本的发行。

2. 变更控制

进行变更控制是至关重要的。但是要实行变更控制也是一件令人头疼的事情。我们担忧变更的发生是因为对代码的一点小小的干扰都有可能导致一个巨大的错误,但是它也许能够修补一个巨大的漏洞或者增加一些很有用的功能。我们担忧变更也因为有些程序员可能会破坏整个项目,虽然智慧思想有不少来自于这些程序员的头脑。过于严格的控制也有可能挫伤他们进行创造性工作的积极性。但是,如果你不控制他,他就控制了你。

3. 过程支持

一般来说,人们已渐渐意识到了软件工程过程概念的重要性,而且也逐渐了解了这些概念和软件工程支持技术的结合,尤其是软件过程概念与 CM 有着密切的联系,因为 CM 理所当然地可以作为一个管理变更的规则(或过程)。如 IEEE 软件配置管理计划的标准就列举了建立一个有效的 CM 规则所必需的许多关键过程概念。但是,传统意义上的软件配置管理主要着重于软件的版本管理,缺乏软件过程支持的概念。在大多数有关软件配置管理的定义中,也并没有明确提出配置管理需要对过程进行支持的概念。因此,不管软件的版本管理得多好,组织之间没有连接关系,组织所拥有的是相互独立的信息资源,从而形成了信息的"孤岛"。在 CM 提供了过程支持后,CM 与 CASE 环境进行了集成,组织之间通过过程驱动建立了一种单向或双向的连接。开发人员和测试人员则不必去熟悉整个过程,也不必知道整个团队的开发模式,他们只需集中精力关心自己所需要进行的工作即可。在这种情况下,可以延续其一贯的工作程序和处理办法。

13.2.2 软件配置管理的基本目标

软件配置管理是为了在整个软件生命周期中建立和维护项目产品的完整性,它的基本目标包括:

(1) 软件配置管理的各项工作是按计划进行的;
(2) 被选择的项目产品得到识别、控制并且可以被相关人员获取;

(3) 已识别出的项目产品的更改得到控制；

(4) 使相关组织和个人及时了解软件基准的状态和内容。

13.2.3 软件配置管理角色的职责

对于任何一个管理流程来说，保证该流程正常运转的前提条件就是要有明确的角色、职责和权限的定义。特别是在引入了软件配置管理的工具之后，比较理想的状态就是：组织内的所有人员按照不同的角色要求，根据系统赋予的权限来执行相应的动作。因此，本书所介绍的软件配置管理过程中主要涉及下列的角色和分工。

1. 项目经理

项目经理是整个软件研发活动的负责人，他根据软件配置控制委员会的建议批准配置管理的各项活动并控制其进程，其具体职责为以下几项：

(1) 制定和修改项目的组织结构和配置管理策略；

(2) 批准、发布配置管理计划；

(3) 决定项目起始基线和开发里程碑；

(4) 接受并审阅配置控制委员会的报告。

2. 配置控制委员会

配置控制委员会负责指导和控制配置管理各项具体活动的进行，为项目经理的决策提供建议，其具体职责为以下几项：

(1) 订制开发子系统；

(2) 订制访问控制；

(3) 制定常用策略；

(4) 建立、更改基线的设置，审核变更申请；

(5) 根据配置管理员的报告决定相应的对策。

3. 配置管理员

配置管理员根据配置管理计划执行各项管理任务，定期向配置控制委员会提交报告，并列席配置控制委员会的例会，其具体职责为以下几项：

(1) 软件配置管理工具的日常管理与维护；

(2) 提交配置管理计划；

(3) 各配置项的管理与维护；

(4) 执行版本控制和变更控制方案；

(5) 完成配置审计并提交报告；

(6) 对开发人员进行相关的培训；

(7) 识别软件开发过程中存在的问题并拟就解决方案。

4. 系统集成员

系统集成员负责生成和管理项目的内部和外部发布版本，其具体职责为以下几项：

(1) 集成修改；

(2) 构建系统；

(3) 完成对版本的日常维护；

（4）建立外部发布版本。

5．开发人员

开发人员的职责就是根据组织内确定的软件配置管理计划和相关规定，按照软件配置管理工具的使用模型来完成开发任务。

13.2.4 软件配置管理过程描述

一个软件研发项目一般可以划分为三个阶段：计划阶段、开发阶段和维护阶段。然而从软件配置管理的角度来看，后两个阶段所涉及的活动是一致的，所以就把它们合二为一，称为"项目开发和维护"阶段。

1．项目计划阶段

在项目设立之初，PM首先需要制订整个项目的研发计划，之后软件配置管理的活动就可以展开了。因为如果不在项目开始之初制订软件配置管理计划，那么软件配置管理的许多关键活动就无法及时有效地进行，而它的直接后果就是造成项目开发状况的混乱，并注定软件配置管理活动成为一种"救火"的行为。所以及时制订一份软件配置管理计划在一定程度上是项目成功的重要保证。

在软件配置管理计划的制订过程中，它的主要流程如下：

（1）配置控制委员会根据项目的开发计划确定各个里程碑和开发策略；

（2）配置管理员根据配置控制委员会的规划制订详细的配置管理计划，交配置控制委员会审核；

（3）配置控制委员会通过配置管理计划后，交项目经理批准并发布实施。

2．项目开发维护阶段

项目开发维护阶段是项目研发的主要阶段。在这一阶段，软件配置管理活动主要分为如下三个层面：

（1）主要由配置管理员完成管理和维护工作；

（2）由系统集成员和开发人员具体执行软件配置管理策略；

（3）变更流程。

这三个层面是彼此既独立又互相联系的有机整体。

3．软件配置管理的核心流程

在软件配置管理过程中，它的核心流程如下：

（1）配置控制委员会设定研发活动的初始基线；

（2）配置管理员根据软件配置管理规划设立配置库和工作空间，为执行软件配置管理计划做好准备；

（3）开发人员按照统一的软件配置管理策略，根据获得的授权资源进行项目的研发工作；

（4）系统集成员按照项目的进度集成组内开发人员的工作成果，并构建系统，推进版本的演进；

（5）配置控制委员会根据项目的进展情况，审核各种变更请求，并适时划定新的基线（基线定义见13.2.5节），保证开发和维护工作有序地进行。

4. 角色分工

这个流程就是如此循环往复,直到项目的结束。当然,在上述的核心过程之外,还涉及其他一些相关的活动和操作流程,下面按不同的角色分工予以列出:

(1) 各开发人员按照项目经理发布的开发策略或模型进行工作;

(2) 系统集成员负责将各分项目的工作成果归并至集成分支,供测试或发布;

(3) 系统集成员可向配置控制委员会提出设立基线的要求,经批准后由配置管理员执行;

(4) 配置管理员定期向项目经理和配置控制委员会提交审计报告,并在配置控制委员会例会中报告项目在软件过程中可能存在的问题和改进方案;

(5) 在基线生效后,一切对基线和基线之前的开发成果的变更必须经配置控制委员会的批准;

(6) 配置控制委员会定期举行例会,根据成员所掌握的情况、配置管理员的报告和开发人员的请求,对配置管理计划作出修改,并向项目经理负责。

13.2.5 软件配置管理的关键活动

1. 配置项识别

软件过程的输出信息可以分为三个主要类别:

(1) 计算机程序(源代码和可执行程序);

(2) 描述计算机程序的文档(针对技术开发者和用户);

(3) 数据(包含在程序内部或外部)。

这些项包含了所有在软件过程中产生的信息,总称为软件配置项。由此可见,配置项的识别是配置管理活动的基础,也是制订配置管理计划的重要内容。

软件配置项分类软件的开发过程是一个不断变化着的过程,为了在不严重阻碍合理变化的情况下来控制变化,软件配置管理引入了"基线"这一概念。IEEE 对基线的定义是这样的:"已经正式通过复审和批准的某规约或产品,它因此可作为进一步开发的基础,并且只能通过正式的变化控制过程改变。"所以,根据这个定义,我们在软件的开发流程中把所有需加以控制的配置项分为基线配置项和非基线配置项两类。例如,基线配置项可能包括所有的设计文档和源程序等,非基线配置项可能包括项目的各类计划和报告等。所有配置项都应按照相关规定统一编号,按照相应的模板生成,并在文档中的规定章节(部分)记录对象的标识信息。

随着软件工程过程的进展,软件配置项数目快速增加。如果每个配置项只是简单地产生其他软件配置项,造成的混乱可能微乎其微。然而在变更时会引入其他影响因素,使得情况变得更加复杂。这时配置管理的作用就会充分显示出来。

不仅如此,所有以上提到的软件配置项在不同时期,出于不同的要求进行了各种组合,如针对不同的硬件环境和软件环境的各种组合,这就是软件配置的概念。在实现软件配置管理时,把软件配置项组织成配置对象,在项目数据库中用一个单一的名字来组织它们。一个配置对象有一个名字和一组属性,并通过某些联系"连接"到其他对象,如图 13.1 所示。图中分别对配置对象进行了定义,每个对象与其他对象的联系用箭头表示。箭头标明了构成关系,如"数据模型"和"模块 N"是"设计规格说明"的一部分。双向箭头则表明一种相互关系。如果对"源代码"对象做了一个变更,软件人员可以根据这种相互关系确定其他哪些对象可能受到影响。

在引入软件配置管理工具进行管理后,这些配置项都应以一定的目录结构保存在配置库中。所有配置项的操作权限应由配置管理员严格管理,基本原则是:基线配置项向软件开发人员开放读取的权限;非基线配置项向项目经理、配置控制委员会及相关人员开放。

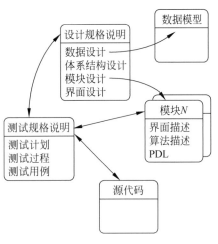

图 13.1 配置对象

2. 工作空间管理

在引入了软件配置管理工具之后,所有开发人员都会被要求把工作成果存放到由软件配置管理工具所管理的配置库中去,或是直接工作在软件配置管理工具提供的环境之下。所以为了让每个开发人员和各个开发团队能更好地分工合作,同时又互不干扰,一般来说,比较理想的情况是把整个配置库视为一个统一的工作空间,然后再根据需要把它划分为个人(私有)、团队(集成)和全组(公共)这三类工作空间(分支),从而更好地支持将来可能出现的并行开发需求。

每个开发人员按照任务的要求,在不同的开发阶段,工作在不同的工作空间上。例如,对于私有开发空间而言,开发人员根据任务分工获得对相应配置项的操作许可之后,即可在自己的私有开发分支上工作,其所有工作成果体现为在该配置项的私有分支上的版本的推进。除该开发人员外,其他人员均无权操作该私有空间中的元素。而集成分支对应的是开发团队的公共空间,该开发团队拥有对该集成分支的读写权限,而其他成员只有只读权限,它的管理工作由 SIO 负责。至于公共工作空间,则用于统一存放各个开发团队的阶段性工作成果,它提供全组统一的标准版本,并作为整个组织的知识库。

当然,由于选用的软件配置管理工具不同,在对于工作空间的配置和维护的实现上有比较大的差异。但对于配置管理员来说,这些工作是他的重要职责,他必须根据各开发阶段的实际情况来配置工作空间并定制相应的版本选取规则,来保证开发活动的正常运作。在变更发生时,应及时做好基线的推进。

3. 版本控制

版本控制是软件配置管理的核心功能。所有置于配置库中的元素都应自动予以版本的标识,并保证版本命名的唯一性。版本在生成过程中,会依照设定的使用模型自动分支、演进。除了系统自动记录的版本信息以外,为了配合软件开发流程的各个阶段,我们还需要定义、收集一些元数据来记录版本的辅助信息和规范开发流程,并为今后对软件过程的度量做好准备。当然如果选用的工具支持的话,这些辅助数据将能直接统计出过程数据,从而方便我们软件过程改进活动的进行。

对于配置库中的各个基线控制项,应该根据其基线的位置和状态来设置相应的访问权限。一般来说,基线版本之前的各个版本都应处于被锁定的状态。如需要对它们进行变更,则应按照变更控制的流程来进行操作。

整个软件工程过程中所涉及的软件对象都必须加以标识。在对象成为基线以前可能要做多次变更,在成为基线之后也可能需要频繁地变更。这样对于每一配置对象都可以建立一个演变图,这个演变图记叙了对象的变更历史。以图13.2为例,配置对象1.0经过修改成为对象1.1,又经历了小的修改和变更,产生了版本1.1.1和1.1.2;紧接着对版本1.1做了一次更新,产生对象1.2,又持续演变生成了1.3和1.4版本;同时对对象1.2做了一次较大的修改,引出一条新的演变路径——版本2.0。

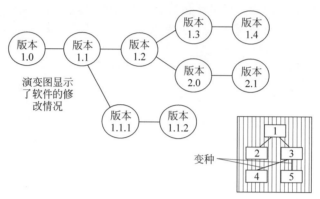

图13.2 版本的演变图和版本的变种

现在我们已经开发出来许多工具来辅助标识工作。在某些工具中,当前保持的只是最后版本的完全副本。为了得到较早时期(文档或程序)的版本,可以从最后版本中"提取"出(由工具编目的)变更,使得当前配置直接可用,并使得其他版本也可用。

在图13.2所示的演变图中,各节点都是聚合对象。软件的每一版本都是软件配置项(源代码、文档、数据)的一个集合,各个版本都可能由不同的变种组成。例如,有一个简单的程序版本,它由1、2、3、4和5等部件组成,其中部件4在软件使用彩色显示器时使用,部件5在软件使用单色显示器时使用。因此,可以定义版本的两个变种如下:

(1) 部件1、2、3、4;

(2) 部件1、2、3、5。

版本控制的主要功能有:

(1) 集中管理档案和安全授权机制。版本管理的操作是将开发组的档案集中存放在服务器上,经系统管理员授权给各个用户。用户通过登入(check in)和检出(check out)的方式访问服务器上的文件,未经授权的用户则无法访问服务器上的文件。

(2) 软件版本升级管理。每次登入时,在服务器上都会生成新的版本。软件版本的管理采取增量存储的方式,任何版本都可以随时检出编辑。同一应用的不同版本可以像树枝一样向上增长,如图13.3所示。

(3) 加锁功能。为了在文件更新时保护文件,避免不同的用户更改同一文件时发生冲突,某一文件一旦被登录,锁即被解除,该文件可被其他用户使用。在更新一个文件之前锁定它,避免变更没有锁定的项目源文件。

(4) 提供不同版本源程序的比较。在文件登入和检出时,需要注意检入和检出的使用。

① 当某个时刻需要修改某个小缺陷或特征时,应只检出完成工作必需的最少文件。

第13章 风险管理和配置管理

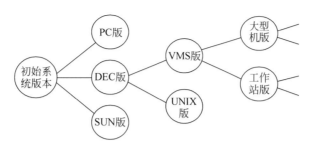

图 13.3　软件版本升级管理

② 当需要对文件变更时,应登入它并加锁,这样可保留对每个变更的记录。

③ 应避免长时间地锁定文件。如果需要长时间工作于某个文件,最好能创建一个分支,并在分支上工作。这样别人可以做默认的"小"修改以更改较小的缺陷。稍后可通过合并,把所有操作结果集成在一起。

④ 如果需要做较大的变更,可有两种选择:
- 将需要的所有文件检出并加锁,然后正常处理;
- 为需要修改的版本创建分支,把变更与主干"脱离",然后把结果合并回去。

4. 变更控制

在软件生命周期内,全部的软件配置是软件产品的真正代表,必须使其保持精确。软件工程过程中某一阶段的变更,均会引起软件配置的变更,这种变更必须严格加以控制和管理,保持修改信息,并把精确、清晰的信息传递到软件工程过程的下一步骤。

在对配置项的描述中,我们引入了基线的概念。从 IEEE 对于基线的定义中我们可以发现,基线是和变更控制紧密相连的。也就是说,在对各个配置项做出了识别并且利用工具对它们进行了版本管理之后,如何保证它们在复杂多变的开发过程中真正处于受控状态,并在任何情况下都能迅速恢复到任一历史状态就成了软件配置管理的另一重要任务。因此,变更控制就是通过结合人的规程和自动化工具,提供一个变化控制的机制。

变更控制包括建立控制点和建立报告与审查制度。

对于一个大型的软件来说,不加控制的变更很快就会引起混乱。因此变更控制是一项最重要的软件配置任务。图 13.4 给出了变更控制的过程。

在此过程中,首先用户提交书面的变更请求,详细申明变更的理由、变更方案、变更的影响范围等;由变更控制机构确定控制变更的机制、评价其技术价值、潜在的副作用、对其他配置对象和系统功能的综合影响以及项目的开销,并把评价的结果以变更报告的形式提交给变更控制负责人(最终决定变更状态和优先权的某个人或小组);对每个批准了的变更产生一个工程变更顺序,描述进行的变更、必须考虑的约束、评审和审计的准则等;将要做变更的对象从项目数据库中检出,对其做出变更,并实施适当的质量保证活动,然后再把对象登入到数据库中,并使用适当的版本控制机制建立软件的下一版本。

检出和登入处理实现了两个重要的变更控制要素,即存取控制和同步控制。存取控制管理人们存取或修改一个特定软件配置对象的权限,同步控制可用来确保由不同的人所执行的并发变更不会产生混乱。

软件的变更通常有两类不同的情况。

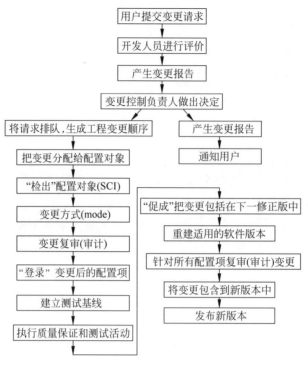

图 13.4　变更控制过程

（1）为改正小错误需要的变更。通常不需要从管理角度对这类变更进行审查和批准。但如果发现错误的阶段在造成错误阶段的后面，例如在实现阶段发现了设计错误,则必须遵照标准的变更控制过程,把这个变更正式记入文档,并修改所有受这个变更影响的文档。

（2）为了增加或者删掉某些功能或者为了改变完成某个功能的方法而需要的变更。这类变更必须经过某种正式的变更评价过程,以估计变更需要的成本和它对软件系统其他部分的影响。

应该把所做的变更正式记入文档,并相应地修改所有有关的文档。这种变更报告和审查制度对变更控制来说起了一个安全保证作用。需要注意的是,必须对每项变更进行评价并对所有的变更进行跟踪和复审。

在前面的部分中,已经把配置项分为基线配置项和非基线配置项两大类,所以这里所涉及的变更控制的对象主要指配置库中的各基线配置项。

5．配置状态报告

为了清楚、及时地记载软件配置的变化,不至于到后期造成贻误,需要对开发的过程做出系统的记录,以反映开发活动的历史情况。这就是配置状态登录的任务。

登录主要根据变更控制小组会议的记录,并产生配置状态报告。报告对于每一项变更应记录以下问题：发生了什么？为什么会发生？谁做的？什么时候发生的？会有什么影响？

配置状态报告就是根据配置项操作数据库中的记录来向管理者报告软件开发活动的进展情况。这样的报告应该是定期进行的,并尽量通过 CASE 工具自动生成,用数据库中的客观数据来真实反映各配置项的情况。图13.5描述了配置状态报告的信息流。

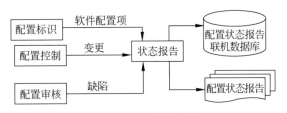

图 13.5　配置状态报告

软件配置管理是一种"保护伞"活动，它应用于整个软件生命周期。因为变更在任何时刻都可能发生，因此软件配置管理活动的目标就是为了标识变更，控制变更，确保变更正确地实现，并向其他有关的人报告变更。

软件维护和软件配置管理之间的区别是：维护是一组软件工程活动，它们发生于软件已交付给用户并已投入运行之后；软件配置管理是一组追踪和控制活动，它们开始于软件开发项目开始之时，结束于软件被淘汰之时。

每次新分配一个软件配置项或更新一个已有软件配置项的标识，或者一项变更申请被变更控制负责人批准，并给出了一个工程变更顺序时，在配置状态报告中就要增加一条变更记录条目。一旦进行了配置审核，其结果也应该写入报告之中。配置状态报告可以放在一个联机数据库中，以便软件开发人员或者软件维护人员可以对它进行查询或修改。此外，在软件配置报告中新登录的变更应当及时通知给管理人员和软件人员。

配置状态报告对于大型软件开发项目的成功起着至关重要的作用。它提高了所有开发人员之间的通信能力，避免了可能出现的不一致和冲突。

配置状态报告应着重反映当前基线配置项的状态，作为对开发进度报告的参照，同时也能从中根据开发人员对配置项的操作记录来对开发团队的工作关系作一定的分析。

配置状态报告应该包括下列主要内容：

（1）配置库结构和相关说明；
（2）开发起始基线的构成；
（3）当前基线的位置及状态；
（4）各基线配置项集成分支的情况；
（5）各私有开发分支类型的分布情况；
（6）关键元素的版本演进记录；
（7）其他应予报告的事项。

6．配置审计

软件的完整性是指开发后期的软件产品能够正确地反映用户对软件的要求。软件配置审核的目的就是要证实整个软件生命周期中各项产品在技术上和管理上的完整性，同时还要确保所有文档的内容变动不超出当初确定的软件要求范围，使得我们的软件配置具有良好的可跟踪性。这是软件变更控制人员掌握配置情况、进行审批的依据。

软件的变更控制机制通常只能跟踪到工程变更顺序产生为止，那么如何知道变更是否正确完成了呢？一般可以用以下两种方法去审查：正式技术评审和软件配置审核。

正式技术评审着重检查已完成修改的软件配置对象的技术正确性。评审者评价软件配置项,决定它与其他软件配置项的一致性,是否有遗漏或可能引起的副作用。正式技术评审应对所有的变更进行,除了那些最无价值的变更之外。

软件配置审核作为正式技术评审的补充,用来评价在评审期间通常没有被考虑的软件配置项的特性。软件配置审核提出并解答以下问题。

(1) 在工程变更顺序中规定的变更是否已经做了?每个附加修改是否已经纳入?

(2) 正式技术评审是否已经评价了技术正确性?

(3) 是否正确遵循了软件工程标准?

(4) 在软件配置项中是否强调了变更?是否说明了变更日期和变更者?配置对象的属性是否反映了变更?

(5) 是否遵循了标记变更、记录变更、报告变更的软件配置管理过程?

(6) 所有相关的软件配置项是否都已正确地做了更新?

在某些情形下,这些审核问题是作为正式技术评审的一部分提出的。但是当软件配置管理成为一项正式活动时,软件配置审核就被分开,而由质量保证小组执行了。

配置审核的主要作用是作为变更控制的补充手段,来确保某一变更需求已被确实实现。在某些情况下,它被作为正式技术复审的一部分,但当软件配置管理是一个正式活动时,该活动由软件质量保证人员单独执行。

总之,软件配置管理的对象是软件研发活动中的全部开发资产。所有这一切都应作为配置项纳入管理计划统一进行运行维护和集成。因此,软件配置管理的主要任务也就归结为以下几条。

(1) 制订项目的配置计划。

(2) 对配置项进行标识。

(3) 对配置项进行版本控制。

(4) 对配置项进行变更控制。

(5) 定期进行配置审计。

(6) 向相关人员报告配置的状态。

习题十三

一、判断题

1. 风险的三个属性指的是风险数量、风险影响的程度和风险发生的概率。 ( )
2. 回避风险的措施之一是消除引起风险的因素。 ( )
3. 回避风险的方法之一是不对风险过高的项目进行投标。 ( )
4. 回避风险指的是风险倘若发生,就接受后果。 ( )
5. 取消具有高风险的新技术,而采用原来熟悉的技术是回避风险的好办法。 ( )

二、选择题

1. 下列( )不是风险管理的过程。
   A. 风险评估   B. 风险识别   C. 风险规划   D. 风险收集

第13章 风险管理和配置管理

2. 购买保险是( )类型的保险策略。
　　A. 风险转移　　　B. 风险规避　　　C. 风险抑制　　　D. 风险自担
3. 按照软件配置管理的原始指导思想,受控制的对象应是( )。
　　A. 软件元素　　　B. 软件项目　　　C. 软件配置项　　D. 软件过程
4. 软件配置项是软件配置管理的对象,指的是软件工程过程中所产生的( )。
　　A. 接口　　　　　B. 软件环境　　　C. 信息项　　　　D. 版本
5. 软件配置项在不同的时期,出于不同的要求,可进行各种组合,如针对不同的硬件环境和( )的组合,这就是软件配置的概念。
　　A. 接口　　　　　B. 软件环境　　　C. 信息项　　　　D. 版本
6. 在特定情况下,是否必须进行风险分析,是对项目开发的形势进行( )后确定的。
　　A. 风险管理　　　B. 风险估计　　　C. 风险评价　　　D. 风险测试
7. 风险估计可以按如下步骤进行:明确项目的目标、总策略、具体策略和为完成所标识的目标而使用的方法和资源;保证该目标是( ),项目成功的标准也是( );考虑采用某些条目作为项目成功的( );根据估计的结果来确定是否要进行风险分析。
　　A. 可度量的　　　B. 准确的　　　　C. 不确定的　　　D. 标准
8. 在风险评价时,应当建立一个三元组:[r_i, l_i, x_i],r_i是风险描述,l_i是( ),而x_i是风险的影响。
　　A. 风险的大小　　B. 风险的概率　　C. 风险的时间　　D. 风险的范围
9. 一个对风险评价很有用的技术是定义( )。
　　A. 风险参照水准　B. 风险度量　　　C. 风险监控　　　D. 风险工具

三、填空题

1. _____将软件配置管理定义成一门管理学科;_____将软件配置管理定义成一种标识、组织和控制修改的技术;_____指出配置管理过程是在整个软件生命周期中实施管理和技术规程的过程。
2. 实施软件配置管理要做的事情有:制订_____;实施_____;实施版本管理和发行管理。
3. 制定适当的命名规则是_____的重要工作,命名要求:_____,目的在于避免出现重名,以免造成混乱;_____反映命名对象之间的关系。
4. 一般来说,风险分析的方法要依赖于特定问题的需求和有关部门所关心的方面,具体分3步进行,第一步识别潜在的风险项,首先进行_____过程。第二步估计每个风险的大小及其出现的可能性,选择一种_____,它可以估计各种风险项的值。第三步进行风险评估。风险评估也有三个步骤:确定_____,确定_____,把风险与"参照风险"做比较。
5. 一个对风险评价很有用的技术是定义_____。_____、_____、_____是三种典型的_____。
6. 在作风险分析的上下文环境中,一个_____就存在一个单独的点,叫作参照点或_____。在这个点上要公正地给出判断。实际上,参照点能在图上表示成一条平滑曲线的情况很少,多数情况它是一个_____。

7. 风险分析实际上是四种不同的活动,按顺序依次为_____、_____、风险评价和_____。

四、简答题

1. 简述处理风险的策略。
2. 4个风险因素的定义。
3. 简述软件配置管理的基本目标。
4. 简述软件配置管理的内容。
5. 简述软件配置管理过程的核心流程。
6. 简述软件配置管理的关键活动。
7. 简述配置控制委员会具体职责。

第14章 软件工程标准

随着软件工程项目功能的不断增加以及人员的不断增加,软件出现了质量下降、管理混乱的问题,从而使人们对软件工程标准化、统一化的需要更为迫切。软件工作的范围从只使用程序设计语言编写程序,扩展到整个软件生命周期,例如从软件概念的形成、需求分析、设计、实现、测试、制造、安装和检验、运行和维护直到软件引退(为新的软件所代替),同时还有许多技术管理工作(如过程管理、产品管理、资源管理)以及确认与验证工作(如评审与审计、产品分析、测试等),常常是跨越软件生命周期各个阶段的专门工作,所有这些方面都应逐步地建立标准或规范。

在开发一个软件时,需要将项目和人员划分成不同的层级和不同的分工,这些层次和分工存在着相互配合的问题;同时,在开发项目的各个部分以及各开发阶段之间也都存在着许多联系和衔接问题。要把这些错综复杂的关系协调好,就需要有一系列统一的约束和规定;在软件开发项目取得阶段成果或最后完成时,还需要进行阶段评审和验收测试;投入运行的软件在运行中出现问题或需要正常维护时,也需要对软件进行全面的理解。这些理解就像一门语言的语法规则一样,都要提供统一的规范和标准,使得各项工作都能有章可循。

14.1 软件工程标准的概念

1. 软件工程标准的类型

软件工程标准的类型有以下几种。

(1)过程标准:与开发一个产品或从事一项服务的一系列活动或操作有关,如方法、技术以及度量等。

(2)产品标准:涉及软件工程事务的格式和内容,如需求、设计、部件、描述、计划以及报告等。

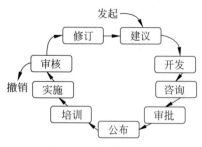

图 14.1 软件工程的生命周期

（3）专业标准：涉及软件工程的所有方面，如职别、道德准则、认证、特许以及课程等。

（4）记法标准：论述了在软件工程行业范围内，以唯一的一种方式进行交流的方法，如术语、表示法以及语言等。

软件工程标准的制定与推行通常要经历一个环状的生命周期，如图 14.1 所示。

为使标准逐步成熟，可能在环状生命周期上循环若干次，需要做大量的工作。事实上，软件工程标准在制定和推行的过程中还会遇到许多实际问题，其中影响软件工程标准顺利实施的一些不利因素应当特别引起重视。

2. 软件工程标准在开发机构中的推行

组织开发和制定软件工程标准固然重要，在软件企业或其他软件开发机构中实施软件工程标准更为重要。特别是在当前中国许多软件项目忽视工程化的情况下，尤其需要研究如何在软件企业中推行软件工程标准的问题。

抓住以下几点对许多软件开发机构是有意义的。

（1）参考国际标准、国家标准或行业标准，制定适用于本单位软件开发的企业标准，编写软件工程标准化手册。

（2）制定企业标准或是软件产品标准应当组织软件工程师参加，让他们充分理解开发和实施标准的意义，以及他们自己在其中的责任。

（3）为适应技术发展的形势，对已制定的标准，需要及时组织审查和更新。

（4）贯彻标准应当得到辅助工具的支持。

3. 软件工程标准的层次

根据软件工程标准制定机构和标准适用范围的不同，可将其分为 5 个级别，即国际标准、国家标准、行业标准、企业（机构）标准及项目（课题）标准。以下分别对 5 级标准的标识符和标准制定（或批准）的机构进行简要说明。

（1）国际标准：由国际联合机构制定和公布，提供给各国参考。

（2）国家标准：由政府或国家级的机构制定或批准，适用于全国范围。

（3）行业标准：由行业机构、学术团体或国防机构制定，适用于某个业务领域。

（4）企业规范：一些大型企业或公司，由于软件工程工作的需要，制定适用于本部门的规范。

（5）项目规范：由某一科研生产项目组织制定，为该项任务专用。

14.2 软件质量认证

14.2.1 软件质量认证的产生背景

软件产品的质量直接影响到国民经济信息系统和国际装备系统的可靠性与安全运行。在国内外软件市场激烈的竞争中，提高软件质量已经成为一个软件企业生存发展的关键问题。软件企业或从事软件工程项目的机构在实践工作中应认识到,软件自身的特点和目前软件的开发模式,导致隐藏在软件内部的质量缺陷是不可避免的,这包括:

(1) 软件需求中存在的模糊以及需求的变更,影响着软件产品的质量;

(2) 目前广为采用的手工开发方式难以避免出现差错;

(3) 软件开发过程中各个环节的接口处不易保证正确性;

(4) 软件测试技术具有局限性;

(5) 软件质量管理的实际困难如下:

① 软件质量指标许多尚未量化;

② 目前许多软件机构的产品质量责任尚未落实到人;

③ 不规范的开发习惯难于纠正;

④ 人员之间的沟通容易出现问题;

⑤ 软件项目组中的人员流动会影响产品质量。

目前,技术人员和管理人员在软件开发工作中仍有一些不正确的认识需要纠正,这需要在企业建立和实施质量体系的过程中加以解决。此外,多数软件企业的质量管理尚未得到应有的重视,软件工程中存在着上述种种问题。

国际上影响最为深远的质量管理标准当属国际标准化组织。1987年,ISO发布了关于软件质量认证的ISO 9000系列标准,并很快就为美国、日本等国家采用。中国对此也十分重视,采取了积极态度,确定对其等同采用,发布了与其相应的质量管理国家标准系列GB/T 19000—2016。软件开发必须靠加强管理来实现工程化,质量管理要体现在建立和实施开发规范中,保证软件工作的各个步骤和各个岗位的工作都符合要求,并且即使产品在使用中出现了问题,也能及时发现,及时妥善解决。这些认识最终应体现在建立和实施ISO 9000质量管理体系、争取质量认证的工作中。

14.2.2　软件质量认证的标准

ISO 9000标准是一系列标准体系的统称,是对制造业、服务业、软件业制定的一套企业质量管理认证体系。质量体系认证是指对供方的质量体系进行的第三方评定或注册活动,以通过评定和事后监督来证明供方的质量体系符合并满足需方对该体系规定的要求。第三方是指具有权威性并且对于供需双方都无经济利害关系的机构。ISO 9000质量保证模式标准的实施指南,通过对软件产品从市场调查、需求分析、软件设计、编码、测试等开发工作,直至作为商品软件销售,以及安装及维护整个过程进行控制,保障软件产品的质量。现在ISO 9000标准已被各国软件企业广泛采用,并将其作为建立企业质量体系的依据。

14.2.3　软件质量认证的作用

ISO 9000标准是系统性的标准,涉及的范围、内容广泛,强调对各部门的职责权限进行明确划分、计划和协调,使企业能有效地、有秩序地开展各项活动,保证工作顺利进行;它强调管理层的介入,明确制定质量方针及目标,并通过定期的管理评审来了解公司的内部体系运作情况,及时采取措施,确保体系处于良好的运作状态;它强调采取纠正及预防措施,消除产生不合格品或不合格品的潜在原因,从而降低成本;它强调不断地审核及监督,以对企业的管理及运作不断地修正及改良。

14.2.4 ISO 9000 标准的构成

ISO 9000 系列标准自发布以来，在"市场竞争驱动""受益者驱动"和"管理者驱动"三方面的影响下，已经发展成为一个大的标准家族，称为"ISO 9000 族"标准。到 1994 年为止，这个家族包括以下几类标准：

（1）ISO 8402 质量管理和质量保证术语；

（2）质量管理和质量保证标准的选用和实施指南；

（3）质量保证标准；

（4）质量管理标准。

14.3 计算机软件文档编制规范的国家标准

14.3.1 使用范围

GB/T 8567—2006《计算机软件文档编制规范》根据 GB/T 8566—2001《信息技术 软件生存周期过程》的规定，主要对软件的开发过程和管理过程应编制的主要文档及其编制的内容、格式规定了基本要求。本标准原则上适用于所有类型的软件产品的开发过程和管理过程，是参考国际标准 BS ISO/IEC 15910—1999《信息技术 软件用户文档过程》等标准制定的。本标准是 GB/T 8567—1988《计算机软件产品开发文件编制指南》的修订版，更适合计算机软件文档的编写。

14.3.2 文档过程

1. 概述

文档过程有两种主要类型的标准。

（1）产品标准：用于规定产品的特征和功能需求。

（2）过程标准：用于规定开发产品的过程。

文档过程的主要活动是建立开发文档的广泛计划，因为有计划，文档编制的质量才会更好，过程的效率也会同时提高。文档是由专门的文本编写人员编写的。具体的项目可根据具体情况安排。

文档过程的活动应按图 14.2 中的顺序执行。

图中有两个方框，一个方框中的所有活动应在下一个方框中的活动开始之前完成。方框中的活动可以并行执行，虚线指示可能重复的活动。

2. 原材料准备

需方应允许文档管理者访问以下内容：

（1）所有相关的规格说明、记录格式、屏幕和报告布局、CASE 工具输出和文档的准备所需要的任何其他信息；

（2）软件的操作副本（若有）；

（3）软件的分析人员和程序员应及时和确切地解答由文档开发人员提出的问题；

（4）若可能，访问典型的用户。

保证交付给文档管理者的所有材料在交付时是完整的和正确的，且在交付后及时保持

第14章 软件工程标准

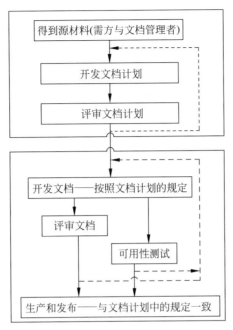

图14.2 文档编制过程概要

更新状态,这是需方的责任。

3. 文档计划

文档管理者应准备一份文档计划,用于规定在文档创建中要执行的工作。此文档计划应经需方正式同意,以预示它完全覆盖了需方的要求。

文档计划应正式地描述计划文档的范围和限制以及重要的文档分析和设计决定,还应规定在文档开发期间实现的过程和控制。

4. 文档开发

应按文档计划规定进行文档开发。通常,在进行文档开发前,要规定文档的格式(风格)。在软件的开发和管理过程中需要哪些文档,也应注明。

5. 评审

下面以用户文档的评审为例进行说明。开发文档的评审由供方组织和实施,而批准由开发组织的上级技术机构实施,更要进行经常性的、非正式的、注重实效的评审。

用户文档的评审应由需方实现,包括当需要时与文档管理者讨论。评审宜由合适的、有资格的人员执行,这些人员被授权请求变更和批准文档的内容。需方在批准每个用户文档草案之前,应保证文档的安全性和合法性。

6. 与其他公司的文档开发子合同

文档管理者应保证子合同的文档遵循本标准,遵循文档计划和合同。

在子合同的文档中,文档管理者作为本标准的"需方",而子合同承担者作为"文档管理者"。文档管理者应与子合同承担者签订符合标准的协议。

14.3.3 文档编制要求

1. 软件生命周期与各种文档的编制

在计算机软件的生命周期中,GB/T 8567—2006 给出了这些文档编制规范,同时该标准也是这些文档编写质量的检验准则。一般来说,一个软件总是一个计算机系统(包括硬件、固件和软件)的组成部分。鉴于计算机系统的多样性,本标准一般不涉及整个系统开发中的文档编制问题,仅是软件开发过程中的文档编制指南。

对于使用文档的人员而言,他们所关心的文件种类因他们所承担的工作而异,分别列举如下。

(1) 管理人员。
- 可行性分析(研究)报告。
- 项目开发计划。
- 软件配置管理计划。
- 软件质量保证计划。
- 开发进度月报。
- 项目开发总结报告。

(2) 开发人员。
- 可行性分析(研究)报告。
- 项目开发计划。
- 软件需求规格说明。
- 接口需求规格说明。
- 软件(结构)设计说明。
- 接口设计说明书。
- 数据库(顶层)设计说明。
- 测试计划。
- 测试报告。

(3) 维护人员。
- 软件需求规格说明。
- 接口需求规格说明。
- 软件(结构)设计说明。

(4) 用户。
- 软件产品规格说明。
- 软件版本说明。
- 用户手册。
- 操作手册。

本标准规定了在软件开发过程中文档编制的要求,这些文档从使用的角度可分为用户文档和开发文档两大类。其中,用户文档必须交给用户。用户应该得到的文档的种类和规模由供应者与用户之间签订的合同规定。如前所述,软件从构思之日起,经过软件开发成功投入使用,直到最后决定停止使用并被另一项软件代替之时止,被认为是该软件的一个

生命周期。一般来说,软件生命周期可以分成以下六个阶段:

(1) 可行性分析(研究)与计划研究阶段;

(2) 需求分析阶段;

(3) 设计阶段;

(4) 实现阶段;

(5) 测试阶段;

(6) 运行与维护阶段。

在可行性分析(研究)与计划阶段,要确定该软件的开发目标和总的要求,要进行可行性分析、投资-收益分析、制订开发计划,并完成应编制的文档。

在需求分析阶段,由系统分析人员对被设计的系统进行系统分析,确定对该软件的各项功能、性能需求和设计约束,确定对文档编制的要求。作为本阶段工作的结果,一般来说,软件需求规格说明(也称为软件需求说明、软件规格说明)、数据要求说明和初步的用户手册也应该编写出来。

在设计阶段,系统设计人员和程序设计人员应该在反复理解软件需求的基础上,提出多个设计,分析每个设计能履行的功能并进行相互比较,最后确定一个设计,包括该软件的结构、模块的划分、功能的分配以及处理流程。在被设计系统比较复杂的情况下,设计阶段应分解成概要设计阶段和详细设计阶段两个步骤。在一般情况下,应完成的文档包括结构设计说明、详细设计说明和测试计划初稿。

在实现阶段,要完成源程序的编码、编译(或汇编)和排错调试,以得到无语法错误的程序清单;要开始编写进度日报、周报和月报(是否要有日报或周报,取决于项目的重要性和规模);要完成用户手册、操作手册等面向用户的文档的编写工作,还要完成测试计划的编制。

在测试阶段,将对程序进行全面测试,已编制的文档将被检查审阅。本阶段一般要完成测试分析报告。作为开发工作的结束,所生产的程序、文档以及开发工作本身将逐项被评价,最后写出项目开发总结报告。

在整个开发过程中(即前五个阶段中),开发团队要按月编写开发进度月报。

在运行与维护阶段,软件将在运行使用中不断地被维护,根据新提出的需求进行必要而且可能的扩充和删改、更新和升级。

2. 文档编制中应考虑的因素

文档编制是开发过程的有机组成部分,也是一个不断努力的工作过程,是一个从形成最初轮廓、经反复检查和修改直至程序和文档正式交付使用的完整过程,其中每一步都要求工作人员做出很大努力。要保证文档编制的质量,要体现每个开发项目的特点,也要注意不要花太多的人力,为此编制中要考虑如下各项因素。

(1) 文档的读者。每种文档都具有特定的读者。这些读者包括个人或小组、软件开发单位的成员或社会上的公众、从事软件工作的技术人员、管理人员或领导干部。他们期待着使用这些文档的内容来进行工作,例如设计、编写程序、测试、使用、维护或进行计划管理。因此文档的作者必须了解自己的读者,编写时必须注意适应特定读者群的技术水平、特点和要求。

（2）重复性。本规范中列出的文档编制规范的内容要求中，显然存在某些重复。较明显的重复有两类：引言和说明部分。引言是每种文档都要包含的内容，以向读者提供总的梗概。第二类明显的重复是各种文档中的说明部分，如对功能、性能的说明、对输入输出的描述、系统中包含的设备等，这是为了方便每种文档的读者。每种文档应该自成体系，尽量避免读一种文档时又不得不去参考另一种文档。当然，在每种文档里，有关引言、说明等同其他文档相重复的部分，在行文上、在所用的术语上、在详细的程度上，还是应该有一些差别，以适应各种文档不同读者的需要。

（3）灵活性。鉴于软件开发是具有创造性的脑力劳动，也鉴于不同软件在规模上和复杂程度上差别极大，本规范认为在文档编制工作中应允许一定的灵活性。这种灵活性表现如下。

① 应编制的文档种类。尽管本规范认为在一般情况下，一项软件在开发过程中应产生如上所述的各种文档。然而针对一项具体的软件开发项目，有时不必编制这么多的文档，可以把几种文档合并成一种。一般来说，当项目的规模、复杂性和失败风险增大时，文档编制的范围、管理手续和详细程度将随之增加；反之，则可适当减少。为了恰当地掌握这种灵活性，本规范要求贯彻分工负责的原则，这意味着一个软件开发单位的领导机构应该根据本单位经营承包的应用软件的专业领域和本单位的管理能力，制定对文档编制要求的实施规定，主要是：在不同的条件下，应该形成哪些文档？这些文档的详细程度如何？该开发单位的每个项目负责人必须认真执行这个实施规定。

对于一个具体的应用软件项目，项目负责人应根据上述实施规定，确定一个文档编制计划（可以包含在软件开发计划中），其中包括：

- 应该编制哪几种文档？详细程度如何？
- 各个文档的编制负责人和进度要求；
- 审查、批准的负责人和时间进度安排；
- 在开发时间内，各文档的维护、修改和管理的负责人以及批准手续等工作必须落实到人。

该文件编制计划是整个开发计划的重要组成部分，相关设计人员必须严格执行这个文档编制计划。

② 文档的详细程度。根据同一份提纲起草的文件的篇幅大小往往不同，可以少到几页，也可以长达几百页。对于这种差别，本规范是允许的。此详细程度取决于任务的规模、复杂性和项目负责人对该软件的开发过程及运行环境所需要的详细程度的判断。

③ 文档的扩展。当被开发系统的规模非常大（例如源码超过一百万行）时，一种文档可以分成几卷编写，可以按其中每一个系统分别编制，也可以按内容划分成多卷，例如：

- 项目开发计划可能包括质量保理计划、配置管理计划、用户培训计划和安装实施计划；
- 系统设计说明可分写成系统设计说明、子系统设计说明；
- 程序设计说明可分写成程序设计说明、接口设计说明、版本说明；
- 操作手册可分写成操作手册、安装实施过程；
- 测试计划可分写成测试计划、测试设计说明、测试规程、测试用例；

- 测试分析报告可分写成综合测试报告、验收测试报告；
- 项目开发总结报告亦可分写成项目开发总结报告和资源环境统计。

④ 节的扩张与缩并。在有些文档中，可以使用本规范所提供的章、条标题。本规范认为所有的条都可以扩展，也可以进一步细分，以适应实际需要。反之，如果章条中的有些细节并非必需，也可以根据实际情况缩并，此时章条的编号应相应地变更。

⑤ 程序设计的表现形式。本规范对于程序的设计表现形式并未做出规定或限制，可以使用流程图的形式，判定表的形式，也可以使用其他表现形式，如程序设计语言、问题分析图等。

⑥ 文档的表现形式。本规范对于文档的表现形式亦未做出规定或限制，可以使用自然语言，也可以使用形式化语言，也可以使用各件图、表。

习题十四

综合题

1. 软件工程标准有何作用？举例说明有哪些软件工程标准。
2. 软件工程标准可分成哪些层次？试举例说明。
3. 软件质量认证有何作用？
4. 如何理解 GB/T 8567—2006《计算机软件文档编制规范》对软件工程的实质意义。

第15章 软件文档

文档是指某种数据媒体和其中所记录的数据。它具有永久性,并可以由人或机器阅读,通常仅用于描述人工可读的东西。在软件工程中,文档常常用来表示对活动、需求、过程或结果进行描述、定义、规定、报告或认证的任何书面或图示的信息。它们描述和规定了软件设计和实现的细节,说明了使用软件的操作命令。文档也是软件产品的一部分,没有文档的软件就不称为软件。软件文档的编制在软件开发工作中占有突出的地位和相当大的工作量。高质量、高效率地开发、分发、管理和维护文档对于转让、变更、修正、扩充和使用文档,对于充分发挥软件产品的效益有着重要的意义。

15.1 软件文档的作用

软件文档的作用主要体现在以下六个方面。

1. 管理依据

在软件开发过程中,管理者必须了解开发进度、存在的问题和预期目标。每一阶段计划安排的定期报告提供了项目的可见性。定期报告还提醒各级管理者注意该部门对项目承担的责任以及该部门效率的重要性。开发文档规定若干检查点和进度表,使管理者可以评定项目的进度。如果开发文档有遗漏、不完善或内容陈旧,则管理者将失去跟踪和控制项目的重要依据。

2. 任务之间联系的凭证

大多数软件开发项目通常被划分成若干任务,并由不同的小组去完成。例如学科方面的专家负责建立项目,分析人员负责阐述系统需求,设计人员负责为程序员制定总体设计,程序员负责编制详细的程序代码,质量保证专家和审查员负责评价整个系统性能和功能的完整性,负责维护的程序员改进各种操作或增强某些功能。

这些人员之间的互相联系是通过文档资料的复制、分发和引用而实现的,因此任务之间的联系是文档的一个重要功能。大多数系统开发方法为任务的联系规定了一些正式文档,例如分析人员负责向设计人员提供正式需求规格说明,设计人员负责向程序员提供正式设计规格说明等。

3. 质量保证

负责软件质量保证和评估系统性能的人员,需要程序规格说明、测试和评估计划、测试该系统用的各种质量标准,以及关于期望系统完成什么功能和系统怎样实现这些功能的清晰说明;必须制订测试计划和测试规程,并报告测试结果;对软件的性能和质量进行评估。

4. 培训与参考

软件文档的另一个功能是使系统管理员、操作员、用户、管理者和其他相关人员了解系统如何工作以及如何使用系统。

5. 软件维护支持

维护人员需要软件系统的详细说明,以帮助他们熟悉系统,找出并修正错误,对系统进行改进,以适应用户需求的变化或适应系统环境的变化。

6. 历史档案

软件文档可用做未来项目的一种资源。通常文档会记载系统的开发历史,可使相关系统结构的基本思想为以后的项目利用。系统开发人员通过审阅以前的系统,可查明什么部分已试验过了,什么部分运行得很好,什么部分因某种原因难以运行而被排除。良好的系统文档有助于把程序移植和转移到各种新的系统环境中。

15.2 软件文档的分类

软件工程标准包括过程标准(如方法、技术、度量等)、产品标准(如需求、设计、部件、描述、计划、报告等)、专业标准(如职别、道德准则、认证、特许、课程等)以及记法标准(如术语、表示法、语言等)。

根据软件文档的类型和内容,可将其分为开发文档、产品文档和管理文档三种。

1. 开发文档

开发文档是描述软件开发过程的一种文档,主要内容包括软件需求、软件设计、软件测试、软件质量保证、详细技术描述(程序逻辑、程序间相互关系、数据格式和存储等)。开发文档可起到如下 5 种作用:它们是软件开发过程中包含的所有阶段之间的通信工具,用于记录生成软件需求、设计、编码和测试的详细规定和说明;它们描述开发小组的职责,通过规定软件、主题事项、文档编制、质量保证人员以及包含在开发过程中任何其他事项的角色来定义"如何做"和"何时做";它们可用作检验点,允许管理者评定开发进度(如果开发文档丢失、不完整或过时,管理者将失去跟踪和控制软件项目的一个重要工具);它们形成了维护人员所要求的基本的软件支持文档,而这些支持文档可作为产品文档的一部分;它们可记录软件开发的历史。

基本的开发文档包括：可行性研究和项目任务书；需求规格说明；功能规格说明；设计规格说明，包括程序和数据规格说明；开发计划；软件集成和测试计划；质量保证计划、标准、进度；安全和测试信息。

2. 产品文档

产品文档用于规定关于软件产品使用、维护、增强、转换和传输的信息。产品的文档可起到三种作用：为使用和运行软件产品的人规定培训和参考信息；帮助未参加开发本软件的程序员维护它；促进软件产品的市场流通或提高其可接受性。

产品文档用于下列类型的读者：用户、运行者和维护人员。

产品文档包括如下内容：用于管理者的指南和资料，他们监督软件的使用；宣传资料，用于通告软件产品的可用性并详细说明它的功能、运行环境等；一般信息，用于对任何有兴趣的人描述软件产品。

基本的产品文档包括：培训手册；参考手册和用户指南；软件支持手册；产品手册和信息广告。

3. 管理文档

管理文档建立在项目管理信息的基础上，如开发过程每个阶段的进度和进度变更管理记录、软件变更情况的记录以及相对于开发的判定记录。

15.3 软件文档的管理

1. 概述

软件文档的管理是指为那些对软件或基于软件的产品的开发负有职责的管理者提供软件文档的管理指南，目的在于协助管理者产生有效的文档。

软件文档的管理涉及策略、标准、规程、资源和计划，管理者必须关注这些内容，以便有效地管理软件文档。

不论项目的大小，软件文档管理的原则是一致的。对于小项目，可以不采用本标准中规定的有关细节。管理者可剪裁这些内容，以满足他们的特殊需要。

软件文档的管理是针对文档的编制管理而提出的，不涉及软件文档的内容和编排。

2. 管理者的作用

管理者应严格要求软件开发人员和编制组完成文档编制，并且在策略、标准、规程、资源分配和编制计划方面给予支持。

（1）管理者对文档工作的责任。管理者要认识到正式或非正式文档都是重要的，还要认识到文档工作必须包括文档计划、编写、修改、形成、分发和维护等各个方面。

（2）管理者对文档工作的支持。管理者应为编写文档的人员提供指导和实际鼓励，并使各种资源有效地用于文档开发。

（3）管理者的主要职责。管理者的主要职责如下：
① 建立编制、登记、出版系统文档和软件文档的各种策略；
② 把文档计划作为整个开发工作的一个组成部分；
③ 建立确定文档质量、测试质量和评审质量的各种方法和规程；

④ 为文档内容确定和准备各种标准和指南；
⑤ 积极支持文档编制工作，以形成在开发工作中自觉编制文档的团队风气；
⑥ 不断检查已建立起来的过程，以保证符合策略和各种规程，并遵守有关标准和指南。

通常，项目管理者在项目开发前应决定如下事项：
① 要求哪些类型的文档；
② 提供多少种文档；
③ 文档包含的内容；
④ 达到何种级别的质量水平；
⑤ 何时产生何种文档；
⑥ 如何保存、维护文档以及如何进行通信。

如果一个软件合同是有效的，应要求文档满足所接受的标准，并规定所提供的文档类型、每种文档的质量水平以及评审和通过的规程。

3. 制定文档编制策略

文档策略由上级（资深）管理者提供，为下级开发单位或开发人员提供指导。策略规定主要的方向，而不是做什么或如何做的详细说明。

一般来说，文档编制策略的陈述要明确，并通告到每个人进行理解，进而使策略被贯彻实施。

支持有效文档策略的基本条件如下。

（1）文档需要覆盖整个软件生命周期。在项目早期，就要求有文档3，而且在整个软件开发过程中必须是可用的和可维护的。在开发完成后，文档应满足软件的使用、维护、增强、转换或传输。

（2）文档应是可管理的。为指导和控制文档的获得和维护，管理者和发行专家应准备文档产品、进度、可靠性、资源以及质量保证和评审规程的详细计划大纲。

（3）文档应适合于它的读者。文档的读者可能是管理者、分析人员、无计算机经验的专业人员、维护人员、文书人员等。根据任务的执行，他们要求不同的材料表示和不同的详细程度。针对不同的读者，发行专家应设计不同类型的文档。

（4）文档效应应贯穿到软件的整个开发过程中。在软件开发的整个过程中，应充分体现文档的作用和限制，即文档应指导全部开发过程。

（5）文档标准应被标识和使用。应尽可能地采纳现行的标准。若没有合适的现行标准，必要时应研制适用的标准或指南。

（6）应规定支持工具。工具有助于开发和维护软件产品，包括文档。因此尽可能地使用工具是经济的、可行的。

15.4 软件文档的编写技巧

拥有规范准确的软件文档不仅对软件企业自身非常有利，而且也能够让用户从中受益。由于产品如何使用在某种程度上是要依赖软件文档来进行说明的，因此软件文档必须十分准确可靠。

1. 从技术角度进行文档的编写和评价

软件文档是重要的技术资料，是由软件技术人员完成编制的。也就是说，文档编制工作并不等同于一般的文字编辑工作，软件文档的内容具有很强的技术性。因此，编制和评价软件文档应从技术角度进行，把注意力集中于技术事实上，保证文档中编写步骤以及使用图片的准确性，这样才能编写出好的软件文档。

2. 明确文档编写人员的责任

软件文档编写不好的一个原因是对它不够重视，这是由于在编写软件文档时，没有明确各种责任。因此，一定要在软件文档编写的过程中明确责任。

在文档中加入作者以及相关人员姓名是明确责任的一种好办法。在文档中包含文档编写人员以及相关人员的姓名不仅能明确责任，还能够促进这些人员之间的交流，同时可以明确承认他们对开发所做的工作和贡献。

3. 让编写人员对开发项目有准确的认识

文档编写人员承担编写技术文档的职责，因此他们对编写对象了解的准确性直接影响技术文档编写的准确性。为了使文档编写人员对具体项目和技术有更深层次的认识，管理人员应该创造一些条件，具体如下：

(1) 让文档编写人员多参加有关产品设计与开发的小组会议；

(2) 让文档编写人员参与到技术要求、功能规范以及设计方案的开发工作中去；

(3) 把文档编写人员包括进开发小组中去；

(4) 鼓励文档编写人员更多地了解相关产品背后所包含的各种技术。

4. 让开发和设计人员参与文档审阅工作

随着软件项目规模的不断扩大，项目开发需要越来越多的技术人员合作进行。通常，主要的开发设计人员脑海中包含着有关整个项目的信息，这些产品信息对于确保文档编写的准确性来说是非常重要的。但开发设计人员由于工作的特殊性，往往处于紧张而繁忙的开发状态下。文档编写人员如何从这些忙碌的开发设计人员那里获得所需要的信息，并且保证能让他们的知识给技术文档的编写带来好处？可以选择以下做法：

(1) 开发设计人员与文档编写人员一起确定哪些部分必须让开发设计人员进行审阅，不要让开发设计人员从头至尾地审阅软件文档；

(2) 文档编写人员与开发设计人员一起利用大段的完整时间来审阅软件文档；

(3) 文档中与开发设计人员专业技术领域直接相关的部分绝对需要他们进行仔细审阅，剩余部分的审阅工作可以让开发小组内的其他成员完成。

15.5 文档编写的常用工具

常用的文档编写工作主要包括以下几种。

(1) 文字处理工具：Microsoft Word。

(2) 表格设计工具：Microsoft Excel。

(3) 电子简报制作工具：Microsoft PowerPoint。

(4) 项目管理工具：Microsoft Project。

（5）绘图工具软件：Microsoft Visio。

（6）图片编辑工具：Microsoft Office Picture Manager。

习题十五

简答题

1．软件文档的意义是什么？

2．软件文档的主要作用是什么？

3．软件文档的分类有哪些？

4．软件文档编写时的常用工具有哪些？

第16章　软件文档编写指南

软件项目的文档编写标准非常重要,因为文档是表现软件和软件过程的唯一一种有形方式。标准化文档有一致的外观、结构和质量,因而易于阅读和理解。

本章按以下软件文档的分类,介绍部分文档的具体编制内容。

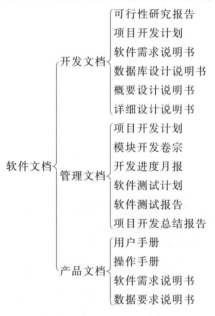

16.1　软件开发文档

16.1.1　可行性研究报告

可行性研究报告是项目初期策划的结果,它分析了项目的要求、目标和环境,提出了几种可供选择的方案;并从技术、经济和法律各方面进行了可行性分析,可作为项目决策的依据。可行性研究报告也可以作为项目建议书、投标书等文件的基础。

可行性研究报告的内容如下。

1. 引言

1.1 标识

标识应包含本文档适用的系统和软件的完整标识（若适用），包括标识号、标题、缩略词语、版本号和发行号。

1.2 背景

背景用于说明项目在什么条件下提出，提出者的要求、目标、实现环境和限制条件。

1.3 项目概述

项目概述应简述本文档适用的项目和软件的用途，它应描述项目和软件的一般特性，概述项目开发、运行和维护的历史，标识项目的投资方、需方、用户、开发方和支持机构，标识当前和计划的运行现场，列出其他有关的文档。

1.4 文档概述

文档概述应概述本文档的用途和内容，并描述与其使用有关的保密性和私密性的要求。

2. 引用文档

引用文档应列出本文档引用的所有文档的编号、标题、修订版本和日期，也应标识通过其他渠道获得的所有文档的来源。

3. 可行性分析的前提

3.1 项目的要求

项目的要求是指功能、性能、输入输出、系统的基本处理流程和数据流程、安全性、保密性、与其他系统的关系、完成期限等。

3.2 项目的目标

项目的目标是指工作效率的提高、成本的降低、生产质量或数量的提高、管理信息服务的改进、人员利用率的改进等。

3.3 项目的环境、条件、假定和限制

项目的环境、条件、假定和限制是指系统的使用寿命、开发时间长短、经费来源与限制、法律和政策的限制、运行环境与开发环境的限制等。

3.4 进行可行性分析的方法

进行可行性分析的方法包括说明这项可行行分析的方法是如何进行的，所建议的系统将如何评价的，摘要说明所使用的基本方法和策略，如调查、加权、确定模型、建立基准点或仿真等。

4. 可选的方案

应扼要说明曾考虑过的每一种可选择的系统方案，包括需要开发的和可从国内外直接购买的。如果没有供选择的系统方案，应说明这一点。

4.1 原有方案的优缺点、局限性及存在的问题。

4.2 可重用的系统与要求之间的差距。

4.3 可选择的系统方案1。

说明可选择的系统方案1,并说明它未被选中的理由。

4.4 可选择的系统方案2。

说明可选择的系统方案2,并说明它未被选中的理由。

……

注：可选择的系统方案可以是2～n种。

4.5 选择最终方案的准则。

5. 所建议的系统

建议系统时,应包括对所建议系统的说明、数据流程和处理流程、与原系统的比较(若有原系统)、影响/要求(设备、软件、运行、开发、环境、经费、局限性)等。

6. 经济可行性(成本-效益分析)

6.1 投资

投资包括基本建设投资(如开发环境、设备、软件和资料等)以及其他一次性和非一次性投资(如技术管理费、培训费、管理费、人员工资、奖金和差旅费等)。

6.2 预期的经济效益

预期的经济效益包括一次性收益、非一次性收益、不可定量的收益、收益/投资比、投资回收周期。

7. 技术可行性(技术风险评价)

技术可行性是指本公司现有资源(如人员、环境、设备和技术条件等)能否满足此工程和项目实施要求,若不满足,应考虑补救措施(如需要分承包方参与、增加人员、投资和设备等);涉及经济问题应进行投资及成本-效益可行性分析,最后确定此工程和项目是否具备技术可行性。

8. 法律可行性

法律可行性是指系统开发可能导致的侵权、违法和责任。

9. 用户使用可行性

用户使用可行性包括用户单位的行政管理和工作制度、使用人员的素质和培训要求。

10. 其他与项目有关的问题

其他与项目有关的问题主要是指未来可能的变化。

11. 结论

在进行可行性研究报告的编制时,必须有一个研究结论。结论可以是。

(1) 立即开始进行。

(2) 需推迟到条件成熟后进行。

(3) 对开发目标进行某些修改后进行。

(4) 不能或不必进行。

16.1.2 软件需求规格说明

软件需求规格说明(SRS)用于描述对计算机软件配置项(CSCI)的需求,及确保每个要求得以满足所使用的方法。涉及该CSCI外部接口的需求可在本SRS中给出,或在本SRS引用的一个或多个接口需求说明书(IRS)中给出。需求分析的基本任务是要准确地定义新系统的目标,为了满足用户需求,回答系统必须"做什么"的问题,从而获得需求规格说明书。主要内容如下。

1. 引用

引用与可行性研究报告相似。

2. 引用文档

引用文档与可行性研究报告相似。

3. 需求

应分以下几条描述 CSCI 需求，即构成 CSCI 验收条件的 CSCI 特性。CSCI 需求是为了满足分配给该 CSCI 的系统需求所形成的软件需求。应给每个需求指定项目唯一标识符，以支持测试和可追踪性，并以一种可以定义客观测试的方式来陈述需求。

描述的详细程度遵循以下规则：应包含构成 CSCI 验收条件的 CSCI 特性以及需方愿意推迟到设计时留给开发方说明的特性。如果在给定条中没有需求的话，本条应如实陈述。如果某个需求在多条中出现，可以只陈述一次而在其他条直接引用。

3.1 所需的状态和方式

如果需要 CSCI 在多种状态和方式下运行，且不同状态和方式具有不同需求的话，则要标识和定义每一状态和方式，状态和方式的例子包括空闲、准备就绪、活动、事后分析、培训、降级、紧急情况和后备等。状态和方式的区别是任意的，可以仅用状态描述 CSCI，也可以仅用方式、方式中的状态、状态中的方式或其他有效方式描述。如果不需要多个状态和方式，不需人为加以区分，应如实陈述；如果需要多个状态或方式，还应使本需求说明书中的每个需求或每组需求与这些状态和方式相关联，关联可在本条或本条引用的附录中用表格或其他的方法表示，也可在需求出现的地方加以注解。

3.2 需求概述

3.2.1 目标

① 本系统的开发意图、应用目标及作用范围（现有产品存在的问题和建议产品所要解决的问题）。

② 本系统的主要功能、处理流程、数据流程及简要说明。

③ 表示外部接口和数据流的系统高层次图，用于说明本系统与其他相关产品的关系，是独立产品还是一个较大产品的组成部分（可用方框图说明）。

3.2.2 运行环境

简要说明本系统对运行环境（包括硬件环境和支持环境）的规定。

3.2.3 用户的特点

说明是哪种类型的用户，从使用系统来说有些什么特点。

3.2.4 关键点

说明本软件需求说明书中的关键点，例如关键功能、关键算法和所涉及的关键技术等。

3.2.5 约束条件

列出进行本系统开发工作的约束条件，例如经费限制、开发期限和所采用的方法与技术以及政治、社会、文化、法律等。

3.3 需求规格

3.3.1 软件系统总体功能/对象结构

对软件系统的总体功能/对象结构进行描述，包括结构图、流程图或对象图。

3.3.2 软件子系统功能/对象结构

对每个主要子系统中的基本功能模块/对象进行描述,包括结构图、流程图或对象图。

3.3.3 描述约定

通常使用约定描述,如数学符号、度量单位等。

3.4 CSCI 能力需求

本条应分条详细描述与 CSCI 每一能力相关联的需求。"能力"是一组相关的需求,可以用"功能""性能""主题""目标"或其他适合用来表示需求的词来替代"能力"。

本条应标识必需的每一个 CSCI 能力,并详细说明与该能力有关的需求。如果该能力可以更清晰地分解成若干子能力,则应分条对子能力进行说明。该需求应指出所需的 CSCI 行为,包括适用的参数,如响应时间、吞吐时间、其他时限约束、序列、精度、容量(大小/多少)、优先级别、连续运行需求和基于运行条件的允许偏差(若适用)。需求还应包括在异常条件、非许可条件或越界条件下所需的行为以及错误处理需求和任何为保证在紧急时刻运行的连续性而引入到 CSCI 中的规定。

对于每类功能或者对于每个功能,需要具体描写其输入、处理和输出的需求。

(1) 说明。描述此功能要达到的目标、所采用的方法和技术,还应清楚说明功能意图的由来和背景。

(2) 输入。内容包括:

① 详细描述该功能的所有输入数据,如输入源、数量、度量单位、时间设定和有效输入范围等。

② 指明引用的接口说明或接口控制文件的参考资料。

(3) 处理。用于定义对输入数据、中间参数进行处理以获得预期输出结果的全部操作,内容包括:

① 输入数据的有效性检查;

② 操作的顺序,包括事件的时间设定;

③ 异常情况的响应,例如溢出、通信故障、错误处理等;

④ 受操作影响的参数;

⑤ 用于把输入转换成相应输出的方法;

⑥ 输出数据的有效性检查。

(4) 输出。内容包括:

① 详细说明该功能的所有输出数据,例如输出目的地、数量、度量单位、时间关系、有效输出范围、非法值的处理、出错信息等;

② 有关接口说明或接口控制文件的参考资料。

3.5 CSCI 外部接口需求

本条应分条描述 CSCI 外部接口的需求(如有)。本条可引用一个或多个接口需求说明书或包含这些需求的其他文档。

外部接口需求,应分别说明用户接口、硬件接口、软件接口和通信接口的需求。

3.5.1 接口标识和接口图

本条应标识所需的 CSCI 外部接口,也就是 CSCI 和与它共享数据、向它提供数据或与它交换数据的实体的关系。每个接口标识应包括项目唯一标识符(若适用),并应用名称、序号、版本和引用文档指明接口的实体(系统、配置项、用户等)。该标识应说明哪些实体具有固定的接口特性(要对这些接口实体加强接口需求),哪些实体正被开发或修改(从而将接口需求施加给它们)。可用一个或多个接口图来描述这些接口。

3.5.2 接口的项目唯一标识符

应通过项目唯一标识符标识的外部接口简单地标识接口实体,根据需要可分条描述为实现该接口而强加于CSCI的需求。该接口所涉及的其他实体的接口特性应以假设或"当(未提到实体)这样做时,CSCI将……"的形式描述,而不描述为其他实体的需求。

3.6 CSCI内部接口需求

本条应指明CSCI内部接口的需求(如有)。如果所有内部接口都留待设计时决定,则需在此说明这一事实。

3.7 CSCI内部数据需求

本条应指明对CSCI内部数据的需求(若有),包括对CSCI中数据库和数据文件的需求。如果所有有关内部数据的决策都留待设计时决定,则需在此说明这一事实。

3.8 适应性需求

本条应指明要求CSCI提供的、依赖于安装的与数据有关的需求(若有)(如依赖现场的经纬度)和要求CSCI使用的、根据运行需要进行变化的运行参数(如表示与运行有关的目标常量或数据记录的参数)。

3.9 保密性需求

本条应描述有关防止对人员、财产、环境产生潜在危险或把此类危险减少到最低的CSCI需求(若有),包括为防止意外动作(如"意外地发出"自动导航关闭命令)和无效动作(发出"自动导航关闭"命令时失败),CSCI必须提供的安全措施。

3.10 保密性和私密性需求

本条应指明保密性和私密性的CSCI需求(若有),包括CSCI运行的保密性/私密性环境、提供的保密性或私密性的类型和程度、CSCI必须经受的保密性/私密性的风险、减少此类危险所需的安全措施、CSCI必须遵循的保密性/私密性政策、CSCI必须提供的保密性/私密性审核、保密性/私密性必须遵循的确证/认可准则。

3.11 CSCI环境需求

本条应指明有关CSCI必须运行的环境需求(若有),例如包括用于CSCI运行的计算机硬件和操作系统(其他有关计算机资源方面的需求在下条中描述)。

3.12 计算机资源需求

本条应分以下各条进行描述。

3.12.1 计算机硬件需求

本条应描述CSCI使用的计算机硬件需求(若适用),包括各类设备的数量、处理器、存储器、输入输出设备、辅助存储器、通信/网络设备和其他所需设备的类型、大小、容量及其他所要求的特征。

3.12.2 计算机硬件资源的利用需求

本条应描述CSCI计算机硬件资源利用方面的需求,如最大许可使用的处理器能力、存储器容量、输入输出设备能力、辅助存储器容量、通信/网络设备能力。描述(如每个计算机硬件资源能力的百分比)还包括测量资源利用的条件。

3.12.3 计算机软件需求

本条应描述CSCI必须使用或引入CSCI的计算机软件的需求,包括操作系统、数据库管理系统、通信/网络软件、实用软件、输入和设备模拟器、测试软件、生产用软件。必须提供每个软件项的正确名称、版本、文档引用。

3.12.4 计算机通信需求

本条应描述CSCI必须使用的计算机通信方面的需求,包括连接的地理位置、配置和网络拓扑结构、传输技术、数据传输速率、网关、要求的系统使用时间、传送/接收数据的类型和容量、传送/接收/响应的时间限制、数据的峰值、诊断功能。

3.13 软件质量因素

本条应描述合同中标识的或从更高层次规格说明派生出来的对CSCI软件质量方面的需求(若有),包括有关CSCI的功能性(实现全部所需功能的能力)、可靠性(产生正确、一致结果的能力)、可维护性(易于更正的能力)、可用性(需要时进行访问和操作的能力)、灵活性(易于适应需求变化的能力)、可移植性(易于修改以适应新环境的能力)、可重用性(可被多个应用使用的能力)、可测试性(易于充分测试的能力)、易用性(易于学习和使用的能力)以及其他属性的定量需求。

3.14 设计和实现的约束

本条应描述约束CSCI设计和实现的那些需求。这些需求可引用适当的商用标准和规范(若有),需求包括:

(1) 特殊CSCI体系结构的使用或体系结构方面的需求,例如需要的数据库和其他软件配置项,标准部件、现有部件的使用,政府/需方提供的资源(设备、信息、软件)的使用;

(2) 特殊设计或实现标准的使用,特殊数据标准的使用,特殊编程语言的使用;

(3) 为支持在技术、威胁或任务等方面预期的增长和变更区域,必须提供的灵活性和可扩展性。

3.15 数据

应说明本系统的输入、输出数据及数据管理能力方面的要求(处理量、数据量)。

3.16 操作

应说明本系统在常规操作、特殊操作以及初始化操作、恢复操作等方面的要求。

3.17 故障处理

应说明本系统在发生可能的软硬件故障时对故障处理的要求,包括:

(1) 说明属于软件系统的问题。

(2) 给出发生错误时的错误信息。

(3) 说明发生错误时可能采取的补救措施。

3.18 算法说明

算法说明用于描述实施系统计算功能的公式和算法。

3.19 有关人员需求

本条应描述与使用或支持CSCI的人员有关的需求(若有),包括人员数量、技能等级、责任期限、培训需求和其他信息,如允许多少用户同时工作以及嵌入的帮助和培训方面的需求;还应包括施加于 CSCI 的人力行为工程需求(若有),包括对人员在能力与局限性方面的考虑,在正常和极端条件下可预测的人为错误以及人为错误影响严重的那些特定场合,例如对错误消息的颜色和持续时间的要求、对关键指示器或按钮的物理位置的要求以及对听觉信号的使用要求。

3.20 有关培训需求

本条应描述有关培训方面的 CSCI 需求(若有),包括在 CSCI 中包含的培训软件。

3.21 有关后勤需求

本条应描述有关后勤方面的 CSCI 需求(若有),包括系统维护、软件支持、系统运输方式、供应系统的需求、对现有设施的影响、对现有设备的影响。

3.22 其他需求

本条应描述在以上各条中没有涉及的其他 CSCI 需求(若有)。

3.23 包装需求

本条应描述需交付的 CSCI 在包装、加标签和处理方面的需求(若有)(如用确定方式标记和包装 8 磁道磁带的交付)。可引用适当的规范和标准(若适用)。

3.24 需求的优先次序和关键程度

本条应给出本规格说明书中需求的、表明其相对重要程度的优先顺序、关键程度或赋予的权值(若适用),如标识出那些认为对安全性、保密性或私密性起关键作用的需求,以便进行特殊的处理。如果所有需求具有相同的权值,本条应如实陈述。

4. 合格性规定

应针对每个需求定义一组合格性方法,指定所使用的方法,以确保需求得到满足。可以用表格形式表示该信息,也可以在每个需求中注明要使用的方法。合格性方法包括:

(1) 演示:运行依赖于可见功能操作的 CSCI 或部分 CSCI,不需要使用仪器、专用测试设备或进行事后分析。

(2) 测试:使用仪器或其他专用测试设备运行 CSCI 或部分 CSCI,以便采集数据供事后分析使用。

(3) 分析:对从其他合格性方法中获得的积累数据进行处理,例如测试结果的归约、解释或推断。

(4) 审查:对 CSCI 代码、文档等进行可视化检查。

(5) 特殊的合格性方法:包括任何应用到 CSCI 的特殊合格性方法,如专用工具、技术、过程、设施、验收限制。

5. 需求的可追踪性

(1) 从本规格说明书中每个 CSCI 的需求到其所涉及的系统(或子系统)需求的可追踪性(注:每一层次的系统细化可能导致对更高层次的需求不能直接进行追踪)。例如,建立多个 CSCI 的系统体系结构设计可能会产生有关 CSCI 之间接口的需求,而这些接口需求在系统需求中并没有被覆盖,这样的需求可以被追踪到诸如"系统实现"这样的一般需求,或被追踪到导致它们产生的系统设计决策上。

(2) 从分配到被本规格说明书中的 CSCI 的每个系统(或子系统)需求到涉及它的 CSCI

需求的可追踪性。分配到 CSCI 的所有系统(或子系统)需求应加以说明。追踪到 IRS 中所包含的 CSCI 需求可引用 IRS。

6. 尚未解决的问题

如需要,可说明软件需求中的尚未解决的遗留问题。

16.1.3 概要设计说明书

概要设计说明书又称系统/子系统设计(结构设计)说明(SSDD),描述了系统或子系统的系统级或子系统级设计与体系结构设计。SSDD 连同相关的接口设计说明(IDD)和数据库设计说明(DBDD)是构成进一步系统实现的基础。贯穿本书的术语"系统"如果适用的话,也可解释为"子系统"。所形成的文档应冠名"系统设计说明"或"子系统设计说明"。在软件需求分析阶段,我们已经搞清楚了软件"做什么"的问题,并把这些软件需求通过软件需求说明书描述了出来,这也是目标系统的逻辑模型。进入设计阶段后,要把软件"做什么"的逻辑模型变换为"怎么做"的物理模型,即着手实现软件的需求,并将设计的结果反映在"设计规格说明书"文档中。所以软件设计是一个把软件需求转换为软件表示的过程,最初这种表示只是描述了软件的总的体系结构,称为软件概要设计或结构设计。

1. 引言

引言与可行性研究报告相似。

2. 引用文件

引用文件与可行性研究报告相似。

3. 系统级设计决策

可根据需要分条描述系统级设计决策,即系统行为的设计决策(忽略其内部实现,从用户角度出发,描述系统将怎样运转以满足需求)和其他对系统部件的选择和设计产生影响的决策。如果所有这些决策在需求中明确指出或推迟到系统部件的设计时给出的话,应如实陈述。对应于指定为关键性需求(如安全性、保密性和私密性需求)的设计决策应在单独的条中描述。如果设计决策依赖于系统状态或方式,应指明这种依赖关系。应给出或引用为理解这些设计所需要的设计约定。

4. 系统体系结构设计

应分条描述系统体系结构设计。如果设计的部分或全部依赖于系统状态或方式,应指明这种依赖关系。如果设计信息在多条中出现,可以只描述一次,而在其他条加以引用。需指出或引用为理解这些设计所需的设计约定。

4.1 系统总体设计

4.1.1 概述

功能描述:参考本系统的系统/子系统需求规格说明,说明对本系统要实现的功能、性能(包括响应时间、安全性、兼容性、可移植性、资源使用等)的要求。

运行环境:参考本系统的系统/子系统需求规格说明,简要说明对本系统的运行环境(包括硬件环境和支持环境)的规定。

4.1.2 设计思想

系统构思:说明本系统设计的系统构思。

关键技术与算法:简要说明本系统设计采用的关键技术和主要算法。

关键数据结构：简要说明本系统实现中的最主要的数据结构。

4.1.3 基本处理流程

系统流程图：用流程图表示本系统的主要控制流程和处理流程。

数据流程图：用数据流程图表示本系统的主要数据通路，并说明处理的主要阶段。

4.1.4 系统体系结构

系统配置项：说明本系统中各配置项（子系统、模块、子程序和公用程序等）的划分，简要说明每个配置项的标识符和功能等（用一览表和框图的形式说明）。

系统层次结构：分层次地给出各个系统配置项之间的控制与被控制关系。

系统配置项设计：确定每个系统配置项的功能。若是较大的系统，可以根据需要对系统配置项做进一步的划分及设计。

4.1.5 功能需求与系统配置项的关系

说明各项系统功能的实现同各系统配置项的分配关系（最好用矩阵图的方式）。

4.1.6 人工处理过程

说明在本系统的运行过程中包含的人工处理过程（若有的话）。

4.2 接口设计

本条应分条描述系统部件的接口特性，包括部件之间的接口及它们与外部实体（如：其他系统、配置项、用户）之间的接口。

注：本层不需要对这些接口进行完全设计，提供本条的目的是为了把它们作为系统体系结构设计的一部分所做的接口设计决策记录下来。如果在接口设计说明或其他文档中含有部分或全部的该类信息，可以加以引用。

4.2.1 接口标识和图表

本条用项目唯一标识符标识每个接口（若适用），并用名称、编号、版本、文档引用来指明接口实体（如系统、配置项、用户等）。该标识应叙述哪些实体具有固定接口特性（以便把接口需求施加给接口实体）、哪些实体正被开发或修改（已把接口需求施加于它们）。应提供一个或多个接口图表来描述这些接口。

4.2.2 接口的项目唯一标识符

本条应用项目唯一标识符标识接口，简要描述接口实体，并根据需要分条描述接口实体单方或双方的接口特性。如果某个接口实体不在本条中（如某个外部系统），但其接口特性需要在描述本文叙述的接口实体时提到，则这些特性应以假设或"当[未提到实体]这样做时，[本文提及的实体]将……"的形式描述。本条可引用其他文档（例如数据字典、协议标准和用户接口标准）代替本条的描述信息。

5. 运行设计

5.1 系统初始化

说明本系统的初始化过程。

5.2 运行控制

(1) 说明对系统施加不同的外界运行控制时所引起的各种不同的运行模块组合，说明每种运行所历经的内部模块和支持软件；

(2) 说明每种外界运行控制的方式方法和操作步骤；

(3) 说明每种运行模块组合将占用各种资源的情况;
(4) 说明系统运行时的安全控制。

5.3 运行结束

说明本系统运行的结束过程。

6. 系统出错处理设计

6.1 出错信息

出错信息包括出错信息表等。

6.2 补救措施

补救措施说明故障出现后可能采取的补救措施。

7. 系统维护设计

系统维护设计应说明为了系统维护的方便,在系统内部设计中作出的安排,包括:

7.1 检测点的设计

说明在系统中专门安排用于系统检查与维护的检测点。

7.2 检测专用模块的设计

说明在系统中专门安排用于系统检查与维护的专用模块。

8. 尚待解决的问题

尚待解决的问题说明本设计中没有解决而系统完成之前应该解决的问题。

9. 需求的可追踪性

(1) 从本书所标识的系统部件到其被分配的系统需求之间的可追踪性。
(2) 从系统需求到其被分配给系统部件之间的可追踪性。

16.1.4 详细设计说明书

软件详细设计是软件工程的重要阶段,它细化了高层的体系结构设计,将软件结构中的主要部件划分为能独立编码、编译和测试的软件单元,并进行软件单元的设计,最终影响软件实现的成败。优秀的详细设计说明书在提供编码质量、保证开发周期、节约开发成本等各方面都起着非常重要的作用,是一个软件项目成功的关键保证。主要内容如下。

1. 引言

引言与可行性研究报告相似。

2. 引用文件

引用文件与可行性研究报告相似。

3. CSCI 级设计决策

应根据需要分条给出 CSCI 级设计决策,即 CSCI 行为的设计决策(忽略其内部实现,从用户的角度看,它如何满足用户的需求)和其他影响组成该 CSCI 的软件配置项的选择与设计的决策。

如果所有这些决策在 CSCI 需求中均是明确的,或者要推迟到 CSCI 的软件配置项设计时指出,应如实陈述。为响应指定为关键性的需求(如安全性、保密性、私密性需求)而作出的设计决策,应在单独的条中加以描述。如果设计决策依赖于系统状态或方式,则应指出这种依赖性。应给出或引用理解这些设计所需的设计约定。

4. CSCI 体系结构设计

应分条描述 CSCI 体系结构设计。如果设计的部分或全部依赖于系统状态或方式,则应指出这种依赖性。如果设计信息在多条中出现,则可只描述一次,而在其他条引用。应给出或引用为理解这些设计所需的设计约定。

4.1 体系结构

4.1.1 程序(模块)划分

用一系列图表列出本 CSCI 内的每个程序(包括每个模块和子程序)的名称、标识符、功能及其所包含的源标准名。

4.1.2 程序(模块)的层次结构关系

用一系列图表列出本 CSCI 内的每个程序(包括每个模块和子程序)之间的层次结构与调用关系。

4.2 全局数据结构说明

说明本程序系统中使用的全局数据常量、变量和数据结构。

4.2.1 常量

包括数据文件名称及其所在目录、功能说明、具体常量说明等。

4.2.2 变量

包括数据文件名称及其所在目录、功能说明、具体变量说明等。

4.2.3 数据结构

包括数据结构名称、功能说明、具体数据结构说明(定义、注释、取值等)等。

4.3 执行概念

本条应描述软件配置项的执行概念。为表示软件配置项之间的动态关系,即 CSCI 运行期间它们如何交互的,本条应包含图示和说明(若适用),包括执行控制流、数据流、动态控制序列、状态转换图、时序图、配置项之间的优先关系、中断处理、时间/序列关系、异常处理、并发执行、动态分配与去分配、对象/进程/任务的动态创建与删除以及其他的动态行为。

4.4 接口设计

本条应分条描述软件配置项的接口特性,既包括软件配置项之间的接口,也包括与外部实体如系统、配置项及用户之间的接口。

4.4.1 接口标识与接口图

本条应陈述赋予每个接口的项目唯一标识符(若适用),并用名字、编号、版本和文档引用等标识接口实体(软件配置项、系统、配置项、用户等)。接口标识应说明哪些实体具有固定接口特性(以便把接口需求施加给接口实体),哪些实体正在开发或修改(已把接口需求分配给它们)。应该提供一个或多个接口图以描述这些接口(若适用)。

4.4.2 接口的项目唯一标识符

本条应用项目唯一标识符标识接口,简要标识接口实体,并且应根据需要分条描述接口实体单方或双方的接口特性。如果某个给定的接口实体本条没有提到(例如某外部系统),但是其接口特性需要在本 SDD 描述的接口实体时提到,则这些特性应以假设或"当[未提到实体]这样做时,[提到的实体]将……"的形式描述。本条可引用其他文档(例如数据字典、协议标准、用户接口标准)代替本条的描述信息。

5. CSCI 详细设计

应分条描述 CSCI 的每个软件配置项。如果设计的部分或全部依赖于系统状态或方式,则应指出这种依赖性。如果该设计信息在多条中出现,则可只描述一次,而在其他条引用。应给出或引用为理解这些设计所需的设计约定。软件配置项的接口特性可在此处描述,也可在接口设计说明中描述。数据库软件配置项或用于操作/访问数据库的软件配置项,可在此处描述,也可在数据库(顶层)设计说明中描述。

6. 软件配置项的项目唯一标识符或软件配置项组的指定符

本条应用项目唯一标识符标识软件配置项并描述它。作为一种变通,本条也可以指定一组软件配置项,并分条标识和描述它们。包含其他软件配置项的软件配置项可以引用那些软件配置项的说明,而无须在此重复。

7. 需求的可追踪性

(1) 从本 SDD 中标识的每个软件配置项到分配给它的 CSCI 需求的可追踪性。

(2) 从每个 CSCI 需求到它被分配给的软件配置项的可追踪性。

16.2 软件管理文档

16.2.1 项目开发计划

软件开发计划(SDP)描述开发者实施软件开发工作的计划,其中"软件开发"一词涵盖了新开发、修改、重用、再造工程、维护和由软件产品引起的其他所有活动。SDP 是向需求方提供了解和监督软件开发过程、所使用的方法、每项活动的途径、项目的安排、组织及资源的一种手段。本计划的某些部分可视实际需要单独编制成册,例如软件配置管理计划、软件质量保证计划和文档编制计划等。主要内容如下。

1. 引言

引言与《可行性研究报告》相似。

2. 引用文件

引用文件与《可行性研究报告》相似。

3. 交付产品

(1) 程序。

(2) 文档。

(3) 服务。

(4) 非移交产品。

(5) 验收标准。

(6) 最后交付期限。

应列出本项目应交付的产品,包括软件产品和文档。其中,软件产品应指明哪些是要开发的,哪些是属于维护性质的;文档是指随软件产品交付给用户的技术文档,例如用户手册、安装手册等。

4. 所需工作概述

(1) 对所要开发系统、软件的需求和约束。

(2) 对项目文档编制的需求和约束。

(3) 该项目在系统生命周期中所处的地位。

(4) 所选用的计划/采购策略或对它们的需求和约束。

(5) 对项目进度安排及资源的需求和约束。

(6) 其他的需求和约束,如项目的安全性、保密性、私密性、方法、标准、硬件开发和软件开发的相互依赖关系等。

5. 实施整个软件开发活动的计划

不需要的活动条款应用"不适用"注明。如果项目中不同的开发阶段或不同的软件需要不同的计划,这些不同之处应在此条加以注解。除以下规定的内容外,每条中还应标识可适用的风险和不确定因素和处理它们的计划。

5.1 软件开发过程

本条应描述要采用的软件开发过程。计划应覆盖论及它的所有合同条款,确定已计划的开发阶段(适用的话)、目标和各阶段要执行的软件开发活动。

5.2 软件开发总体计划

5.2.1 软件开发方法。

本条应描述或引用要使用的软件开发方法,包括为支持这些方法所使用的手工、自动工具和过程的描述。该方法应覆盖论及它的所有合同条款。如果这些方法在它们所适用的活动范围有更好的描述,可引用本计划的其他条。

5.2.2 软件产品标准。

本条应描述或引用在表达需求、设计、编码、测试用例、测试过程和测试结果方面要遵循的标准。标准应覆盖合同中论及它的所有条款。如果这些标准在标准所适用的活动范围有更好的描述,可引用在本计划中的其他条。

5.3 可重用的软件产品

5.3.1 吸纳可重用的软件产品

本条应描述标识、评估和吸纳可重用软件产品要遵循的方法,包括搜寻这些产品的范围和进行评估的准则。描述应覆盖合同中论及它的所有条款。在制订或更新计划时对已选定的或候选的可重用软件产品应加以标识和说明(若适用),同时应给出与使用有关的优点、缺陷和限制。

5.3.2 开发可重用的软件产品

本条应描述如何标识、评估和报告开发可重用软件产品的机会。描述应覆盖合同中论及它的所有条款。

5.4 处理关键性需求

本条应分条描述为处理指定关键性需求应遵循的方法。描述应覆盖合同中论及它的所有条款。

(1) 安全性保证。

(2) 保密性保证。

(3) 私密性保证。

(4) 其他关键性需求保证。

5.5 计算机硬件资源利用

本条应描述分配计算机硬件资源和监控其使用情况要遵循的方法。描述应覆盖合同中论及它的所有条款。

5.6 记录原理

本条应描述记录原理所遵循的方法,该原理在支持机构对项目做出关键决策时是有用的。应对项目的"关键决策"一词做出解释,并陈述原理记录在什么地方。描述应覆盖合同中论及它的所有条款。

5.7 需方评审途径

本条应描述为评审软件产品和活动,让需方或授权代表访问开发方和分承制方的一些设施要遵循的方法。描述应遵循合同中论及它的所有条款。

6. 实施详细软件开发活动的计划

不需要的活动应用"不适用"注明。如果项目中不同的开发阶段或不同的软件需要不同的计划,则在本条应指出这些差异。每项活动的论述应包括应用于以下方面的途径(方法/过程/工具):①所涉及的分析性任务或其他技术性任务;②结果的记录;③与交付有关的准备(如有)。论述还应标识存在的风险和不确定因素及处理它们的计划。

6.1 项目计划和监督

本条应分成若干项描述项目计划和监督中要遵循的方法。各分条的计划应覆盖合同中论及它的所有条款。

(1) 软件开发计划(包括对该计划的更新)。
(2) CSCI测试计划。
(3) 系统测试计划。
(4) 软件安装计划。
(5) 软件移交计划。
(6) 跟踪和更新计划,包括评审管理的时间间隔。

6.2 建立软件开发环境

本条分成以下若干项描述建立、控制、维护软件开发环境所遵循的方法。各分条的计划应覆盖合同中论及它的所有条款。

(1) 软件工程环境。
(2) 软件测试环境。
(3) 软件开发库。
(4) 软件开发文档。
(5) 非交付软件。

6.3 系统需求分析

(1) 用户输入分析。
(2) 运行概念。
(3) 系统需求。

6.4 系统设计

(1) 系统级设计决策。
(2) 系统体系结构设计。

6.5 软件需求分析

本条描述软件需求分析中要遵循的方法。应覆盖合同中论及它的所有条款。

6.6 软件设计

本条应分成若干项描述软件设计中应遵循的方法。各分条的计划应覆盖合同中论及它的所有条款。

(1) CSCI级设计决策。
(2) CSCI体系结构设计。
(3) CSCI详细设计。

6.7 软件实现和配置项测试

本条应分成若干项描述软件实现配置项测试中要遵循的方法。各分条的计划应覆盖合同中论及它的所有条款。

(1) 软件实现。
(2) 配置项测试准备。
(3) 配置项测试执行。
(4) 修改和再测试。
(5) 配置项测试结果分析与记录。

6.8 配置项集成和测试

本条应分成若干项描述配置项集成和测试中要遵循的方法。各分条的计划应覆盖合同中论及它的所有条款。

(1) 配置项集成和测试准备。
(2) 配置项集成和测试执行。
(3) 修改和再测试。
(4) 配置项集成和测试结果分析与记录。

6.9 CSCI合格性测试

本条应分成若干项描述CSCI合格性测试中要遵循的方法。各分条的计划应覆盖合同中论及它的所有条款。

(1) CSCI合格性测试的独立性。
(2) 在目标计算机系统(或模拟的环境)上测试。
(3) CSCI合格性测试准备。
(4) CSCI合格性测试演练。
(5) CSCI合格性测试执行。
(6) 修改和再测试。
(7) CSCI合格性测试结果分析与记录。

6.10 CSCI/HWCI集成和测试

本条应分成若干项描述CSCI/HWCI集成和测试中要遵循的方法。各分条的计划应覆盖合同中论及它的所有条款。

(1) CSCI/HWCI集成和测试准备。
(2) CSCI/HWCI集成和测试执行。
(3) 修改和再测试。
(4) CSCI/HWCI集成和测试结果分析与记录。

6.11 系统合格性测试

本条应分成若干项描述系统合格性测试中要遵循的方法。各分条的计划应遵循合同中论及它的所有条款。

(1) 系统合格性测试的独立性。
(2) 在目标计算机系统(或模拟的环境)上测试。
(3) 系统合格性测试准备。
(4) 系统合格性测试演练。
(5) 系统合格性测试执行。
(6) 修改和再测试。
(7) 系统合格性测试结果分析与记录。

6.12 软件使用准备

本条应分成若干项描述软件应用准备中要遵循的方法。各分条的计划应遵循合同中论及它的所有条款。

(1) 可执行软件的准备。
(2) 用户现场版本说明的准备。
(3) 用户手册的准备。
(4) 在用户现场安装。

6.13 软件移交准备

本条应分成若干项描述软件移交准备要遵循的方法。各分条的计划应遵循合同中论及它的所有条款。

(1) 可执行软件的准备。
(2) 源文件准备。
(3) 支持现场的版本说明的准备。
(4) "已完成"的 CSCI 设计和其他软件支持信息的准备。
(5) 系统设计说明的更新。
(6) 支持手册准备。
(7) 到指定支持现场的移交。

6.14 软件配置管理

本条应分成若干项描述软件配置管理中要遵循的方法。各分条的计划应遵循合同中论及它的所有条款。

(1) 配置标识。
(2) 配置控制。
(3) 配置状态统计。
(4) 配置审核。
(5) 发行管理和交付。

6.15 软件产品评估

本条应分成若干项描述软件产品评估中要遵循的方法。各分条的计划应覆盖合同中论及它的所有条款。

(1) 中间阶段和最终软件产品评估。
(2) 软件产品评估记录,包括所记录的具体条目。
(3) 软件产品评估的独立性。

6.16 软件质量保证

本条应分成若干项描述软件质量保证中要遵循的方法。各分条的计划应覆盖合同中论及它的所有条款。

(1) 软件质量保证评估。
(2) 软件质量保证记录,包括所记录的具体条目。
(3) 软件质量保证的独立性。

6.17 问题解决过程(更正活动)

本条应分成若干项描述软件更正活动中要遵循的方法。各分条的计划应覆盖合同中论及它的所有条款。

(1) 问题/变更报告。

问题/变更报告包括要记录的具体条目,可选的条目包括项目名称、提出者、问题编号、问题名称、受影响的软件元素或文档、发生日期、类别和优先级、描述、指派的该问题的分析者、指派日期、完成日期、分析时间、推荐的解决方案、影响、问题状态、解决方案的批准、随后的动作、更正者、更正日期、被更正的版本、更正时间、已实现的解决方案的描述。

(2) 更正活动。

6.18 联合评审(联合技术评审和联合管理评审)

本条应分成若干项描述进行联合技术评审和联合管理评审要遵循的方法。各分条的计划应覆盖合同中论及它的所有条款。

(1) 联合技术评审包括一组建议的评审。
(2) 联合管理评审包括一组建议的评审。

6.19 文档编制

本条应分成若干项描述文档编制要遵循的方法。各分条的计划应覆盖合同中论及它的所有条款。

6.20 其他软件开发活动

本条应分成若干项描述进行其他软件开发活动要遵循的方法。各分条的计划应覆盖合同中论及它的所有条款。

(1) 风险管理,包括已知的风险和相应的对策。
(2) 软件管理指标,包括要使用的指标。
(3) 保密性和私密性。
(4) 分承制方管理。
(5) 与软件独立验证与确认机构的接口。
(6) 和有关开发方的协调。
(7) 项目过程的改进。
(8) 计划中未提及的其他活动。

7. 进度表和活动网络图

(1) 进度表:用于标识每个开发阶段中的活动,给出每个活动的初始点、提交的草稿、最终结果的可用性、其他的里程碑及每个活动的完成点。

（2）活动网络图：用于描述项目活动之间的顺序关系和依赖关系，标出完成项目中有最严格时间限制的活动。

8. 项目组织和资源

本条应分成若干项描述各阶段要使用的项目组织和资源。

8.1 项目组织

本条应描述本项目要采用的组织结构，包括涉及的组织机构、机构之间的关系、执行所需活动的每个机构的权限和职责。

8.2 项目资源

本条应描述适用于本项目的资源（若适用）。

（1）人力资源。

① 估计此项目应投入的人力(人员/时间数)。

② 按职责(如管理、软件工程、软件测试、软件配置管理、软件产品评估、软件质量保证和软件文档编制等)分解所投入的人力。

③ 履行每个职责人员的技术级别、地理位置和涉密程度的划分。

（2）开发人员要使用的设施,包括执行工作的地理位置、要使用的设施、保密区域和运用合同项目设施的其他特性。

（3）为满足合同需要，需方应提供的设备、软件、服务、文档、资料及设施，并提供何时需要上述各项的进度表。

（4）其他所需的资源,包括获得资源的计划、需要的日期和每项资源的可用性。

9. 培训

9.1 项目的技术要求

根据客户需求和项目策划结果，确定本项目的技术要求，包括管理技术和开发技术。

9.2 培训计划

根据项目的技术要求和项目成员的情况，确定是否需要进行项目培训，并制订培训计划。如不需要培训，应说明理由。

10. 项目估算

说明项目估算的结果。

（1）规模估算。

（2）工作量估算。

（3）成本估算。

（4）关键计算机资源估算。

（5）管理预留。

11. 风险管理

风险管理是指分析可能存在的风险、所采取的对策和风险管理计划。

12. 支持条件

（1）计算机系统支持。

（2）需要需方承担的工作和提供的条件。

(3) 需要分包商承担的工作和提供的条件。

16.2.2 软件测试计划

软件测试计划(STP)描述对 CSCI、系统或子系统进行合格性测试的计划安排,内容包括进行测试的环境、测试工作的标识及测试工作的时间安排等。通常每个项目只有一个 STP,使得需方能够对合格性测试计划的充分性做出评估。主要内容如下。

1. 引言

引言与《可行性研究报告》相似。

2. 引用文件

引用文件与《可行性研究报告》相似。

3. 软件测试环境

应分条描述每一测试现场的软件测试环境,可以引用软件开发计划中所描述的资源。

3.1 测试现场名称

本条应标识一个或多个用于测试的测试现场,并分条描述每个现场的软件测试环境。如果所有测试可以在一个现场实施,本条及其子条只给出一次。如果多个测试现场采用相同或相似的软件测试环境,则应在一起讨论。可以通过引用前面的描述来减少测试现场说明信息的重复。

3.2 软件项

本条应按名字、编号和版本标识在测试现场执行计划测试活动所需的软件项(若适用)(如操作系统、编译程序、通信软件、相关应用软件、数据库、输入文件、代码检查程序、动态路径分析程序、测试驱动程序、预处理器、测试数据产生器、测试控制软件、其他专用测试软件和后处理器等)。本条应描述每个软件项的用途、媒体(磁带、盘等),标识那些期望由现场提供的软件项,标识与软件项有关的保密措施或其他保密性与私密性问题。

3.3 硬件及固件项

本条应按名字、编号和版本标识在测试现场用于软件测试环境中的计算机硬件、接口设备、通信设备、测试数据归约设备、仪器设备(若适用)(如附加的外围设备(磁带机、打印机、绘图仪)、测试消息生成器、测试计时设备和测试事件记录仪等)和固件项。本条应描述每项的用途,陈述每项所需的使用时间与数量,标识那些期望由现场提供的项,标识与这些项有关的保密措施或其他保密性与私密性问题。

3.4 其他材料

本条应标识并描述在测试现场执行测试所需的任何其他材料。这些材料可包括用户手册、软件清单、被测试软件的媒体、测试用数据的媒体、输出的样本清单和其他表格或说明。本条应标识需交付给现场的项和期望由现场提供的项。本描述应包括材料的类型、布局和数量(若适用)。本条应标识与这些项有关的保密措施或其他保密性与私密性问题。

3.5 所有权种类、需方权利与许可证

本条应标识与软件测试环境中每个元素有关的所有权种类、需方权利与许可证等问题。

3.6 安装、测试与控制

本条应标识开发方为执行以下各项工作制订的计划(可能需要与测试现场人员共同合作)。

① 获取和开发软件测试环境中的每个元素。
② 使用前,安装与测试软件测试环境中的每项。
③ 控制与维护软件测试环境中的每项。

3.7 参与组织
本条应标识参与现场测试的组织及他们的角色与职责。

3.8 人员
本条应标识在测试阶段测试现场所需人员的数量、类型和技术水平,需要他们执行该工作的日期与时间,及其他特殊需要,如为保证广泛测试工作的连续性与一致性的轮班操作与关键技能的保持。

3.9 定向计划
本条应描述测试前和测试期间给出的所有定向培训。培训可包括用户指导、操作员指导、维护与控制组指导及对全体人员定向的简述。如果预料有大量培训的话,可单独制订一个计划而在此引用。

3.10 要执行的测试
本条应通过标识测试现场要执行的测试。

4. 计划
应描述计划测试的总范围并分条标识,并且描述本STP适用的每个测试。

4.1 总体设计
本条描述测试的策略和原则,包括测试类型和测试方法等信息。

4.1.1 测试级
本条所描述要执行的测试的级别,例如CSCI级或系统级。

4.1.2 测试类别
本条应描述要执行的测试的类型或类别,例如定时测试、错误输入测试、最大容量测试。

4.1.3 一般测试条件
本条应描述运用于所有测试或一组测试的条件,例如每个测试应包括额定值、最大值和最小值;每个类型的测试都应使用真实数据(Live Data);应度量每个CSCI执行的规模与时间并对要执行的测试程度和对所选测试程度的原理进行陈述。测试程度应表示为某个已定义总量(如离散操作条件或样本的数量)的百分比或其他抽样方法,也应包括再测试/回归测试所遵循的方法。

4.1.4 测试过程
在渐进测试或累积测试情况下,本条应解释计划的测试顺序或过程。

4.1.5 数据记录、归约和分析
本条应标识并描述在本STP中标识的测试期间和测试之后要使用的数据记录、归纳和分析过程(若适用)。这些过程包括记录测试结果、将原始结果处理为适合评价的形式以及保留数据归约与分析结果可能用到的手工、自动、半自动技术。

4.2 计划执行的测试
本条应分条描述计划测试的总范围。

注：被测试项应按名字和项目唯一标识符标识为 CSCI、子系统、系统或其他实体。

4.3 测试用例

(1) 测试用例的名称和标识。

(2) 简要说明本测试用例涉及的测试项和特性。

(3) 输入说明,规定执行本测试用例所需的各个输入,所有合适的数据库、文件、终端信息、内存常驻区域和由系统传送的值,以及各输入间所需的所有关系(如时序关系等)。

(4) 输出说明：规定测试项的所有输出和特性(如响应时间),提供各个输出或特性的正确值。

(5) 环境要求。

5. 测试进度表

应包含或引用指导实施本计划中所标识测试的进度表。

(1) 描述测试被安排的现场和指导测试的时间框架的列表或图表。

(2) 每个测试现场的进度表(若适用),它可按时间顺序描述以下所列活动与事件,根据需要可附上支持性的叙述。

① 分配给测试主要部分的时间和现场测试的时间。

② 现场测试前,用于建立软件测试环境和其他设备、进行系统调试、定向培训和熟悉工作所需的时间。

③ 测试所需的数据库/数据文件值、输入值和其他操作数据的集合。

④ 实施测试,包括计划的重测试。

⑤ 软件测试报告的准备、评审和批准。

6. 需求的可追踪性

(1) 从本计划所标识的每个测试到它所涉及的 CSCI 需求和软件系统需求的可追踪性(若适用)。

(2) 从本测试计划所覆盖的每个 CSCI 需求和软件系统需求到针对它的测试的可追踪性(若适用)。这种可追踪性应覆盖所有适用的软件需求规格说明(SRS)和相关接口需求规格说明中的 CSCI 需求。对于软件系统,还应覆盖所有适用的系统/子系统规格说明及相关系统级 IRS 中的系统需求。

7. 评价

(1) 评价准则。

(2) 数据处理。

(3) 结论。

16.2.3 软件测试报告

软件测试报告是对 CSCI、软件系统或子系统或与软件相关项目执行合格性测试的记录。通过 STR,需方能够评估所执行的合格性测试及其测试结果。主要内容如下：

1. 引言

引言与《可行性研究报告》相似。

2. 引用文件

引用文件与《可行性研究报告》相似。

3. 测试结果概述

3.1 对被测试软件的总体评估

(1) 根据本报告中所展示的测试结果,提供对该软件的总体评估。

(2) 标识在测试中检测到的任何遗留的缺陷、限制或约束。

(3) 对每处遗留缺陷、限制或约束应进行描述,包括:

① 对软件和系统性能的影响,包括未得到满足的需求的标识;

② 为了更正它,将对软件和系统设计产生的影响;

③ 推荐的更正方案/方法。

3.2 测试环境的影响

本条应对测试环境与操作环境的差异进行评估,并分析这种差异对测试结果的影响。

3.3 改进建议

本条应对被测试软件的设计、操作或测试提供改进建议。应讨论每个建议及其对软件的影响。如果没有改进建议,本条应陈述为"无"。

4. 详细的测试结果

本条应分为以下几条提供每个测试的详细结果。

注:"测试"一词指一组相关测试用例的集合。

4.1 测试的项目唯一标识符

本条应由项目唯一标识符标识一个测试,并且分为以下几条描述测试结果。

4.1.1 测试结果小结

本条应综述该项测试的结果。应尽可能以表格的形式给出与该测试相关联的每个测试用例的完成状态,例如,"所有结果都如预期的那样""遇到了问题""与要求的有偏差"等。

4.1.2 遇到了问题

本条应分条标识遇到一个或多个问题的每个测试用例。

4.1.3 测试用例的项目唯一标识符

本条应用项目唯一标识符标识遇到一个或多个问题的测试用例,并提供以下内容。

(1) 所遇到问题的简述。

(2) 所遇到问题的测试过程步骤的标识。

(3) 对相关问题/变更报告和备份数据的引用(若适用)。

(4) 试图改正这些问题所重复的过程或步骤次数以及每次得到的结果。

(5) 重测试时,是从哪些回退点或测试步骤恢复测试的。

4.2 与测试用例/过程的偏差

本条应分条标识与测试用例/测试过程出现偏差的每个测试用例,应用项目唯一标识符标识出现一个或多个偏差的测试用例,并提供以下内容。

(1) 偏差的说明,例如出现偏差的测试用例的运行情况和偏差的性质,包括替换了所需设备、未能遵循规定的步骤、进度安排的偏差等。可用红线标记有偏差的测试过程。

(2) 偏差的理由。

(3) 偏差对测试用例有效性影响的评估。

5. 测试记录

尽可能以图表或附录形式给出一个本报告所覆盖的测试事件的、按年月顺序的记录,测试记录应包括以下内容：
（1）执行测试的日期、时间和地点；
（2）用于每个测试的软硬件配置（若适用），包括所有硬件的部件号/型号/系列号、制造商、修订级和校准日期，所使用的软件部件的版本号和名称；
（3）与测试有关的每一项活动的日期和时间（若适用），执行该项活动的人和见证者的身份。

6．评价
（1）能力。
（2）缺陷和限制。
（3）建议。
（4）结论。

7．测试活动总结
应总结主要的测试活动和事件，以及资源消耗，包括以下内容：
（1）人力消耗；
（2）物质资源消耗。

16.2.4　开发进度月报

开发进度月报的编制目的是及时向有关管理部门汇报项目开发的进展和情况，以便及时发现和处理开发过程中出现的问题。一般地，开发进度月报是以项目组为单位每月编写的。如果被开发的软件系统规模比较大，整个工程项目被划分给若干分项目组承担，开发进度月报将以分项目组为单位按月编写。主要内容如下。

1．引言
引言与《可行性研究报告》相似。

2．引用文件
引用文件与《可行性研究报告》相似。

3．工程进度与状态

3.1　进度
列出本月内进行的各项主要活动，并且说明本月内遇到的重要事件。这是指一个开发阶段（即软件生命周期内各个阶段中的某一个，例如需求分析阶段）的开始或结束，要说明阶段的名称及开始（或结束）的日期。

3.2　状态
状态是指要说明本月的实际工作进度与计划相比，是提前了、按期完成了还是推迟了？如果与计划不一致，要说明原因及准备采取的措施。

4．资源耗用与状态

4.1　资源耗用
资源耗用主要说明本月份内耗用的工时与机时。

4.1.1　工时
① 管理用工时，包括在项目管理（制订计划、布置工作、收集数据、检查汇报工作等）方面耗用的工时。
② 服务工时，包括为支持项目开发所必需的服务工作及非直接的开发工作所耗用的

工时。

③ 开发用工时,要分各个开发阶段填写。

4.1.2 机时

说明本月内耗用的机时,以小时为单位,并应说明计算机系统的型号。

4.2 状态

状态是指要说明本月内实际耗用的资源与计划相比,是超出了、相一致还是不到计划数?如果与计划不一致,应说明原因及准备采取的措施。

5. 经费支出与状态

5.1 经费支出

5.1.1 支持性费用

列出本月内支出的支持性费用,一般可按如下七类列出,并给出本月支持费用的总和。

(1) 房租或房屋折旧费。

(2) 工资、奖金、补贴。

(3) 培训费:包括教师的酬金及教室租金。

(4) 资料费:包括复印及购买参考资料的费用。

(5) 会议费:召集有关业务会议的费用。

(6) 旅差费。

(7) 其他费用。

5.1.2 设备购置费

列出本月内实际支出的设备购置费,一般可分如下三类。

(1) 购买软件的名称与金额。

(2) 购买硬设备的名称、型号、数量及金额。

(3) 已有硬设备的折旧费。

5.2 状态

说明本月内实际支出的经费与计划相比较,是超过了、相符合、还是不到计划数?如果与计划不一致,说明原因及准备采取的措施。

6. 下个月的工作计划

7. 建议

本月遇到的重要问题和应引起重视的问题及因此产生的建议。

16.2.5 项目开发总结报告

项目开发总结报告的编制是为了总结本项目开发工作的经验,说明实际取得的开发结果以及对整个开发工作各个方面的评价。主要内容如下。

1. 引言

引言与《可行性研究报告》相似。

2. 引用文件

引用文件与《可行性研究报告》相似。

3. 实际开发结果

3.1 产品

应说明最终制成的产品,内容包括:

(1) 本系统中各个软件单元的名字、它们之间的层次关系、以千字节为单位的各个软件单元的程序量、存储媒体的形式和数量；
(2) 本系统共有哪几个版本、各自的版本号及它们之间的区别；
(3) 所建立的每个数据库。

如果开发计划中制订过配置管理计划，要同这个计划相比较。

3.2 主要功能和性能

应逐项列出本软件产品所实际具有的主要功能和性能，对照可行性分析（研究）报告、项目开发计划、功能需求规格说明的有关内容，说明原定的开发目标是达到了、未完全达到还是超过了。

3.3 基本流程

应用图给出本程序系统的实际基本处理流程。

3.4 进度

应列出原计划进度与实际进度的对比，明确说明实际进度是提前了还是延迟了，并分析主要原因。

3.5 费用

应列出原定计划费用与实际支出费用的对比，内容包括：
(1) 工时。以人月为单位，并按不同级别统计；
(2) 计算机的使用时间。注意应区别 CPU 时间及其他设备时间；
(3) 物料消耗、出差费等其他支出。

应明确说明经费是超过了还是节余了，并分析主要原因。

4. 开发工作评价

4.1 对生产效率的评价

应给出实际生产效率，内容包括：
(1) 程序的平均生产效率，即每人月生产的行数；
(2) 文件的平均生产效率，即每人月生产的千字数。

并列出原计划数进行对比。

4.2 对产品质量的评价

应说明在测试中检查出来的程序编制中的错误发生率，即每千条指令（或语句数）中的错误指令数（或语句数）。如果开发中制订过质量保证计划或配置管理计划，要同这些计划进行比较。

4.3 对技术方法的评价

应给出在开发中所使用的技术、方法、工具、手段的评价。

4.4 出错原因的分析

应给出对于开发中出现的错误的原因分析。

4.5 风险管理

(1) 初期预计的风险。
(2) 实际发生的风险。
(3) 风险消除情况。

5．缺陷与处理

应分别列出在需求评审阶段、设计评审阶段、代码测试阶段、系统测试阶段和验收测试阶段发生的缺陷及处理情况。

6．经验与教训

应列出从这项开发工作中得到的最主要的经验与教训及对今后的项目开发工作的建议。

16.3 软件用户文档

16.3.1 软件用户手册

《软件用户手册》(SUM)描述手工操作该软件的用户应如何安装和使用一个CSCI、一组CSCI、一个软件系统或子系统。它还包括软件操作的一些特别方面，如关于特定岗位或任务的指令等。SUM是为由用户操作的软件而开发的，具有要求联机用户输入或解释输出显示的用户界面。如果该软件是被嵌入在一个硬件中的软件，由于已经有了系统的软件用户手册或操作规程，所以可能不需要单独的SUM。

1．引言

引言与《可行性研究报告》相似。

2．引用文件

引用文件与《可行性研究报告》相似。

3．软件综述

3.1 软件应用

本条应简要说明软件预期的用途，应描述其能力、操作上的改进以及通过本软件的使用而得到的利益。

3.2 软件清单

本条应当标识为了使软件运行而必须安装的所有软件文件，包括数据库和数据文件。标识应包含每份文件的保密性和私密性要求和在紧急时刻为继续或恢复运行所必需的软件标识。

3.3 软件环境

本条应当标识用户安装并运行该软件所需的硬件、软件、手工操作和其他的资源(若适用)，包括以下标识。

（1）必须提供的计算机设备，包括需要的内存数量、需要的辅存数量及外围设备(如打印机和其他的输入输出设备)。

（2）必须提供的通信设备。

（3）必须提供的其他软件，例如操作系统、数据库、数据文件、实用程序和其他支持系统。

（4）必须提供的格式、过程或其他手工操作。

（5）必须提供的其他设施、设备或资源。

3.4 软件组织和操作概述

本条应从用户的角度出发，简要描述软件的组织与操作(若适用)。描述应包括：

第16章 软件文档编写指南

(1) 从用户角度来看的软件逻辑部件和每个部件的用途/操作的概述;
(2) 用户期望的性能特性,例如:
① 可接受的输入的类型、数量、速率;
② 软件产生的输出的类型、数量、精度和速率;
③ 典型的响应时间和影响它的因素;
④ 典型的处理时间和影响它的因素;
⑤ 限制,例如可追踪的事件数目;
⑥ 预期的错误率;
⑦ 预期的可靠性。
(3) 该软件执行的功能与所接口的系统、组织或岗位之间的关系。
(4) 为管理软件而采取的监督措施,例如口令。

3.5 意外事故以及运行的备用状态和方式
本条应解释在紧急时刻以及在不同运行状态和方式下用户处理软件的差异(若适用)。

3.6 保密性和私密性
本条应包含与该软件有关的保密性和私密性要求的概述(若适用),应包括对非法制作软件或文档复制的警告。

3.7 帮助和问题报告
应当标识联系点和应遵循的手续,以便在使用软件遇到问题时获得帮助并报告问题。

4. 访问软件
应包含面向首次/临时用户的逐步过程;应向用户提供足够的细节,以使用户在学习软件的功能细节前能可靠地访问软件;在合适的地方应包含用"警告"或"注意"标记的安全提示。

4.1 软件的首次用户

4.1.1 熟悉设备
① 打开与调节电源的过程;
② 可视化显示屏幕的大小与能力;
③ 光标形状,如果出现了多个光标,应了解如何标识活动的光标,如何定位光标和如何使用光标;
④ 了解键盘布局和不同类型的按键与点击设备的功能;
⑤ 熟悉关电过程,如果需要特殊的操作顺序的话。

4.1.2 访问控制
应提供用户可见的软件访问与保密性特点的概述(若适用),本条应包括以下内容。
① 怎样获得和从谁那里获得口令。
② 如何在用户的控制下添加、删除或变更口令。
③ 与用户生成的输出报告及其他媒体的存储和标记有关的保密性和私密性要求。

4.1.3 安装和设置
应描述为标识或授权用户在设备上访问或安装软件、执行安装、配置软件、删除或覆盖以前的文件或数据和键入软件操作的参数必须执行的过程。

4.2 启动过程

应提供开始工作的步骤,包括所有可用的选项。万一遇到困难时,应包含一张问题定义的检查单。

4.3 停止和挂起工作

应描述用户如何停止或中断软件的使用和如何判断是否是正常结束或终止。

5. 使用软件指南

应向用户提供使用软件的过程。如果过程太长或太复杂,应按相同的段结构添加标题含义(与所选择的章有关)。文档的组织依赖于被描述的软件的特性。

5.1 能力

为了提供软件的使用概况,本条应简述事务、菜单、功能或其他处理相互之间的关系。

5.2 约定

应描述软件使用的约定,例如使用的颜色、警告铃声、缩略词语表和命名或编码规则。

5.3 处理过程

应解释后续条(功能、菜单、屏幕)的组织,描述完成过程必需的次序。

本条的标题应当标识被描述的功能、菜单、事务或其他过程(若适用)。本条应描述并给出以下各项的选择与实例,包括菜单,图标,数据录入表,用户输入,可能影响软件与用户接口的来自其他软硬件的输入输出、诊断或错误消息、报警、能提供联机描述或指导信息的帮助设施。给出的信息格式应适合于软件特定的特性。但应使用一种一致的描述风格,例如对菜单的描述应保持一致,对事务描述应保持一致。

5.4 相关处理

本条应当标识并描述任何关于不被用户直接调用,并且在5.3"处理过程"中也未描述的由软件所执行的批处理、脱机处理或后台处理,并应说明支持这种处理的用户职责。

5.5 数据备份

本条应描述创建和保留备份数据的过程,这些备份数据在发生错误、缺陷、故障或事故时可以用来代替主要的数据备份。

5.6 错误、故障和紧急情况时的恢复

应给出从处理过程中发生的错误、故障中重启或恢复的详细步骤和保证紧急时刻运行连续性的详细步骤。

5.7 消息

应列出完成用户功能时可能发生的所有错误消息、诊断消息和通知性消息,或引用列出这些消息的附录。应标识和描述每条消息的含义和消息出现后要采取的动作。

5.8 快速引用指南

如果适用于该软件的话,本条应当为使用该软件提供快速引用卡或页。若适用,快速引用指南应概述常用的功能键、控制序列、格式、命令或软件使用的其他方面。

16.3.2 计算机操作手册

《计算机操作手册》提供操作指定的计算机及其外部设备所需的信息。本手册侧重计算机自身,而不是运行在其上的特定的软件。《计算机操作手册》主要针对一些新开发的计算机、专用计算机、无现成的商用操作手册或其他操作手册可用的其他计算机。主要内容如下。

1. 引言

1) 标识

本条应包含本文档所适用的计算机系统的制造商名、型号和其他标识信息。

2) 计算机系统概述

本条应简述本文档所适用的计算机系统的用途。

3) 文档概述

本条应概述本文档的用途和内容并描述与其使用有关的保密性或私密性要求。

2. 引用文件

引用文件与《可行性研究报告》相似。

3. 计算机系统操作

在合适的地方应包含用"警告"或"注意"标记的安全防范提示。

3.1 计算机系统的准备和关机

3.1.1 加电和断电

应包含计算机系统加电和断电的必要规程。

3.1.2 启动过程

应包含启动计算机系统操作必需的步骤(若适用),包括设备加电、操作前准备、自检和启动计算机系统的典型命令。

3.1.3 关机

应包含终止计算机系统操作的必要规程。

3.2 操作过程

如果有多种操作方式,应为每种方式提供相应的说明。

3.2.1 输入输出过程

应描述与计算机系统有关的输入输出媒体(例如磁盘、磁带),描述在这些媒体上的读写过程,简述操作系统的控制语言,并列出交互消息和响应过程(例如使用的终端、口令、键)。

3.2.2 脱机过程

应包含操作所有与计算机系统有关的脱机设备的必需的过程。

3.2.3 其他过程

应包含操作人员要遵循的所有附加过程,例如计算机系统报警、计算机系统保密性或私密性要求、切换到冗余的计算机系统或在紧急情况下保证操作连续性的其他措施。

3.3 问题处理过程

应陈述错误消息或与该问题相关的其他指示信息,并应描述针对每个发生的问题要遵循的自动和手工的过程(若适用),包括评价技术、要求关闭计算机系统的条件、联机干预或非正常退出的过程、在操作中断或非正常退出后采取的重新启动计算机系统操作的步骤,以及记录有关故障的过程。

4. 诊断功能

应描述为标识和定位计算机系统内的故障而可能采取的诊断措施。

4.1 诊断功能综述

应概述计算机系统的诊断功能,包括错误消息语法和故障隔离的层次结构。本条应描述每一诊断功能的目的。

4.2 诊断过程

(1) 执行每一诊断过程需要的硬件、软件或固件的标识。

(2) 执行每一诊断过程的分步指令。

(3) 诊断消息和相应的要求动作。

4.3 诊断工具

应分为以下几条描述计算机系统可用的诊断工具,这些工具可能是硬件、软件或固件。应用名字和编号来标识每个工具,并描述这种工具和它的应用。

习题十六

一、简答题

1. 可行性研究报告的编写目的是什么?
2. 需求分析的目标是什么?
3. 软件测试计划的编写目的是什么?
4. 软件用户手册的作用是什么?

二、综合题

1. 编写可行性研究报告文档。
2. 编写软件需求规格说明文档。
3. 编写概要设计说明书文档。
4. 编写项目开发计划文档。
5. 编写软件测试计划文档。
6. 编写软件用户手册文档。

参 考 文 献

[1] 杨芙清,陈冲,章远阳.面向对象程序设计[M].北京:北京大学出版社,1992.
[2] 计算机软件工程规范国家标准汇编2000[M].北京:中国标准出版社,2000.
[3] 李军国,吴昊,郭晓燕,等.软件工程案例教程[M].2版.北京:清华大学出版社 2018.
[4] 李惠明,敖光武,软件工程[M].沈阳:东北大学出版社,2010.
[5] 卢潇,孙璐,刘娟,等.软件工程[M].北京:清华大学出版社,2005.
[6] 韩万江,姜立新.软件项目管理案例教程[M].北京:机械工业出版社,2009.
[7] 李惠明,敖光武.软件工程[M].沈阳:东北大学出版社,2010.
[8] 殷人昆,郑人杰,马素霞,等.实用软件工程[M].北京:清华大学出版社,2010.
[9] 单银根,王安,黎连业.软件能力成熟度模型与软件开发技术[M].北京:北京航空航天大学出版社,2003.
[10] 郑人杰,殷人昆.软件工程概论[M].北京:清华大学出版社,1998.
[11] 文斌,刘长青,田原.软件工程与软件文档写作[M].北京:清华大学出版社,2005.
[12] 肖刚,古辉,程振波,等.实用软件文档写作[M].北京:清华大学出版社,2005.
[13] 李伟波,刘永祥,王庆春.软件工程原理及应用[M].武汉:武汉大学出版社,2000.
[14] 马平,黄冬梅.软件文档写作教程[M].北京:电子工业出版社,2010.
[15] 周明德,冯惠,韩乃平,等.GB/T 8567—2006 计算机软件文档编制规范[S].北京:中国标准出版社,2006.
[16] 杨文龙,古天龙.软件工程[M].2版.北京:电子工业出版社,2006.
[17] 张海藩.软件工程导论[M].4版.北京:清华大学出版社,2008.
[18] 陈明.软件工程导论[M].北京:机械工业出版社,2010.
[19] 陆惠恩.软件工程基础[M].北京:人民邮电出版社,2005.
[20] 贾铁军.软件工程技术及应用[M].北京:机械工业出版社,2009.
[21] 王家华.软件工程[M].沈阳:东北大学出版社,2006.
[22] 郑人杰.实用软件工程[M].2版.北京:清华大学出版社,2008.
[23] 李代平.软件工程[M].2版.北京:冶金工业出版社,2006.
[24] 刘冰,刘锐,瞿中,等.软件工程实践教程[M].北京:机械工业出版社,2009.
[25] 朱少民.软件测试方法与技术[M].北京:清华大学出版社,2010.
[26] MEYERS G J.软件测试的一生[M].王峰,陈杰,译.北京:机械工业出版社,2006.
[27] 杜庆峰.高级软件测试技术[M].北京:清华大学出版社,2011.
[28] 殷人昆,郑人杰,陶永雷.实用软件工程[M].3版.北京:清华大学出版社,2010.
[29] 张海藩,倪宁.软件工程[M].3版.北京:人民邮电出版社,2010.
[30] PRESSMAN R S.软件工程——实践者的研究方法[M].郑人杰,马素霞,译.北京:机械工业出版社,2011.
[31] BOGGS W,BOGGS M. UML with Rational Rose 从入门到精通[M].邱仲潘,译.北京:电子工业出版社,2000.
[32] MYERS G J. Reliable Software Through Composite Design.[M]. Hoboken: John Wiley & Sons Inc.,1979.
[33] YOURDON E,ARGILA C. Case Studies in Object-Oriented Analysis and Design[M]. London: Prentice-Hall,1996.

附录 A 软件工程实验课指导书

一、要求

软件工程实验课是要求学生设计开发出一个应用软件。由于学生所选的方向和所学习的编程语言不同,所以对开发软件的语言没有要求,只要他们可以开发出一个独立运行的软件程序,B/S 或者 C/S 的皆可。

根据所选开发方式的不同,分别开发客户端、服务器端程序或者开发浏览器端、服务器端程序。此外系统所面对的用户必须是多用户型系统。

实验课分组进行,每组 4~6 人。实验课结束时,每小组写一份实验设计报告,并交到老师处。指导教师负责收集实验设计报告的电子版(每个小组一份),给每位学生评分(百分制,同组的每个组员分数可以不同),并在期末时将成绩录入教务系统。

二、进度安排

软件工程课程设计安排在本学期 1~16 周进行,共 8 次,具体安排如表 A.1 表示。

表 A.1 软件工程课程设计的上课安排

周次	课堂内容	详细内容
1~2	分组立项	阐述实验要求,分组,确立项目题目
	业务调研	阐述调研,画业务流程图,编写报告的 1、2、3.1、3.2、3.3 部分
3~4	需求设计	明确需求列表(功能、性能、接口、约束),编写报告的 3.4 部分
5~6	分析建模	完成 DFD(功能建模)、E-R(数据建模)、STD(行为建模),编写报告的第 3.5 部分
7~8	结构设计	确定体系结构图(概要设计)、界面设计、DB 设计、过程设计(详细设计),编写报告的第 4、5 部分

续表

周次	课堂内容	详 细 内 容
9～10	OO建模	确定用例图(功能建模)、类图(静态建模),编写报告的3.5部分
11～12	代码设计	完成代码设计(编程)和测试计划书,编写报告的第6部分
13～14	软件测试	完成单元测试、集成测试、系统测试、验收测试,编写报告的7部分
15～16	提交结果	完成演示、评审、上交实验报告及评定成绩

三、提交的内容

实验设计结束后,需提交的内容有电子版的实验设计报告、系统源码和数据库文件。

四、实验报告模板

软件工程
实验设计报告

学 院 、系：_____

专 业 名 称：_____

课　　　程：__软件工程_____

实 验 题 目：_____

学号、姓名：__(小组所有成员的学号、姓名)__

指 导 教 师：_____

完 成 时 间：_____年　月　日____

目 录

一、开发背景 ·· 395
二、可行性分析 ·· 395
三、需求分析 ·· 395
　1. 系统总体目标 ·· 395
　2. 运行环境 ··· 395
　3. 用户特点 ··· 395
　4. 需求设计 ··· 395
　5. 分析建模 ··· 397
四、概要设计 ·· 397
　1. 系统划分 ··· 397
　2. 关键技术与算法 ·· 397
　3. 关键数据结构 ·· 397
　4. 模块设计 ··· 397
五、详细设计 ·· 398
　1. 模块关系图 ··· 398
　2. 子系统 A 的模块设计(依此类推,子系统 B、C……) ············ 398
　3. 数据库设计 ··· 399
六、软件实现 ·· 399
　1. 客户端编程语言 ·· 400
　2. 服务端编程语言 ·· 400
　3. 关键模块 A 的实现(依此类推,关键模块 B、C、D……的实现) ··· 400
七、软件测试计划 ·· 400
　1. 质量目标 ··· 400
　2. 测试策略 ··· 400
　3. 测试方法 ··· 400
　4. 测试组织 ··· 401
八、实验设计心得体会 ··· 401

附录A　软件工程实验课指导书

一、开发背景

主要介绍开发该系统的意义所在,国内外发展情况,采用什么技术及结构来进行开发,比如本系统基于 B/S 结构,开发技术为 Struts 2.0＋Hibernate＋Spring,后台数据库管理系统为 MySQL 5.5。

二、可行性分析

业务流程图。

三、需求分析

1. 系统总体目标

本系统的开发意图、应用目标及作用范围(现有产品存在的问题及建议产品所要解决的问题)。

2. 运行环境

简要说明本系统运行环境(硬件环境及其支持环境)的规定。

3. 用户特点

4. 需求设计

需求设计描述系统的功能性需求、性能需求、接口需求、可靠性需求、故障处理。

1) 功能性需求列表

将功能性需求先粗分再细分,表1中的 Feature A(将整体系统分成若干相对独立的子系统)、Function B.1(即子系统对应的若干模块名)等符号应当被替换成有含义的名称。

表 1　功能性需求列表

子系统名称	模块名称、标识符	详细描述
Feature A 后台用户管理	搜索用户(动名词)	输入关键词查找用户基本信息
	管理用户	对注册成功的用户状态进行控制,如对恶意破坏购物的用户加入黑名单、禁止购物等
	用户密码重置	
Feature B	Function B.1	
Feature C	Function C.1	

示例如表2所示。

表 2　功能性需求列表示例

子系统名称	模块名称、标识符	描述
系统管理	用户管理	创建/维护用户信息,分配用户角色
	组织管理	创建/维护组织机构信息
	角色管理	创建/维护角色信息,分配角色系统功能

2) 性能需求

性能需求指用数字对系统和人机接口方面的静态和动态需求进行描述。例如,静态数字需求(也称作容量)包括。
　　(1) 支持的工作站数量；
　　(2) 支持的模拟用户数量；
　　(3) 数据库和文件容量；
　　(4) 数据通道数量。
动态数字需求包括：
　　(1) 数据吞吐量；
　　(2) 响应时间。
性能需求还应概述系统的性能特征，其中需包括具体的响应时间。如果可行，按名称引用相关用例，包括：
　　(1) 对事务的响应时间(平均、最长)；
　　(2) 吞吐量，例如每秒处理的事务数；
　　(3) 容量，例如系统可以容纳的客户或事务数；
　　(4) 降级模式(当系统以某种形式降级时可接受的运行模式)；
　　(5) 资源利用情况，如内存、磁盘、通信等。
　3) 接口需求
　接口需求指分条描述关于系统外部接口的需求(如有)。本条可引用一个或多个接口需求规格说明或包含这些需求的其他文档。
　　(1) 用户接口。
　用户接口用于描述软件产品和用户之间接口的逻辑特性，包括屏幕界面图形样例、遵循的 GUI 标准和产品族风格指南以及屏幕界面设计上的限制，如标准按钮和功能(如帮助)要出现在屏幕上，要设置键盘快捷键和出错信息显示标准等。还应定义用户接口需要的软件组件。详细的用户接口设计应被记录在单独的用户接口规范中。
　　(2) 硬件接口。
　硬件接口用于描述系统软硬件产品之间接口的物理和逻辑特性，包括支持的设备类型、软硬件之间的数据和控制交互特性以及用到的通信协议。
　　(3) 软件接口。
　软件接口用于描述本产品和其他指定的软件部件(名称和版本)之间的连接，包括数据库、操作系统、工具、集成商业套装软件等；识别进出系统的数据项或消息，描述各自的目的；描述需要的服务和通信性质，参考的 API 协议；识别软件部件间共享的数据。
　　(4) 通信接口。
　通信接口用于描述本系统要求的所有通信相关功能需求，包括 E-mail、浏览器、网络服务器通信协议、电子表单等；定义相关消息格式，识别用到的所有通信标准，如 FTP、HTTP 等；详细说明通信安全和加密问题、数据传输速率、同步机制等。
　4) 可靠性需求
　对系统可靠性的需求应在此处说明，以下是一些建议。
　　(1) 可用性：指出可用时间百分比(xx.xx%)、使用小时数、维护访问权、降级模式操作等。

(2) 平均故障间隔时间(MTBF)：通常表示为小时数，但也可表示为天数、月数或年数。

(3) 平均修复时间(MTTR)：系统在发生故障后可以暂停运行的时间。

(4) 精确度：指出系统输出要求具备的精密度(分辨率)和精确度(按照某一已知的标准)。

(5) 最高错误或缺陷率：通常表示为每千行代码的错误数目(bugs/kLOC)或每个功能点的错误数目(bugs/Function Point)。

(6) 错误或缺陷率：按照小错误、大错误和严重错误来分类。需求中必须对"严重"错误进行界定，例如数据完全丢失或完全不能使用系统的某部分功能。

5) 故障处理

说明本系统在发生可能的软硬件故障时对故障处理的要求。

(1) 软件系统出错处理：

① 说明属于软件系统的问题。

② 给出发生错误时的错误信息。

③ 说明发生错误时可能采取的补救措施。

(2) 硬件系统冗余措施的说明：

① 说明哪些问题可以由硬件设计解决，并提出可采取的冗余措施。

② 对硬件系统采取的冗余措施加以说明。

5. 分析建模

1) 功能模型

- 数据流图(SD法)。
- 用例图(OO法)。

2) 数据模型

画出 E-R 图(SD法)。

- 类图(OO法)。

3) 行为模型

- 状态迁移图(SD法)。
- 状态机图(OO法)。

四、概要设计

1. 系统划分

系统划分指设计系统总体结构图，画出系统的总体体系结构图及功能模块图。对子系统的功能进行简要或详细的描述及其需求分析用到的用例图，可以采用图表的形式。

2. 关键技术与算法

简要说明本系统设计采用的关键技术和主要算法。

3. 关键数据结构

简要说明本系统实现中最主要的数据结构。

4. 模块设计

模块设计指详细描述需求，包括要解决的问题和需求背后的动机。对于每类功能或者每个功能，需要具体说明其输入、处理和输出需求。采用 HIPO 图的设计方法进行模块设计。

1) 目标

对需求内容进行概要的描述,不仅要描述本次功能要达到的目标、方法和技术,还应清楚说明功能意图的由来和背景。

2) 输入

输入包括如下内容。

(1) 详细描述该功能的所有输入数据,如输入源、数量、度量单位、时间设定和有效输入范围。

(2) 指明引用接口说明或者接口控制文件的参考资料。

3) 处理

应定义对输入数据、中间参数进行处理以获得预期输出结果的全部操作,包括:

(1) 对输入数据的有效性检查。

(2) 操作顺序,包括时间的时间设定。

(3) 异常情况的相应操作,如溢出、通信故障和错误处理等。

(4) 受操作影响的参数。

(5) 用于把输入转换为相应输出的方法。

(6) 输出数据的有效性检查。

4) 输出

(1) 详细说明该功能的所有输出数据,例如输出目的地、数量、度量单位、时间关系、有效输出范围、非常值的处理和出错信息等。

(2) 有关接口的说明或接口控制文件的参考资料。

五、详细设计

1. 模块关系图

图形可表述模块间的相互关系,如组成关系、调用关系等。

2. 子系统 A 的模块设计(依此类推,子系统 B、C……)

提供子系统 A 的概览、描述和服务说明。

模块 A-1(依此类推,模块 A-2、A-3……)。

提供模块 A-1 的概览、描述和服务说明。

(1) 模块组成列表。

提供模块 A-1 的模块组成,如表 3 所示。

表 3　模块 A-1 的模块组成

模块 ID	调用页面	调用类	调用程序	…	调用接口
用户维护	AddUser.jsp	User UserManager	CheckLogin		X
	EditUser.jsp	User UserManager	CheckLogin, CheckUser		X
⋮					

（2）页面设计说明（可选）。

对模块 A-1 所调用的页面进行分别说明，包括页面名称、物理存放位置、页面功能说明、页面出现的前提、页面截图、页面控件（如文本框、功能按钮等）等，可用图表形式描述。

（3）类（程序/接口）设计说明。

对模块 A-1 所调用的类（程序/接口）进行分别说明，包括类（程序/接口）名称、物理存放位置、类（程序/接口）功能说明、类（程序/接口）调用前提、输入条件、处理逻辑过程、输出结果等，可用图表形式描述。

（4）类（程序/接口）伪代码。

对模块 A-1 所调用的类（程序/接口）分别编写伪代码。

（5）出错处理。

提供模块 A-1 的出错处理和恢复机制。

3．数据库设计

根据系统的总体概念设计模型、E-R 图向关系模式的转化规则和数据库的范式理论，得到系统优化后的逻辑模型，如表 4～表 8 所示。

表 4　图书信息表（Titles）

编号	类别	出版社	书名	作者	价格	ISBN	索书号	时间	简介	库存

表 5　读者信息表（Reader）

读者号	姓名	密码	性别	职别	单位	专业	年级	电话	地址

表 6　借阅记录表（BorrowRec）

记录号	图书号	读者号	书名	借阅时间	还书时间	是否还书

表 7　出版社信息表（Publisher）

出版社 ID	名称	地址

表 8　图书类别信息表（Type）

类别 ID	名称	简介

六、软件实现

主要描述所选用的客户端、服务器端编程语言及选择的理由及主要算法。

1. 客户端编程语言

2. 服务端编程语言

3. 关键模块 A 的实现（依此类推，关键模块 B、C、D……的实现）

说明系统中主要模块关键算法的具体实现思想及其部分代码。

七、软件测试计划

1. 质量目标

说明测试时要达到的目标。

2. 测试策略

1) 整体策略

2) 测试范围

3. 测试方法

1) 主要测试方法

说明黑盒测试的等价划分、边界值分析以及模拟用户的错误推测法、路径分析方法等。

2) 测试文档

说明测试方案、测试用例等。

3) 测试实施过程

说明在测试过程中，测试部门在接受测试系统时应执行什么检查，这些有助于其他部门（开发部门、用户教育部门）了解在发布测试系统时应做些什么。

（1）测试系统接受条件。

说明在测试过程中，测试部门在接受测试系统时应执行什么检查。

（2）测试时间表。

测试时间表如表 9 所示。

表 9 测试时间表

测试项目	具体测试内容	测试天数（工作日）	测试起止日期 10 月 22-31 日	责任人

4) 功能测试（与需求分析保持一致）

5) 性能测试

6) 测试检查表

测试检查表如表 10 所示。

表 10 测试检测表

测试人：		填表人：		日期：	
测试内容	测试类别	测试方法	测试数据	正常状态	异常状态

7）故障报告单（缺陷跟踪工具）

故障报告单如表 11 所示。

表 11 故障报告单

测试人：　　　　　　　　　填表人：　　　　　　　　　日期：

测试内容	测试类别	测试方法	测试数据	正常状态	异常状态

异常状态说明	责任人：
修改意见	责任人：
复核测试结果	复核人：

4．测试组织

1）测试团队结构

测试团队结构如表 12 所示。

表 12 测试团队结构

序号	人员名称	职责

2）功能划分

功能划分如表 13 所示。

表 13 功能划分

测试模块	子模块数量	开发人员

八、实验设计心得体会

本条应写出本次课程设计的收获、体会或相关建议。

参考文献

图书资源支持

感谢您一直以来对清华版图书的支持和爱护。为了配合本书的使用,本书提供配套的资源,有需求的读者请扫描下方的"书圈"微信公众号二维码,在图书专区下载,也可以拨打电话或发送电子邮件咨询。

如果您在使用本书的过程中遇到了什么问题,或者有相关图书出版计划,也请您发邮件告诉我们,以便我们更好地为您服务。

我们的联系方式:

地　　址:北京市海淀区双清路学研大厦 A 座 714

邮　　编:100084

电　　话:010-83470236　010-83470237

客服邮箱:2301891038@qq.com

QQ:2301891038(请写明您的单位和姓名)

资源下载: 关注公众号"书圈"下载配套资源。